《浙江植物志（新编）》编辑委员会 编著

浙江植物志 新编

Flora of Zhejiang

（New Edition）

第四卷　白花菜科—蔷薇科

Volume 4

Capparidaceae—Rosaceae

浙江科学技术出版社

图书在版编目(CIP)数据

浙江植物志：新编. 第四卷/《浙江植物志（新编）》编辑委员会编著. — 杭州：浙江科学技术出版社，2021. 9
ISBN 978-7-5341-9680-5

Ⅰ. ①浙⋯ Ⅱ. ①浙⋯ Ⅲ. ①植物志－浙江 Ⅳ. ① Q948.525.5

中国版本图书馆 CIP 数据核字（2021）第 114777 号

书　　名	浙江植物志（新编）·第四卷
编　　著	《浙江植物志（新编）》编辑委员会
出版发行	浙江科学技术出版社 杭州市体育场路 347 号　邮政编码：310006 编辑部电话：0571-85152719 销售部电话：0571-85176040 网址：www.zkpress.com
排　　版	杭州万方图书有限公司
印　　刷	浙江新华数码印务有限公司
经　　销	全国各地新华书店
开　　本	889mm×1194mm　1/16　　　印　张　38.25
字　　数	878 千字
版　　次	2021 年 9 月第 1 版　　2021 年 9 月第 1 次印刷
书　　号	ISBN 978-7-5341-9680-5　　　定　价　350.00 元
审 图 号	浙 S（2019）11 号

版权所有　翻印必究

（图书出现倒装、缺页等印装质量问题，本社销售部负责调换）

策划组稿　章建林　詹　喜　　**责任编辑**　詹　喜
责任校对　赵　艳　　　　　　**封面设计**　金　晖
责任印务　叶文炀

【内容提要】

本卷记载了浙江省野生或习见栽培的被子植物（白花菜科至蔷薇科）17科，120属，483种（不计种下分类群，但浙江无原种的种下分类群以种计），其中包括本志作者自《浙江植物志（新编）》编著项目启动以来发表的新分类群（新种、新亚种和新变种）14个，新组合6个，浙江分布新记录属1个，新记录种（含亚种和变种）11个，订正以往错误鉴定13个。每种植物均有中名、拉丁名、形态描述、产地、生境、分布、用途等记述，90%以上种类附有野外拍摄的彩色照片。

本卷可供农业、林业、园艺、医药、环保等行业的科技人员、管理人员及广大植物爱好者参考，也可作为各类院校植物学、林学、园艺学、药学、生态学等相关专业的辅助教材。

Summary

In this volume, 483 species belonging to 120 genera in 17 families (from Capparidaceae to Rosaceae) are recorded, which are wild or cultivated species in Zhejiang Province commonly. The species covered in this volume include 14 new taxa (newly found species, subspecies and varieties), 6 new combinations, 1 new recorded genera and 11 new recorded species (including with subspecies and varieties) in Zhejiang, and 13 formerly mis-identified species clarified. Each species contains Chinese name, scientific name, morphological description, locality, habitat, distribution, economic usage, etc. Approximately 90% species are accompanied by color pictures obtained from original observation.

This book can be used as a reference for scientists and technicians, managers and plant hobbyists of agriculture, forestry, horticulture, medicine and pharmacy, environmental protection and other related fields. It also can be course materials for various majors in botany, agriculture, forestry, horticulture, pharmacy, ecology, etc.

《浙江植物志（新编）》
编辑委员会

主　　　任　　胡　侠（2018年12月起在任）
　　　　　　　林云举（2014年11月至2018年12月在任）
副 主 任　　吴　鸿　　杨幼平　　王章明（常务）　　陆献峰
　　　　　　　于明坚　　江　波　　吾中良　　章滨森
委　　　员　　柳新红　　陈华新　　朱光权　　丁良冬　　孙晓霞

主　　　编　　李根有　　丁炳扬
副 主 编　　金孝锋　　陈征海　　张方钢　　金水虎
编　　 委　　李根有　　丁炳扬　　金孝锋　　陈征海　　张方钢
　　　　　　　金水虎　　柳新红　　赵云鹏

顾　　　问　　郑朝宗　　裘宝林

组 织 编 著　　浙江省林业局
　　　　　　　浙江省植物学会

Editorial Board of Flora of Zhejiang (New Edition)

Directors
    Hu Xia (Served from December 2018)
    Lin Yunju (Served from November 2014 to December 2018)

Vice directors
    Wu Hong   Yang Youping   Wang Zhangming
    Lu Xianfeng   Yu Mingjian   Jiang Bo
    Wu Zhongliang   Zhang Binsen

Committee members
    Liu Xinhong   Chen Huaxin   Zhu Guangquan
    Ding Liangdong   Sun Xiaoxia

Editors-in-chief
    Li Genyou   Ding Bingyang

Associate editors-in-chief
    Jin Xiaofeng   Chen Zhenghai   Zhang Fanggang
    Jin Shuihu

Editorial board
    Li Genyou   Ding Bingyang   Jin Xiaofeng
    Chen Zhenghai   Zhang Fanggang   Jin Shuihu
    Liu Xinhong   Zhao Yunpeng

Advisers
    Zheng Chaozong   Qiu Baolin

Organizers
    Zhejiang Administration of Forestry
    Botanical Society of Zhejiang

本卷编著者及分工

卷 主 编　张方钢
卷副主编　陈贤兴　浦锦宝
编 著 者　白花菜科、安息香科、山矾科、紫金牛科、报春花科、海桐花科、绣球花科、茶藨子科、虎耳草科
　　　　　陈贤兴（温州大学）
　　　　　十字花科（豆瓣菜属、碎米荠属、山芥属、蔊菜属、菘蓝属、臭荠属、独行菜属、阴山荠属、辣根属、屈曲花属、白芥属、短果荠属、华葱芥属、山萮菜属、旗杆芥属、香雪球属、葶苈属、锥果芥属、紫罗兰属、糖芥属、香花芥属、播娘蒿属）
　　　　　赵云鹏（浙江大学）
　　　　　十字花科（诸葛菜属、芸苔属、菥蓂属、萝卜属、荠属、南芥属、鼠耳芥属）
　　　　　蒋　明（台州学院）
　　　　　山柳科、杜鹃花科（杜鹃花属）、景天科
　　　　　浦锦宝（浙江省中医药研究院）
　　　　　杜鹃花科（吊钟花属、马醉木属、珍珠花属）、柿树科
　　　　　王挺（杭州植物园）
　　　　　杜鹃花科（越橘属）、鹿蹄草科、水晶兰科
　　　　　梁卫青（浙江省中医药研究院）
　　　　　蔷薇科（假升麻属、珍珠梅属、白鹃梅属、栒子属、火棘属、山楂属、小石积属、红果树属、石楠属、枇杷属、石斑木属、花楸属、木瓜属、梨属、苹果属、唐棣属、棣棠花属、鸡麻属、悬钩子属、路边青属、委陵菜属、草莓属、蛇莓属、蔷薇属、龙芽草属、地榆属、桃属、杏属、李属、稠李属、桂樱属、臭樱属）
　　　　　张方钢（浙江自然博物院）
　　　　　蔷薇科（绣线菊属、小米空木属）
　　　　　张洋（浙江自然博物院）
　　　　　蔷薇科（樱属）
　　　　　金孝锋（杭州师范大学）
　　　　　鲁益飞（浙江大学）

Authors and Division

Volume editor-in-chief

Zhang Fanggang

Volume associate editor-in-chief

Chen Xianxing and Pu Jinbao

Authors

Capparaceae, Styracaceae. Symplocaceae, Myrsinaceae, Primulaceae, Pittospo-raceae, Hydrangeaceae, Grossulariaceae, Saxifragaceae

Chen Xianxing (Wenzhou University)

Brassicaceae (Nasturtium, Cardamine, Barbarea, Rorippa, Isatis, Coronopus, Lepidium, Yinshania, Armoracia, Iberis, Sinapis, Hirschfeldia, Sinalliaria, Eutrema, Turritis, Lobularia, Draba, Berteroella, Matthiola, Erysimum, Hesperis, Descurainia)

Zhao Yunpeng (Zhejiang University)

Brassicaceae (Orychophragmus, Brassica, Thlaspi, Raphanus, Capsella, Arabis, Arabidopsis)

Jiang Ming (Taizhou University)

Clethraceae, Ericaceae (Rhododendron), Crassulaceae

Pu Jinbao (Zhejiang Academy of Traditional Chinese Medicine)

Ericaceae (Enkianthus, Pieris, Lyonia), Ebenaceae

Wang Ting (Hangzhou Botanical Garden)

Ericaceae (Vaccinium), Pyrolaceae, Monotropaceae

Liang Weiqing (Zhejiang Academy of Traditional Chinese Medicine)

Rosaceae (Aruncus, Sorbaria, Exochorda, Cotoneaster, Pyracantha, Crataegus, Osteomeles, Stranvaesia, Photinia, Eriobotrya, Rhaphiolepis, Sorbus, Chaenomeles, Pyrus, Malus, Amelanchier, Kerria, Rhodotypos, Rubus, Geum, Potentilla, Fragatia, Duchesnea, Rosa, Agrimonia, Sanguisorba, Amygdalus, Armeniaca, Prunus, Padus, Laurocerasus, Moddenia)

Zhang Fanggang (Zhejiang Museum of Natural History)

Rosaceae (Spiraea, Stephanandra)

Zhang Yang (Zhejiang Museum of Natural History)

Rosaceae (Cerasus)

Jin Xiaofeng (Hangzhou Normal University)

Lu Yifei (Zhejiang University)

序 一

浙江植物学专家前辈历经10年的辛勤努力，于1993年出版了8卷《浙江植物志》（7卷加总论卷）。该志记载了浙江野生与习见栽培的维管植物共231科，1372属，4444种（含种下等级）。该志编撰严谨，图文并茂，荣获第二届国家图书奖（1995），不仅深受社会各界欢迎，出现了一书难求的现象，还成为浙江乃至周边省份科研、科普、教学、生产的必备参考书，在浙江省的经济建设、生态保护等方面发挥了非常重要的作用。

《浙江植物志》出版之后的20多年中，随着经济的飞速发展，省外及国外一些植物物种被大量引入，同时浙江新一代植物学工作者在继承前辈严谨工作作风的基础上，不懈努力，深入调查，又发现了众多的植物新分类群和分布新记录。而这些资料均分散在各种期刊和著作中，不利于各行各业应用。因此，《浙江植物志（新编）》的出版顺应了时代的发展和社会的需求，意义重大。

《浙江植物志（新编）》对原志书进行了全面的、系统的补充修订，并在被子植物部分采用了当代著名的四大被子植物分类系统之一的克朗奎斯特（Cronquist）分类系统（1988）；本志书用精美的彩色照片代替了原来的线描图，使之更具直观性和实用性，这在省级植物志书中是非常有特色的。

全套志书由原来的8卷增加至10卷；收录种类比原志书有了大量增加，其中有近年发现的新分类群100余个，新记录科3个，新记录属80多个，新记录种400多个，同时增加了很多物种的新分布点；对原记载的植物逐种进行了考证，对不少植物学名根据新的资料予以了更正，对一些原来鉴定错误或经调查已无栽培的种类进行了更正与删减，充分汲取了植物分类的最新研究成果，使之更具科学性和准确性。

由此可见，本套志书在学术水平上又有了较大的提升，充分体现出了编撰志书为地方经济建设及基层大众服务的初衷。相信本套志书出版之后，定会为浙江省的植物学研究、教学、科普以及植物资源的开发利用与保护等发挥重要作用。

我注意到，在从事植物经典分类人才越来越稀缺的今天，在经济较发达的浙江，仍有一批中青年植物学者执着地坚守在基础研究的岗位上，这让我尤为高兴。

在本套志书编撰之初，我与浙江同行就有了密切的书信联系和问题交流，并自始至终给予了特别关注。得知本套志书即将陆续出版，甚感欣慰，特予作序。

中国科学院植物研究所研究员
中国科学院院士 王文采
2019年5月于北京

序 二

浙江地处我国东南沿海，陆域面积不大，但自然条件优越，植物资源丰富，人文底蕴深厚，有钟观光、钱崇澍、李善兰等植物学先驱，并涌现出了陈嵘、张肇骞、钟补求、蔡希陶、王伏雄、吴中伦、梁希、杨衔晋、林刚、陈诗、陈谋、贺贤育等林学家、植物分类学家和采集家，成为我国近代植物学的重要发源地之一。独特的区域优势和丰富的植物资源，吸引了众多国内外学者来浙江开展采集和研究工作，除浙江籍人士外，还有胡先骕、秦仁昌、郑万钧、陈焕镛、裴鉴、唐进、耿以礼、郑勉、裘佩熹、J. Cunningham、R. Fortune、E. Faber、F.B. Forbes、W.B. Hemsley、S. Matsuda、C.S. Sargent、H. Migo、A.N. Steward 等，为浙江的植物资源调查和分类研究奠定了基础。

1993 年，本人有幸受邀参加"浙江植物资源调查研究及《浙江植物志》编著"成果评审会，方云亿、章绍尧等浙江老一辈植物分类学家踏实严谨、精益求精的科研作风给我留下了深刻印象。项目成果获得了浙江省科技进步奖一等奖（1994），《浙江植物志》还获得第二届国家图书奖（1995）和第七届全国优秀科技图书一等奖（1995），成为省级植物志的典范。《中国植物志》于 2004 年全部出版，有人认为植物分类学家从此已无用武之地。殊不知，由于历史原因，就整体而言，我国植物分类学还处在描述阶段。浙江省的植物分类学者认识到这一点，他们承前启后，不仅自己奋斗，还培养人才，为这一领域注入了活力。浙江省的植物资源调查研究工作方兴未艾，相继出版了《浙江种子植物检索鉴定手册》等专著，积累了丰富翔实的新资料，结出了新成果。

《浙江植物志（新编）》由浙江省 27 家单位的 50 余位专家参与编研工作。通过大规模和系统的野外考察、标本采集、照片拍摄，收录的种类大幅增加，其中有近年发现的新记录科 3 个，新记录属 80 多个，新记录种 400 多个，充实了浙江乃至全国植物区系地理的内容；全书 85% 以上的种类配有实地拍摄的彩色照片，图文并茂。与《浙江植物志》相比，《浙江植物志（新编）》种类收录更齐全，分类处理更合理，兼顾科学性、可读性、实用性和鉴赏性。在此，我对本志编著者和浙江科学技术出版社相关人员所付出的心血表示感谢，也希望浙江的植物分类工作者再接再厉，继续开展更深入的植物资源调查和研究，在分类修订、生物多样性编目、物种形成、系统发生和进化、亲缘地理等方面取得新的更大的成绩。

是为序。

中国植物学会名誉理事长
中国科学院院士　洪德元

2019 年 6 月于北京

前　言

浙江位于中国东南沿海，长江三角洲南翼，东临东海，南接福建，西与安徽、江西相连，北与上海、江苏接壤，地理坐标为 27°02′~31°11′ N，118°01′~123°10′ E。陆地面积 10.55 万平方千米，约占全国的 1.1%，是我国陆地面积较小的省份。全省以山地丘陵为主，素有"七山一水二分田"之说。因地处中亚热带，全省气候温和，雨量充沛，山脉纵横，丘陵起伏，河谷、平原、盆地交错分布，海岸曲折，岛屿众多，自然环境复杂多样，利于各类植物繁衍生息，加之地史古老，孕育并保存了丰富的植物种类，享有"东南植物宝库"之美誉。

浙江境内的植物标本采集与调查工作始于 18 世纪初期。随着杭、甬等地通商口岸的开放，J. Cunningham、R. Fortune、E. Faber 等 10 多个国家的 50 多位学者先后进入浙江的舟山、宁波、杭州、台州等地开展植物标本的采集和调查工作，对早期植物科学的传播及植物分类资料的积累起到了重要作用。在我国最早科学系统地开展植物标本采集的是钟观光（北仑），之后在浙江涌现出了一批我国近代植物分类学家和采集家，如钱崇澍（海宁）、陈嵘（安吉）、钟补勤（北仑）、钟稼勤（北仑）、钟补求（北仑）、林刚（平阳）、陈诗（诸暨）、陈谋（诸暨）、吴中伦（诸暨）、贺贤育（镇海）、张肇骞（永嘉）等。我国许多著名植物分类学家也曾先后来浙江进行采集、研究，如胡先骕、秦仁昌、郑万钧、耿以礼、唐进、裴鉴、郑勉、裴佩熹等。因此，浙江也成为我国近代植物分类研究的发祥地之一。中华人民共和国成立后，浙江省人民政府对植物资源的普查工作非常重视，陆续组织开展了一些专题性或区域性的植物资源普查工作，积累了大量的标本和资料，为植物志书的编写奠定了良好的基础。

1982 年，浙江省科委下达了 089 号文件，组织省内 19 家大专院校、科研单位的 50 余位科研、教学专家，开展了《浙江植物志》的编著工作。他们通过野外考察、标本查阅、资料整理、潜心编撰，历经十载寒暑，出版了洋洋 8 卷巨著。全志共记载浙江野生及习见栽培植物 231 科，1372 属，3897 种，30 亚种，391 变种，126 变型，第一次全面系统地展示了浙江植物资源的全貌。该项目成果荣获浙江省科学技术进步奖一等奖（1994）。《浙江植物志》还获得第二届国家图书奖（1995）及第七届全国优秀科技图书一等奖（1995）。长期以来，作为省内外植物专业人士、学生及社会有关人员必不可少的权威工具书，《浙江植物志》在浙江省的经济和生态建设方面发挥了极为重要的作用。

《浙江植物志》出版后的 20 多年中，社会、经济、文化、环境等方面均发生了翻天覆地的变化，植物种类、相关信息也相应地产生了巨大的改变。随着交通状况不断改善和植物分类知识的广泛普及，在年青一代专业人员的不懈努力下，植物调查和研究工作更为全面和深入，新发现也逐渐增多。据初步统计，在本项目进行之前就已发现新种

（含种下等级）或新记录种350多个；在此期间，国内外植物分类和系统进化等方面的研究也取得了长足发展，被 Flora of China 和其他文献归并的有300余种，分类等级或学名改变的有300多种；与此同时，很多历史上曾经引种的植物已经消失，而在走向国际化的进程中，更多与农业、林业、园林、医药相关的新资源植物又被不断地引进栽培，种类变动的数量高达本志书记载总数的近1/4。

近些年来，在浙江各级政府的高度重视下，植物资源调查研究工作的开展如火如荼、方兴未艾。在本志编撰前及期间，浙江的科研团队相继出版了《温州植物志》（5卷）、《杭州植物志》（3卷）、《宁波植物图鉴》（5卷）等区域性志书，以及一批实用性图鉴或专著，如《浙江种子植物检索鉴定手册》《浙江野菜100种精选图谱》系列丛书、《浙江省常见树种彩色图鉴》、《宁波珍稀植物》、《宁波滨海植物》、《玉环木本植物图谱》、《台州乡土树种识别与应用》、《慈溪乡土树种彩色图谱》、《莫干山区乡土树种》等；各地已建或新建自然保护区的资源普查工作陆续开展，出版了《天目山植物志》（4卷）、《清凉峰植物》、《清凉峰木本植物志》（2卷）、《百山祖的野生植物》等专著和科学考察报告，积累的新资料越来越丰富。党的十八大后，中共浙江省委、省人民政府统筹推进"五位一体"总体布局，十分重视生态建设和植物资源保护工作。在新形势下，迫切需要厘清浙江省植物种类、分布、生存状况及开发利用价值，为森林、湿地、物种三条"生态保护红线"的研究与监测提供信息丰富、数据准确、功能完善的基础资料。如今，社会安宁、经济繁荣，修志时机已充分成熟，工作基础也已相对夯实。因此，为适应新形势的快速变化，尽早编撰一部能反映浙江植物资源现状的志书已是大势所趋和当务之急。

经过一段时间的酝酿和筹备，2014年年底，由浙江省林业局（原浙江省林业厅）与浙江省植物学会联合组织成立了《浙江植物志（新编）》编委会，聚集全省27家教学、科研、生产单位的50余位专家和学者，正式启动了"浙江省野生植物资源调查、建档、编纂及《浙江植物志》（第二版）编著"项目（浙江省财政项目，编号：335010-2015-0005）。

5年来，编委会召开了10余次全体或扩大会议，制订和完善了编写大纲和细则，并提出全部采用彩色照片及系统更先进、种类更齐全、资料更丰富、数据更准确、使用更方便的要求；组织了数百次规模不等的野外科学考察活动，时间覆盖一年四季，地点遍及全省各地，拍摄了100余万幅植物种类和生境彩色照片，采集标本5000余号，发现了众多的植物新类群和省级以上分布新记录植物，获取了大量植物新分布点及新用途等重要信息；参编者查阅了大量文献资料，以及省内外各大植物标本馆、中国数字植物标本馆（CVH）、国家标本资源共享平台（NSII）的大量相关标本，对不少有疑问的植物类群和学名进行了认真考证，发表研究论文上百篇，取得了丰硕的成果。

本套志书共10卷，收录的种类原则上为浙江省境内野生、归化、逸生及当下习见栽培的植物。具体收录的种类和内容如下：第一卷为概论（包括自然概况、采集和研究简史、植物区系、资源植物），蕨类植物门，石杉科至满江红科，计50科；第二卷为裸子植物门，苏铁科至红豆杉科，计10科，被子植物门，木兰科至荨麻科，计33科；第三卷为胡桃科至杨柳科，计36科；第四卷为白花菜科至蔷薇科，计17科；第五卷为含羞草科至茶茱萸科，计26科；第六卷为黄杨科至夹竹桃科，计27科；第七卷为萝藦科至胡麻科，计19科；第八卷为紫葳科至菊科，计9科；第九卷为泽泻科至禾本科，计17科；第十卷为莎草科至兰科，计18科。

本志的编写及出版工作得到了社会各界的大力支持和热切关注。中国科学院植物研究所王文采院士、洪德元院士自始至终给予了倾情关注和悉心指导；郑朝宗教授、裘宝林教授不顾年老体迈，欣然受邀担任本志顾问，并多次亲临现场指导、细心审阅资料；许多参与《浙江植物志》编著工作的省内老一辈植物分类学家为本志的编写建言献策，并寄予热切厚望；浙江科学技术出版社本着公益精神，不求赢利，为高质量出版本志，与编委会进行了密切合作；省内外植物分类专家及爱好者为本志无私提供了相关信息和高质量照片；江苏省中国科学院植物研究所标本馆（NAS）、中国科学院昆明植物研究所标本馆（KUN）、中国科学院西北高原生物研究所植物标本馆（HNWP）、中国科学院植物研究所标本馆（PE）、中国科学院华南植物园标本馆（IBSC）、中国科学院沈阳应用生态研究所东北生物标本馆（IFP）、安徽师范大学生命科学学院生物标本馆植物标本室（ANUB），以及杭州植物园植物标本馆（HHBG）、浙江农林大学植物标本馆（ZJFC）、浙江自然博物院植物标本馆（ZM）、浙江大学植物标本馆（HZU）、杭州师范大学植物标本馆（HTC）、温州大学植物标本馆（WZU）等为本志作者查阅标本给予了极大方便；全省各县（市、区）及自然保护区等单位的领导和技术人员在植物资源考察过程中给予了大力支持；原浙江省林业厅厅长林云举、副厅长工章明一直将本项目作为重要工作来抓，对编写过程中遇到的困难和问题都给予了及时解决；浙江省野生动植物保护管理总站吾中良站长、章滨森站长、陈华新副站长，浙江省林业科学研究院江波院长，浙江省森林资源监测中心汪奎宏主任以及本志编委会办公室的柳新红、朱光权、陈友吾、孙晓霞等同志在本志的调查和编写过程中做了大量组织、协调和日常管理工作。所有这一切，都为本志编研工作的顺利开展和完成提供了强有力的保障。谨在此一并致以诚挚的谢意！

由于编著者研究水平、编研时间所限，志书中难免存在不足之处，恳盼读者不吝指正。

《浙江植物志(新编)》编辑委员会
执笔：李根有
2019年4月30日

编写说明

1. 本志收录的种类原则上为浙江省境内野生、归化、逸生及当下习见栽培的维管植物。蕨类植物采用秦仁昌分类系统（1978）；裸子植物采用郑万钧分类系统（1978）；被子植物采用克朗奎斯特（Cronquist）分类系统（1988），但对个别科做了适当调整，如芍药科（根据王文采先生意见，移至毛茛科之后）、禾本科（因考虑分卷平衡原因，与莎草科位置对调）等。

2. 本志收载的种下等级包括亚种和变种，变型不单独著录，只在种下讨论中予以附记，列出名称（中名、拉丁名）和主要鉴别特征。对于栽培植物的品种通常不作划分。在种类统计上以种系为单位，即浙江无模式亚种（变种）的亚种（变种）以种计数［1个种系下不止1个亚种（变种）的只计1个］，其余亚种（变种）不作计数。

3. 本志对浙江省自然分布种类省内产地情况的著录，除全省均有分布的外，尽可能反映其产地信息。为节省篇幅，以地级市为单位编写，如某市大部分县（县级市和区）有产的只写出该地级市名称；对于不是大部分县（县级市和区）有产的则直接列出县（县级市和区）名称（与地级市间用"及"连接）；对于一些老市区间难以明确划分界线的简称为"市区"。产地名称和范围的行政区划资料截至2014年，但为更好地反映植物分布的自然属性，部分市区仍作独立产地予以记载。具体如下：

湖州：湖州市区（吴兴、南浔）、长兴、安吉、德清。

嘉兴：嘉兴市区（南湖、秀洲）、嘉善、平湖、桐乡、海盐、海宁。

杭州：杭州市区（上城、下城、江干、拱墅、西湖、余杭）、萧山（含滨江）、富阳、临安、桐庐、建德、淳安。

绍兴：绍兴市区（越城、柯桥）、上虞、诸暨、嵊州、新昌。

宁波：宁波市区（海曙、江东、江北、镇海、北仑）、鄞州、慈溪、余姚、奉化、象山、宁海。

舟山：定海、普陀、岱山、嵊泗。

衢州：衢州市区（柯城、衢江）、开化、常山、江山、龙游。

金华：金华市区（婺城、金东）、浦江、兰溪、义乌、东阳、磐安、永康、武义。

台州：台州市区（椒江、路桥、黄岩）、天台、三门、临海、仙居、温岭、玉环。

丽水：莲都、缙云、遂昌、松阳、龙泉、庆元、云和、景宁、青田。

温州：温州市区（鹿城、龙湾、瓯海）、洞头、乐清、永嘉、瑞安、文成、平阳、苍南、泰顺。

4. 本志对浙江省分布的植物种类国内分布情况的著录，除全国均有分布的外，分大区（东北、华北、华东、华中、华南、西南、西北）和省（自治区、直辖市）两级编写，如大区内大部分省（自治区、直辖市）有分布的只写出该大区名称；对于不是大部分省（自治区、直辖市）有分布的则直接列出省（自治区、直辖市）名称，与大区间用"及"连接。分布区名称和范围以2014年的行政区划为依据，但为更好地反映植物分布的自然属性，对部分地区做了适当调整。具体如下：

东北：黑龙江、吉林、辽宁。

华北：内蒙古、河北（含北京、天津）、山西、山东。

华东：江苏（含上海）、安徽、浙江、江西、福建。

华中：河南、湖北、湖南。

华南：台湾、广东（含香港、澳门）、海南、广西。

西南：四川（含重庆）、贵州、云南、西藏。

西北：陕西、宁夏、甘肃、青海、新疆。

目 录

七〇	白花菜科	Capparidaceae	1
七一	十字花科	Brassicaceae	8
七二	山柳科	Clethraceae	74
七三	杜鹃花科	Ericaceae	77
七四	鹿蹄草科	Pyrolaceae	112
七五	水晶兰科	Monotropaceae	115
七六	柿科	Ebenaceae	120
七七	安息香科	Styracaceae	132
七八	山矾科	Symplocaceae	152
七九	紫金牛科	Myrsinaceae	173
八〇	报春花科	Primulaceae	198
八一	海桐花科	Pittosporaceae	238
八二	绣球花科	Hydrangeaceae	243
八三	茶藨子科	Grossulariaceae	271
八四	景天科	Crassulaceae	275
八五	虎耳草科	Saxifragaceae	309
八六	蔷薇科	Rosaceae	327

中名索引 …………………………………… 565

拉丁名索引 ………………………………… 575

附录 ………………………………………… 590

七〇 白花菜科 Capparidaceae

草本、攀缘状灌木或乔木。叶互生，单叶或掌状复叶；托叶常变为刺或腺体。花两性，辐射对称或稍两侧对称，单生，有时排成顶生或腋生的总状、伞形或圆锥花序；萼片通常4~8，离生或合生；花瓣4，下位生，有时着生于环状或鳞片状花盘上；雄蕊4至多数，分离或基部与子房柄合生成雌雄蕊柄，花药背着，2室，纵裂；子房1~4室，无柄或具长短不等的柄，胚珠多数。果实为蒴果或浆果，子房柄延长。种子肾形。

40~50属，700~900种，主要分布于热带和亚热带地区，少数分布至温带地区。我国有5属，44种；浙江有3属，5种，其中栽培1种。

分属检索表

1. 草本；蒴果圆柱形，2瓣裂 ············· **1. 白花菜属 Cleome**
1. 攀缘状灌木或乔木；浆果，具硬果皮，不开裂。
  2. 乔木；掌状复叶，具3小叶；无刺 ············· **2. 鱼木属 Crateva**
  2. 攀缘状灌木；单叶，稀复叶；常具托叶刺 ············· **3. 山柑属 Capparis**

1. 白花菜属 Cleome L.

一年生直立草本，被腺毛或无毛，有时具刺。叶互生，掌状复叶；小叶3(5)~7(9)；叶柄长，基部常具刺状托叶。总状花序通常顶生；花两性，近两侧对称；萼片4，等大，分离或基部合生，通常宿存；花瓣4，等大，常有爪，全缘；雄蕊6至多数，花丝基部与子房柄合生成雌雄蕊柄；子房具柄或无柄，胚珠多数。蒴果长圆柱形，成熟时2瓣裂。种子多数。

约150种，分布于热带与亚热带地区，少数种分布于温带地区。我国约有5种；浙江有3种。

分种检索表

1. 花瓣黄色，无瓣柄；雄蕊10~20，较花瓣稍短；无子房柄 ············· **1. 黄花草 C. viscosa**
1. 花瓣白色、淡紫色或紫红色，具瓣柄；雄蕊6，较花瓣长；子房有柄。
  2. 小叶5，小叶片倒卵形，稍具柔毛；雌雄蕊柄长约2cm；子房柄长1~2mm ············· **2. 白花菜 C. gynandra**
  2. 小叶5~7，小叶片长圆状披针形，两面具腺毛；雌雄蕊柄长1~3mm；子房柄长4~5cm ············· **3. 醉蝶花 C. spinosa**

1. 黄花草　黄醉蝶花　（图4-1）

Cleome viscosa L.

一年生草本，高30～90cm，具臭味。茎分枝，具黄色柔毛及黏质腺毛。掌状复叶具3～5小叶；小叶片倒卵形或倒卵状长圆形，长1～3.5cm，宽1～1.5cm，全缘，两面具乳头状腺毛，或渐脱落至无毛。总状花序顶生，有毛；苞片叶状，3～5裂；萼片披针形，长约7mm；花瓣4，黄色，基部紫色，倒卵形，长8～10mm，无瓣柄；雄蕊10～20，较花瓣稍短；子房密被淡黄色腺毛，无子房柄。蒴果圆柱形，长4～8cm，直径2～4mm，具明显纵条纹，被黏质腺毛。种子多数，扁圆形，黑褐色，表面有皱纹。花果期8—10月。

产于杭州、衢州、金华及宁波市区（北仑）、奉化、象山、宁海、莲都、平阳、泰顺等地。生于山坡、路边荒地上。分布于华东、华中及广东、海南、广西、云南等地。非洲热带地区、大洋

图4-1　黄花草

洲、西亚、东南亚也有。

全草可入药,有治劳伤的功效;种子可榨油。

1a. 无毛黄花草 （图4-2）
var. **deglabrata** (Back) B.S. Sun

与黄花草的区别在于植株全体光滑无毛,不具特殊气味;子房与果实均无毛。

产于岱山、洞头等地。生于路旁荒地上。分布于江西、福建、广东等地。马来西亚、印度尼西亚也有。

图4-2　无毛黄花草

2. 白花菜 （图4-3）
Cleome gynandra L.

一年生草本,高30～100cm,具臭味。茎直立,多分枝,基部木质化,密生黏质腺毛,老时渐脱落至无毛。掌状复叶互生,小叶5,具长柄;小叶片宽倒卵形,长1.5～5cm,宽1～2.5cm,先端急尖或圆钝,有时全缘或稍具小齿,有稀疏柔毛。总状花序顶生;苞片3,叶状;萼片披针形,长约5.5mm;花瓣白色或淡紫色,倒卵状长圆形,长约7mm,有爪;雄蕊6,不等长;雌雄蕊柄长5～22mm;子房柄长1～2mm。蒴果圆柱形,长4～10cm,无毛,具纵条纹。种子圆肾形,红褐色,直径约1.2mm,表面具突起的皱褶。花果期7—10月。

产于温州市区(瓯海)。生于路边荒地上。分布于北至河北,南至台湾、广东、海南等地。

可供观赏;全草可药用,有散寒止痛的功效;种子可榨油。

图4-3 白花菜

3. 醉蝶花 （图4-4）
Cleome spinosa Jacq.

一年生草本，高1~1.5m，全株被黄色柔毛和黏质腺毛，具特殊臭味，有托叶刺。掌状复叶互生，小叶5~7；叶柄长2~9cm，具腺毛；小叶片长4~10cm，宽1.5~2.5cm，最外侧小叶最小，长约2cm，宽约5mm，基部楔形，狭延成小叶柄，两面具腺毛。总状花序顶生，长达40cm，密被黏质腺毛；苞片叶状；花梗长2~3cm，被短腺毛；萼片4，线状披针形；花瓣紫红色或白色，倒卵形，长约2cm，无毛，瓣爪长5~12mm；雄蕊6，较花瓣长2~3倍；雌雄蕊柄长1~3mm；子房柄长4~5cm，果时略有增长。果圆柱形，长5.5~6.5cm。种子圆肾形，直径约2mm，表面具小疣状突起。

图4-4 醉蝶花

七〇 白花菜科 Capparidaceae

花果期7—9月。

原产于南美洲,全球热带至温带地区均有栽培。我国各大城市常见栽培;全省各地均有栽培。可供观赏;为优良的蜜源植物;全草可药用。

❷ 鱼木属 Crateva L.

乔木。掌状三出复叶;叶柄顶端常具腺体;托叶小,脱落。伞房或总状花序;花大;具苞片;花托盘状,向内凹;萼片4,下部与花盘连合;花瓣4,近相等,具瓣柄;雄蕊多数,近基部与雌蕊柄合生成雌雄蕊柄;子房1室,无花柱,柱头压扁,胚珠多数,生于2侧膜胎座上。浆果肉质。种子圆肾形,多数。

约20种,产于热带与亚热带地区。我国有4种,分布于西南至华南等地;浙江有1种。

树头菜 鱼木 (图4-5)
Crateva unilocularis Buch.-Ham. — *C. religiosa* auct., non Forst. f.

乔木,花时有叶。枝灰褐色,常中空,具散生灰色皮孔。小叶薄革质,上面略有光泽,下面苍灰色,侧生小叶偏斜,长

图4-5 树头菜

5～18cm，宽2.5～8cm，中脉带红色，侧脉5～10对，网状脉明显；托叶细小，早落；叶柄长3.5～12cm，顶端具腺体，小叶柄长5～10mm。总状或伞房花序着生于小枝顶部，具10～40花；萼片卵状披针形；花瓣白色或黄色；雄蕊多数；雌蕊柄长，柱头头状，近无柄，在雄花中雌蕊不育且近无柄。果球形，表面粗糙，具小斑点。种子多数，暗褐色，种皮平滑。花期3—7月，果期7—8月。

产于洞头（大门岛）、平阳、苍南等地。生于沿海及岛屿的山坡灌丛中。分布于福建、广东、海南、广西、云南等地。越南、老挝、缅甸、柬埔寨、印度、尼泊尔也有。

根、叶可药用；果含生物碱，果皮可提取染料。

3 山柑属（槌果藤属）Capparis L.

直立或攀缘状灌木，稀小乔木。单叶，稀复叶；托叶常刺状。花腋生，单生或排列成多种花序；萼片4，排列成2轮；花瓣4，白色，覆瓦状排列；雄蕊多数，着生于长子房柄基部，花丝丝状；子房具长柄，1～4室，侧膜胎座，胚珠多数。果实为浆果，球状椭圆形或圆筒形，不开裂。种子多数，嵌于果肉内，种皮革质，胚具卷叠子叶。

约150种，广泛分布于全球热带与亚热带地区，少数分布于温带地区。我国约有30种；浙江有1种。

锐叶山柑 独行千里 （图4-6）
Capparis acutifolia Sweet

攀缘状小灌木。枝偶具小短刺。叶互生；叶片纸质，长卵形至卵状披针形，长7～14cm，宽1.8～4cm，先端渐尖，基部楔形或宽楔形，全缘，无毛，侧脉7～10对，细脉两面均隆起；叶柄长约6mm。具2～4花，腋生，呈1短纵列，稀单花；花梗长1～1.5mm，被红褐色毛；萼片4，2大2小，披针形，内面有毛，长4～5mm；花瓣4，白色，狭长圆形，长7～10mm，基部两面及边缘被绒毛；雄蕊20～30；子房卵形，无毛，子房柄长15～18（30）mm。浆果球形或椭圆形，长7～14mm，直径7～12mm，顶端有短喙。花期7～8月，果期10—12月。

产于龙湾（大罗山）、乐清（雁荡山）。生于山坡林下。分布于我国东南部等地。越南、老挝也有。

根、叶可药用，有小毒，有消肿止痛、舒筋活络等功效。

七〇 白花菜科 Capparidaceae

图 4-6 锐叶山柑

七一　十字花科 Brassicaceae

一年生、二年生或多年生草本。单叶，有时呈羽状分裂或复叶；基生叶莲座状，茎生叶互生；常无托叶。总状或复总状花序，顶生或腋生，少单生；花两性，辐射对称；萼片4，2轮，有时内轮2枚基部呈囊状，多早落；花瓣4，展开成"十"字形，基部多数渐狭成爪，稀无花瓣；雄蕊6，四强，外轮2枚较短，内轮4枚较长，花丝基部常具蜜腺；雌蕊1，2心皮合生，子房上位，侧膜胎座，中央常由假隔膜分成2室，每室具1至多数胚珠，排列成1或2行，花柱短或无，柱头1，有时2裂。果实为长角果或短角果，开裂或不开裂。种子小，无胚乳；子叶相对于胚根的排列位置有缘倚、背倚、对折等多种式样。

约330属，3500种，主要分布于北温带地区，特别是中亚、地中海地区和北美洲西部。我国有102属，412种；浙江有29属，56种，其中栽培15种。

本科植物经济价值高，有众多种类可作蔬菜食用，也有许多种类为著名药用植物。

分属检索表

1. 植株无毛或具不分枝单毛，但绝不同时具叉状毛或分枝毛。
   2. 全部或至少部分茎生叶基部耳状至抱茎。
      3. 基生叶或基部茎生叶或二者均为复叶、羽裂或大头羽裂。
         4. 花白色、淡紫色至紫色；复叶。
            5. 水生或湿生植物；地上茎下部节上生不定根；种子每室2行；长角果顶端无喙；子叶缘倚 ……………………………………………………………………………………… 1. 豆瓣菜属 Nasturtium
            5. 陆生或湿生植物；地上茎下部节上通常无根（水田碎米荠 Cardamine lyrata 除外）；种子每室1行。
               6. 长角果顶端无喙；子叶缘倚 …………………………………… 2. 碎米荠属 Cardamine
               6. 长角果顶端有喙；子叶对折 ……………………………… 3. 诸葛菜属 Orychophragmus
         4. 花黄色，稀乳黄色；单叶或复叶。
            7. 瓣柄等于或长于萼片；种子球形 ……………………………………… 4. 芸薹属 Brassica
            7. 瓣柄无，或短于萼片；种子椭圆形至卵形。
               8. 茎明显具棱；花部蜜腺4，离生 …………………………………… 5. 山芥属 Barbarea
               8. 茎圆柱形，无棱；花部蜜腺合生成1枚 ……………………………… 6. 蔊菜属 Rorippa
      3. 基生叶不分裂，全缘或具锯齿。
         9. 长角果 …………………………………………………………………………… 4. 芸薹属 Brassica
         9. 短角果。
            10. 植株高大，高40～100cm；果实成熟时不开裂 ………………………… 7. 菘蓝属 Isatis
            10. 植株矮小，高10～50cm；果实成熟时开裂 ……………………………… 8. 菥蓂属 Thlaspi
   2. 无茎生叶，或茎生叶基部非耳状，不抱茎。
      11. 短角果。

七一 十字花科 Brassicaceae

12. 雄蕊2或4。
  13. 匍匐草本；果实近肾球形，不具翅，成熟时不开裂 ················· 9. 臭荠属 Coronopus
  13. 直立草本；果实卵形至圆形，两侧压扁，具狭翅，成熟时开裂 ······ 10. 独行菜属 Lepidium
12. 雄蕊6。
  14. 果实表面具泡状突起 ·· 11. 阴山荠属 Yinshania
  14. 果实表面不具附属物。
    15. 植株较高大，高达100cm；根肉质肥大 ··················· 12. 辣根属 Armoracia
    15. 植株较矮小，高5～50cm；根不膨大。
      16. 花柱短或不存在；子叶背倚 ······························· 10. 独行菜属 Lepidium
      16. 花柱明显，与子房近等长；子叶缘倚 ······················ 13. 屈曲花属 Iberis
11. 长角果。
  17. 柱头显著2裂 ··· 14. 白芥属 Sinapis
  17. 柱头不裂，或不明显2裂。
    18. 花瓣脉纹明显；果实成熟时不开裂 ························· 15. 萝卜属 Raphanus
    18. 花瓣脉纹不明显；果实成熟时开裂。
      19. 花瓣黄色，有时缺或退化。
        20. 果实顶端具喙。
          21. 茎生叶无毛或被疏毛；果瓣具1明显中脉 ········· 4. 芸薹属 Brassica
          21. 茎生叶密被单毛；果瓣具2脉 ····················· 16. 短果芥属 Hirschfeldia
        20. 果实顶端无喙 ·· 6. 蔊菜属 Rorippa
      19. 花瓣白色、淡紫色或紫色。
        22. 长角果线形，细而长。
          23. 子叶对折 ·· 17. 华葱芥属 Sinalliaria
          23. 子叶缘倚 ·· 2. 碎米荠属 Cardamine
        22. 长角果披针形或椭圆形，较粗短 ······················· 18. 山萮菜属 Eutrema
1. 植株具分枝毛或叉状毛，或同时具单毛。
  24. 茎生叶无柄，基部耳状、箭形或戟形。
    25. 短角果，子房和果实倒三角形至倒心形 ······················· 19. 荠属 Capsella
    25. 长角果。
      26. 植株具毛；花瓣白色；长角果略扁平 ······················· 20. 南芥属 Arabis
      26. 植株仅下部具毛；花瓣淡黄色；长角果略呈四棱形 ········· 21. 旗杆芥属 Turritis
  24. 茎生叶具柄，或无柄但基部非耳状、箭形或戟形。
    27. 短角果。
      28. 花白色；果实椭圆形；种子每室1粒 ···················· 22. 香雪球属 Lobularia
      28. 花黄色；果实卵形；种子每室多粒 ······················· 23. 葶苈属 Draba
    27. 长角果。
      29. 子房和幼果有毛。
        30. 全株密被星状毛；柱头扁头状，不裂；果瓣具3纵脉 ······ 24. 锥果芥属 Berteroella
        30. 全株无星状毛；柱头分裂；果瓣具1中脉。

31. 花紫色、淡红色或白色；柱头显著2裂，略开展 ·················· **25.紫罗兰属 Matthiola**
31. 花多黄色或橘黄色；柱头浅裂 ·················· **26.糖芥属 Erysimum**
29. 子房和幼果无毛。
　32. 叶多不裂；花白色或紫色。
　　33. 植株较矮小，高5～35cm；基生叶莲座状，长1～5cm，宽0.3～1.5cm，叶柄近无 ··············
　　　·················· **27.鼠耳芥属 Arabidopsis**
　　33. 植株较高大，高40～100cm；基生叶非莲座状，长6～8cm，宽1.5～2.5cm，叶柄长4～6cm ···
　　　·················· **28.香花芥属 Hesperis**
　32. 叶三回羽状深裂；花黄色 ·················· **29.播娘蒿属 Descurainia**

❶ 豆瓣菜属 Nasturtium R. Br.

一年生或多年生水生草本，或湿生，植株光滑无毛。茎下部节上生不定根。羽状复叶或羽状深裂；叶柄基部呈耳状，略抱茎。总状花序顶生，短缩或花后延长；花白色或白带紫色。长角果近圆柱形。种子每室多数，1或2行。子叶缘倚。

5种，分布于欧洲、非洲、北美、亚洲。我国有1种；浙江也有。

豆瓣菜 （图4-7）
Nasturtium officinale R. Br.

多年生水生草本，高20～40cm，全体光滑无毛。茎匍匐或浮水生，多分枝，节上生不定根。奇数羽状复叶，小叶3～7(9)，小叶片宽卵形、长圆形或近圆形；顶生小叶片较大，长2～3cm，宽1.5～2.5cm，钝头或微凹，近全缘或呈浅波状，基部平截，小叶柄细而扁；侧生小叶与顶生小叶相似，基部不对称，叶柄基部呈耳状，略抱茎。总状花序顶生，花多数；萼片长卵形，长2～3mm，

图4-7　豆瓣菜

宽约1mm，基部略呈囊状；花瓣白色，倒卵形或宽匙形，具脉纹，长3～4mm，宽1～1.5mm，顶端圆，基部渐狭成细爪；花柱短。长角果扁圆柱形，长5～20mm，宽1.5～2mm；果柄纤细，开展或微弯。种子每室2行，卵形，直径约1mm，红褐色，表面具网纹。花期4—5月，果期6—7月。

原产西亚和欧洲。全球各地有归化。我国广泛归化；长兴、杭州市区、临安等地也有归化。

常栽培作蔬菜。

2 碎米荠属 Cardamine L.

一年生、二年生或多年生小草本，被单毛或无毛。单叶或羽状复叶；茎生叶基部有时耳状至抱茎。总状花序；花白色、淡紫红色或紫色，脉纹不明显；花瓣长于萼片；雌蕊柱状，柱头不裂。长角果线形，扁平，顶端无喙，成熟时开裂。种子每室1行，压扁状，圆柱形，无翅或具狭膜质翅；子叶缘倚。

约200种，全球各地广泛分布，主产于温带地区。我国有48种，广泛分布于南北各地；浙江有9种。

本属中有些种类可供药用，有些种类具观赏价值，有些种类可作野菜食用，有些种类的种子可榨油。

分种检索表

1. 茎生叶基部耳状至抱茎。
    2. 陆生，至多湿生；无匍匐茎；茎生叶奇数羽状复叶，叶柄基部具1对狭披针形耳，抱茎 ················ **1. 弹裂碎米荠 C. impatiens**
    2. 水生或近水生；匍匐茎细长；茎生叶大头羽状全裂，最下1对裂片卵形，向下抱茎 ················ **2. 水田碎米荠 C. lyrata**
1. 茎生叶基部非耳状，不抱茎。
    3. 花白色；根状茎无或不粗壮。
        4. 基生叶为单叶或三出复叶；具不粗壮根状茎 ················ **3. 安徽碎米荠 C. anhuiensis**
        4. 基生叶为羽状复叶或羽状分裂；无明显根状茎。
            5. 顶生小叶或裂片比侧生小叶或裂片大，小叶片近圆形或宽卵形，边缘具波状齿或近全缘。
                6. 叶片先端钝圆，边缘具浅波状圆齿 ················ **4. 圆齿碎米荠 C. scutata**
                6. 叶片先端急尖，边缘缺裂较浅或较深。
                    7. 花梗短于4.5mm；茎中部叶无毛；花二型，具闭花受精的闭锁花和开花受精的开放花；种子具狭翅 ················ **5. 短梗碎米荠 C. kokaiensis**
                    7. 花梗长于4.5mm；茎中部叶无毛或有毛；仅具闭锁花；种子无翅。
                        8. 茎生叶的侧生小叶卵形，1~3波状浅裂或全缘；花略大，花瓣长3.5~4mm ················ **6. 碎米荠 C. occulta**
                        8. 茎生叶的侧生小叶条形或长条形，全缘；花极小，花瓣长1.3~3mm ················ **7. 小花碎米荠 C. parviflora**
            5. 顶生小叶与侧生小叶大小相似，小叶片披针形或宽披针形，边缘具不整齐锯齿 ················ **8. 白花碎米荠 C. leucantha**
    3. 花紫色；根状茎粗壮，呈块茎状；侧生小叶基部不对称，且多少下延成翅状 ················ **9. 大叶碎米荠 C. macrophylla**

1. 弹裂碎米荠 （图4-8）

Cardamine impatiens L. — *C. impatiens* var. *angustifolia* O.E. Schulz — *C. impatiens* var. *dasycarpa* (M. Bieb.) T.Y. Cheo et R.C. Fang

一年生或二年生陆生、至多湿生草本，高20～60cm。茎直立，有少数短柔毛或无毛。奇数羽状复叶；基生叶基部稍扩大成1对狭披针形耳，小叶2～8对；茎生叶基部具耳状抱茎，长3～8mm，顶端渐尖，缘毛显著，小叶5～8对，顶生小叶卵形或卵状披针形，侧生小叶与之相似，但较小；全部小叶散生短柔毛，有时无毛，边缘均有缘毛。总状花序顶生或腋生；花多数，直径约2mm，果时花序极延长；花梗纤细，长2～6mm；萼片长椭圆形，长约2mm；花瓣白色，狭长椭圆形，长2～3mm，基部稍狭；雌蕊柱状，无毛，花柱极短，柱头较花柱稍宽。长角果狭线形而扁，长20～28mm；果梗直立开展或水平开展，长10～15mm。种子椭圆形，长约1.3mm，边缘具极狭的翅。花期4—6月，果期5—7月。

产于杭州市区、临安、淳安、诸暨、宁波市区、余姚、奉化、象山、定海、开化、义乌、临海、温岭、遂昌、龙泉、乐清等地。生于路旁荒地或山坡上、沟谷中、水边或阴湿地上。分布于西南及吉林、辽宁、山西、山东、江苏、安徽、江西、河南、湖北、广西、陕西、甘肃、新疆等地。欧洲及日本、朝鲜半岛也有。

本种分布广泛，形态变异大，不分种下单元。

图4-8 弹裂碎米荠

2. 水田碎米荠 （图4-9）
Cardamine lyrata Bunge

图4-9 水田碎米荠

多年生水生草本，高30～70cm，无毛。根状茎较短，丛生多数须根。茎直立，不分枝，表面有沟棱，具匍匐茎。生于匍匐茎上的叶常为单叶，心形或圆肾形，边缘具波状圆齿或近全缘，有叶柄；茎生叶无柄，大头羽状复叶，小叶2～9对，顶生小叶大，圆形或卵形，侧生小叶略小，最下1对小叶卵形，向下弯曲成耳状抱茎。总状花序顶生；花梗长5～20mm；萼片长卵形，边缘膜质，内轮萼片基部呈囊状；花瓣白色，倒卵形，顶端平截或微凹，基部楔形渐狭；雌蕊圆柱形，花柱长约为子房的一半，柱头球形，比花柱宽。长角果线形，长2～3cm，宽约2mm；果瓣平，自基部具1不明显中脉；果梗水平开展，长12～22mm。种子椭圆形，边缘具显著的膜质宽翅。花期4—6月，果期5—7月。

产于杭州市区、临安、宁波市区、临海、温岭、乐清等地。生于水田边、溪边及浅水处。分布于东北及河北、江苏、安徽、江西、河南、湖南、广西等地。日本、朝鲜半岛及俄罗斯西伯利亚地区也有。

3. 安徽碎米荠 （图4-10）
Cardamine anhuiensis D.C. Zhang et J.Z. Shao

多年生草本，高11～35cm，疏生柔毛或无毛。根状茎粗壮。茎直立。基生叶为三出复叶或单叶,叶柄长2~17cm,顶生小叶近圆形,侧生小叶较小;茎生叶3或5,叶柄长1.3~3.5cm,末端小叶卵圆形或近圆形,小叶柄长6mm,边缘具圆齿,侧生小叶近似顶生小叶,具短柄或无柄。萼片长圆形,长2~2.8mm,宽0.8~1.2mm,基部不呈囊状;花瓣白色,匙形,长4~6mm,宽1.5~2.5mm,先端圆形;长雄蕊长2.5~4mm,短雄蕊长1.5~2.5mm,花药长圆形,长0.5~0.7mm;子房具24~30胚珠,花柱长1~3mm。长角果线形,长2~4cm,宽1~1.5mm,瓣膜光滑,无毛;果梗分枝或直伸,长0.6~1.5cm。种子棕色,长圆形,长1.2~2mm,宽0.8~1.3mm,无翅。花果期3—5月。

产于杭州市区、临安、宁波市区、鄞州、云和等地。生于阴坡溪流边和土坡上。分布于江苏、安徽、江西、湖北、湖南、贵州等地。

《浙江植物志》和《浙江种子植物检索鉴定手册》记载的露珠碎米荠(异堇叶碎米荠)*C. circaeoides* Hook. f. et Thoms. (*C. violifolia* O.E. Schulz var. *diversifolia* O.E. Schulz nom. inval.)系本种的误定,前者分布不及浙江。

图4-10 安徽碎米荠

4. 圆齿碎米荠 浙江碎米荠 (图4-11)

Cardamine scutata Thunb. — *C. zhejiangensis* T.Y. Cheo et R.C. Fang — *C. scutata* Thunb. var. *longiloba* P.Y. Fu

一年生或二年生草本,高15~30cm,具短而密的纤维状根。茎表面有沟棱,具疏柔毛或无毛,基部簇生多数羽状复叶,呈铺散状。基生叶和小叶均有明显的柄,小叶3~4对,顶生小叶肾圆肾形、菱状卵形,先端圆钝,边缘具浅波状圆齿至裂片,基部心形至圆形,侧生小叶较小;茎

七一　十字花科 Brassicaceae

图 4-11　圆齿碎米荠

生叶较小，小叶1～3对。总状花序顶生，花多数；外轮萼片长圆形，内轮萼片卵形，基部囊状，长1.5～1.8mm；花瓣白色，倒卵状楔形，长3.5～4mm；花丝细长，稍扩大；雌蕊柱状，长约5mm，花柱极短，柱头压扁。长角果线形，扁平，长17～20mm，宽约1mm；果梗直立开展，长6～9mm。种子细小，椭圆形，长约1mm，淡褐色。花期4—5月，果期9—11月。

产于长兴、安吉、德清、临安、宁波市区、余姚、磐安、云和、景宁等地。生于海拔150～1200m的溪沟边、山坡上。分布于江苏、安徽、广东、贵州等地。俄罗斯、日本、朝鲜半岛也有。

5. 短梗碎米荠（拟）（图4-12）
Cardamine kokaiensis Yahara et al.

一年生草本，高3～16cm。茎基部匍匐，上部斜升或直立，光滑无毛，稀基部被疏毛，茎基部与中部近等宽。叶羽状分裂；基生叶非莲座状；中部茎生叶具2～5对小叶，顶生小叶肾形、阔卵形或近圆形，长3.2～15.3mm，1～5齿裂，侧生小叶略小于顶生小叶，1～2齿裂；全部小叶无毛。总状花序生于枝顶；花二型；开放花萼片长圆形，长2.1～2.2mm，宽0.6～0.8mm，花瓣白色，匙形、倒卵形至倒披针形，长2.4～2.8mm，宽0.7～0.9mm，雄蕊6；闭锁花萼片长圆形，长1.1~1.2mm，宽0.4~0.5mm，无花瓣，雄蕊4；花梗长1~4.5mm。长角果线形，长9.8~19.8mm。种子长圆形，黄绿色，四周具极狭的翅。花期3—5月，果期4—6月。

产于全省各地。生于田边、路旁荒地上及草地中。分布于我国东部。日本及俄罗斯西伯利亚地区也有。

本种常与碎米荠混生在一起，以往鉴定常混淆，但区别在于前者茎叶无毛、花梗明显较粗短、花二型、种子环生狭翅。

图4-12　短梗碎米荠

6. 碎米荠 （图4-13）

Cardamine occulta Hornem. — *C. flexuosa* With. var. *occulta* (Hornem.) O.E. Schulz

一年生或二年生草本，高6~25cm。茎直立或斜升，呈铺散状，下部有时带淡紫色，上部无毛或有疏毛，下部密被白色粗毛至疏生柔毛。基生叶非莲座状，羽状复叶或羽状分裂，具叶柄，小叶2~7对，顶生小叶卵形、倒卵形或长圆形，先端急尖，3~5齿裂，侧生小叶卵形，较顶生小叶小，1~3波状浅裂或全缘，均有小叶柄；茎生叶有小叶3~6对，与基生叶相似。总状花序生于枝顶，仅具闭锁花，花梗纤细，长2~4mm；萼片长椭圆形；花瓣白色，匙形、倒卵形、倒披针形，长3.5~4mm；雄蕊6。长角果线形，长13.6~24.8mm，与果序轴近平行排列；果序轴左右弯曲；果梗开展或上升，长5.1~10.3mm。种子长圆形或近方形，褐色，无翅。花期3—5月，果期4—6月。

产于全省各地。生于田边、路旁荒地及草地上。分布几遍全国。欧洲及日本、朝鲜半岛也有。

我国鉴定为 C. flexuosa With. 和 C. hirsuta L. 的标本均为本种。前二者均分布于欧洲，C. hirsuta 在日本是外来种，我国未见。

图4-13　碎米荠

7. 小花碎米荠 假弯曲碎米荠 （图4-14）

Cardamine parviflora L. — *C. flexuosa* With. var. *fallax* (O.E. Schulz) T.Y. Cheo et R.C. Fang — *C. flexuosa* With. var. *ovatifolia* T.Y. Cheo et R.C. Cheng — *C. fallax* (O.E. Schulz) Nakai

一年生矮小草本，高7～20cm。根短，纤维状。茎直立，无毛。基生叶有叶柄，羽状复叶，小叶1～5对，多为条形，顶生小叶倒卵形，先端急尖，侧生小叶较小；茎生叶有短叶柄，小叶3～8对，顶生小叶与侧生小叶相似，条形或长条形，常全缘；全部小叶均无毛。总状花序顶生，具多数花，仅具闭锁花；花极小，直径约2mm；花梗纤细，长1.5～3mm；萼片狭卵形；花瓣白色，长椭圆状楔形，顶端圆，长1.3～3mm；花药卵形；雌蕊柱状，花柱极短，柱头比花柱稍宽。角果线形，微扁，直立，与向左右曲折的果序轴近于平行，长约15mm，宽约1mm；果瓣淡褐色，微隆起，光滑无毛，种子间缢缩；果梗斜向开展，纤细，长约5mm。种子椭圆形，长近1mm，褐色，边缘近无翅。花期5—6月，果期6—7月。

产于杭州市区、临安、诸暨、临海、云和等地。生于山区路边潮湿处。分布于黑龙江、内蒙古、山东、江苏、安徽、江西、湖北、湖南、广西、四川、云南、陕西、甘肃等地。欧洲、北非及日本、朝鲜半岛也有。

图4-14 小花碎米荠

8. 白花碎米荠 (图4-15)

Cardamine leucantha (Tausch) O.E. Schulz — *C. cathayensis* Migo — *C. koreana* (Nakai) Nakai — *Dentaria leucantha* Tausch

多年生草本,高30～75cm。根状茎短而匍匐。茎不分枝,表面有沟棱,密被短绵毛或柔毛。奇数羽状复叶;基生叶有长叶柄,小叶2～3对,顶生小叶披针形或宽披针形,小叶柄长5～13mm,侧生小叶的大小、形态与顶生小叶相似,小叶边缘具不整齐锯齿;茎上部叶具1～2对小叶,较小;全部小叶干后带膜质而半透明,两面均有柔毛,尤以下面较多。总状花序顶生,分枝或不分枝,花后伸长;花梗细弱,长约6mm;萼片长椭圆形,边缘膜质,外面有毛;花瓣白色,长圆状楔形;花丝稍扩大;雌蕊细长,子房有长柔毛,柱头扁球形。长角果线形,长1～2cm,宽约1mm;花柱长约5mm;果瓣散生柔毛,毛易脱落;果梗直立开展,长1～2cm。种子长圆形,长约2mm,栗褐色,边缘具狭翅或无。花期4—7月,果期6—8月。

产于湖州市区(吴兴)、长兴、安吉、德清、杭州市区、临安、宁波市区、鄞州、余姚、奉化、宁海、磐安、景宁等地。生于海拔200～1000m的山地路边、山坡湿草地上、林下及沟谷边阴湿处。分布于东北及河北、山西、江苏、安徽、江西、河南、湖北、陕西、甘肃等地。俄罗斯西伯利亚地区、日本、朝鲜半岛也有。

图4-15 白花碎米荠

9. 大叶碎米荠 华中碎米荠 （图4-16）

Cardamine macrophylla Willd. — *C. urbaniana* O.E. Schulz

多年生草本，高30～100cm。根状茎匍匐延伸，密被纤维状须根。茎较粗壮，圆柱形。茎生叶通常4或5，有叶柄；小叶4或5对，椭圆形或卵状披针形，基部不对称，生于最上部的1对小叶基部常下延，生于最下部的1对有时具极短的柄；小叶上面毛少，下面散生短柔毛，有时两面均无毛。总状花序多花；花梗长10～14mm；外轮萼片淡红色，长椭圆形，边缘膜质，内轮萼片基部囊状；花瓣淡紫色，倒卵形；花丝扁平；子房柱状，花柱短，柱头微凹。长角果扁平，长35～45mm，宽2～3mm；果瓣平坦无毛；果梗直立开展，长10～25mm。种子椭圆形，长约3mm，褐色。花期5—6月，果期7—8月。

产于临安、淳安（磨心尖）。生于海拔1000～1400m的山坡灌木林下、沟谷边、石隙间、高山草坡水湿处。分布于西南及内蒙古、河北、山西、湖北、陕西、甘肃、青海等地。日本、印度及俄罗斯西伯利亚地区也有。

图4-16 大叶碎米荠

3 诸葛菜属 Orychophragmus Bunge

一年生或二年生草本，无毛。基生叶及下部茎生叶大头羽状分裂，具长柄；上部茎生叶基部耳状，抱茎，具短柄或无柄。总状花序；花紫色，具长梗；侧蜜腺近三角形，无中蜜腺；花柱短，柱头2裂。长角果线形，具4棱，成熟时2瓣裂；果瓣具锐脊，顶端具长喙。种子

1行，扁平；子叶对折。

1种，分布于亚洲中部和东部。我国有1种；浙江有1种。

Hu et al.[Taxon 64(4):714. 2015]基于居群取样和分子系统学、形态、地理分布等证据，认为诸葛菜属可能存在9种，但是并未作分类处理。陈珍慧等[浙江大学学报(理学版) 44(2): 201. 2017]采用文献考证、野外采集、标本查阅等方法，综合居群形态学统计、细胞学、分子系统学等结果，并根据大种概念，认为诸葛菜有1种，2亚种。本志采用后者观点。

诸葛菜 二月兰（图4-17）
Orychophragmus violaceus (L.) O.E. Schulz

一年生或二年生草本，高10～50cm，无毛。茎单一，直立。基生叶及下部茎生叶大头羽状全裂，顶裂片近圆形或短卵形，顶端钝，基部心形，具钝齿，侧裂片2～6对，卵形或三角状卵形，全缘或具牙齿，叶柄长2～4cm，疏生细柔毛；上部叶长圆形或狭卵形，顶端急尖，基部耳状，抱茎，边缘具不整齐牙齿。花紫色、浅红

图4-17 诸葛菜

色或褪成白色，直径2～4cm；花梗长5～10mm；花萼筒状，紫色，萼片长约3mm；花瓣宽倒卵形，长1～1.5cm，宽7～15mm，密生细脉纹，爪长3～6mm。长角果线形，长7～10cm，具4棱，裂瓣有1突出中脊，喙长1.5～2.5cm；果梗长8～15mm。种子卵形至长圆形，长约2mm，稍扁平，黑棕色，具纵条纹。花期4—5月，果期5—6月。

产于平湖、杭州市区、桐庐、宁波市区、余姚、象山等地。生于平原、山坡、路旁荒地上，公园花坛、绿地普遍栽培。分布于华北、华东、华中等地。朝鲜半岛也有。

常作早春花卉栽培；嫩茎叶可作蔬菜；种子可榨油。

a. 铺散诸葛菜　羽裂叶诸葛菜　（图4-18）

subsp. **homaeophyllus** (Hance) Z.H. Chen et X.F. Jin — *O. violaceus* (L.) O.E. Schulz var. *homaeophyllus* (Hance) O.E. Schulz — *O. diffusus* Z.M. Tan et J.M. Xu

与诸葛菜的主要区别在于本亚种茎铺散，茎生叶大头羽裂，具柄，基部扩大成耳形。

产于杭州市区（余杭）、桐庐等地。生于海拔150～300m的山坡草丛中。分布于江苏等地。

图4-18　铺散诸葛菜

4 芸薹属 Brassica L.

草本，被单毛或无毛。基生叶与茎下部叶多为大头羽裂或不裂，茎上部叶全缘，茎生叶有柄或抱茎。总状花序伞房状；花黄色或乳黄色；花瓣脉纹不明显，瓣柄等于或长于萼片；柱头头状，不明显2裂。长角果长圆柱形，稍扁，不具4棱，成熟时开裂；果瓣具1明显中脉。种子每室1行，球形；子叶对折。

约40种，主要分布于地中海地区。我国有6种；浙江栽培4种。

本属植物为重要蔬菜，少数种类的种子可榨油；为蜜源植物；某些种类可药用。

七一 十字花科 Brassicaceae

分种检索表

1. 叶片深绿色、绿色，或内层白色，质较薄；花较小，萼片开展或直立，花瓣黄色，长4～10mm。
 2. 茎生叶全缘，基部耳状抱茎；植株无辛辣味；主根肉质膨大 …………………………… 1. 芜菁 B. rapa
 2. 茎生叶边缘具锯齿，基部不为耳状抱茎；植株有辛辣味；主根通常不膨大 ……… 2. 芥菜 B. juncea
1. 叶片蓝绿色、淡绿色或乳白色；花较大，萼片直立，花瓣乳黄色，长10～15mm，瓣柄显著。
 3. 基生叶大头羽裂，不包叠成球形 …………………………………………………… 3. 欧洲油菜 B. napus
 3. 基生叶包叠成球形 ………………………………………………………………………… 4. 野甘蓝 B. oleracea

1. 芜菁　蔓菁　盘菜　（图4-19）
Brassica rapa L.

二年生草本，高达100cm。块根肉质，扁球形、球形或纺锤形；外皮白色、黄色或红色，根肉质，白色或黄色，无辣味。茎直立，具分枝，下部稍有毛，上部无毛。叶深绿色或绿色；基生叶大头羽裂或为复叶，顶裂片或小叶很大，边缘波状或浅裂，侧裂片或小叶约5对，向下渐变小，上面具少数散生刺毛，下面具白色尖锐刺毛，叶柄长10～16cm；中部及上部茎生叶长圆状披针形，无毛，带粉霜，基部宽心形，至少半抱茎，无柄。总状花序顶生；花直径4～5mm；花梗长10～15mm；萼片长圆形，长4～6mm；花瓣鲜黄色，倒披针形，长4～8mm，有短爪。长角果线形，长3.5～8cm；果瓣具1明显中脉；喙长10～20mm；果梗长达3cm。种子球形，直径约1.8mm，浅黄棕色，有细网状窠穴。花期3—4月，果期5—6月。

原产于欧洲，欧洲、亚洲、美洲有栽培。我国各地有引种；温州等地有栽培。

块根作蔬菜鲜食或腌制食用。

图4-19　芜菁

分变种检索表

1. 主根肉质膨大 ·· **1.芜菁** var. **rapa**
1. 主根不膨大。
   2. 叶片层层包叠成长椭圆形或圆筒形；叶柄具宽薄翅；叶片外层绿色，内层白色 ··· **1b.白菜** var. **glabra**
   2. 叶片非层层包叠状；叶柄无翅；叶片绿色、墨绿色或紫色。
     3. 基生叶倒卵状长圆形，全缘 ··· **1a.青菜** var. **chinensis**
     3. 基生叶大头羽状分裂，叶缘具齿。
       4. 茎生叶绿色或深绿色 ·· **1c.芸薹** var. **oleifera**
       4. 全株带紫色 ··· **1d.紫菜薹** var. **purpuraria**

1a. 青菜 塌棵菜 小白菜 （图4-20）

var. **chinensis** (L.) Kitam. — *B. chinensis* L. — *B. chinensis* var. *oleifera* Makino et Nemoto — *B. narinosa* Bailey

主根不膨大。叶柄无翅；叶片绿色或墨绿色，非层层包叠状；基生叶倒卵状长圆形，全缘。

图4-20　青菜

原产于我国,全球各地有栽培。我国各地广泛栽培;全省各地广泛栽培。

为常见蔬菜,品种众多。

1b. 白菜 大白菜 黄芽菜（图4-21）
var. **glabra** Regel — *B. pekinensis* (Lour.) Rupr.

主根不膨大。叶柄扁而宽,边缘有具缺刻的宽薄翅;叶片外层绿色,内层白色,层层包叠成长椭圆形或圆筒形。

原产于我国华北,全球各地有栽培。我国各地广泛栽培;全省各地有栽培。

为冬、春季重要蔬菜。

图4-21 白菜

1c. 芸薹 油菜 菜薹（图4-22）
var. **oleifera** DC. — *B. campestris* L.

主根不膨大。叶柄无翅;叶片绿色或墨绿色,非层层包叠状;基生叶大头羽状分裂,叶缘

图4-22 芸薹

具齿。

原产于我国，全球各地有栽培。我国各地广泛栽培；全省各地也广泛栽培。

为主要油料作物之一，种子含油量为40%左右，油可食用；嫩茎叶和花序梗可作蔬菜食用。

1d. 紫菜薹 （图4-23）
var. **purpuraria** (L.H. Bailey) Kitam. — *B. purpuraria* (L.H. Bailey) L.H. Bailey

主根不膨大。茎、叶片、叶柄、花序轴及果瓣均带紫色。叶柄无翅；叶片非层层包叠状；基生叶大头羽状分裂，叶缘具齿。

原产于我国。我国多地有栽培；杭州、台州、宁波等地也有栽培。

嫩茎叶和花序梗可作蔬菜食用。

图4-23　紫菜薹

2. 芥菜 （图4-24）
Brassica juncea (L.) Czern. et Coss.

一年生草本，高30～150cm，常无毛，有时幼茎及叶具刺毛，带粉霜，有辣味。茎直立，具分枝。基生叶宽卵形至倒卵形，长15～35cm，顶端圆钝，基部楔形，大头羽裂，具2或3对裂片，或不裂，边缘均具缺刻或牙齿，叶柄长3～9cm，具小裂片；茎下部叶较小，边缘具缺刻或牙齿，有时具圆钝锯齿，不抱茎；茎上部叶狭披针形，长2.5～5cm，宽4～9mm，边缘具不明显疏齿或全缘。总状花序顶生，花后延长；花黄色，直径7～10mm；花梗长4～9mm；萼片淡黄色，长圆状椭圆形，长4～5mm，直立开展；花瓣倒卵形，长8～10mm，宽4～5mm。长角果线形，长3～5.5cm，宽2～3.5mm；果瓣具1突出中脉；喙长6～12mm；果梗长5～15mm。种子球形，直径约1mm，紫褐色。花期3—5月，果期5—6月。

原产于亚洲，俄罗斯、蒙古等地有栽培。全国各地有栽培；全省各地也有栽培。

叶盐腌可食用；种子磨粉可作调味料；种子榨出的油称芥子油；为优良的蜜源植物。

图 4-24　芥菜

分变种检索表

1.主根或下部叶的叶柄均不膨大。
　　2.植株直立；基生叶非多重分裂。
　　　　3.基生叶大头羽裂或不裂，边缘均具缺刻或牙齿……………………………………**2.芥菜　var. juncea**
　　　　3.基生叶非大头羽裂。
　　　　　　4.边缘具波状钝齿………………………………………………………**2a.大叶芥菜　var. foliosa**
　　　　　　4.边缘具重锯齿…………………………………………………………**2b.油芥菜　var. gracilis**
　　2.植株铺散状；基生叶多重分裂，边缘皱卷…………………………………**2c.雪里蕻　var. multiceps**
1.主根或下部叶的叶柄肉质膨大。
　　5.块根肉质膨大……………………………………………………………………**2d.大头菜　var. napiformis**
　　5.主根不膨大；下部叶的叶柄肉质膨大。
　　　　6.叶柄中部呈瘤状突起…………………………………………………………**2e.叶瘤芥　var. stumata**
　　　　6.叶柄基部膨大，聚集成拳状…………………………………………………**2f.榨菜　var. tumida**

2a. 大叶芥菜 （图4-25）
var. foliosa L.H. Bailey

基生叶及茎生叶大，仅下部具裂片，边缘具波状钝齿。

原产于我国。四川等地有栽培；浙江各地广泛栽培。

常作腌菜。

图4-25 大叶芥菜

2b. 油芥菜 细叶油芥菜 （图4-26）
var. gracilis Tsen et Lee

基生叶长圆形或倒卵形，边缘具重锯齿。

原产于我国。全国各地有栽培；浙江各地广泛栽培。

种子可榨油，也可食用，磨粉可作调味品。

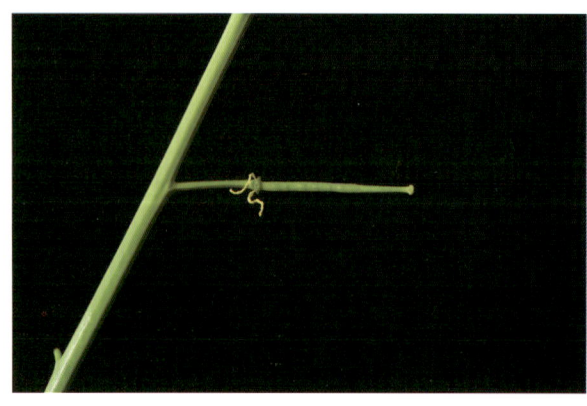

图4-26 油芥菜

2c. 雪里蕻 （图4-27）
var. multiceps Tsen et Lee

基生叶及茎下部叶多裂，边缘皱卷，茎上部叶具齿或稍分裂，最上部叶全缘。

原产于我国。湖南、湖北等地有栽培；浙江各地广泛栽培。模式标本采自宁波。

叶盐腌作蔬菜食用。

图4-27　雪里蕻

2d. 大头菜　芥菜疙瘩 （图4-28）
var. napiformis (Pailleux et Bois) Kitamura —— var. *megarrhiza* Tsen et Lee

块根肉质，粗大，坚实，长圆球形，顶部不缩小，外皮及根肉均为黄棕色，下面生多数须根；基生叶及下部茎生叶长圆状卵形，长20～30cm，具粗齿，稍具粉霜。

原产于我国。江苏、湖北、云南等地有栽培；浙江各地广泛栽培。

块根可鲜食或酱渍食用，也可作饲料。

图4-28　大头菜

2e. 叶瘤芥 （图4-29）
var. stumata Tsen et Lee

叶片宽大，叶柄短宽，下部叶的叶柄基部肉质膨大成多个大小不等的瘤状物。

原产于我国。全国各地广泛栽培。

叶柄瘤块可作蔬菜鲜食或腌制食用。

图4-29　叶瘤芥

2f. 榨菜 (图4-30)

var. tumida Tsen et Lee

下部叶的叶柄基部肉质,膨大,形成高低不平的拳状;基生叶倒卵形或长圆形,长40~80cm,平坦或皱缩,基部大头羽状深裂,成为具沟的粗叶柄。

品种众多,因其形态不同各有名称。

原产于我国。四川、重庆等地有栽培;浙江各地广泛栽培。

可作蔬菜鲜食,也可腌制食用。

图4-30 榨菜

3. 欧洲油菜 (图4-31)

Brassica napus L.

一年生或二年生草本,高30~50cm,具粉霜。茎直立,具分枝,仅幼叶具少数散生刚毛。叶深绿色;下部叶大头羽裂,长5~25cm,宽2~6cm,顶裂片卵形,长7~9cm,顶端圆形,基部近平截,边缘具钝齿,侧裂片约2对,卵形,长1.5~2.5cm,叶柄长2.5~6cm,基部具裂片;中部及上部茎生叶由长圆状椭圆形渐变成披针形,基部心形,抱茎。总状花序伞房状;花直径10~15mm;花梗长6~12mm;萼片卵形,长5~8mm;花瓣淡黄色,倒卵形,长10~15mm,爪长4~6mm。长角果线形,长40~80mm;果瓣具1中脉;喙细,长1~2cm;果梗长约2cm。种子球形,直径约1.5mm,黄棕色,近种脐处常带黑色,有网状窠穴。花期3—4月,果期4—5月。

原产于欧洲,全球各地广泛栽培。我国各地有栽培;全省各地也有栽培。

为主要油料作物之一,可食用。

图 4-31 欧洲油菜

3a. 芜菁甘蓝 蔓菁甘蓝 （图 4-32）
var. napobrassica (L.) Rchb.

根部肉质，膨大成卵球形或圆锥形。

原产于欧洲地中海地区。河北、江苏、江西、贵州、云南等地有栽培；全省零星栽培。

常作蔬菜食用。

图 4-32 芜菁甘蓝

4. 野甘蓝
Brassica oleracea L.

二年生或多年生高大草本。下部叶大，大头羽状深裂，长达40cm，具有色叶脉，有柄；顶裂片大，顶端圆形，基部歪心形，边缘波状，具细圆齿，顶裂片3～5对，倒卵形，上部叶长圆形，全缘，抱茎，无毛，具白粉霜。总状花序在果期长达30cm或更长；花浅黄色，直径10～15mm；萼片长圆形，直立，长8～11mm；花瓣倒卵形，长15～20mm，有爪。长角果圆筒形，长5～10cm；喙长5～10mm；果梗长约2cm；种子球形，直径约2mm。

原变种分布于英国及地中海地区。我国不产，也无栽培。浙江栽培以下7个变种。

分变种检索表

1. 茎基部不膨大成球体。
  2. 基生叶层层包裹成扁球形 ·· **4a. 甘蓝** var. **capitata**
  2. 基生叶不包裹成扁球形。
    3. 茎的叶腋不具有大的球形叶芽。
      4. 茎顶端不形成肉质头状体（花球）。
        5. 茎伸长不明显；叶强烈皱缩，呈红紫色、黄白色、黄绿色、粉红色等 ·· **4b. 羽衣甘蓝** var. **acephala**
        5. 茎基部强烈伸长；叶不皱缩，绿色 ·················· **4c. 芥蓝** var. **albiflora**
      4. 茎顶端具1个由花序梗、花梗和未发育的花芽密集成的肉质头状体（花球）。
        6. 花球乳白色 ·· **4d. 花椰菜** var. **botrytis**
        6. 花球绿色 ·· **4e. 青花菜** var. **italica**
    3. 茎的叶腋着生直径2～3cm的球形叶芽 ············ **4f. 抱子甘蓝** var. **gemmifera**
1. 茎在离地面2～4cm处膨大成1实心长圆球体或扁球体 ············ **4g. 擘蓝** var. **gongylodes**

4a. 甘蓝 包心菜 （图4-33）
var. **capitata** L. —— *B. capitata* DC. ex H. Lév.

图4-33　甘蓝

基生叶层层包裹成球状体，扁球形，直径10～30cm或更大，乳白色或淡绿色。

原产于欧洲地中海地区。全国各地广泛栽培；全省各地有栽培。

球状体作蔬菜广泛栽培、食用。

4b. 羽衣甘蓝 （图4-34）
var. **acephala** DC.

叶强烈皱缩，呈红紫色、白黄色、黄绿色、粉红色等，有长叶柄。

原产于欧洲地中海地区。全国各地广泛栽培。

常作冬季观赏植物；嫩叶可作蔬菜食用。

图4-34 羽衣甘蓝

4c. 芥蓝　白花甘蓝 （图4-35）
var. **albiflora** Kuntze — *B. alboglabra* L.H. Bailey

茎基部强烈伸长，非肉质。下部茎生叶绿色，少数，疏生，不聚生成头状；腋生叶芽不形成头状。总状花序疏生，非肉质。

原产于欧洲地中海地区。北京、福建、台湾、广东、广西、云南等地有栽培；杭州、宁波、台州、温州等地有栽培。

嫩叶可作蔬菜食用。

图 4-35 芥蓝

4d. 花椰菜 花菜
（图 4-36）

var. **botrytis** L. — *B. botrytis* (L.) Mill.

茎直立，粗壮，有分枝，茎顶端有 1 个由花序梗、花梗和未发育的花芽密集成的乳白色肉质头状体（花球）。

原产于欧洲地中海地区。全国各地有栽培。

头状体可食用，为常见蔬菜。

图 4-36 花椰菜

4e. 青花菜 西蓝花 绿花菜 （图 4-37）

var. **italica** Plenck

形态与花椰菜相似，花球绿色。

原产于意大利。全国各地有栽培。

头状体可食用，为常见蔬菜。

图 4-37 青花菜

4f. 抱子甘蓝 （图4-38）

var. **gemmifera** (DC.) Zenker — *B. gemmifera* (DC.) H. Lév.

茎粗壮，直立，高0.5~1m，茎全部叶腋具大的柔软叶芽，直径2~3cm。

原产于欧洲地中海地区。北京、江苏、河南、湖北、台湾、云南等地有栽培；杭州、台州等地有栽培。

叶芽可作蔬菜食用。

图4-38 抱子甘蓝

4g. 擘蓝 （图4-39）

var. **gongylodes** L. — *B. caulorapa* Pasq. — *B. oleracea* L. var. *caulorapa* DC.

茎短，在离地面2~4cm处膨大成1实心长圆球体或扁球体，绿色，其上生叶。下部茎生叶绿色，多数，并不聚生成头状；腋生叶芽不形成头状。总状花序非肉质，不短缩成头状；花黄色。

原产于欧洲地中海地区。全国各地有栽培；杭州、台州等地有栽培。

球茎及嫩叶可作蔬菜食用。

图4-39 擘蓝

5 山芥属 Barbarea R. Br.

草本，无毛或具疏毛。茎具纵棱。基生叶及茎下部叶大头羽状分裂，基部耳状抱茎；上部叶具齿或羽状分裂。总状花序；内轮2萼片常在顶端隆起成兜状；花瓣黄色，具爪；雄蕊6，蜜腺4，离生；子房圆柱形，花柱短，柱头2裂或头状。长角果近圆柱状四棱形，开裂。种子每室1行，长椭圆形或椭圆形；子叶缘倚。

全球约22种，主产于亚洲西南部、欧洲、北美及澳大利亚。我国有5种；浙江有1种。

山芥 （图4-40）
Barbarea orthoceras Lédeb.

二年生草本，高25～60cm，全株无毛。茎直立，具棱，下部常带紫色，单一或具少数分枝。基生叶及茎下部叶大头羽状分裂，顶裂片大，长2～5.5cm，宽1～3cm，宽椭圆形或近圆形，顶端钝圆，基部圆形、楔形或心形，边缘呈微波状或具圆齿，侧裂片小，1～5对，具叶柄，基部耳状抱茎；茎上部叶较小，宽披针形或长卵形，边缘具疏齿，无柄，基部耳状抱茎。总状花序顶生，初密集，花后延长；萼片椭圆状披针形，内轮2枚顶端隆起成兜状，长2.5～3mm，宽0.5～1mm；花瓣黄色，长倒卵形，长3～4.5mm，宽0.7～1.2mm，基部具爪。长角果线状四棱形，长2～3.5cm，紧贴果轴而密集着生，果成熟时稍开展；果瓣隆起，中脉显著。种子椭圆形，长1.5mm，宽0.5mm，深褐色，表面具细网纹；子叶缘倚。花果期5—8月。

产于临安（千顷塘）。生于沟谷边。分布于东北及内蒙古、新疆等地。俄罗斯、蒙古、日本、朝鲜半岛也有。

图4-40 山芥

6 蔊菜属 Rorippa Scop.

草本，无毛或有单毛。茎无棱。叶全缘，浅裂或羽状分裂。总状花序；萼片4；花瓣4或有时缺，黄色，脉纹明显；雄蕊6，蜜腺合生成1枚；柱头全缘或2裂。长角果多呈细圆柱形，或为短角果呈椭圆形、球形，成熟时开裂；果瓣突出，有时呈4瓣裂。种子每室1或2行，细小，多数；子叶缘倚。

约75种，广泛分布于北半球温暖地区。我国有9种，南北各地均有分布；浙江有5种。

分种检索表

1. 花具叶状苞片，几无小花梗；短角果圆柱形至长圆形 ················· **1. 广州蔊菜 R. cantoniensis**
1. 花无苞片；小花梗明显。
  2. 无花瓣；种子每室1行 ·· **2. 无瓣蔊菜 R. dubia**
  2. 具黄色花瓣。
    3. 角果近球形 ·· **3. 球果蔊菜 R. globosa**
    3. 角果较长，非球形。
      4. 角果线状圆柱形或长圆状棒形，长1～2cm ······················· **4. 蔊菜 R. indica**
      4. 角果椭圆形或近圆柱形，长3～8mm ····························· **5. 沼生蔊菜 R. islandica**

1. 广州蔊菜 （图4-41）
Rorippa cantoniensis (Lour.) Ohwi

一年生或二年生草本，高10～30cm，植株无毛。茎直立或呈铺散状分枝。基生叶具柄，基部扩大贴茎，叶片羽状深裂或浅裂，长4～7cm，宽1～2cm，裂片4～6，边缘具2或3缺刻状齿，顶裂片较大；茎生叶渐缩小，无柄，基部呈短耳状，抱茎，叶片倒卵状长圆形或匙形，边缘常呈不规则齿裂，向上渐小。总状花序顶生；花黄色，近无柄，生于叶状苞片腋部；萼片4，宽披针形，长1.5～2mm，宽约1mm；花瓣4，倒卵形，基部渐狭成爪，稍长于萼片；雄蕊6，近等长，花丝线形。短角果圆柱形，长6～8mm，宽1.5～2mm，柱头短，头状。种子极多数，细小，扁卵形，红褐色，表面具网纹，一端凹缺；子叶缘倚。花期3—4月，果期4—6月（有时秋季也有开花结实的）。

产于湖州市区（吴兴）、杭州市区、临安、建德、诸暨、余姚、奉化、象山、宁海、临海、温岭、瑞安等地。生于田边路旁、山沟、河边或潮湿地上。分布于华东、华中及辽宁、河北、山东、台湾、广东、广西、四川、云南、陕西等地。俄罗斯、日本、朝鲜半岛、越南也有。

图4-41 广州葶苈

2. 无瓣蔊菜 （图4-42）

Rorippa dubia (Pers.) Hara

一年生草本，高10～30cm，光滑无毛。茎直立或呈铺散状分枝。基生叶与茎下部叶倒卵形或倒卵状披针形，多数呈大头羽状分裂，顶裂片大，边缘具不规则锯齿，下部具1或2对小裂片，稀不裂；茎上部叶卵状披针形或长圆形，边缘具波状齿，上、下部叶叶形及大小均多变化，具短柄或无柄。总状花序；萼片4，直立，披针形至条形，长约3mm，宽约1mm，边缘膜质；无花瓣

（偶具不完全花瓣）；雄蕊6，2枚较短。长角果线形，长2～3.5cm，宽约1mm，细而直；果梗纤细，斜升或近水平开展。种子每室1行，多数，细小，褐色，近卵形，一端尖而微凹，表面具细网纹；子叶缘倚。花期4—6月，果期6—8月。

产于杭州市区、余姚、江山、金华市区、温岭、龙泉、文成等地。生于山坡路旁、山谷、河边湿地、园圃中及田野较潮湿处。分布于华东、西南及湖北、湖南、广东、广西、陕西、甘肃等地。日本、印度尼西亚、菲律宾、印度、美国南部也有。

图4-42　无瓣蔊菜

3. 球果蔊菜　风花菜　（图4-43）
Rorippa globosa (Turcz.) Hayek

一年生、二年生直立粗壮草本，高20～80cm，植株被白色硬毛或近无毛。茎单一，下部被白色长毛，上部近无毛，分枝或不分枝。茎下部叶具柄，上部叶无柄，叶片长圆形至倒卵状披针形，基部下延成短耳状而半抱茎，两面被疏毛，尤以叶脉为显。总状花序多数，呈圆锥花序式排列，果时伸长；花小，黄色，具细梗，长4～5mm；萼片4，长卵形，边缘膜质；花瓣4，倒卵形，与萼片等长或稍短，基部渐狭成短爪；雄蕊6，四强或近等长。短角果近球形，直径约2mm；果瓣隆起，平滑无毛，具不明显网纹，顶端具宿存短花柱；果梗纤细，水平开展或稍向下弯，长4～6mm。种子多数，淡褐色，极细小，扁卵形，一端微凹；子叶缘倚。花期4—6月，果期7—9月。

产于湖州市区（吴兴）、杭州市区、富阳、临安、建德、淳安、武义、庆元

图4-43　球果蔊菜

等地。生于海拔30～500m的河岸边、湿地或路旁荒地上、沟边或草丛中，也生于干旱处。分布于黑龙江、吉林、河北、山西、山东、江苏、安徽、江西、湖北、湖南、广东、广西、云南等地。俄罗斯也有。

4. 蔊菜 （图4-44）
Rorippa indica (L.) Hiern.

一年生、二年生直立草本，高20～40cm，植株较粗壮，无毛或具疏毛。茎单一或分枝。基生叶及茎下部叶具长柄，叶形多变化，通常大头羽状分裂，顶裂片大，卵状披针形，边缘具不整齐牙齿，侧裂片1～5对；茎上部叶叶片宽披针形或匙形，边缘具疏齿，具短柄或基部耳状抱茎。总状花序顶生或侧生；花小，多数，具细花梗；萼片4，卵状长圆形，长3～4mm；花瓣4，黄色，匙形，基部渐狭成短爪，与萼片近等长；雄蕊6，2枚稍短。长角果线状圆柱形，短而粗，长1～2cm，宽1～1.5mm，直立或稍内弯，成熟时果瓣隆起；果梗纤细，长3～5mm，斜升或近水平开展。种子每室2行，多数，细小，扁卵圆形，一端微凹，表面褐色，具细网纹；子叶缘倚。花期4—6月，果期6—8月。

产于全省各地。生于路旁荒地上、田边、园圃中、河边、屋边墙脚及山坡路旁等较潮湿处。分布于山东、江苏、江西、福建、河南、湖南、台湾、广东、四川、云南、陕西、甘肃等地。日本、朝鲜半岛、印度尼西亚、菲律宾、印度等也有。

图4-44 蔊菜

5. 沼生䓕菜 （图4-45）
Rorippa islandica (Oed.) Borb.

一年生、二年生草本，高20～50cm，光滑无毛或稀有单毛。茎直立，单一或分枝，下部常带紫色。基生叶多数，具柄，叶片羽状深裂或大头羽裂，裂片3～7对，边缘具不规则浅裂或呈深波状，顶裂片较大，基部耳状抱茎；茎生叶向上渐小，近无柄，叶片羽状深裂或具齿，基部耳状抱茎。总状花序顶生或腋生，果时伸长；花小，多数，黄色或淡黄色，具纤细花梗，长3～5mm；萼片长椭圆形；花瓣长倒卵形至楔形，等于或稍短于萼片；雄蕊6，近等长，花丝线状。短角果椭圆形或近圆柱形，有时稍弯曲，长3～8mm，宽1～3mm；果瓣肿胀。种子每室2行，多数，褐色，细小，近扁卵形，一端微凹，表面具细网纹；子叶缘倚。花期4—7月，果期6—8月。

产于临安、桐庐、建德、诸暨、定海、义乌等地。生于潮湿环境或近水处、溪岸边、田边、山坡草地上。分布于东北、华北及江苏、安徽、河南、湖南、贵州、云南、陕西、甘肃、青海、新疆等地。北半球温暖地区皆有分布。

图4-45 沼生䓕菜

7 菘蓝属 Isatis L.

草本，无毛或具单毛。叶基部箭形或耳形，抱茎或半抱茎，全缘。总状花序呈圆锥花序状；萼片基部不呈囊状；花瓣淡黄色；侧蜜腺几呈环状，向内侧常略弯曲，中蜜腺窄，连接侧蜜腺；子房1室，具1或2胚珠，柱头几无柄，近2裂。短角果长圆形，压扁，成熟时不开裂，至少在上部具翅。种子1，长圆形；子叶背倚。

约50种，主要分布于西亚、中亚。我国有4种；浙江栽培1种。

菘蓝　欧洲菘蓝　（图4-46）

Isatis tinctoria L. — *I. indigotica* Fortune — *I. tinctoria* var. *indigotica* (Fortune) T.Y. Cheo et K.C. Kuan

二年生草本，高40～100cm。茎直立，绿色，顶部多分枝，植株光滑无毛，带白粉霜。基生叶莲座状，长圆形至宽倒披针形，长5～15cm，宽1.5～4cm，顶端钝或尖，基部渐狭，全缘或稍具波状齿，具柄；茎生叶蓝绿色，长椭圆形或长圆状披针形，长7～15cm，宽1～4cm，基部耳不明显或为圆形。萼片宽卵形或宽披针形，长2～2.5mm；花瓣淡黄色，宽楔形，长3～4mm，顶端近平截，具短爪。短角果近长圆形，扁平，无毛，边缘具翅；果梗细长，微下垂。种子长圆形，长3～3.5mm，淡褐色。花期3—4月，果期5—6月。

原产于欧洲，亚洲有引种栽培。河北、山西、江苏、安徽、河南、陕西、甘肃等地有栽培。杭州（杭州植物园、浙江农林大学）有引种。

根（板蓝根）、叶（大青叶）均可药用；叶可提取蓝色染料；种子可榨油供工业用。

图4-46　菘蓝

8 菥蓂属 Thlaspi L.

草本，无毛，少数有单毛，常被白粉。基生叶莲座状；茎生叶抱茎。总状花序伞房状；萼片基部不呈囊状；花瓣白色，长为萼片的2倍，下部楔形；侧蜜腺成对，无中蜜腺；子房2室，具2~16胚珠，柱头头状，近2裂，花柱短或长。短角果倒卵状长圆形或近圆形，压扁，微具翅，成熟时不开裂。种子椭圆形；子叶缘倚。

约75种，主产于北温带欧亚大陆，特别是西亚、南欧。我国有6种；浙江有1种。

菥蓂（图4-47）
Thlaspi arvense L.

一年生草本，高10~50cm，无毛。茎直立，不分枝或分枝，具棱。基生叶倒卵状长圆形，长3~5cm，宽1~1.5cm，顶端圆钝或急尖，基部抱茎，两侧箭形，边缘具疏齿；叶柄长1~3cm。总状花序顶生；花白色，直径约2mm；花梗细，长5~10mm；萼片直立，卵形，长约2mm，顶端圆钝；花瓣长圆状倒卵形，长2~4mm，顶端圆钝或微凹。短角果倒卵形或近圆形，长13~16mm，宽9~13mm，扁平，顶端凹，边缘具宽约3mm的翅。种子每室2~8，倒卵形，长约1.5mm，稍扁平，黄褐色，具同心环状条纹。花期3—4月，果期5—6月。

产于杭州市区、宁波市区（镇海）。生于平地路旁、沟边或村落附近。分布几遍全国。亚洲、欧洲、非洲北部也有。

图4-47 菥蓂

⑨ 臭荠属 Coronopus J.G. Zinn nom. cons.

草本，无毛或有单毛。茎匍匐或近直立，多分枝。基生叶一回或二回羽状分裂。总状花序；花小，白色；雄蕊2或4；侧蜜腺钻形或半月形，中蜜腺点状或锥形；子房卵形或近圆形，花柱极短，柱头稍2裂。短角果呈2个半球形，压扁，每室具1种子，成熟时不开裂；果瓣近球形，皱缩或网状。种子卵形或半球形；子叶背倚。

10种，近全球广泛分布。我国有2种；浙江有1种。

臭荠（图4-48）
Coronopus didymus (L.) J.E. Smith

一年生或二年生匍匐草本，高5~30cm，全体具臭味。主茎短且不明显，基部多分枝，无毛或有长单毛。叶一回或二回羽状全裂，裂片3~5对，条形或狭长圆形，长4~8mm，宽0.5~1mm，顶端急尖，基部楔形，全缘，两面无毛；叶柄长5~8mm。花极小，直径约1mm；萼片具白色膜质边缘；花瓣白色，长圆形，比萼片稍长，或无花瓣；雄蕊通常2。短角果肾形，长约1.5mm，宽2~2.5mm，2裂；果瓣半球形，表面有粗糙皱纹，成熟时分离成2瓣。种子肾形，长约1mm，红棕色。花期3月，果期4—5月。

原产于欧洲，亚洲、北美广泛归化。华东及山东、湖北、台湾、广东、四川、云南普遍归化；全省广泛归化。为生于路旁荒地上的杂草。

图4-48 臭荠

⑩ 独行菜属 Lepidium L.

草本，常具单毛。茎直立，分枝。单叶，具叶柄。总状花序；萼片基部不呈囊状；花瓣白色；雄蕊6，常退化成2或4，基部间具微小蜜腺；花柱短或无，柱头头状，有时稍2裂，子房常具2胚珠。短角果卵形至近圆形，扁平，成熟时开裂；果瓣有龙骨状突起，或上部稍有翅。种子卵形或椭圆形；子叶背倚，很少缘倚。

约180种，全球广泛分布。我国有16种，全国各地均有分布；浙江有3种。

分种检索表

1. 茎无毛或具微小头状毛；种子边缘无翅。
   2. 茎无毛或具微小头状毛；花发育不完全，花瓣无或退化成丝状，比萼片短 ··· 1. 独行菜 L. apetalum
   2. 茎无毛，常具蓝灰色粉霜；花发育正常，花瓣白色或蔷薇色 ················ 2. 家独行菜 L. sativum
1. 茎上具柱状腺毛；种子边缘具狭翅 ··· 3. 北美独行菜 L. virginicum

1. 独行菜
Lepidium apetalum Willd.

一年生或二年生草本，高5～30cm。茎直立，有分枝，无毛或具微小头状毛。基生叶狭匙形，一回羽状浅裂或深裂，长3～5cm，宽1～1.5cm，叶柄长1～2cm；茎上部叶条形，具疏齿或全缘。总状花序在果时可延长至5cm；萼片早落，卵形，长约0.8mm，外面有柔毛；花瓣无或退化成丝状，比萼片短；雄蕊2或4。短角果近圆形或宽椭圆形，扁平，长2～3mm，宽约2mm，顶端微凹，上部具短翅，隔膜宽不到1mm；果梗弧形，长约3mm。种子椭圆形，长约1mm，平滑，棕红色。花果期5—7月。

产于杭州市区、普陀、岱山、乐清等地。生于山坡、山沟、路旁荒地上及村庄附近，为常见的田间杂草。分布于东北、华北、西南、西北及江苏、安徽等地。亚洲东部和中部、喜马拉雅地区及俄罗斯也有。

嫩叶可作野菜食用；全草可药用；种子可作"葶苈子"用，亦可榨油。

2. 家独行菜
Lepidium sativum L.

一年生草本，高20～40cm。茎单一，直立，有分枝，无毛，常具蓝灰色粉霜。基生叶倒卵状椭圆形，一回、二回羽状全裂或浅裂，少数仅具锯齿；茎生叶条形，羽状多裂，长2～3cm，顶端急尖，上部叶全缘。总状花序果时伸长；萼片椭圆形，长1～1.5mm，背部有短柔毛；花瓣白色或蔷薇色，长圆状匙形，长1.5～2mm；雄蕊6。短角果圆卵形或椭圆形，长4～6mm，顶端微凹，基部圆形，边缘具翅；宿存花柱长不超过缺口；果梗较粗，长2～4mm。种子卵形，长约2.5mm，红棕色，近光滑，无边；子叶3裂。花期6—7月，果期8—9月。

产于舟山。生于路边。分布于黑龙江、吉林、山东、西藏、新疆等地，栽培或逸生。亚洲西部、非洲北部也有，传播至欧洲各国及印度。

3. 北美独行菜 （图4-49）
Lepidium virginicum L.

一年生或二年生草本，高20～50cm。茎单一，直立，上部分枝，具柱状腺毛。基生叶倒披针形，长1～5cm，羽状分裂或大头羽裂，裂片大小不等，卵形或长圆形，边缘具锯齿，两面具短伏毛，叶柄长1～1.5cm；茎生叶有短柄，倒披针形或条形，长1.5～5cm，宽2～10mm，顶端急尖，基部渐狭，边缘具尖锯齿或全缘。总状花序顶生；萼片椭圆形，长约1mm；花瓣白色，倒卵形，与萼片等长或稍长；雄蕊2或4。短角果近圆形，长2～3mm，宽1～2mm，扁平，具狭翅，顶端微凹，宿存花柱极短；果梗长2～3mm。种子卵形，长约1mm，光滑，红棕色，边缘具狭翅；子叶缘倚。花期4—5月，果期6—7月。

原产于美洲，欧洲有归化。我国广泛归化；全省广泛归化。生于田边或荒地上，为田间杂草。

种子可入药，作"葶苈子"用；全草可作饲料。

图4-49 北美独行菜

11 阴山荠属 Yinshania Y.C. Ma et Y.Z. Zhao

小草本，无毛或具单毛。茎直立。基生叶莲座状；茎生叶具柄。总状花序顶生或腋生；花白色或淡紫色；雄蕊6，近等长，短雄蕊基部两侧各有1蜜腺；子房近圆球形或长椭圆形。短角果圆形、宽卵形或长椭圆形，表面密生泡状突起。种子1至多数，1或2列，卵形，表面密生泡状突起；子叶背倚，稀缘倚。

13种，分布于我国和越南。我国有13种；浙江有9种。

本属范围采纳 *Flora of China* 观点，包括泡果荠属 *Hillella* 和棒毛荠属 *Cochleariella*。

分种检索表

1. 单叶，卵形，不分裂，极少为3小叶 ······················· **1. 弯缺阴山荠 Y. sinuata**
1. 复叶或具羽状裂片。
  2. 花具苞片或仅花序下半部分具苞片。
    3. 一年生草本；子房约具8胚珠；角果膜瓣具微小乳突 ········ **2. 武功山阴山荠 Y. hui**
    3. 多年生草本；子房约具4胚珠；角果膜瓣无毛 ········ **3. 湖南阴山荠 Y. hunanensis**
  2. 花无苞片。
    4. 茎中下部叶片的小叶宽度小于1cm。
      5. 果实卵圆形 ····················· **4. 紫堇叶阴山荠 Y. fumarioides**
      5. 果实菱形 ····················· **5. 菱果阴山荠 Y. rhombea**
    4. 茎中下部叶片的小叶宽度超过1cm。
      6. 多年生草本，具明显根状茎；茎基部叶具小叶5~9；角果明显皱缩················
        ················ **6. 双牌阴山荠 Y. rupicola subsp. shuangpaiensis**
      6. 一年生草本，无根状茎；茎基部叶具小叶3或5；角果饱满，不皱缩。
        7. 植株被微柔毛；小叶先端尾状渐尖 ············ **7. 黎川阴山荠 Y. lichuanensis**
        7. 全株无毛或近无毛；小叶先端钝。
          8. 花梗长2.5~4mm；角果卵形或倒卵形，具2种子；柱头长0.5~0.8mm ···············
            ·· **8. 卵叶阴山荠 Y. paradoxa**
          8. 花梗长6~10mm；角果狭长圆形，具7~10种子；柱头长1.5~2mm ·················
            ·· **9. 河岸阴山荠 Y. rivulorum**

1. 弯缺阴山荠　弯缺泡果荠　（图4-50）

Yinshania sinuata (K.C. Kuan) Al-Shehbaz et al. — *Cochlearia sinuata* K.C. Kuan — *Hilliella sinuata* (K.C. Kuan) Y.H. Zhang et H.W. Li

一年生草本，高25~30cm，全株无毛。茎上升，分枝。单叶，不分裂，稀3小叶；基生叶及茎生叶卵形，长3~6cm，宽1.5~4.5cm，顶端圆钝，具短尖，基部圆形，边缘具数个弯缺，具小突尖，侧脉显著；叶柄长3~5cm，茎上部叶的叶柄长约5mm。总状花序顶生或腋生，具7~10花；叶状苞片长圆形，长6~7mm；花序梗长1~4.5cm，果时长达6.5cm；花白色，直径2~3mm；

花梗长2~4mm；萼片卵形，长约1.5mm，顶端圆形；花瓣倒卵形，长约2mm，有细脉纹。短角果倒披针状椭圆形，长6~8mm，宽约1mm；宿存花柱长约1mm；果梗长5~10mm，顶端膨大成关节状。种子7~10，卵形，长约0.8mm，灰褐色。花期3月，果期5月。

产于临安、淳安、开化等地。生于沟谷边、山坡上。分布于江西等地。

图4-50 弯缺阴山荠

2. 武功山阴山荠　武功山泡果荠　（图4-51）

Yinshania hui (O.E. Schulz) Y.Z. Zhao — *Cochlearia hui* O.E. Schulz — *Hilliella hui* (O.E. Schulz) Y.H. Zhang et H.W. Li

一年生细小草本，高15~20cm。茎多数，匍匐弯曲，分枝，无毛。基生叶具2对小叶，顶生小叶卵形或近心形，长1~2cm，

图4-51 武功山阴山荠

顶端微凹，具小短尖，边缘具不等大的圆钝齿，侧生小叶较小，短歪卵形，有短的小叶柄，叶柄长达3cm；中部茎生叶有长1cm的叶柄，具3小叶，顶生小叶卵形，常近圆裂，侧生小叶显著小；上部茎生叶为单叶，具极短叶柄。总状花序具8～10花，约3朵生于苞片顶端；下部花梗长约1.5cm，上部的长约2mm；萼片长圆卵形，长约2mm；花瓣白色或浅蔷薇色，倒卵状楔形，长约3mm，顶端圆形；子房具8胚珠，宿存花柱长约1mm，裂瓣有微小乳头。幼短角果椭圆形，长约1.5mm。

产于文成、泰顺等地。生于海拔1000～1500m的山坡石缝间。分布于江西（武功山）。

3. 湖南阴山荠 湖南泡果荠
Yinshania hunanensis (Y.H. Zhang) Al-Shehbaz et al. — *Hilliella hunanensis* Y.H. Zhang

多年生草本，全株无毛。根状茎粗壮，直径5mm。茎细长，从基部分枝，上升。茎基部叶片具5小叶，叶柄长5～8.5cm，小叶薄，宽卵形或近圆形，长1～2.5cm，宽1～2cm，边缘5～7浅裂或浅波状，顶生小叶基部楔形或近心形，侧生小叶基部偏斜，小叶柄长5～10mm；中部和上部茎生叶逐渐变小，具3小叶。总状花序下部具苞片；苞片呈单叶或3小叶，向上明显减少；花梗细长，通常下弯，长0.8～1.5cm；萼片长1.5～1.7mm；花瓣白色，长2～2.5mm，宽1.5mm；子房具4胚珠。短角果宽椭圆形或近圆形，长4～6mm，宽3～4mm，扁平；瓣膜无毛；柱头长1～2mm。种子2或3，长圆形，长1.5～2mm，宽0.7～1.2mm，表面具微小的泡状突起。

产于永嘉。生于沟谷溪边。分布于江西、湖南、广西等地。

4. 紫堇叶阴山荠 棒毛荠 浙江泡果荠 白花浙江泡果荠 （图4-52）
Yinshania fumarioides (Dunn) Y.Z. Zhao — *Cochlearia fumarioides* Dunn — *C. warburgii* O.E. Schulz — *Cochleariella zhejiangensis* (Y.H. Zhang) Y.H. Zhang et R. Vogt — *Cochleariopsis warburgii* (O.E. Schulz) L.L. Lou — *C. zhejiangensis* Y.H. Zhang — *Hilliella fumarioides* (Dunn) Y.H. Zhang et H.W. Li — *H. warburgii* (O.E. Schulz) Y.H. Zhang et H.W. Li — *H. warburgii* var. *albiflora* S.X. Qian — *Y. warburgii* (O.E. Schulz) Y.Z. Zhao — *Y. zhejiangensis* (Y.H. Zhang) Y.Z. Zhao

一年生草本，高8～30cm，全株无毛。茎数条，直立，少分枝。下部叶为三出复叶，叶柄长0.2～3cm，顶生小叶卵形或近圆形，长7～15mm，宽4～10mm，顶端圆钝，有小短尖，基部宽楔形，全缘，中脉及侧脉明显；上部茎生叶为单叶，卵形，长4～10mm，3浅裂。总状花序顶生；花白色，直径约1mm；萼片卵形，长约1mm；花瓣倒卵形，长约1.5mm。短角果近圆形或卵圆形，直径2～4mm，扁平，具圆柱形泡状突起；宿存花柱长约1mm；果梗弯曲，长8～10mm。种子1或2，卵形，长约1mm，棕色。花果期5—8月。

产于临安、桐庐、建德、淳安、诸暨、宁波市区、余姚、宁海、定海、衢州市区（衢江）、义乌、东阳、磐安、天台、临海、仙居、温岭、遂昌、松阳、龙泉、乐清等地。生于海拔500~800m的林下、山坡阴湿岩石上。分布于江西、福建、广东、广西等地。

图4-52 紫堇叶阴山荠

5. 菱果阴山荠 菱果泡果荠 （图4-53）

Yinshania rhombea (D.D. Ma et W.Y. Xie) Y.P. Zhao comb. nova — *Hilliella rhombea* D.D. Ma et W.Y. Xie

一年生、二年生草本，高10~35cm，全株无毛。茎细弱，分枝，上部具泡状突起。基生叶非莲座状，单叶，肾形至圆形，长0.8~1cm，宽1~2.5cm，基部心形，叶缘具不规则圆形锯齿，叶柄长4.5cm，最下部的基生叶近圆形，3裂；上部叶具3小叶，叶柄长0.2~3cm，顶生小叶近椭圆形，长1~4cm，宽0.8~1cm，3裂，侧生小叶不对称，边缘具粗大圆锯齿，小叶均具叶柄。总状花序顶生或腋生，具4~40小花；花4数，白色或淡紫色；雄蕊6，四强；子房卵形，具菱形翅。果长4mm，卵状菱形，扁平，无毛；果梗反折。种子长1~2mm，褐色，卵形，密被泡状突起。花期4—5月，果期5—6月。

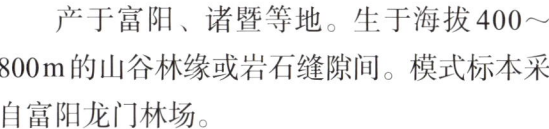

产于富阳、诸暨等地。生于海拔400～800m的山谷林缘或岩石缝隙间。模式标本采自富阳龙门林场。

本种与紫堇叶阴山荠相近，但后者果实卵圆形。

图4-53　菱果阴山荠

6. 双牌阴山荠　双牌泡果荠　（图4-54）

Yinshania rupicola (D.C. Zhang et J.Z. Shao) Al-Shehbaz et al. subsp. **shuangpaiensis** (Z.Y. Li) Al-Shehbaz et al. — *Hilliella shuangpaiensis* Z.Y. Li — *H. xiangguiensis* Y.H. Zhang

多年生草本，高30～100cm。根状茎直径2～4cm，全株无毛。茎直立，具沟槽。茎下部叶具5～9小叶，叶柄长8～15cm，小叶宽椭圆形、卵形或披针形，基部偏斜，楔形或近截形，边缘具粗锯齿，齿端具短小尖头，小叶柄长约5mm；茎上部叶具3或5小叶，向上逐渐变小。总状花序顶生或腋生，具多数花；基部的花有时具苞片；果梗丝状，弯曲反折；萼片长圆形，长1.5～2mm，边缘发白；花瓣白色或淡紫色，长圆形或倒卵形，长2～4mm，宽1～2mm，先端圆形，瓣柄长1mm；花丝白色，长1～1.5mm，花药卵形，长约0.5mm。短角果近圆形或倒卵形，长2.5～3mm，宽3mm，皱缩；隔膜有时不存在；柱头长1～2mm。种子2或3，棕色，卵状长圆形，扁平，长1.2～1.8mm，宽0.6～1.5mm。花期5—9月，果期6—10月。

产于庆元。生于阴湿的山谷中、溪边、岩石裂缝间。分布于安徽、江西、福建、湖南、广西、四川等地。

图 4-54 双牌阴山荠

7. 黎川阴山荠　昌化泡果荠　长柱泡果荠 （图4-55）

Yinshania lichuanensis (Y.H. Zhang) Al-Shehbaz et al. — *Cochlearia changhuaensis* (Y.H. Zhang) L.L. Lou — *C. lichuanensis* (Y.H. Zhang) L.L. Lou — *C. longistyla* (Y.H. Zhang) L.L. Lou — *Hilliella changhuaensis* Y.H. Zhang — *H. guangdongensis* Y.H. Zhang — *H. lichuanensis* Y.H. Zhang — *H. longistyla* Y.H. Zhang

一年生或多年生草本，高60～110cm，被微柔毛。茎直立，具棱槽，节上有糙硬毛。茎下部叶具3～5小叶，叶柄长2.5～7cm，小叶片披针形，顶生小叶片通常较大，基部楔形、圆形或倾斜，边缘具不整齐小锯齿，齿端具短小尖头，先端长渐尖或尾状尖，背面被微柔毛，侧生小叶片披针形或卵状披针形；茎上部叶常为单叶，稀3小叶，形态类似于茎下部叶片。总状花序顶生或腋生，果时显著伸长；果梗细，长2～5mm，直立上升；萼片长圆形，长2～2.5mm；花瓣白色，匙形，长2.5～3（3.5）mm，宽1mm，先端圆钝，向下渐收缩成瓣柄；花丝白色，长2～2.5mm，花药长圆形，长0.5～0.7mm。短角果倒卵球形、长圆形或椭圆形，长3～5mm，宽1.5～2mm，表面密生小泡状突起。种子1～3，棕色至黑褐色，长圆形，长1.5～2.5mm，宽1～1.4mm，表面具细密网纹。

花果期5—8月。

产于临安、金华市区、龙泉、庆元等地。生于潮湿沟谷中、阴湿林下、山坡上、溪边。分布于安徽、江西、福建、广东等地。

模式标本采自江西黎川,以往被误认为湖北利川,故中文名相应更正。

图4-55 黎川阴山荠

8. 卵叶阴山荠 奇异泡果荠

Yinshania paradoxa (Hance) Y.Z. Zhao — *Cochlearia paradoxa* (Hance) O.E. Schulz — *Cardamine paradoxa* Hance — *Hilliella paradoxa* (Hance) Y.H. Zhang et H.W. Li

一年生草本,高达1m,全株无毛。茎直立或上升,具棱。复叶具3小叶,稀5小叶,顶生小叶卵形或卵状披针形,长1.8～4cm,宽7～17mm,顶端圆钝,具小短尖,基部楔形,边缘具数个圆钝锯齿或弯缺,侧生小叶较小;叶柄长5～14mm,小叶柄长1～5mm。总状花序顶生或腋生,或呈圆锥花序状;花白色,直径3～4mm;花梗长2.5～4mm;萼片长圆形,长约2mm;花瓣长圆形,长约5mm,顶端截形,基部渐狭。短角果卵形或倒卵形,长2～4mm,宽1～2mm,无毛或具极短泡状突起,网脉不显著;宿存花柱短粗,长0.5～0.8mm;果梗长2～3mm。种子2,椭圆形,长约1mm。花期4月,果期5月。

产于开化、庆元、景宁、青田等地。生于山坡上。分布于湖北、湖南、广东、四川等地。

9. 河岸阴山荠　河岸泡果荠　（图4-56）

Yinshania rivulorum (Dunn) Al-Shehbaz et al. — *Cochlearia formosana* Hayata — *C. rivulorum* (Dunn) O.E. Schulz — *Hilliella alatipes* (Hand.-Mazz.) Y.H. Zhang et H.W. Li var. *micrantha* Y.H. Zhang — *H. formosana* (Hayata) Y.H. Zhang et H.W. Li — *H. rivulorum* (Dunn) Y.H. Zhang et H.W. Li — *Nasturtium rivulorum* Dunn — *Y. formosana* (Hayata) Y.Z. Zhao

一年生草本，疏松平铺，全株无毛。复叶具3小叶；下部小叶卵形，纸质，长3~5cm，宽约1.5cm，顶端圆钝，基部心形，边缘具弯缺，叶脉延伸，叶柄长5~6cm；上部小叶相似但较大，具弯缺，有短的小叶柄。总状花序腋生，常超出叶；苞片1或2，心状卵形，长4~6cm；花小，白色，彼此靠近；花梗长6~10mm；萼片及花瓣均长1.5~2mm；子房卵形，扁平，花柱单一，比子房长3倍，长1.5~2mm，柱头球形，胚珠约12，排成2行。角果狭长圆形。种子10。

产于临安。生于河岸边树荫下、溪边阴湿处。分布于福建、广东等地。

图4-56　河岸阴山荠

⑫ 辣根属　Armoracia Gaertn., B. Mey. et Scherb.

多年生草本，光滑无毛。根肉质，肥大，分枝。茎直立，粗壮，多分枝。叶大，长圆形至长圆状披针形或条形，全缘或具圆齿或羽状浅裂。圆锥花序；花瓣白色，有短爪；雄蕊6，在短雄蕊基部有1蜜腺，呈半环状；子房无柄，花柱短，柱头扁头状。短角果卵形、近球形至椭圆形；果瓣隆起，无脉。种子小，2行，近圆形；子叶缘倚。

3种，产于欧洲、亚洲。我国引种栽培1种；浙江栽培1种。

辣根　芥末
Armoracia rusticana (Lam.) P. Gaertner et Schreb.

多年生草本，高达1m，无毛。根肉质肥大，纺锤形，白色，下部分枝。基生叶长圆形或长圆状卵形，边缘具圆齿，顶端短尖或渐尖，基部心形或楔形，叶柄半圆形，长达30cm，上面凹陷；茎生叶无柄或有短柄，下部叶边缘羽状浅裂，中部叶宽披针形，上部叶渐小。圆锥花序；萼片条形，白色透明；花瓣白色，倒卵形，基部渐狭成爪；短雄蕊长约1mm，长雄蕊长约2mm；子房卵圆形，长约2mm，花柱极短，柱头扁头状。短角果卵圆形至椭圆形，长3~5mm，宽约1.5mm，具宿存短花柱及压扁状柱头；果瓣隆起，具网状脉，无中脉，成熟时开裂；隔膜纺锤形，白色膜质。种子2行，每行4~6，细小，扁圆形，膜质，淡褐色；子叶缘倚。花期4—5月，果期5—6月。

原产于欧洲，亚洲、美洲有栽培。我国引种栽培历史悠久，吉林、辽宁、山东、江苏等地现有栽培；杭州（浙江大学）有引种栽培。

根有辛辣味，可作调味品（芥末）食用或药用；植株可作饲料。

⑬ 屈曲花属　Iberis L.

草本，无毛或有短单毛。叶条形或匙形。总状花序；萼片基部不呈囊状；花瓣白色或淡紫色；侧蜜腺半球形或三角形，无中蜜腺；子房卵形，胚珠2，花柱明显，约与子房等长，柱头半球形，2裂。短角果宽卵形、球形，压扁，开裂，顶端深凹缺，基部圆形。种子大，卵形或近圆形，扁平，常有边缘；子叶缘倚。

约30种，主产于地中海地区。我国栽培2种；浙江栽培1种。

屈曲花（图4-57）
Iberis amara L.

一年生草本，高10~40cm。茎直立，稍分枝，有棱，在棱上具向下柔毛，上部无毛。茎下部叶匙形，上部叶披针形或长圆状楔形，长1.5~2.5cm，顶端圆钝，基部渐狭，上部每边具2~4疏牙齿，下部全缘，两面无毛，具缘毛。总状花序顶生；花梗丝状，伸展或上升，长约1cm；萼片倒卵形，长1.5~2mm；花瓣白色或浅紫色，倒卵形，外轮长约6mm，内轮长约3mm。短角果圆形，直径4~5mm，顶端凹缺，无毛，翅向上稍宽展，裂瓣具横纹；花柱与顶端凹缺等长或稍长。种子宽卵形，长约3mm，红棕色，下部具翅。花期5月，果期6月。

原产于西欧,全球多地引种栽培。全国各地均有栽培;杭州等地有栽培。为观赏花卉。

图 4-57　屈曲花

14 白芥属　Sinapis L.

一年生草本,具单毛。茎直立,有分枝。叶片羽状半裂或深裂,下部叶有短柄,上部叶近无柄。总状花序;萼片基部不呈囊状;花瓣黄色,具爪;侧蜜腺棱柱状,中蜜腺半球形;子房圆柱形,柱头近2裂。长角果短,近圆柱形或线状圆柱形,开裂;每果瓣具3~7平行脉,喙长。种子1行,多数,球形,棕色;子叶对折。

7种,主产于地中海地区。我国引种栽培1种;浙江栽培1种。

白芥
Sinapis alba L.

一年生草本,高达75cm,具硬单毛。下部叶大头羽裂,长5~15cm,宽2~6cm,有2~3对裂片,顶裂片宽卵形,常3裂,边缘具不规则粗锯齿,叶柄长1~1.5cm;上部叶卵形或长圆状卵形,边缘具缺刻状齿裂,叶柄长3~10mm。总状花序具多数花,果时长达30cm,无苞片;花淡黄色,直径约1cm;花梗开展或稍外折,长5~14mm;萼片长圆形或长圆状卵形,长4~5mm,无毛或稍有毛,具白色膜质边缘;花瓣倒卵形,长8~10mm,具短爪。长角果近圆柱形,长2~4cm,宽3~4mm,直立或弯曲,具糙硬毛;果瓣具3~7平行脉;喙稍压扁,剑状,长6~15mm,常弯曲,向顶端渐细。种子每室1~4,球形,直径约2mm,黄棕色,有细窝穴。花果期6—8月。

原产于欧洲,亚洲有引种。辽宁、山西、山东、安徽、四川、新疆有引种栽培;杭州有引种栽培。

15 萝卜属 Raphanus L.

一年生或多年生草本，具单毛。有时具肉质根。茎直立。叶大头羽状半裂。总状花序；萼片内轮基部稍呈囊状；花瓣白色或淡紫色，常有深色脉纹，具长爪；子房钻状，2节，柱头头状。长角果圆柱形，下节极短，无种子，上节伸长，在种子间稍缢缩，顶端呈1细喙，成熟时不开裂。种子1行，多数，球形或卵形，棕色；子叶对折。

3种，多分布于地中海地区。我国有2种；浙江有1种。

萝卜（图4-58）
Raphanus sativus L.

一年生或二年生草本，高20～100cm。直根肉质，长圆形、球形或圆锥形，外皮白色、红色或绿色。茎有分枝，无毛，稍具粉霜。基生叶和下部茎生叶大头羽状半裂，长8～30cm，宽3～5cm，顶裂片卵形，侧裂片4～6对，长圆形，具钝齿，疏生粗毛；上部叶长圆形，具锯齿或近全缘。总状花序顶生或腋生；花白色或粉红色，直径1.5～2cm；花梗长5～15mm；萼片长圆形，长5～7mm；花瓣倒卵形，长1～1.5cm，具紫纹，有长5mm的爪。长角果圆柱形，长3～6cm，宽10～12mm，在种子间缢缩，并形成海绵质横隔；喙长1～1.5cm；果梗长1～1.5cm。种子1～6，卵形，微扁，长约3mm，红棕色，有细网纹。花期4—5月，果期5—6月。

原产地尚不明确，全球各地广泛栽培。我国栽培历史悠久，全国各地普遍栽培；全省各地普遍栽培。

根作蔬菜食用；种子、鲜根、枯根、叶可入药；种子可榨油供工业用及食用。

图4-58 萝卜

a. 蓝花子　滨莱菔　（图4-59）
var. raphanistroides (Makino) Makino

与萝卜的主要区别在于植株高30cm，具稀疏白色硬毛；主根细长，不增粗；花淡红紫色；花瓣倒卵形，长约2cm；长角果长1～2cm。花果期4—6月。

产于浙江沿海地区。生于滨海山坡荒草丛中及沙滩上。分布于台湾、广西、四川、云南等地。日本、朝鲜半岛也有。

图4-59　蓝花子

16 短果芥属　Hirschfeldia Moench

本属仅1种。特征、分布、用途同种。

短果芥　欧白芥　地中海芥　灰芥
Hirschfeldia incana (L.) Lagr.-Foss.

一年生或二年生草本，高20～70cm，密被单毛。茎直立。基生叶叶柄长1～4cm，叶片琴形或羽状分裂，顶裂片较大，边缘具圆齿；茎生叶近无柄或具短柄，叶片长圆形至披针形，边缘具牙齿或羽状分裂。伞房状总状花序，果时伸长；萼片长3～5mm，宽1.2～2mm，基部不呈囊状；花瓣黄色，脉纹不明显，倒卵形至匙形，长5～10mm，宽2.5～4.5mm，具爪；四强雄蕊，花丝长3～5mm，基部不膨大，花药长圆形或卵形，长1～1.5mm；侧蜜腺不汇合，中蜜腺存在；柱头全缘。长角果圆柱状，长0.7～1.5（1.7）cm，宽1～1.7mm，2裂，具2（7）脉，通常无毛；喙长3～6mm，成熟时开裂；果梗贴近果序轴，直立，粗壮，长2～4（5）mm。种子1列，8～20，球状，直径0.9～1.5mm。

原产于欧亚大陆、非洲西北部，美洲、非洲南部、大洋洲、大西洋群岛、太平洋群岛（夏威夷）有归化。我国仅在浙江嵊泗有归化记录。生于海岛路边的草丛中。

17 华葱芥属 Sinalliaria X.F. Jin et al.

多年生草本。茎直立或略攀缘状。单叶；叶片狭卵形、三角状卵形至阔卵形，偶具1～3对侧生裂片，基部心形，边缘具锯齿；叶柄较长。总状花序具多数小花；花瓣白色或淡粉色，倒卵形至狭倒卵形，基部瓣爪不明显。长角果线形，顶部平截，成熟时开裂；果瓣具3脉，中脉明显。种子每室1行，无翅，密被疣点；子叶对折。

本属仅1种，分布于江苏、安徽；浙江也有。

华葱芥　心叶碎米荠　心叶诸葛菜　（图4-60）
Sinalliaria limprichtiana (Pax) X.F. Jin et al. —— *Cardamine limprichtiana* Pax —— *Orychophragmus limprichtianus* (Pax) Al-Shehbaz et G.Yang

多年生草本，高20～40cm，被白色单毛。根状茎很短。茎直立，稍曲折，自基部分枝。基生叶为羽状复叶，有时单一，叶柄长3～14cm，顶生小叶大，心形，侧生小叶很小，1～3对；茎生叶具较长的叶柄，顶生小叶通常为三角状心形；茎上部叶常为单叶，三角状披针形，具叶柄。总状花序疏松；花梗长6～10mm；萼片长卵形，边缘膜质；花瓣白色，脉纹不明显，长圆形或倒卵状楔形，顶端微凹，基部有极短的爪；子房柱状，长约2.5mm，花柱极短，柱头圆球状，比花柱宽。长角果线形，细长，直或弓形弯曲，长3～6cm，宽约1mm，成熟时开裂；果瓣无毛，中脉不明显；果梗直立开展或稍弯曲，纤细，长15～20mm。种子每室1行，长卵形，长2～2.5mm，宽约1mm，暗褐色；子叶对折。花期3—4月，果期4—5月。

图4-60　华葱芥

产于杭州市区、富阳、临安、桐庐、诸暨、宁波市区、鄞州、奉化、宁海、开化、常山、金华市区、仙居、永嘉等地。生于山区林下、林缘、山坡岩石旁。分布于江苏、安徽等地。模式标本采自宁波。

图4-61 大叶华葱芥

a. 大叶华葱芥　大叶葱芥（图4-61）

var. **grandifolia** (C.H. An) X.F. Jin et al.

与华葱芥的主要区别在于茎、叶无毛；叶片较大、较厚；花瓣淡粉色，果瓣具3脉。

产于临安、淳安等地。生于山坡岩石上、沟谷路边阴湿处。分布于安徽等地。模式标本采自临安昌化。

⑱ 山萮菜属 Eutrema R. Br.

多年生草本，无毛或有单毛。单叶，不裂，基生叶具长柄。萼片直立；花瓣白色，脉纹不明显，卵形，基部具短爪；侧蜜腺半环状，中蜜腺位于长雄蕊内侧，近圆锥形，二者汇合；雌蕊花柱多数短，柱头扁头状，稍2裂。长角果披针形或椭圆形，较粗短，2室，成熟时开裂；果瓣中脉明显，常呈龙骨状隆起。种子椭圆形；子叶背倚。

9种，主要分布于中亚、东亚。我国有7种；浙江有1种。

云南山萮菜　山萮菜（图4-62）
Eutrema yunnanense Franch.

多年生草本，高30～80cm。根状茎横卧，粗约1cm，具多数须根。近地面处生数茎，直立或斜升，表面有纵沟，下部无毛，上部有单毛。基生叶具柄，柄长25～35cm，叶片近圆形，长7～16cm，宽7～10cm，基部深心形，边缘具波状齿或牙齿；茎生叶具柄，柄长5～30mm，向上渐短，叶片向上渐小，长卵形或卵状三角形，顶端渐尖，基部浅心形，边缘具波状齿或锯齿。花序密集成伞房状，果时伸长；花梗长5～10mm；萼片卵形，长约1.5mm；花瓣白色，长圆形，长3.5～6mm，顶端钝圆，有短爪。长角果条状长圆形，长7～15mm，宽1～2mm，两端渐狭；果瓣中脉明显；果梗纤细，长8～16mm，向下反折，角果常翘起。种子长圆形，长2.2～2.5mm，褐色。花果期3—7月。

产于安吉、临安、建德、宁波市区（北仑）、鄞州、余姚、奉化、宁海、天台、莲都、遂昌等地。生于林下或山坡草丛中、溪边。分布于江苏、湖北、湖南、四川、云南、陕西、甘肃等地。

图4-62　云南山萮菜

⑲ 荠属　Capsella Medic.

小草本。茎直立。基生叶莲座状，羽状分裂至全缘，有叶柄；茎上部叶无柄，叶片边缘具弯缺牙齿至全缘，基部耳状抱茎。总状花序伞房状；花梗丝状，果时上升；萼片基部不呈囊状；花瓣白色或带粉红色；雄蕊蜜腺成对，半月形，常有1外生附属物；子房2室。短角果倒三角形或倒心状三角形，扁平。种子每室6～12；子叶背倚胚根。

约5种，主产于地中海地区、欧洲及亚洲西部。其中1种为广布种，我国有分布；浙江也有。

荠　荠菜　（图4-63）
Capsella bursa-pastoris (L.) Medic.

一年生或二年生草本，高（7）10～50cm，具单毛或分叉毛。茎直立，单一或从下部分枝。基生叶丛生，呈莲座状，大头羽状分裂，长约12cm，宽约2.5cm，顶裂片卵形至长圆形，长5～30mm，宽2～20mm，侧裂片3～8对，长圆形至卵形，长5～15mm，顶端渐尖，浅裂或具不规则粗锯齿或近全缘，叶柄长5~40mm；茎生叶狭披针形或披针形，长5~6.5mm，宽2~15mm，基部箭形，抱茎，边缘具缺刻或锯齿。总状花序顶生或腋生，果时延长达20cm；花梗长3~8mm；萼片长圆形，长1.5~2mm；花瓣白色，卵形，长2~3mm，有短爪。短角果倒三角形或倒心状三角形，长5~8mm，宽4~7mm，扁平，无毛，顶端微凹，裂瓣具网脉；花柱长约0.5mm；果梗长5~15mm。种子2行，长椭圆形，长约1mm，浅褐色。花果期4—6月。

原产于欧洲、亚洲西部，全球广泛分布。我国有归化，全国各地广泛分布；全省各地普遍分布。生于山坡上、田边及路旁。野生，偶有栽培。

全草可入药，有利尿、止血、清热、明目、消积等功效；茎叶可作蔬菜食用；种子含油20%~30%，属干性油，可制油漆及肥皂。

图4-63　荠

⑳ 南芥属　Arabis L.

草本，具单毛、具柄二或三叉状毛、分枝毛或星状毛。茎直立或匍匐。基生叶簇生；茎生叶基部有时耳状抱茎。总状花序；内轮萼片基部呈囊状；花瓣白色，基部呈爪状；雄蕊6，花药顶端常反曲；子房具多数胚珠，柱头头状或2浅裂。长角果线形；果瓣扁平，开裂。种子每室1或2行；子叶缘倚。

约70种，主要分布于欧亚大陆温带地区。我国有14种；浙江有2种。

1. 匍匐南芥（图4-64）
Arabis flagellosa Miq.

多年生草本，全株被单毛、具柄二或三叉状毛或星状毛。茎自基部分枝，有鞭状匍匐茎；营养茎常向外倾斜，高10～35cm，表面有沟棱。基生叶簇生，长椭圆形至匙形，长3～7cm，宽1.5～2.5cm，顶端钝圆，边缘具疏齿，基部下延成翅状的叶柄，不具裂片；茎生叶排列疏松，有时顶端3～6枚轮生，具短柄，基部不抱茎，叶片倒卵形或长椭圆形，长7～9mm，顶端钝。花序顶生；萼片长椭圆形，长约5mm，上部边缘白色；花瓣长椭圆形，长8～9mm，宽约2.5mm，基部呈长爪。长角果线形，长2～4cm，宽约1.5mm；果瓣扁平或缢缩成念珠状，中脉明显；果梗斜升，长约1.2cm。种子每室1行，长圆形，长约1.5mm，无翅，具明显凹点。花期3月，果期4月。

产于安吉、杭州市区、临安、淳安、诸暨、鄞州、奉化、象山、宁海、衢州市区（衢江）、磐安、台州市区、天台、临海、仙居、莲都、永嘉等地。生于海拔100～500m的林下沟边、阴湿山谷石缝间。分布于江苏（宜兴）、安徽（歙县）等地。日本也有。

全草可药用，有清热解毒的功效。

图4-64 匍匐南芥

2. 硬毛南芥 卵叶硬毛南芥 （图4-65）

Arabis hirsuta (L.) Scop. — *A. hirsuta* (L.) Scop. var. *nipponica* (France et Savat) C.C. Yuan et T.Y. Cheo

一年生或二年生草本，高30～90cm，全株被硬单毛、具柄二或三叉状毛、分枝毛或星状毛。基生叶长椭圆形或匙形，基部楔形，叶柄长1～2cm；茎生叶无柄，叶片长椭圆形或卵状披针形，基部心形或呈钝形耳，抱茎或半抱茎。总状花序；萼片长椭圆形，长约4mm，顶端锐尖，背面无毛；花瓣白色，长椭圆形，长4～6mm，宽0.8～1.5mm，顶端钝圆，基部呈爪状；花柱短，柱头扁平。长角果线形，长3.5～6.5cm，直立，紧贴果序轴；果瓣具纤细中脉；宿存花柱长约0.3mm；果梗直立，长8～15mm。种子每室1行，约25粒，卵形，长1～1.2mm，表面有不明显颗粒状突起，边缘具狭翅，褐色。花期5—7月，果期6—7月。

产于临安（昌化）。生于山坡林下阴湿草丛中。分布于东北、华北、西北及安徽、河南、湖北、四川、云南、西藏等地。亚洲北部和东部地区、欧洲、北美也有。

与匍匐南芥的区别在于后者有鞭状匍匐茎；茎生叶具短柄，基部不抱茎。

图4-65 硬毛南芥

21 旗杆芥属 Turritis L.

二年生草本，基部具较密的单毛及分叉毛，上部光滑无毛，具白粉。基生叶簇生；茎生叶基部箭形或戟形，抱茎。内轮萼片基部略呈囊状；花瓣淡黄色或草黄色，基部具爪；雌蕊圆柱形，柱头扁球形，2浅裂。长角果狭圆柱形或略呈四棱形，开裂；果瓣扁平，中脉显著。

种子每室2行，卵圆形，压扁，褐色；子叶缘倚。

2种，分布于北非、欧洲、亚洲和北美。我国有1种；浙江也有。

旗杆芥 （图4-66）
Turritis glabra L.

二年生草本，高30～80cm。茎直立，圆柱形，粗壮，基部密被粗单毛，上部光滑无毛。基生叶簇生，具叶柄，叶片倒披针形至长圆形；茎生叶无柄，叶片卵状披针形至长圆形，基部箭形或戟形，光滑无毛，具白粉。总状花序顶生，果时延长；萼片直立，宽披针形，长3～5mm，宽1～2mm，内轮2枚基部略呈囊状；花瓣淡黄色，长匙形或狭长椭圆形，长6～8mm，宽约1.5mm，顶端全缘，基部具爪，脉纹显著；子房圆柱形，柱头头状，2浅裂。长角果狭圆柱形或略呈四棱形，长5～10cm，宽1～2mm；果瓣压扁，具中脉，光滑无毛。种子每室2行，卵圆形或近圆形，直径约1.5mm，压扁，褐色。花期4—5月，果期5—8月。

产于临安、定海、洞头等地。生于山坡上、林缘、田野边、路旁。分布于辽宁、山东、新疆等地。欧洲、亚洲、北美、大洋洲也有。

图4-66　旗杆芥

22 香雪球属 Lobularia Desv.

多年生草本或亚灌木，被分叉毛。叶全缘。萼片基部不呈囊状；花瓣白色，具爪；雄蕊花丝分离，无齿；侧蜜腺丝状，不汇合，位于短雄蕊两侧，中蜜腺分裂为2个，位于长雄蕊两内侧，与侧蜜腺汇合；子房无柄，花柱短，柱头钝，2浅裂。短角果椭圆形，压扁。种子每室1，长圆形。

4种，主要分布于地中海地区，全球有归化。我国栽培1种；浙江栽培1种。

香雪球 （图4-67）
Lobularia maritima (L.) Desv.

多年生草本，高10～40cm，全株被分叉毛。茎自基部向上分枝，常呈密丛。叶条形或披针形，长1.5～5cm，宽1.5～5mm，全缘。花序伞房状，果时极伸长；花梗丝状，长2～6mm；萼片长约1.5mm，外轮宽于内轮，外轮长圆状卵形，内轮狭椭圆形或狭卵状长圆形；花瓣淡紫色或白色，长圆形，长约3mm，顶端钝圆，基部骤狭成爪。短角果椭圆形，长3～3.5mm，无毛或在上半部有稀疏"丁"字毛；果瓣压扁而稍膨胀，中脉明显；隔膜白色，半透明，无脉；果梗长7～15mm，斜上升或近水平展开，末端上翘。每室1种子，悬垂于子房室顶，长圆形，长约1.5mm，淡红褐色，遇水有胶黏物质。温室栽培的花期3—4月，露天栽培的花期6—7月。

原产于地中海地区，全球各地有栽培。河北、山西、江苏、陕西、新疆等地的城市公园、绿地有栽培；杭州、宁波、温州等地有栽培。

为观赏花卉。

图4-67 香雪球

23 葶苈属 Draba L.

小草本，被单毛、叉状毛、星状毛或分枝毛。单叶；基生叶常呈莲座状。总状花序；萼片基部不呈或略呈囊状；花黄色，基部大多呈狭爪；雄蕊6，短雄蕊基部具1对侧蜜腺；雌蕊瓶状，花柱圆锥形或丝状，柱头头状或2浅裂。短角果卵形至线形，2室。种子每室2行，多数，小，卵形或椭圆形；子叶缘倚。

约350种，主要分布于北半球北部高山、亚高山地区。我国有48种；浙江有1种。

葶苈
Draba nemorosa L.

一年生或二年生草本。茎直立，高5～45cm，单一或分枝，下部密生单毛、叉状毛和星状毛，上部渐稀至无毛。基生叶莲座状，长倒卵形，顶端稍钝，边缘具疏细齿或近全缘；茎生叶长卵形或卵形，顶端尖，基部楔形或渐圆，边缘具细齿，无柄，上面被单毛和叉状毛，下面多为星状毛。总状花序；萼片椭圆形，背面略有毛；花瓣黄色，后变白色；雄蕊长1.8～2mm，花药短心形；雌蕊椭圆形，密生短单毛，花柱几乎不发育，柱头小。短角果长圆形或长椭圆形，长4～8mm，宽1.5～2.5mm，被短单毛；果梗长8～25mm，与果序轴呈直角开展，或近直角向上开展。种子椭圆形，褐色，种皮有小疣。花期3—4月，果期5—6月。

产于杭州市区、临安、淳安、诸暨等地。生于田边路旁、山坡草地、河谷湿地上。分布于东北、华北、西北及江苏、四川、西藏等地。北温带等地也有。

种子含油，可供制皂工业用。

24 锥果芥属 Berteroella O.E. Schulz

直立草本，全株被星状毛。叶全缘。萼片基部略呈囊状；花瓣淡紫色；长雄蕊的花丝基部具翅，花药长圆形；侧蜜腺半球形，不连合，位于短雄蕊两侧，中蜜腺无；子房长圆卵形，花柱针状，柱头压扁头状。角果四棱状细线形；果瓣具3脉，脉上有星状毛，隔膜厚，有2纵脉。种子每室1行，长圆卵形；子叶背倚胚根。

本属仅1种。分布于我国、日本和朝鲜半岛；浙江也有。

锥果芥
Berteroella maximowiczii (Palib.) O.E. Schulz ex Loes.

一年生或二年生草本，高20～60cm，具三或四叉毛、星状毛，毛具短柄，分叉毛的分枝还可再分枝，植株因被毛浓密而呈灰白色。茎自基部或上部分枝，分枝较细弱，上部呈波曲状。基生叶早枯，基生叶与下部茎生叶有柄，上部的近无柄；叶片匙状倒卵形，长约30mm，宽3.5～9mm，顶端急尖，基部渐狭，全缘，两面密被毛，粗糙。花序伞房状，果时伸长；花梗长4～6cm，丝状；萼片长约2mm，密被星状毛；花瓣长约3mm；柱头扁头状，不裂。长角果长1.2～1.8cm，宽约1mm，连同针状花柱呈细锥状，表面的毛密于其他部分，呈灰白色；果瓣具3纵脉。花期6—7月。

产于临安（天目山）。生于山坡上、沟谷边。分布于辽宁、河北、山东、江苏、河南等地。日本、朝鲜半岛也有。

25 紫罗兰属 Matthiola R. Br. corr. Spreng.

草本，密被灰白色的具柄分枝毛。总状花序；内轮萼片基部呈囊状；花瓣紫色、白色、淡红色，具长爪；柱头显著2裂，裂片开展或两侧增厚而下延，在背面通常有1膨胀处或角状突出物，通常无花柱，子房具毛。长角果扁圆柱形，具毛；果瓣具1明显中脉。种子每室1行，近圆形，扁平，具薄膜质的翅；子叶缘倚。

约55种，分布于地中海地区、欧洲、亚洲西部。我国有2种，其中栽培1种，野生1种；浙江栽培1种。

紫罗兰 （图4-68）
Matthiola incana (L.) R. Br.

二年生或多年生草本，高达60cm，全株密被灰白色的具柄分枝柔毛。茎直立，多分枝，基部稍木质化。叶片长圆形至倒披针形或匙形，全缘或呈微波状，顶端钝圆或稀具短尖头，基部渐狭成柄。总状花序顶生或腋生；花多数，较大；花序轴果时伸长；花梗粗壮，斜向上开展，长达1.5cm；萼片直立，长椭圆形，长

图4-68 紫罗兰

约15mm，内轮萼片基部呈囊状，边缘膜质，白色透明；花瓣紫红色、淡红色或白色，近卵形，长约12mm，顶端2浅裂或微凹，边缘波状，下部具长爪；花丝向基部逐渐扩大；子房圆柱形，柱头2裂。长角果圆柱形，长7~8cm，宽3mm；果瓣中脉明显，顶端浅裂；果梗粗壮，长10~15mm。种子近圆形，直径约2mm，扁平，深褐色，边缘具白色膜质翅。花期4—5月。

原产于欧洲南部，全球各地有栽培。我国大城市中常有引种栽培；浙江各城市普遍栽培。

为观赏花卉。

26 糖芥属 Erysimum L.

草本，被二至四叉毛。总状花序；内轮萼片基部稍呈囊状；花瓣多黄色或橘黄色；雄蕊6；侧蜜腺环状或半环状，中蜜腺短，常2或3裂，不和侧蜜腺连结；柱头头状，稍2裂，子房具毛。长角果稍四棱形或圆柱状，具柔毛；果瓣具1明显中脉。种子每室1行，多数，长圆形，常有棱角；子叶背倚，有时缘倚。

约150种，分布于北半球，主要是欧亚大陆。我国有17种；浙江栽培2种。

1. 小花糖芥 （图4-69）
Erysimum cheiranthoides L.

一年生草本，高15~50cm。茎直立，分枝或不分枝，有棱角，被二叉毛。基生叶莲座状，无柄，平铺地面，叶片长（1）2~4cm，宽1~4mm，具二或三叉毛，叶柄长7~20mm；茎生叶披针形或条形，长2~6cm，宽3~9mm，顶端急尖，基部楔形，边缘具深波状疏齿或近全缘，两面具三叉毛。总状花序顶生，果时长达17cm；萼片长圆形或条形，长2~3mm，外面具三叉毛；花瓣浅黄色，长圆形，长4~5mm，顶端圆形或截形，下部具爪；花柱长约1mm，柱头头状。长角果圆柱形，长2~4cm，宽约1mm，侧扁，稍有棱，具三叉毛；果瓣具1不明显中脉；果梗粗，长4~6mm。种子每室1行，卵形，长约1mm，淡褐色。花期5月，果期6月。

原产于欧洲，亚洲、非洲、美洲均有归化。我国广泛归化；临安（清凉峰）有归化。生于山坡上。

可作观赏花卉。

图4-69 小花糖芥

2. 桂竹香 （图4-70）

Erysimum × cheiri (L.) Crantz — *Cheiranthus cheiri* L.

多年生草本，高20～60cm。茎直立或上升，具棱角，下部木质化，具分枝，全体有贴生分叉毛。基生叶莲座状，倒披针形、披针形至条形，长1.5～7cm，宽5～15mm，顶端急尖，基部渐狭，全缘或稍具小齿，叶柄长7～10mm；茎生叶较小，近无柄。总状花序，果时伸长；花橘黄色或黄褐色，直径2～2.5cm，芳香；花梗长4～7mm；萼片长圆形，长6～11mm；花瓣倒卵形，长约1.5cm，有长爪；雄蕊6，近等长。长角果线形，长4～7.5cm，宽3～5mm，具扁4棱，劲直；果瓣具1明显中脉；花柱长1～1.5mm，具稍开展的2裂柱头；果梗长1～1.5cm，上升。种子2行，卵形，长2～2.5mm，浅棕色，顶端具翅。花期4—5月，果期5—6月。

原产于欧洲南部，全球各地有栽培。我国城市多有栽培；杭州等地偶见栽培。

为观赏花卉；种子油可供工业用；花可药用，有泻下、通经等功效。

本种与小花糖芥的主要区别在于后者花较小，黄色；种子每室1行。

图4-70 桂竹香

27 鼠耳芥属 Arabidopsis (DC.) Heynh.

小草本，被单毛和分枝毛。基生叶莲座状，近无柄。萼片斜向上开展；花瓣白色；侧蜜腺半球形，中蜜腺瘤状，常与侧蜜腺汇合；雌蕊子房无柄，花柱短而粗，柱头扁头状，稀近2裂。长角果近圆柱状，开裂；果瓣具1中脉与网状侧脉。种子每室1或2行，卵形，近光滑，棕色，遇水有胶黏物质；子叶背倚。

9种，主要分布于亚洲东部和北部、欧洲、北美。我国有3种；浙江有1种。

鼠耳芥　拟南芥　（图4-71）
Arabidopsis thaliana (L.) Heynh.

一年生细弱草本，高20～35cm，被单毛和分枝毛。茎不分枝或自中上部分枝，下部有时为淡紫白色，茎上常有纵槽，上部无毛，下部被单毛，偶杂有二叉毛。基生叶莲座状，倒卵形或匙形，长1～5cm，宽0.3～1.5cm，顶端钝圆或略急尖，基部渐狭成柄，边缘具少数不明显的齿，两面均有二或三叉毛；茎生叶无柄，披针形、条形、长圆形或椭圆形，长0.5～1.5cm，宽0.1～0.2cm。花序为疏松的总状花序，果时伸长；萼片长圆状卵形，长约1.5mm，顶端钝，外轮的基部呈囊状，外面无毛或有少数单毛；花瓣白色，长圆条形，长2～3mm，先端钝圆，基部条形。长角果长10～14mm，宽不到1mm；果瓣两端钝或钝圆，具1中脉与稀疏网状脉；果梗伸展，长3～6mm。种子每室1行，卵形，小，红褐色。花期4—6月。

产于杭州市区、临安、桐庐、建德、淳安、临海等地。生于平地、山坡、河边、路边。分布于华东、华中、西南、西北各地。中亚、欧洲、非洲、北美及俄罗斯西伯利亚地区、日本、朝鲜半岛、印度、伊朗也有。

为植物生物学研究的著名模式植物。

图4-71　鼠耳芥

28 香花芥属 Hesperis L.

中至大型草本，具长单毛和分叉毛，稀无毛。基生叶非莲座状，具长柄。总状花序；花瓣白色、紫色，多具深脉纹，具长爪；内轮雄蕊的花丝比外轮宽，具不等宽的翅；子房具多数胚珠，柱头2裂，花柱近无，子房无毛。长角果线状圆柱形，常稍扭曲，2室，不易开裂；果瓣具1明显中脉。种子长圆形；子叶背倚。

约25种，主产于欧洲、中亚、西亚。我国有2种；浙江栽培1种。

欧亚香花芥 紫花南芥 （图4-72）
Hesperis matronalis L.

二年生至多年生草本，高40～100cm。茎直立，不分枝或分枝，具单毛或二叉状毛，少数无毛。基生叶长圆状椭圆形，长6～8cm，宽1.5～2.5cm，顶端急尖，基部楔形，边缘具尖波状齿，两面及叶柄有单毛及二叉状毛，叶柄长4～6cm；茎生叶有短柄或无柄，叶片披针形，长2～6cm，顶端短渐尖，边缘有具腺锯齿，背面的上部有短腺毛，且具细缘毛。总状花序顶生；花直径约1cm；花梗直立或开展，长4～7mm；萼片椭圆形，长4～5mm，外面有细长毛；花瓣紫色或白色，倒卵形，长2～2.5cm，顶端圆形或微凹，爪长约1cm。长角果线状圆柱形，长3～4cm，宽1.5～2mm；果瓣无毛，具1明显中脉及侧脉；花柱极短，柱头2裂；果梗开展，长10～30mm，无毛或有毛。种子椭圆形，长约3mm，棕色。花果期5—7月。

原产于欧洲、亚洲中部和西部，全球多地引种栽培。辽宁、河北、湖北、贵州、陕西等地有栽培；杭州有栽培。

为观赏花卉。

图4-72 欧亚香花芥

29 播娘蒿属 Descurainia Webb et Berth.

一年生、二年生草本,被分枝毛、叉状毛。叶为三回羽状深裂。花序伞房状;萼片早落;花瓣黄色,卵形,具爪;侧蜜腺环状或呈向内开口的半环状,中蜜腺呈"山"字形;雌蕊圆柱形,花柱短,柱头呈压扁头状。长角果长圆筒状;果瓣具1~3脉。种子每室1或2行,细小,长圆形或椭圆形,无翅,遇水有胶黏物质;子叶背倚。

约40种,主产于美洲、西太平洋群岛,其中1种为全球广布杂草。我国有1种;浙江也有。

播娘蒿 （图4-73）
Descurainia sophia (L.) Webb. ex Prantl

一年生草本,高20~80cm,具叉状毛,以下部茎生叶为多,向上渐少。茎直立,分枝多,常于下部呈淡紫色。叶为三回羽状深裂,长2~12cm,末端裂片条形或长圆形,裂片长(2)3~5(10)mm,宽0.8~1.5(2)mm;下部叶具柄,上部叶无柄。花序伞房状,果时伸长;萼片直立,早落,长圆条形,背面有分叉细柔毛;花瓣黄色,长圆状倒卵形,长2~2.5mm,或稍短于萼片,具爪;雄蕊6,比花瓣长1/3。长角果圆筒状,长2.5~3cm,宽约1mm,无毛,稍内曲,与果梗不呈一条直线;果瓣中脉明显;果梗长1~2cm。种子每室1行,小,多数,长圆形,长约1mm,稍扁,淡红褐色,表面有细网纹。花期4—5月。

产于湖州市区、嘉兴市区、临安(天目山)、温州市区(瓯海)等地。生于田野中、荒地上。分布于除华南以外的全国各地。亚洲、欧洲、非洲、北美洲也有。

种子含油40%,供工业用,也可食用;种子也可药用,有利尿消肿、祛痰定喘等功效。

图4-73 播娘蒿

七二　山柳科 Clethraceae

落叶灌木或小乔木，嫩枝及叶常具星状毛或单毛。单叶，互生，在枝端稍密集成近簇生状。总状或圆锥花序顶生，具明显小苞片；花两性，稀单性，辐射对称；花萼5深裂，宿存；花瓣5，分离；雄蕊10，呈2轮排列，花药顶孔开裂，花粉粒具3孔或3孔沟；子房上位，3室，每室具多数胚珠，中轴胎座，花柱顶端常3裂，稀不裂。蒴果近球形，3瓣开裂。种子小，具肉质胚乳及具短子叶的胚，种皮疏松。

仅1属，65种，分布于美洲、亚洲、大西洋群岛。我国有7种；浙江有2种。

树姿优美，可栽培于庭园中供观赏。

杭州植物园于2010年引种的2株贵州山柳 Clethra kaipoensis H. Lév. 生长良好，但未见普遍栽培，故未予收录。

山柳属　Clethra L.

特征、分布同科。

1. 江南山柳　云南桤叶树　（图4-74）
Clethra delavayi Franch.

落叶灌木或小乔木，高1～4m。幼枝密生星状短毛。叶片卵状椭圆形或长圆状椭圆形，长3～11cm，宽1～4.5cm，先端急尖或渐尖，基部楔形或宽楔形，稀圆形，幼时两面密被星状毛，老时上面近无毛，下面沿叶脉突起，具星状疏柔毛或伏贴长毛，边缘具细锯齿，齿端有硬尖头；叶柄长0.5～1.5cm，具伏贴毛。总状花序单一；花序梗、花序轴及花梗密被星状毛，花梗长

图4-74　江南山柳

3～10mm；苞片线形或披针形；花萼披针形或长圆状披针形，长3.5～6mm；花瓣白色或粉红色，稀淡黄色，先端微凹或缺；花丝无毛，与花冠近等长，花药线形，孔裂；花柱长于花冠。蒴果球形。花期7—8月，果期9—10月。

产于武义、莲都、缙云、庆元、景宁、乐清、瑞安、文成、平阳、苍南、泰顺等地。生于海拔800～1800m的山谷阔叶林下或山顶草地上。分布于江西、福建、湖南、广东、广西、四川、贵州等地。

2. 华东山柳 髭脉桤叶树 （图4-75）
Clethra barbinervis Siebold et Zucc.

图4-75　华东山柳

落叶灌木或小乔木，高1～6m。幼枝无毛或有锈色星状毛。叶片倒卵状椭圆形或倒卵形，有时椭圆形，长3～13cm，宽1.2～5.5cm，先端渐尖或尾状渐尖，基部楔形，上面无毛，下面脉上具伏贴长硬毛，脉腋具髯毛，边缘具尖锐锯齿，齿端具硬尖头，中脉在上面平坦，下面突起；叶柄长1～2.5cm，具伏贴毛。总状花序3～6分枝集成圆锥花序；花序梗与花梗密被锈色糙硬毛或星状毛，花梗长4～6mm；苞片线形，早落；花萼裂片卵形，长2～3mm；花瓣白色，先端微凹或缺；花丝无毛，花药倒箭头形；花柱略超出花冠外。蒴果近球形。花期6—8月，果期9—10月。

产于临安、桐庐、淳安、宁海、开化、浦江、磐安、武义、天台、温岭、缙云、遂昌、松阳、龙泉、庆元、永嘉、瑞安、文成等地。生于海拔400～1700m的疏林中或山坡林缘。分布于山东、安徽、江西、湖北等地。

与江南山柳的区别在于总状花序3～6分枝集成圆锥花序。

七三　杜鹃花科 Ericaceae

常绿、半常绿或落叶灌木，稀小乔木。枝无毛或有各式毛；冬芽具少数或多数鳞片。单叶互生，稀对生或轮生；叶片全缘或具锯齿；无托叶。花两性，辐射对称或稍两侧对称；单生、簇生，有时为总状、圆锥或伞形花序；花萼通常5裂，宿存；花冠漏斗状、钟状、坛状；雄蕊长度为花冠裂片的2倍，顶端常具芒状附属物，花粉常为四合花粉；子房上位或下位，常2~5室，每室胚珠多数，花柱单一。蒴果，稀浆果或核果。种子细小，多数。

约103属，3350种，广泛分布于温带和亚北极地区、热带的高海拔地区。我国约15属，789种；浙江有5属，32种，其中栽培4种。

本科的许多种为著名的园林观赏植物，有的种类可作工艺用材，其化学成分已用于医药工业和日用品工业，有的种类的果实为食用浆果。但已知杜鹃属 Rhododendron、马醉木属 Pieris、金叶子属 Craibiodendron 的一些种，含有毒性成分，在利用上述植物时必须注意。

分属检索表

1. 子房上位；蒴果。
    2. 花大显著，花冠漏斗状、钟状、管状或高脚碟状，裂片稍两侧对称；蒴果室间开裂 ··· 1.杜鹃属 Rhododendron
    2. 花小，花冠钟状、坛状或筒状，裂片辐射对称；蒴果室背开裂。
        3. 叶具锯齿。
            4. 花药顶部的芒直立伸展；伞形或伞房花序 ················ 2.吊钟花属 Enkianthus
            4. 花药顶部的芒反折下弯；圆锥状或总状花序 ················ 3.马醉木属 Pieris
        3. 叶全缘 ··· 4.珍珠花属 Lyonia
1. 子房下位；浆果 ··· 5.越橘属 Vaccinium

1 杜鹃属 Rhododendron L.

常绿、半常绿或落叶灌木，有时为乔木。叶互生；叶片全缘，稀具不明显小齿。花芽被多数形态大小有变异的芽鳞。花大显著，通常排列成伞形状总状或短总状花序，通常顶生，少有腋生；花萼宿存；花冠漏斗状、钟状、管状或高脚碟状，裂片稍两侧对称；雄蕊着生于花冠基部，花药无附属物，顶孔开裂；子房上位。蒴果室间开裂。种子多数，细小，纺锤形。

约960种，广泛分布于亚洲、欧洲、北美洲，主要分布于东亚和东南亚。我国有500余种；浙江有19种。

为世界著名的观赏植物。

分种检索表

1. 常绿灌木或小乔木；叶片上面具光泽。
   2. 小枝、叶两面及花各部具鳞片；花白色 ·· 1. 江西杜鹃 R. kiangsiense
   2. 小枝、叶两面及花各部无鳞片；花淡紫色或粉红色，有时渐变成近白色。
      3. 伞形状总状花序顶生，具5~10花。
         4. 叶下面苍绿色，基部圆形，稀微心形或宽楔形，成长叶两面无毛。
            5. 花梗和花柱均有腺体或腺毛；花冠长4.5~6.5cm，7裂；雄蕊14~16 ··· 2. 云锦杜鹃 R. fortunei
            5. 花梗和花柱近无毛；花冠长3~3.5cm，5裂；雄蕊10 ··· 3. 黄山杜鹃 R. maculiferum subsp. anhweiense
         4. 叶下面初时红棕色，后变黄褐色，毛被薄毡状，基部楔形 ············ 4. 猴头杜鹃 R. simiarum
      3. 花单生或呈伞形花序。
         6. 叶先端有凹缺；雄蕊5；果实卵球形，长约7mm ·············· 5. 马银花 R. ovatum
         6. 叶先端无凹缺；雄蕊10；果实圆柱形，长3~4.5cm。
            7. 花单生，花梗、果梗及子房均无毛。
               8. 花芽外被灰白色短柔毛 ·············· 6. 泰顺杜鹃 R. taishunense
               8. 花芽仅边缘和顶端被柔毛 ·············· 7. 麂角杜鹃 R. latoucheae
            7. 花梗和子房密被腺头刚毛。
               9. 叶片下面中脉被疏腺头刚毛；花冠粉红色，长4.5~5cm ·············· 8. 弯蒴杜鹃 R. henryi
               9. 叶片两面被短刚毛和柔毛；花冠淡红色至近白色，长5~6cm ··· 9. 刺毛杜鹃 R. championae
1. 落叶或半常绿灌木，稀常绿，若为常绿则叶上面无光泽。
   10. 花呈伞形状总状花序；花冠黄色 ·············· 10. 羊踯躅 R. molle
   10. 花单生或呈伞形花序；花冠不为黄色。
      11. 落叶灌木；叶一型，集生于枝顶端。
         12. 具1或2花，稀3朵簇生于枝顶，上方裂片具紫红色斑点或无斑点 ··· 11. 丁香杜鹃 R. farrerae
         12. 2~4花集生于枝顶，上方3裂片基部具紫色斑点 ·············· 12. 华顶杜鹃 R. huadingense
      11. 半常绿或常绿灌木；叶二型；春叶散生，夏叶集生于枝顶。
         13. 雄蕊10；花较大，花冠长3.5cm以上。
            14. 花冠玫瑰紫色，具斑点。
               15. 花冠长4.8~5.2cm；花萼裂片披针形 ·············· 13. 锦绣杜鹃 R. × pulchrum
               15. 花冠长3.5~4cm；花萼裂片椭圆状卵形 ·············· 14. 映山红 R. simsii
            14. 花冠白色，有时粉红色，无红色斑点 ·············· 15. 白花杜鹃 R. × mucronatum
         13. 雄蕊5。
            16. 花柱无毛。
               17. 花冠长3~4cm，雄蕊短于花冠 ·············· 16. 皋月杜鹃 R. indicum
               17. 花冠长2~2.5cm，雄蕊与花冠近等长 ·············· 17. 钝叶杜鹃 R. obtusum
            16. 花柱被毛或无毛。
               18. 花冠裂片和花冠筒外面均被毛 ·············· 18. 毛果杜鹃 R. seniavinii
               18. 花冠裂片和花冠筒外面均无毛 ·············· 19. 崖壁杜鹃 R. saxatile

七三 杜鹃花科 Ericaceae

1. 江西杜鹃 （图4-76）
Rhododendron kiangsiense W.P. Fang

常绿灌木，高0.5～2m。树皮片状剥落。小枝、叶片两面和花均被棕褐色圆形鳞片，枝圆柱形，灰绿色或灰褐色，叶痕明显，嫩枝被粗毛。叶片厚革质，上面有光泽，倒卵状椭圆形至椭圆形，长2.5～6cm，宽1.3～3cm，先端圆钝，具小尖头，基部楔形至宽楔形，全缘，略反卷，中脉上面扁平，近基部被粗毛，下面突起；叶柄长3～6mm，被白色的粗毛及鳞片。花顶生于枝端，常2朵排成伞形状总状花序；花梗长1～1.3cm，密被鳞片；花萼长7～9mm，5深裂，裂片卵形至卵圆形，边缘波状，外面被鳞片；花冠白色，宽漏斗形，长约5cm，裂片5，圆形，边缘波状，外侧疏被鳞片；雄蕊（8）10，花丝长2～2.5cm，近基部被白色短柔毛；子房圆锥形，花柱被鳞片。蒴果圆柱形。花期4—5月，果期8—9月。

产于遂昌（九龙山）。生于海拔1720m的岩石旁灌丛中。分布于江西等地。

本种花大，纯白色，可供观赏。

图4-76 江西杜鹃

2. 云锦杜鹃　天目杜鹃　天台杜鹃 （图4-77）
Rhododendron fortunei Lindl.

常绿灌木或小乔木，高2～5m。枝粗壮，淡绿色，幼时有腺体。叶聚生于枝端；叶片厚革质，长圆形、长圆状椭圆形或长圆状倒披针形，长7～18cm，宽2.5～6cm，先端急尖或圆钝，具小尖头，基部宽楔形至微心形，全缘，除幼时下面中脉疏被腺体外，两面无毛，上面深绿色，有皱纹，下面苍绿色，网纹明显；叶柄长1～3cm，粗壮，幼时有腺体。伞形状总状花序具5～10花，顶生，长2～4cm，具腺体；花梗长1.5～3cm，具腺体；花萼小，歪斜，具不规则小圆裂片，具腺体；花冠粉红色或白色略带粉红色，漏斗状钟形，长4.5~6.5cm，裂片7；雄蕊14~16，短于花冠，花丝无毛；子房密被腺体，花柱略长于雄蕊，具腺体。蒴果圆柱形，表面粗糙。花期5—6月，果期10—11月。

产于安吉、杭州市区、临安、淳安、上虞、诸暨、宁波市区、鄞州、余姚、奉化、宁海、开化、江山、龙游、磐安、武义、天台、临海、莲都、缙云、遂昌、龙泉、庆元、云和、景宁、乐清、永嘉、瑞安、文成、平阳、苍南、泰顺等地。生于海拔400~1900m的沟谷阔叶林或山顶灌草丛中。分布于安徽、江西、福建、湖南、广东、广西等地。模式标本采自宁波。

根、叶、花可入药，有清热解毒、生肌敛疮等功效；花大艳丽，可用于营造生态旅游景观，如天台的杜鹃花节所营造的景观。

《中国植物志》和 *Flora of China* 记载，本省有喇叭杜鹃 *R. discolor* Franch. 分布，与云锦杜鹃的区别在于叶片基部常为楔形，花期较迟，花萼裂片边缘有纤毛。笔者观察标本时发现，花萼裂片边缘纤毛的有无与叶片基部形态并无相关性，且纤毛从无到有至密，这些性状在两者之间有过渡类型，无法区分，本志暂不收入。

图4-77 云锦杜鹃

3. 黄山杜鹃　安徽杜鹃 （图4-78）

Rhododendron maculiferum Franch. subsp. **anhweiense** (E.H. Wilson) D.F. Chamb. — *R. anhweiense* E.H. Wilson

常绿灌木，高达5m。树皮灰褐色。嫩枝有绒毛，后脱落，老枝叶痕明显。叶簇生于枝顶；叶片厚革质，卵形或椭圆形，长4～9cm，宽1.5～4cm，先端急尖，有短尖头，基部圆形或宽楔形，全缘，除下面中脉幼时有疏绒毛外，两面无毛，下面网纹明显；叶柄长约1cm，幼时有绒毛，后变无毛。伞形状总状花序具6～10花，顶生，总轴长约1.5cm，常有绵毛状柔毛；花梗长1.5～2.5cm，近无毛或稍有柔毛，稀具腺毛；花萼短小，萼齿5，三角形；花冠粉红色至近白色，钟形，长3～3.5cm，裂片5，圆形，长约1cm，边缘波状，上方裂片基部内面具紫红色斑点；雄蕊10，短于花冠，花丝基部有柔毛；子房通常无毛，花柱无毛。蒴果圆柱形，略弯曲。花期4—5月，果期8—9月。

产于安吉、临安、淳安、龙泉、景宁、永嘉等地。生于海拔1000m以上的沟谷阔叶林或山顶矮林中。分布于安徽、江西、福建、湖南、广东、广西等地。

图4-78　黄山杜鹃

4. 猴头杜鹃 （图4-79）
Rhododendron simiarum Hance

图4-79　猴头杜鹃

常绿灌木或小乔木，高可达7m。幼枝有红棕色曲柔毛和腺体；老枝无毛，具明显叶痕。叶密生于枝顶；叶片厚革质，倒披针形至长圆状披针形，长5~15cm，宽1.5~4.5cm，先端急尖或钝圆，基部楔形，全缘，上面无毛，下面被薄毡状毛，初时红棕色，后变黄褐色，中脉在上面凹陷，下面突起；叶柄长1~2cm，被棕红色曲柔毛或腺体。伞形状总状花序顶生，具5~10花；总轴长1~2cm，被浅棕色柔毛；花梗长2~3cm，疏被曲柔毛和腺体；花萼5裂，外面和边缘有腺毛；花冠粉红色，漏斗状钟形，长3.5~4cm，裂片5，内面上方有紫红色斑点；雄蕊10~12，花丝下部有柔毛；子房密生红棕色绢状柔毛，疏生腺毛，花柱无毛或近基部略有腺毛。蒴果圆柱形，常有红棕色毛。花期5—6月，果期8—9月。

产于丽水及衢州市区、开化、江山、龙游、磐安、武义、临海、永嘉、瑞安、文成、平阳、泰顺等地。生于海拔500~1600m的沟谷、山坡阔叶林中。分布于江西、福建、湖南、广东、广西等地。

适合庭园栽培，为较好的观赏花卉，也常用于营造生态旅游景观，如松阳箬寮岘的十里杜鹃长廊。

5. 马银花（图4-80）

Rhododendron ovatum (Lindl.) Planch. ex Maxim. — *R. bachii* H. Lév. — *R. hangzhouense* Fang et M.Y. He — *R. ovatum* (Lindl.) Planch. ex Maxim. var. *setuliferum* M.Y. He

常绿灌木，高1～4m。幼枝与叶柄、叶片上面中脉均被短柔毛，有时疏生腺毛。叶常集生于枝顶端；叶片革质，卵形或椭圆形，长3～6cm，宽1.2～2.5cm，先端急尖或钝，通常凹缺，具短尖头，基部圆形，全缘，除上、下中脉外，两面无毛；叶柄长5～15mm。花单生于枝顶叶腋；花梗长0.8～2cm，密被短柔毛，常有腺毛；花萼5深裂，裂片卵形至倒卵形，全缘或啮齿状，无毛或具疏密不等的腺毛；花冠淡紫色至粉白色，宽漏斗状，长约2.7cm，裂片5，上方裂片内面有紫色斑点；雄蕊5，花丝下半部有柔毛；子房密生腺头刚毛，花柱基部有毛或无毛。蒴果卵球形，长约7mm。花期4—5月，果期8—9月。

产于全省山区。生于海拔45～1750m偏酸性土壤的丘陵山坡上和山地林中。分布于长江流域及其以南各地。模式标本采自舟山。

根可药用，有清湿热、解毒疗疮等功效；也可供观赏。

图4-80　马银花

6. 泰顺杜鹃 （图4-81）

Rhododendron taishunense B.Y. Ding et Y.Y. Fang

常绿灌木或小乔木，高2～5m。小枝密被刚毛。叶常集生于枝顶；叶片革质，椭圆状长圆形或长圆状披针形，长3.5～9cm，宽1.2～3.2cm，先端渐尖或尾状渐尖，基部心形，微反卷，具刺状锯齿或刺毛，中脉在上面凹陷，下面突起，侧脉9～12对，下面不明显，除下面中脉具刺毛外，两面无毛；叶柄长2～5mm，密被刺毛。花芽外被灰白色短柔毛；花单生于枝顶叶腋；花梗长8～15mm，无毛；花萼5浅裂，裂片三角形，无毛；花冠淡紫红色，狭漏斗状，长3.2～4cm，裂片5，椭圆状长圆形，无毛；雄蕊10，不等长，长1.5～3cm，花丝基部被柔毛；子房圆柱形，无毛。蒴果圆柱形，长3～4.5cm。花期4月，果期9—11月。

产于泰顺。生于海拔400～600m的山坡常绿阔叶林中。模式标本采自泰顺里光。

为浙江特有种；浙江省重点保护野生植物。

图4-81　泰顺杜鹃

7. 鹿角杜鹃 （图4-82）

Rhododendron latoucheae Franch.

常绿灌木，高2～3m。幼枝粗壮，无毛。叶常集生于枝顶；叶片革质，狭椭圆状披针形或倒披针形，长7～11.2cm，宽1.4～3cm，先端短渐尖，基部狭楔形，边缘微反卷，上面绿色有光泽，下面苍白色，两面无毛，中脉在上面凹陷，下面突起；叶柄长1～1.5cm，无毛。花芽仅边缘和顶端被柔毛；花序生于枝顶叶腋，具1或2花；花梗粗壮，基部关节明显，长约3.5cm，无毛；花萼

图4-82 鹿角杜鹃

裂片不明显，常呈三角状小齿，稀发育为线状，长达1cm，边缘及先端具细睫毛；花冠漏斗形，粉红色至白色，长约4.8cm，裂片5，长卵形，无毛；雄蕊10，不伸出花冠外，花丝扁平，中部以下被短柔毛；子房无毛，花柱无毛。蒴果圆柱形，无毛。花期4—5月，果期7—10月。

产于丽水、温州及德清、杭州市区、临安、桐庐、淳安、衢州市区、开化、江山、金华市区、磐安、武义、天台、临海、仙居等地。生于海拔300～1500m的山坡灌丛或阔叶林中。分布于江西、福建、广东等地。

8. 弯蒴杜鹃（图4-83）
Rhododendron henryi Hance

常绿灌木，高2～4m。树皮灰褐色。幼枝被疏刚毛；老枝无毛。叶集生于枝顶；叶片革质，长椭圆形或倒卵状长圆形，长4～11cm，宽1.5～4cm，先端短渐尖或渐尖，基部楔形，边缘具向下反卷的刺状齿或刺毛，其余无毛，中脉上面凹陷，下面突起，被疏腺头刚毛，网脉明显；叶柄长7～12mm，具疏腺头刚毛。伞形花序生于枝顶叶腋，具3～6花；花梗长约2mm，密被腺头刚毛；花萼5深裂，裂片线状披针形，长1.2～1.5cm，外面和边缘被腺毛；花冠粉红色，狭漏斗状，长4.5～5cm，无毛；雄蕊10，花丝近基部有柔毛；子房密被腺头刚毛。蒴果圆柱形，稍弯曲，有刚毛或脱落至仅留痕迹。花期4月，果期10—11月。

产于庆元、文成等地。生于海拔300～800m的山坡上或山脚林中。分布于江西、福建、湖南、广东、广西、四川等地。

图 4-83 弯蒴杜鹃

8a. 秃房弯蒴杜鹃(变种)
var. **dunnii** (E.H. Wilson) M.Y. He

与弯蒴杜鹃的区别在于小枝、叶柄、叶缘和子房均无毛。

产于庆元(蒲潭)。生于海拔500～900m的林缘或灌丛中。分布于江西、福建、广东、广西等地。

9. 刺毛杜鹃 (图4-84)
Rhododendron championae Hook.

常绿灌木或小乔木,高达5m。幼枝密生刺毛和腺头刚毛。叶集生于枝顶;叶片厚纸质,长圆状披针形,长8～16cm,宽2～4.5cm,先端短渐尖或渐尖,基部楔形至圆钝,全缘,具刺缘毛,上面暗绿色,疏生短刚毛,下面苍绿色,疏生短刚毛和柔毛,脉上较密,中脉在上面凹陷,下面突起;叶柄长10～15mm,具毛。伞形花序生于枝顶叶腋,具3～5花;花芽具黏质;花梗长约1.8cm,密被腺头刚毛;花萼5深裂,长1～1.5cm,边缘被腺毛;花冠淡红色至近白色,狭漏斗状,长5～6cm,裂片5,上方裂片内具黄色斑点;雄蕊10,花丝基部具柔毛;子房密被柔毛和腺头刚毛。蒴果圆柱形,两端钝尖,被腺头刚毛。花期4—5月,果期7—9月。

产于莲都、遂昌、龙泉、庆元、景宁、文成、平阳、苍南、泰顺等地。生于海拔200～1100m的山坡上或沟边林中,杭州市区、诸暨等地有栽培。分布于江西、福建、广东、广西等地。

花大型,密集,粉红色,可栽培作庭园绿化树种供观赏。

七三　杜鹃花科 Ericaceae

图 4-84　刺毛杜鹃

10. 羊踯躅　闹羊花（图4-85）
Rhododendron molle (Blume) G. Don

落叶灌木，高 1～2m。幼枝有短柔毛和柔毛状刚毛；老枝无毛。叶片纸质，长圆形或长圆状倒披针形，长 6～12cm，宽 2～3.5cm，先端急尖或钝，具短尖头，基部楔形，边缘密被刺状睫毛，上面绿色，下面苍白色，均被短柔毛，叶脉上面凹陷，下面突起；叶柄长 2～6mm，被毛与小枝同。伞形状总状花序，具 5～15（20）花，顶生，花叶同放；花梗长 1.5～2cm，被短柔毛；花萼 5 裂，裂片长约

图 4-85　羊踯躅

2mm，被短柔毛和睫毛；花冠黄色，漏斗形，长4.5～5.2cm，外面被柔毛，内面上方有橘红色斑点，裂片5，长约2.5cm；雄蕊5，等长于花冠，花丝中部以下被柔毛；子房被长柔毛，花柱无毛。蒴果圆柱形，被疏毛。花期4—5月，果期8—9月。

产于绍兴、宁波及长兴、德清、杭州市区、临安、建德、淳安、金华市区、兰溪、磐安、永康、天台、临海、仙居、温岭、莲都、缙云、遂昌、龙泉、庆元、景宁、泰顺等地。生于海拔800m以下的山坡灌丛中或林下。分布于华东及湖北、湖南、广东、广西、四川、云南等地。

根、花、果可药用，有祛风除湿、散瘀止痛、化痰止咳等功效，但全株有毒，应慎用。

11. 丁香杜鹃　满山红　（图4-86）

Rhododendron farrerae Tate ex Sweet —— *R. mariesii* Hemsl. et E.H. Wilson

落叶灌木，高达3m，多分枝。树皮灰褐色。幼枝伏生长柔毛，后变无毛。叶3枚集生于枝顶；叶片纸质，卵形、卵状菱形或宽卵形，长2～8cm，宽1～5cm，先端圆钝或急尖，具小尖

头，基部楔形或圆形，全缘，上面绿色，初被棕色伏贴长柔毛；叶柄长2～10mm，密被柔毛。花1或2朵，稀3朵簇生于枝顶；花梗长5～10mm，与芽鳞均密被柔毛；花萼小，密被毛；花冠丁香紫色、淡紫色，辐射漏斗状，长2.2～3cm，裂片5，深裂，上方裂片具紫红色斑点或无斑点；雄蕊8～10，花丝无毛；子房密被伏生的红棕色长柔毛，花柱无毛。蒴果卵球形，长

图4-86　丁香杜鹃

12~18mm，直径5~7mm，密被毛。花期3—4月，果期8—10月。

产于全省山地。零星散生于海拔100~1900m的山顶及山坡灌丛中。分布于江西、福建、湖南、广东、广西等地。

本种有1个白花类型曾被定为白花满山红 form. **albescens** B.Y. Ding et G.R. Chen（图4-87），区别在于花冠白色，内面上方具红色斑点，浙南各地常见。其分类地位有待进一步研究。

图4-87 白花满山红

12. 华顶杜鹃 （图4-88）

Rhododendron huadingense B.Y. Ding et Y.Y. Fang

落叶灌木，高1~4m。树皮灰褐色。当年生枝绿色，无毛。叶常4或5枚集生于枝顶；叶片纸质，卵形或椭圆形，长6~10cm，宽3~6cm，先端急尖，基部宽楔形或圆形，边缘具细锯齿和粗缘毛，两面绿色，幼时两面疏生金黄色短柔毛，老时近无毛，中脉上面凹陷，下面突起，连同侧脉均密被灰色短绒毛；叶柄长约1cm，被糙伏毛和短柔毛。伞形花序顶生，具2~4花；花梗长

图4-88 华顶杜鹃

1～2cm，密被腺毛；花萼5浅裂，被腺毛；花冠淡紫色或紫红色，漏斗状，长4.5～5cm，裂片5，椭圆形，上方3裂片基部具紫色斑点；雄蕊10，花丝无毛；子房和花柱无毛。蒴果卵球形，黄色，无毛。花期4—5月，果期8—9月。

产于余姚、奉化、金华市区（婺城）、磐安、天台、临海等地。生于海拔700～1145m的黄山松林或针阔叶混交林中。模式标本采自天台华顶山。

为具有很大开发前景的观赏植物；为浙江特有种；浙江省重点保护野生植物。

13. 锦绣杜鹃 毛鹃 （图4-89）
Rhododendron × pulchrum Sweet

半常绿灌木，高1.5～2.5m。枝淡灰褐色，被淡棕色糙伏毛。芽鳞具淡黄褐色毛，内有黏质。叶片薄革质，长圆形至披针形，长2～5cm，宽1～2.5cm，先端钝尖，基部楔形，边缘反卷，全缘，上面深绿色，初时疏生糙伏毛，后近于无毛，下面淡绿色，被微柔毛和糙伏毛，叶脉上面凹陷，下

图4-89　锦绣杜鹃

面突起；叶柄长3～6mm，密被糙伏毛。伞形花序顶生，具1～5花；花梗长0.8～1.5cm，密被淡黄褐色长柔毛；花萼5深裂，裂片披针形，被糙伏毛；花冠玫瑰紫色，阔漏斗形，长4.8～5.2cm，裂片5，阔卵形，具深红色斑点；雄蕊10，近等长，花丝线形，下部被微柔毛；子房密被刚毛状糙伏毛。蒴果卵球形，被刚毛状糙伏毛。花期4—5月，果期9—10月。

文献记载本种产于我国，但未见野生记录。我国长江流域及以南各地常见栽培；全省各地广泛栽培。

适宜成片栽植，可增添园林的自然景观效果。

14. 映山红　杜鹃　（图4-90）

Rhododendron simsii Planch.

落叶或半常绿灌木，高达3m。小枝密被棕褐色扁平糙伏毛。叶二型；春叶纸质或薄纸质，卵状椭圆形至卵状狭椭圆形，长2.5～6cm，宽1～3cm，先端急尖或短渐尖，基部楔形，全缘，两面均被扁平糙伏毛，下面脉上较密，侧脉下面突起；夏叶较小，宿存；叶柄长3～5mm，密被与枝同类的毛。花2～6朵簇生于枝顶；花梗长6mm，密被糙伏毛；花萼5深裂，裂片椭圆状卵形；花冠玫瑰紫色，宽漏斗形，长3.5～4cm，裂片5，上部裂片具紫红色斑点；雄蕊10，等长或短于花冠，花丝中部以下被柔毛；子房密被扁平糙伏毛，花柱无毛或基部疏被毛。蒴果卵球形，被糙伏毛。花期4—5月，山区可延至6月初，果期9—10月。

图4-90　映山红

产于全省山地。从海拔50m的山脚至1600m的山顶均可生长，常见于海拔1000m以下的山坡灌丛和疏林中，为酸性土指示植物。分布于长江流域及其以南各地。

根、叶、花可药用，有活血止血、调经止痛、祛风湿、解疮毒等功效；常栽培供观赏。

14a. 白花映山红（变种）（图4-91）
var. **albiflorum** R.L. Liu

与映山红的区别在于花冠、花丝、花柱均为白色，花冠内的斑点为绿色，花柱基部被白色扁平糙伏毛。

产于温岭（大溪镇）等地。生于山坡灌丛中。

图4-91 白花映山红

14b. 普陀杜鹃（变种）（图4-92）
var. **putuoense** G.Y. Li et Z.H. Chen

与映山红的区别在于花冠紫色。

产于宁波、舟山及温岭等地。生于海拔15～80m的海滨次生灌丛中、疏林下和林缘，也常见于岩质海岸灌草丛中。模式标本采自普陀白桦山。

图4-92 普陀杜鹃

15. 白花杜鹃 毛白杜鹃（图4-93）
Rhododendron × mucronatum (Blume) G. Don

半常绿灌木，高1～2m。幼枝密被开展刚毛和少量腺毛。叶二型；春叶纸质，披针形或卵状披针形，长3.5～5.6cm，宽1～2.5cm，先端急尖或圆钝，基部楔形，全缘，幼时有缘毛，两面有糙伏毛，并杂有腺毛和短柔毛，沿脉较密，叶脉上面凹陷，下面突起；夏叶宿存，质较厚，深绿色，较小，先端圆钝，基部常下延至叶柄。伞形花序顶生，具1～3花；花梗长10～15mm，被刚毛和腺毛；花萼5深裂，密被腺毛和刚毛；花冠白色，有时粉红色，宽漏斗状，长4～5cm，5裂，外面无毛，内面疏被柔毛；雄蕊10，花丝中部以下被短柔毛；子房密被刚毛和腺毛，花柱无毛。蒴果卵球形，长约1cm。花期4—5月，果期8—9月。

日本、越南、印度尼西亚、英国、美国广泛引种栽培。我国东南地区至四川均有引种栽培；全省各地有栽培。

图4-93　白花杜鹃

主要栽种于庭园中作矮墙或屏障,也可作观赏盆景材料;根、茎、叶、花可药用,有活血、散瘀、止咳等功效。

16. 皋月杜鹃 （图4-94）
Rhododendron indicum (L.) Sweet

半常绿灌木,高1～2m。幼枝密被红褐色糙伏毛,后近于无毛。叶集生于枝端;叶片近革质,狭披针形或倒披针形,长1.7～3.2cm,稀4.5cm,宽约6mm,先端钝尖,基部狭楔形,边缘疏具细圆齿状锯齿,两面散生红褐色糙伏毛,上面深绿色,有光泽,下面苍白色,中脉上面凹陷,下面突起;叶柄长2～4mm,被红褐色糙伏毛。伞形花序顶生,具1～3花;花梗长0.6～1.2cm,被白色糙伏毛;花萼5裂,被白色柔毛;花冠鲜红色,有时玫瑰红色,长3～4cm,5裂,具深红色斑点;雄蕊5,短于花冠,不等长,花丝中部以下被柔毛;子房密被亮褐色糙伏毛,花柱无毛。蒴果长圆状卵球形,长6～8mm,密被红褐色平贴糙伏毛。花期5—6月,果期8—9月。

原产于日本。我国广泛栽培;杭州市区等地有栽培。

花色艳丽,具有较高的园艺价值。

图4-94　皋月杜鹃

17. 钝叶杜鹃 （图4-95）
Rhododendron obtusum (Lindl.) Planch.

半常绿灌木。小枝纤细,分枝繁多,密被锈色糙伏毛。叶常簇生于枝端;叶片纸质,形状多变,长1.5～3cm,宽0.8～1.5cm,先端具短尖头,基部宽楔形,边缘被纤毛,上面鲜绿色,下面苍绿色，两面散生糙伏毛，沿中脉较密，中脉上面凹陷，下面突起；叶柄长2～4mm，被灰白色糙伏毛。伞形花序顶生，具1～3花；花梗长4～8mm，密被糙伏毛；花萼5裂，裂片卵形，被糙伏毛；花冠红色至粉红色，漏斗状钟形，长2～2.5cm，裂片5，顶端钝，有1裂片具深色斑点；雄蕊5，与花冠近等长，花丝无毛；子房密被糙伏毛，花柱无毛。蒴果长卵球形，密被糙伏毛。花期4—6月，果期8—9月。

原产于日本。全国各地常见栽培；全省各地普遍栽培，变种及园艺品种甚多。

常用于园林景观和盆栽，栽培广泛。

图4-95　钝叶杜鹃

18. 毛果杜鹃 （图4-96）

Rhododendron seniavinii Maxim.

常绿灌木，高1～3m。小枝密被红色糙伏毛。叶集生于枝顶；叶片薄革质，卵形或长圆状披针形，长1.5～7cm，宽1～3.5cm，先端渐尖，具短尖头，全缘，具缘毛，上面绿色，下面灰褐色，被红棕色糙伏毛，中脉上面凹陷，下面突起；叶柄长4～11mm，被糙伏毛。伞形花序顶生，具4～10花；花梗长3～7mm，密被糙伏毛；花萼小，5裂，密被糙伏毛；花冠白色或粉红色，狭漏斗状，长约1.6cm，裂片5，外面被短柔毛，内面无毛，上方裂片内有紫色斑点；雄蕊5，花丝无毛；子房卵球形，密被糙伏毛，花柱基部被糙伏毛或无毛。蒴果卵球形，密被糙伏毛。花期4—5月，果期9—10月。

产于庆元、泰顺等地。生于海拔400～1000m的山坡林或林缘灌丛中。分布于福建、湖南、广西、贵州等地。

根、茎、叶、花可药用，有化痰、止咳、平喘等功效。

图 4-96　毛果杜鹃

19. 崖壁杜鹃（图4-97）

Rhododendron saxatile B.Y. Ding et Y.Y. Fang

常绿灌木，高可达1m。小枝密被卷曲刚毛。叶片革质，椭圆形或卵形，长2～3cm，宽0.7～1.5cm，先端急尖，具短尖头，边缘反卷，上面深绿色，下面淡黄绿色，幼时两面密被卷曲刚毛，

七三　杜鹃花科 Ericaceae

老时上面近秃净，中脉上面凹陷，下面突起；叶柄长3～5mm，被卷曲刚毛。伞形花序顶生，具3～5花；花梗长5～7mm，密被卷曲刚毛；花萼5浅裂，密被卷曲刚毛；花冠白色或淡白色，漏斗状，长1.5～1.8cm，裂片5，长圆形，上方裂片基部具紫红色斑点，无毛；雄蕊5，花丝无毛；子房卵球形，密被卷曲刚毛，花柱无毛或基部疏生刚毛。蒴果长卵球形，密被卷曲刚毛。花期4—5月，果期7月。

图4-97　崖壁杜鹃

产于平阳。生于海拔60～400m的崖壁上及山坡灌丛中。模式标本采自平阳南雁荡。

为浙江特有种；因分布区域十分狭窄，生境非常特殊，现处于濒危状态。浙江省重点保护野生植物。

❷ 吊钟花属　Enkianthus Lour.

落叶灌木，稀小乔木。叶互生，常集生于枝顶；叶片全缘或具锯齿。花常顶生，呈伞形花序、伞形总状花序或簇生状，稀单花；花梗细长，花时常下弯；花萼5裂；花冠钟状或坛状，5浅裂，裂片辐射对称；雄蕊10，花丝短，常被毛，花药卵形，每室顶端具1芒，有时基部具附属物；子房上位，5室，每室具多数胚珠。蒴果椭圆形，具5棱，室背开裂。种子长椭圆形，常具翅或角。

12种，分布于日本、我国东部至西南部、越南北部、缅甸北部至喜马拉雅地区东部。我国有7种，分布于长江流域及其以南各地，以西南部种类较多；浙江有2种。

1. 齿缘吊钟花 美叶吊钟花 （图4-98）

Enkianthus serrulatus (E.H. Wilson) C.K. Schneid. — *E. calophyllus* T.Z. Hsu

落叶灌木或小乔木，高1～6m。树皮灰褐色。嫩枝常带红色，无毛。叶片厚纸质，长圆形或长卵形，长4～11cm，宽2～4cm，先端短渐尖或渐尖，基部楔形至钝圆，边缘具细锯齿，表面无毛或中脉有微柔毛，背面中脉下部两侧被白色柔毛；叶柄较纤细，长6～20mm，初时红色，无毛。伞形花序顶生，具2～6花，花下垂；花梗长1～2cm，果时直立且变粗壮，长可达3cm；花萼5裂，裂片三角形；花冠钟形，绿白色或粉红色，长约1cm，顶端5浅裂，裂片反卷；雄蕊10，长约5mm，下部宽扁且具白色柔毛，花药顶端具2芒；子房圆柱形，5室，花柱长约5mm，无毛。蒴果椭圆形，长1～1.5cm，具棱，成熟时黄褐色，5瓣裂。种子每室数粒，瘦小，具2膜质翅。花期3—4月，果期7—9月。

产于景宁、青田、温州市区（瓯海）、乐清、瑞安、泰顺等地。生于海拔800m以上的山坡灌丛中或岩石边。分布于江西、福建、湖北、湖南、广东、海南、广西、四川、贵州、云南等地。

图4-98　齿缘吊钟花

2. 灯笼树 （图4-99）

Enkianthus chinensis Franch.

落叶灌木或小乔木，高2～6m。嫩枝灰绿色，无毛，常带紫红色；老枝深灰色。叶片纸质，长圆形至长圆状椭圆形，长2.5～6cm，宽1～3cm，先端钝尖，基部圆钝至楔形，边缘具圆钝的细锯齿，两面无毛或中脉疏被短柔毛，中脉常在上面下凹，下面突起，叶背网脉明显；叶柄粗壮，具凹槽，长5～15mm，常呈红色，无毛。伞形状总状花序具多花；花梗纤细，长1.5～4cm，无毛；花萼5裂，裂片三角形，长约2.5mm；花冠宽钟形，长约1cm，肉红色，具红色条纹，有时黄绿色，顶端5浅裂；雄蕊10，着生于花冠基部，短于花冠，花丝长约4.5mm，花药顶端具芒；花柱被疏微毛。蒴果卵圆形，直径5～8mm，成熟时室背开裂成5果瓣；果梗细长，下垂，顶端向上弯。花期4—5月，果期8—9月。

产于临安、淳安、临海、缙云、龙泉、庆元、景宁、青田、泰顺等地。生于海拔860～1700m的山坡上、山脊杂木林或山顶灌丛中。分布于安徽、江西、福建、湖北、湖南、广东、广西、四川、贵州、云南等地。

花美色艳，有较高的观赏价值。

与齿缘吊钟花的区别在于后者叶片先端短渐尖或渐尖；花冠白绿色或粉红色。

图4-99　灯笼树

❸ 马醉木属　Pieris D. Don

常绿灌木或小乔木。单叶互生或假轮生，常集生于枝顶；叶片革质，无毛或近无毛，边缘具锯齿，稀全缘。圆锥或总状花序，顶生或腋生；花萼5裂；花冠坛状或筒状坛形，顶端5浅裂，裂片辐射对称；雄蕊10，花丝基部常扩大，花药孔裂，背部有1对下弯的芒状附属物；子房上位，5室，每室具多数胚珠。蒴果近球形，室背开裂。种子多数，细小，纺锤形。

7种，分布于亚洲东部、北美东部、西印度群岛。我国有3种，分布于东部、西南部；浙江有2种。

1. 马醉木 （图4-100）
Pieris japonica (Thunb.) D. Don ex G. Don

常绿灌木或小乔木，高可达4m。树皮棕褐色。小枝绿色或带淡紫红色，稍具棱，初时有微毛，后脱落至近无毛。叶片革质，披针形至倒披针形，长3~10cm，宽1~3cm，先端渐尖至长渐尖，基部狭楔形，边缘上半部具钝齿，稀近全缘，无毛，主脉两面突起；叶柄长3~8mm，腹面具沟，微被柔毛或近无毛。总状或圆锥花序，顶生或腋生，长6~15cm；花序轴有柔毛；苞片钻形；萼片三角状卵形，长约3.5mm；花冠白色，坛状，长约8mm，无毛，顶端5浅裂；雄蕊10，花丝纤细，有柔毛；子房近球形，无毛，花柱细长。蒴果近球形，无毛。花期3—4月，果期8—9月。

图4-100 马醉木

产于临安、桐庐、建德、淳安、开化、江山、磐安、武义、临海、仙居、温岭、缙云、遂昌、松阳、龙泉、景宁、乐清、瑞安、文成、平阳、苍南、泰顺等地。生于海拔200~1900m的山坡上、沟谷中和山顶林下、灌丛中。分布于安徽、江西、福建、湖北、台湾等地。日本也有。

叶可药用，有杀虫治癣的功效；全株有毒，禁止内服。

2. 美丽马醉木 （图4-101）
Pieris formosa (Wall.) D. Don

常绿灌木或小乔木，高2~4m。小枝圆柱形，疏生红棕色短腺毛或无毛。叶片革质，披针形至长圆形，稀倒披针形，长4~10cm，宽1.5~3.5cm，先端渐尖或锐尖，边缘具细锯齿，基部楔形至钝圆形，表面深绿色，背面淡绿色，幼时在表面被微柔毛，老时脱落，中脉显著；叶柄长7~15mm。圆锥花序顶生，或总状花序簇生于枝顶叶腋，长4~20cm，稀更长；花序轴、苞片和花梗被微柔毛和红棕色腺毛；花萼裂片宽披针形，长约4mm；花冠白色，坛状，长6~8mm，顶端5浅裂；雄蕊10，花丝线形，有柔毛。蒴果近球形，直径约4mm，无毛。花期3—4月，果期

图4-101　美丽马醉木

7—9月。

产于开化（古田山、长虹）。生于海拔400~1000m的山坡阔叶林中或溪边。分布于西南及江西、福建、湖北、湖南、广东、广西、陕西、甘肃等地。越南、缅甸、尼泊尔、不丹、印度也有。

与马醉木的区别在于叶片基部楔形至钝圆形，叶缘自基部开始具锯齿，网脉明显。

4 珍珠花属 Lyonia Nutt.

常绿或落叶灌木，稀小乔木。单叶互生；叶片全缘。花白色，常组成顶生或腋生的总状花序；花萼4或5裂，稀8裂；花冠筒状或坛状，稀钟状，常5浅裂，裂片辐射对称；雄蕊10，稀8~16，花丝膝曲状，近顶端有1对芒状附属物或无，花药长卵形，顶端孔裂；子房上位，4~8室，每室具多数胚珠。蒴果近球形，室背开裂，缝线通常增厚。种子细小，多数。

35种，分布于亚洲东部和北美。我国有5种，分布于东部、西南部；浙江有1种。

珍珠花

Lyonia ovalifolia (Wall.) Drude

常绿或落叶，灌木或小乔木。枝淡灰褐色，无毛。冬芽长卵圆形，淡红色，无毛。叶片革质，卵形或椭圆形，长8~10cm，宽4~6cm，先端渐尖，基部钝圆或浅心形，上面深绿色，无毛，下面淡绿色，近于无毛，中脉上面下陷，下面隆起，侧脉羽状，脉上多少被毛；叶柄长4~9mm，无毛。总状花序长5~10cm，着生于叶腋，近基部有2~3枚叶状苞片，小苞片早落；花序轴上微被柔毛；花梗长约6mm，近无毛；花萼5深裂，裂片长椭圆形，长约2.5mm，宽约1mm，外面近无毛；花冠圆筒状，长约8mm，直径约4.5mm，外面疏被柔毛，上部5浅裂，裂片向外反折，先端钝圆；雄蕊10，花丝顶端有2枚芒状附属物，中下部疏被白色长柔毛；子房近球形，无毛，花柱长约6mm，柱头头状，略伸出花冠外。蒴果球形，直径4~5mm，缝线增厚。种子短线形，无翅。花期5—6月，果期7—9月。

分布于西南及福建、湖南、台湾、广东、广西等地。浙江产2变种。

a. 毛果珍珠花　毛果南烛（变种）（图4-102）
var. **hebecarpa** (Franch. ex F.B. Forbes et Hemsl.) Chun

与珍珠花的区别在于蒴果近球形，密被柔毛。

全省各地常见。生于海拔200~1700m的山坡上、山谷或路旁灌丛中或林缘。分布于华东及湖北、广东、广西、四川、贵州、云南、陕西、甘肃等地。模式标本采自安吉梅溪。

图4-102　毛果珍珠花

b. 小果珍珠花（变种）
Lyonia ovalifolia (Wall.) Drude var. **elliptica** (Siebold et Zucc.) Hand.-Mazz.

与毛果珍珠花的区别在于子房表面光滑无毛或子房下部仅具极稀疏柔毛；果实表面无毛或近无毛。

产于磐安、天台、龙泉、庆元、景宁、平阳等地。生于海拔700~1800m的山坡上、山谷或路旁灌丛中或林缘。分布于我国台湾。日本也有。

*Flora of China*记载，本变种仅产于我国台湾，但浙江南部采集的部分标本其子房或幼果符合小果珍珠花的特征。

根、叶、果实可药用，有补脾益肾、活血强筋等功效。

5 越橘属 Vaccinium L.

常绿或落叶灌木，稀小乔木，通常地生，少数附生。叶互生，稀假轮生；具叶柄。总状花序顶生、腋生或假顶生；通常具苞片和小苞片；花小型；花冠坛状、钟状或筒状，5裂，稀4裂；雄蕊8或10，稀4；花盘垫状；子房与花萼筒通常完全合生，(4)5室或因假隔膜而呈8~10室，花柱不超出或略超出花冠，柱头平截，稀头状。浆果球形，顶部具宿萼。种子多数。

约450种，分布于北半球温带、亚热带地区以及美洲和亚洲的热带山区，少数产于非洲南部、马达加斯加岛。我国有91种，主产于西南、华南；浙江有8种。

本属一些种的浆果大，味佳，有较高的食用价值，已成为商品。蓝莓作为全球性小浆果类果树，本省于2000年左右开始试栽，至今已形成规模化栽培。经调查，其原植物来源于越橘属蓝浆果亚属 *Cyanococcus* 的多种植物，本省栽培以兔眼越橘 *V. ashei* J.M. Reade 和南高丛越橘（杂交种）的栽培品种为主，前者如灿烂、顶峰、贝克蓝、粉蓝、园蓝等，后者如奥尼尔、夏普兰、薄雾、密斯戴、戴安娜等。

分种检索表

1. 常绿灌木；总状花序腋生或兼顶生。
   2. 叶具锯齿，稀全缘。
      3. 总状花序有苞片，苞片通常宿存 ··· 1. 乌饭树 V. bracteatum
      3. 花序无苞片或苞片早落。
         4. 叶较小，长3~5cm，宽1~2cm；花冠钟状 ································ 2. 短尾越橘 V. carlesii
         4. 叶较大，长4cm以上，宽1.5cm以上；花冠坛状或坛状筒形。
            5. 枝密被长刺毛 ··· 4. 刺毛越橘 V. trichocladum
            5. 枝无毛或被短柔毛。
               6. 幼枝、花序轴、叶两面中脉和花萼均被锈黄色柔毛 ············ 5. 黄背越橘 V. iteophyllum
               6. 枝、花序轴、叶两面中脉和花萼无毛 ···························· 3. 江南越橘 V. mandarinorum
   2. 叶全缘 ·· 6. 广西越橘 V. sinicum
1. 落叶灌木；花单生于叶腋或在枝端呈假总状花序。
   7. 小枝圆柱形；花冠5浅裂，裂片三角形 ·· 7. 无梗越橘 V. henryi
   7. 小枝扁平；花冠4深裂，裂片线形 ·· 8. 扁枝越橘 V. japonicum var. sinicum

1. 乌饭树 （图4-103）

Vaccinium bracteatum Thunb.

常绿灌木，高1~4m。幼枝略被细柔毛，后变无毛。叶片革质，椭圆形、长椭圆形或卵状椭圆形，长3~5cm，宽1~2cm，小枝基部几枚叶常略小，先端急尖，基部宽楔形，边缘具细锯齿，中脉偶有微毛,其余无毛,下面脉上有刺突,网脉明显;叶柄长2~4mm。总状花序腋生,有短柔毛;苞片披针形,长4~10mm,常宿存,边缘具刺状齿;花梗下垂,被短柔毛;花萼钟状,5浅裂,裂片三角形,被黄色柔毛;花冠白色,卵状圆筒形,长6~7mm,5浅裂,被细柔毛;雄蕊10,花丝被灰黄色柔毛,花药无芒状附属物,顶端伸长成2长管;子房密被柔毛。浆果球形,被细柔毛或白粉。花期6—7月,果期8—11月。

全省各地常见。生于低海拔丘陵地带到海拔1700m山地的山坡林下或灌丛中。分布于长江流域及以南各地。

叶、果可药用,有补肝肾、强筋骨、益脾胃等功效;成熟果实也可食用。

图4-103 乌饭树

1a. 淡红乌饭树 （图 4-104）
var. **rubellum** P.S. Hsu et al.

与乌饭树的区别在于花淡红色而非白色，花冠筒较窄，直径 1.6~3.2mm。

产于慈溪、奉化、温岭、平阳、苍南等地。生于山坡灌丛中或岩石边。分布于江西。

图 4-104　淡红乌饭树

2. 短尾越橘　小叶乌饭树 （图 4-105）
Vaccinium carlesii Dunn

常绿灌木，高 1~4m。小枝纤细，被向上弯曲的短柔毛；老枝无毛。叶片革质，卵形、卵状长圆形或卵状披针形，长 3~5cm，宽 1~2cm，先端尾尖，少渐尖，基部圆形或宽楔形，边缘具疏细齿，中脉上面突起，被短柔毛；叶柄长 1~3mm，被毛与小枝同。总状花序生于去年枝叶腋，长 3~6cm；花序轴疏生短柔毛或近无毛；苞片披针形，早落；花具短梗；花萼长约 2mm，5 裂，裂片三角形；花冠白色，钟形，长约 3.5mm，5 裂几达中部，与花梗、花萼几无毛；雄蕊 10，花药顶端延伸成管状，背面有短芒，花丝短，有毛。浆果球形，成熟时紫红色，被白粉，无毛。花期

图 4-105　短尾越橘

5—6月，果期8—10月。

产于衢州、金华、丽水、温州（洞头除外）及富阳、临安、建德、淳安、诸暨、奉化、象山、宁海、台州市区、天台、临海、仙居等地。生于海拔200～1500m的偏酸性土壤的沟谷中、山坡林下或灌丛中。分布于江西、福建、湖南、广东、广西、贵州等地。

果实大型，可生食，也可入药。

3. 江南越橘　米饭花　（图4-106）

Vaccinium mandarinorum Diels — *V. donianum* Maxim. var. *hangchouense* Matsuda — *V. hangchouense* (Matsuda) Komatsu

常绿灌木，高可达5m。枝无毛。叶片革质，卵状椭圆形、卵状披针形或倒卵状长圆形，稀卵形，长5～9cm，宽1.5～3cm，先端渐尖至长渐尖，基部宽楔形至圆形，边缘具细锯齿，两面无毛，上面中脉和叶柄偶有短柔毛，中脉下面突起；叶柄长3～5mm。总状花序腋生兼顶生，长3～7cm，无毛；苞片披针形，早落；花梗长3～8mm，下垂，无毛，近基部有1对小苞片；花萼坛状筒形，5浅裂，无毛；花冠白色，坛状，长约7mm，5浅裂；雄蕊10，花丝有柔毛，花药背面具2芒，顶端有2长管；子房无毛。浆果球形，无毛。花期4—6月，果期9—10月。

全省各地常见。生于海拔1400m以下的山坡灌丛中和林下。分布于长江流域各地，东至台湾，西达四川、云南、西藏等地。

果可药用，有消肿散瘀的功效；成熟果实也可生食。

图4-106　江南越橘

4. 刺毛越橘 （图4-107）
Vaccinium trichocladum Merr. et F.P. Metcalf

常绿灌木，高1～3m。枝密被开展的红棕色刺毛。叶片革质，形状多变，卵形、卵状椭圆形至倒卵状长圆形，长4～8cm，宽2～3cm，先端急尖至渐尖，基部圆形或宽楔形，稀微心形，边缘密生细锯齿，齿尖常呈刺芒状，直或内弯，上面中脉有短柔毛，其余无毛，下面脉上有柔毛或硬毛，中脉和侧脉在下面突起；叶柄长2～4mm，有刺毛。总状花序腋生或顶生，长6～9cm，被刺毛；苞片早落；花梗长3～4mm，与花萼均被刺毛；花萼钟形，裂片三角形；花冠坛状或坛状筒形，长约7mm，无毛；雄蕊10，花丝有柔毛，花药背面具2芒；子房和花柱无毛。浆果球形，淡红棕色。花期5—6月，果期8—9月。

产于慈溪、奉化、温岭、龙泉、瑞安等地。生于海拔150～800m的山坡灌丛中。分布于江西、福建、广东、广西、贵州等地。

图4-107 刺毛越橘

4a. 光序刺毛越橘 （图4-108）
var. glabriracemosum C.Y. Wu

与刺毛越橘的区别在于植株被毛较少，局部无毛，仅幼枝通常被具腺刚毛；花序轴、花梗、花萼筒完全无毛；苞片显著；叶缘锯齿短浅，有时近全缘。

产于杭州市区、临安、建德、宁波市区、天台、临海、龙泉、庆元、瑞安、文成、平阳、苍南、泰顺等地。生于海拔400～800m的山坡路旁背阴的杂木林中。分布于江西、福建等地。模式标本采自丽水。

图4-108 光序刺毛越橘

5. 黄背越橘　毛米饭花　（图4-109）

Vaccinium iteophyllum Hance

常绿灌木，稀小乔木。幼枝密被锈黄色短柔毛；老枝被灰黄色短柔毛或无毛。叶片革质，卵状长椭圆形或长椭圆状披针形，稀椭圆形，长5～10（12）cm，宽1.7～3.5cm，先端渐尖至长渐尖，基部圆形或宽楔形，边缘具细锯齿，两面中脉被锈黄色短柔毛；叶柄长3～7mm，密被锈黄色短柔毛。总状花序腋生兼顶生，长4～9cm；花序轴和花梗均被锈黄色短柔毛；苞片披针形，早落；花梗长3～6mm，近中部有1对小苞片；花萼钟形，5浅裂，多少被锈黄色短柔毛；花冠白色，坛状，长约7mm，5浅裂，裂片外面疏生短柔毛；雄蕊10，花丝被柔毛，花药背面具2芒，顶端伸长成2长管；子房被毛。浆果球形，疏生毛。花期5月，果期9—10月。

产于临安、建德、天台、丽水市区、缙云、遂昌、龙泉、庆元、永嘉、瑞安、文成、泰顺等地。生于海拔400～1000m的山坡林下或林缘灌丛中。分布于长江及以南各地。

图4-109　黄背越橘

6. 广西越橘　（图4-110）

Vaccinium sinicum Sleumer

常绿灌木，高0.4～2m。分枝多；幼枝褐色，具棱，被开展短柔毛；老枝灰色，无毛。叶密集；叶片革质，倒卵形或长圆状倒卵形，长0.9～1.7cm，宽0.8～1.1cm，顶端圆形，微突尖，基部楔形，全缘，每侧近叶片基部有1腺体，表面稍突，除中脉被微毛外，其余无毛，背面无毛，中脉在两面突起，侧脉在两面不显；叶柄长1～2mm。总状花序腋生，具3～7花；花序轴有毛或近无毛；花梗长2～3mm，无毛；花萼裂片短三角形，钝头，长1.5～2mm，无毛；花冠坛状，白色或淡黄绿色，长约5mm，外面无毛，内面上部被微毛，5浅裂，裂片极短小；雄蕊10，花丝被微

七三 杜鹃花科 Ericaceae

图 4-110　广西越橘

毛或近无毛。浆果近球形。花期6月，果期7—11月。

产于龙泉（凤阳山）。生于海拔约1400m的山冈灌丛中。分布于湖南、广东、广西等地。浙江省重点保护野生植物。

7. 无梗越橘 （图4-111）

Vaccinium henryi Hemsl.

落叶灌木，高达3m。小枝圆柱形，密生淡黄色短柔毛；花枝细短，常呈"之"字形；老枝暗

图 4-111　无梗越橘

棕红色，无毛，皮孔明显。叶片纸质，卵状长圆形或椭圆状长圆形，长 3～7cm，宽 1.5～3cm，枝下部和花枝上的叶较小，先端急尖或圆钝，有短尖头，基部圆形，全缘，偶具短缘毛，两面脉上被短柔毛，网脉两面突起；叶柄长 1～2mm，密被短柔毛。花单生于叶腋或在小枝顶端呈假总状花序；花梗与叶柄近等长，常下弯，中部或近顶部具 2 小苞片；花萼钟状，5 裂，被短柔毛或无毛；花冠钟形，白色或淡黄色，长 3～4mm，无毛，5 浅裂，裂片三角形；雄蕊 10，花丝有毛，花药无芒，具短管，无毛；子房和花柱无毛。浆果球形，无毛。花期 6—7 月，果期 9—10 月。

产于临安、淳安、衢州市区（衢江）、开化、武义、遂昌、松阳、龙泉、庆元、云和、景宁、青田、瑞安、泰顺等地。生于海拔 1000m 以上的山顶及山冈灌丛中或林下。分布于安徽、福建、湖北、湖南等地。

《中国植物志》记载，本省尚产无梗越橘的变种有梗越橘 var. *chingii* (Sleumer) C.Y. Wu et R.C. Fang，两者的主要区别在于花梗长短和毛被情况不同，但本省标本的小枝、叶背、叶背中脉、叶柄和花梗被毛的有无及疏密程度存在过渡类型，甚至同一号标本中小枝或花梗具毛和不具毛的情况同时存在，两者难以区分，故本志暂不收录。

8. 扁枝越橘 （图 4-112）

Vaccinium japonicum Miq. var. **sinicum** (Nakai) Rehder

落叶灌木，高约 1m。小枝扁平，绿色，无毛。叶生于枝两侧；叶片薄纸质，卵形、卵状三角形或卵状长圆形，长 1.5～4.5cm，宽 0.8～2cm，先端渐尖或急尖，近基部最宽，基部圆形至截形，边缘具刺芒状细锯齿，上面中脉有柔毛，其余无毛，稀全面有毛，下面无毛，稀中脉基部有柔毛,有极短叶柄。花单生于叶腋;花梗长4~8mm,下垂,无毛,基部具2披针形苞片;花萼钟形,裂片三角形,无毛;花冠白色或粉红色,长约1cm,4深裂,裂片线形,强烈反卷;雄蕊6,花丝粗短,有髯毛,花药顶端具2长管;子房下位,花柱与雄蕊等长,无毛。浆果球形。花期7月,果期9—10月。

产于衢州市区、开化、武义、莲都、缙云、遂昌、松阳、龙泉、庆元、云和、景宁、永嘉、瑞安、文成、泰顺等地。生于海拔700~1700m的林下或山顶灌丛中。分布于长江及以南各地。

图4-112 扁枝越橘

存疑种

长蕊杜鹃

Rhododendron stamineum Franch.

《中国植物志》和 *Flora of China* 记载,本省有分布,但野外调查和标本查阅均未见野生分布及栽培,是否有产,有待进一步研究。

七四　鹿蹄草科 Pyrolaceae

常绿草本状小型亚灌木。具细长根状茎。叶常基生或近基生，稀对生或近轮生。花单生或聚成总状、伞房或伞形花序；花两性，整齐；花萼5，宿存；花瓣5，离生；雄蕊10，花药具小角或无小角，顶端孔裂；子房上位，5室，胚珠多数，中轴胎座或侧膜胎座，花柱细长或极短，柱头多少浅裂或圆裂。果为蒴果。种子小，多数。

约11属，40余种，分布于北半球，多数集中于温带和寒温带地区。我国有4属，33种；浙江有1属，2种。

鹿蹄草属　Pyrola L.

常绿小型草本状亚灌木。根状茎细长。叶常基生或近基生。花聚成总状花序；花萼5全裂，裂片宿存；花瓣5；雄蕊10，花丝扁平，花药基部有极短小角，成熟时顶端孔裂；子房上位，中轴胎座，5室，花柱长，顶端在柱头下有环状突起，柱头5圆裂。蒴果扁球形，下垂，成熟时由基部向上室背开裂，裂瓣边缘常有蛛丝状毛。

30余种，分布于北温带地区。我国约有27种；浙江有2种。

1. 鹿蹄草 （图4-113）
Pyrola calliantha Andres

常绿草本状小型亚灌木。根状茎细长，有分枝。茎高10～30cm。叶3～7，基生；叶片革质，卵圆形或近圆形，稀椭圆形，长3～6cm，宽2～5cm，先端圆钝，基部阔楔形或近圆形，边缘近全缘或具疏齿，上面绿色，沿脉有时具白色网纹，下面常有白霜，有时带紫色；叶柄长2～6cm。总状花序具2～5花；花梗长5～10mm，腋间具长舌形苞片，先端急尖；花萼裂片舌形，先端急尖或钝尖；花冠直径1.5～2cm；花瓣白色或稍带淡红色，倒卵状椭圆形；雄蕊10，花药基部具2小角，黄色；花柱长6～8mm，常带淡红色，倾斜，近直立或上部稍向上弯曲，伸出或稍伸出花冠，顶端增粗，有稍明显的环状突起，柱头5圆裂。蒴果扁球形，果时花萼和花柱宿存。花期6—7月，果期8—9月。

产于衢州、丽水及长兴、安吉、德清、桐乡、杭州市区、富阳、临安、桐庐、建德、淳安、绍兴市区（柯桥）、诸暨、嵊州、新昌、余姚、岱山、浦江、天台、临海、仙居、温岭、乐清、永嘉、瑞安、文成、平阳、苍南、泰顺等地。生于海拔700m以上的山地针叶林、针阔叶混交林或阔叶林下。分布于华东、华中、西北及河北、山西、山东等地。

全草可入药，有祛风湿、强筋骨、止血等功效。

图 4-113 鹿蹄草

2. 普通鹿蹄草 （图4-114）
Pyrola decorata Andres

常绿草本状小型亚灌木。根状茎细长，有分枝。茎高15~30cm。叶3~6，近基生；叶片薄革质，卵状椭圆形或卵状长圆形，长3~7cm，宽2~3.5cm，先端钝，基部楔形或宽楔形，下延于叶柄，边缘具疏细齿，常反卷，上面绿色，沿脉具白色网纹，下面带紫红色；叶柄长2~5cm。总状花序具5~10花；花序梗具1或2披针形苞片，小苞片稍长于花梗；花萼裂片卵状长圆形，先端急尖；花冠直径1~1.5cm；花瓣白色至淡绿色或黄绿色，倒卵状椭圆形；雄蕊10，花药基部具2小角；花柱长6~8mm，下倾，上部稍向上弯曲，柱头5圆裂，下方具环状隆起，果时尤明显。蒴果扁球形，果时花萼和花柱宿存。花期6—7月，果期8—9月。

产于衢州、丽水及长兴、安吉、德清、桐乡、杭州市区、富阳、临安、桐庐、建德、淳安、绍兴市区（柯桥）、诸暨、嵊州、新昌、宁波市区（北仑）、余姚、岱山、浦江、天台、临海、仙居、乐清、永嘉、瑞安、文成、平阳、苍南、泰顺等地。生于海拔600～1400m的山地林下。分布于华中、西南及安徽、江西、福建、广东、广西等地。

全草可入药，功效同鹿蹄草。

本种花较小，花萼裂片卵状长圆形，先端急尖，可与鹿蹄草相区别。

图4-114 普通鹿蹄草

七五　水晶兰科 Monotropaceae

多年生腐生草本，根与共生菌形成菌根；肉质，全株无叶绿素，白色或淡黄色，半透明，干后变黑色。叶鳞片状，互生。花单生于茎顶或排列成总状花序，下垂或直立；花萼裂片2~5，鳞片状；花瓣3~6，离生，基部常呈囊状；雄蕊6~12，花丝扁平，花药横裂；心皮5~13，合生，子房上位，卵形、近球形或椭圆状球形，表面具纵沟或光滑，1、4或5室，侧膜胎座或中轴胎座，花柱短，柱头肥大，呈漏斗状。果为浆果或蒴果，直立、下垂或半下垂。种子多数，具膜质附属物或无附属物。

约2属，17种。我国有2属，4种；浙江有2属，3种。

1 假沙晶兰属 Monotropastrum Andres

腐生草本植物；肉质，全株无叶绿素。花单生于茎顶或聚成总状花序，花较大，倾斜，半下垂；花梗明显，有疣状毛；花冠管形至管状钟形；花梗上具2苞片，近对生；萼片4或5，离生；花瓣4或5，长圆形，离生；雄蕊8~12，等长，花丝无毛或有棕色柔毛，花药横裂，花粉粒小，极多数；花柱细长或粗短，柱头粗大，漏斗状，子房球形，1室，侧膜胎座4或5室，侧膜向两侧分叉扩展成盾状，与子房壁近平行，胚珠极多数。果为浆果，不裂，半下垂。种子多数，无附属物。

约7种，分布于亚洲南部和东南部。我国有2种；浙江有1种。

球果假沙晶兰　毛花假水晶兰　（图4-115）
Monotropastrum humile (D. Don) Hara —— *Cheilotheca humilis* (D. Don) H. Keng —— *C. humilis* var. *pubescens* (K.F. Wu) C. Ling —— *M. pubescens* K.F. Wu

多年生腐生草本，高7~17cm；全株无叶绿素，白色，肉质，半透明，干后变黑色。菌根密集成鸟巢状。叶鳞片状，互生；叶片由下向上自宽卵形渐次过渡成长圆形，长1~2cm，宽0.5~1cm，先端圆钝，基部较狭，边缘全缘或具微齿；无柄。花单生于茎顶，下垂，管状钟形，直径1~1.5cm；花萼裂片1~5，长圆形，通常无毛；花瓣3~5，舌状长圆形，稍长于萼片，背面无毛，上面具柔毛，基部宽囊状；雄蕊8~12，花丝稍扁平，有白色柔毛，花药倒卵状球形，橙黄色；子房平滑，无毛，花柱短，无毛，柱头肥大，漏斗状，浅蓝色。浆果卵球形或椭圆形，下垂。种子多数，椭圆形，淡褐色，表面有光泽及网纹。花期7月，果期8—9月。

产于建德、鄞州、宁海、开化、庆元、永嘉、泰顺等地。生于海拔100~1600m的林下阴湿处。分布于东北及湖北、台湾、云南、西藏等地。

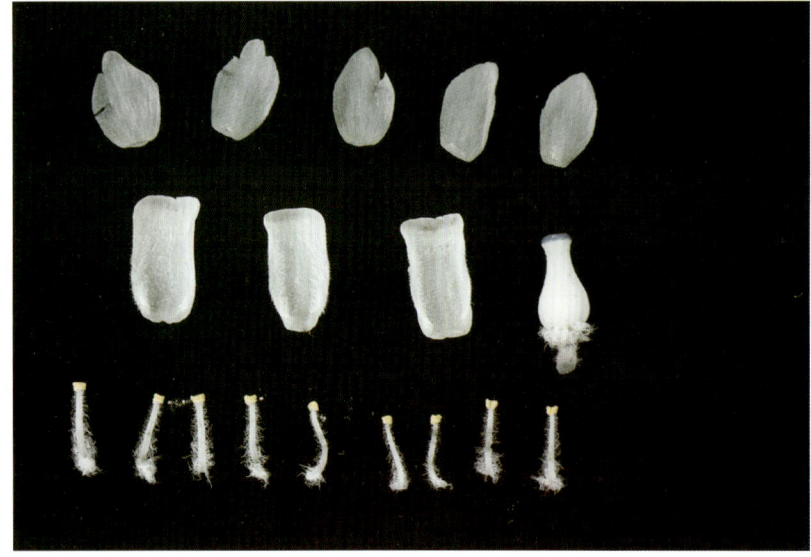

图 4-115 球果假沙晶兰

a. 大果假沙晶兰（变种）（图 4-116）

var. **glaberrima** (Hara) H. Keng et Hsieh —— *Cheilotheca humilis* (D. Dom) H. Keng var. *glaberrima* (Hara.) H. Keng et Hsieh —— *Monotropastrum lungchuanense* K.F. Wu

与球果假沙晶兰的区别在于花各部分完全无毛，柱头黄色。

产于桐庐、东阳、磐安、遂昌、龙泉、庆元等地。生于海拔 800～1000m 的林下阴湿处。分布于台湾、四川、贵州、云南等地。缅甸北部也有分布。

《中国植物志》将本变种作为单独种分出，*Flora of China* 将其作为球果假沙晶兰的异名，但二者只有花的毛被和柱头颜色存在差异，故作变种处理。

七五　水晶兰科 Monotropaceae

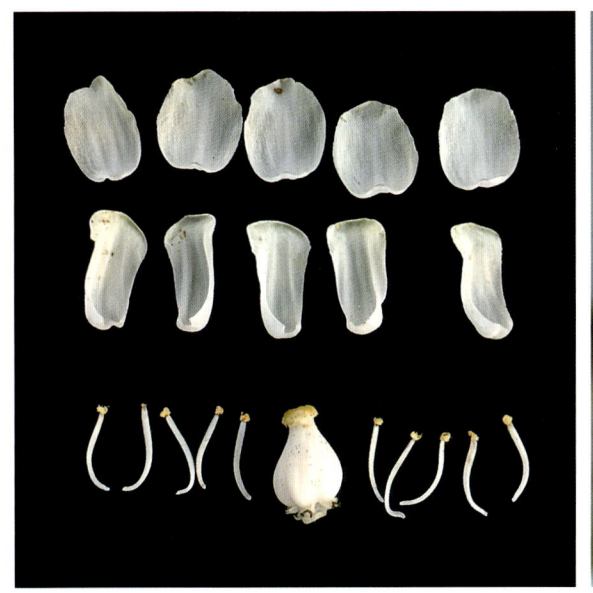

图 4-116　大果假沙晶兰

2 水晶兰属　Monotropa L.

多年生腐生草本；全株无叶绿素。茎肉质，不分枝。叶退化成鳞片状，互生。花单生于茎顶或多数聚成总状花序；花初下垂，后直立；苞片鳞片状；萼片4或5，鳞片状，早落；花瓣4~6，长圆形；雄蕊8~12，花药短，平生；花盘具8~12小齿；子房为中轴胎座，4或5室，花柱粗短，直立，柱头4或5圆裂，漏斗状。果为蒴果，直立，4或5室。种子多数，具膜质附属物。

约10种。我国有2种；浙江有2种。

与假沙晶兰属的区别在于子房为中轴胎座，4或5室；果为蒴果，直立；种子具膜质附属物。

1. 松下兰　毛花松下兰（图4-117）
Monotropa hypopitys L. — *Hypopitys monotropa* Grantz var. *hirsuta* Roth

多年生腐生草本，高8~27cm；全株无叶绿素，白色或淡黄色至橙色，肉质，干后变黑褐色。根细而分枝密。叶鳞片状，直立，互生，上部较稀疏，下部较紧密；叶片卵状长圆形或卵状披针形，长1~1.5cm，宽0.5~0.7cm，先端钝头，边缘近全缘，上部的常具不整齐锯齿。总状花序具3~8花；花初下垂，后渐直立；花冠筒状钟形；苞片卵状长圆形或卵状披针形；萼片长圆状卵形，先端急尖，早落；花瓣4或5，长圆形或倒卵状长圆形，先端钝，上部具不整齐锯齿，早落；雄蕊8~10，短于花冠，花药橙黄色；子房中轴胎座，4或5室，花柱粗短，柱头膨大成漏斗状，

4或5圆裂。蒴果椭圆状球形，直立。种子多数，微小，具膜质附属物。花期6—8月，果期7—9月。

产于松阳、龙泉、庆元等地。生于海拔1300m以上的林下。分布于吉林、辽宁、湖北、陕西、甘肃、青海、新疆等地。

图4-117　松下兰

2. 水晶兰 （图4-118）
Monotropa uniflora L.

多年生腐生草本，高10~30cm；全株无叶绿素，白色，肉质，干后变黑褐色。根细而分枝密，交结成鸟巢状。叶鳞片状，直立，互生；叶片长圆形、狭长圆形或宽披针形，长1.4~1.5cm，宽0.4~0.45cm，先端钝头，无毛或上部叶稍有毛，边缘近全缘。花单一，顶生，先下垂，后直立；花冠筒状钟形；苞片鳞片状，与叶同形；萼片鳞片状，早落；花瓣5或6，离生，楔形或倒卵状长圆形，上部的具不整齐的齿，内侧常有密长粗毛，早落；雄蕊通常10，花药黄色；花盘10齿裂；子房中轴胎座，5室，花柱粗短，柱头膨大成漏斗状。蒴果椭圆状球形，直立，向上。种子多数，微小，具膜质附属物。花果期8—11月。

产于安吉、临安等地。生于山地林下。分布于山西、安徽、江西、湖北、台湾、四川、贵州、西藏、陕西、甘肃、青海等地。

七五　水晶兰科 Monotropaceae

　　与松下兰的区别在于花单一，顶生。与球果假沙晶兰的区别在于花果期8—11月，蒴果，直立，向上。

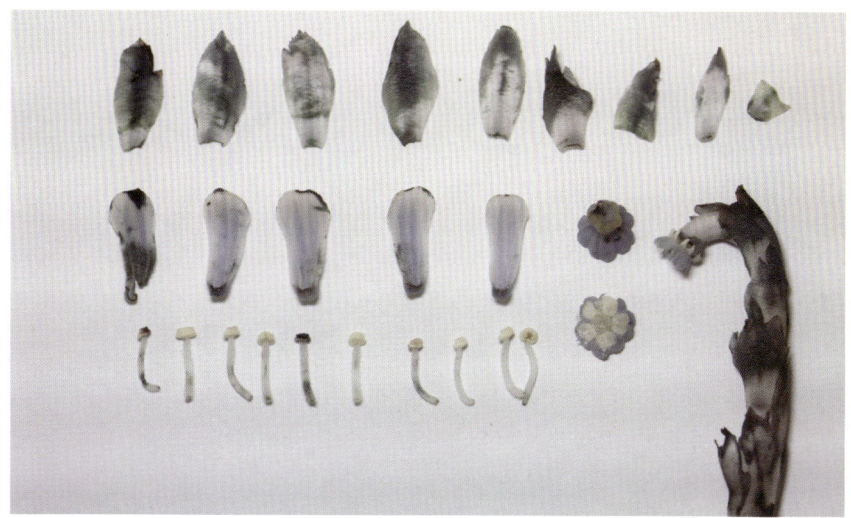

图 4-118　水晶兰

七六　柿科 Ebenaceae

乔木或灌木，少数种类具枝刺。单叶互生，稀对生；叶片全缘；无托叶，叶脉羽状。雌雄异株，或杂性；花数朵集成小聚伞或簇生、单生于叶腋；花萼3～7裂，雌花或两性花的花萼宿存，果时增大；花冠3～7裂，早落，裂片通常旋转状排列，稀覆瓦状或镊合状排列；雄蕊数常为花冠裂片数的2～4倍，稀和花冠裂片同数且与之互生，花丝离生或两两成对着生，花药基着，2室，纵裂；雌花中常有退化雄蕊，子房上位，2～16室，每室具1或2胚珠，花柱2～8，分离或基部合生；雄花中雌蕊退化或缺。浆果，多肉质。种子有胚乳，胚小；子叶较大，叶状。

3属，约500种，主要分布于热带地区，亚洲温带地区和美洲北部地区也有少数种类分布。我国有1属，60种；浙江有1属，10种，其中栽培3种。

柿属　Diospyros L.

落叶或常绿乔木、灌木。单叶互生；叶片全缘；无托叶。雌雄异株或杂性同株；雄花通常较雌花小，数朵组成聚伞花序，雌花常单生于叶腋；花萼常3～7裂，通常4裂；花冠坛状、钟状或管状，先端3～7裂，通常4或5裂；雄蕊4至多数，雌花具退化雄蕊或缺；子房上位，2～16室，每室具1～2胚珠，花柱2～5，顶端常2裂；雄花具退化雌蕊或缺。果为浆果。种子多为两侧压扁。

约500种，主要分布于全球热带地区。我国有60种，北至辽宁，南至广东、广西和云南均产，主要分布于西南部至东南部；浙江有10种。

分种检索表

1. 枝具刺；果梗细长，1～4cm或更长。
   2. 常绿或半常绿小乔木；叶片长圆状披针形至倒披针形；栽培 ················· **1.乌柿　D. cathayensis**
   2. 落叶灌木或小乔木状；叶片卵状菱形或倒卵形；野生 ················· **2.老鸦柿　D. rhombifolia**
1. 枝不具刺；果梗粗短，通常小于1cm或近无梗。
   3. 落叶或常绿，灌木或小乔木；叶大，长3cm以上，侧脉明显。
      4. 树皮深灰色或灰褐色，片状剥落，露出白色内皮，呈斑驳状；叶两面密被灰色或黄褐色绒毛；果被黄褐色绒毛，后脱落，成熟时表面具胶黏物质 ················· **3.油柿　D. oleifera**
      4. 树皮不为上述情况；叶被毛或无毛，沿脉或上面无毛或较稀疏，不同于上述情况。
         5. 果较小，直径1～2cm，稀更大，成熟时黄色、橘黄色或蓝黑色。
            6. 小枝近无毛；果实成熟时黄色或橘黄色。

7. 常绿灌木或小乔木；叶片薄革质；花冠裂片通常黄白色 ·················· **4. 罗浮柿 D. morrisiana**
　　7. 落叶乔木；叶片纸质；花冠裂片通常红色 ······························· **5. 山柿 D. japonica**
　6. 小枝被短柔毛；果成熟时蓝黑色 ··· **6. 君迁子 D. lotus**
 5. 果较大，直径大于2cm，成熟时黄色、橙黄色或橘红色。
　8. 落叶乔木；叶片较宽大，宽通常大于3.5cm；果无毛。
　　9. 小枝无毛；果实倒卵形 ··· **7. 浙江光叶柿 D. zhejiangensis**
　　9. 小枝初时被短绒毛，后脱落；果实球形或扁球形 ·························· **8. 柿 D. kaki**
　8. 灌木或小乔木；叶片较狭长，宽1.5～3.5cm；幼果被毛，后脱落 ············ **9. 延平柿 D. tsangii**
3. 常绿灌木；叶小，长2～3cm，宽9～12mm，侧脉不明显 ······················· **10. 小果柿 D. vaccinioides**

1. 乌柿 （图4-119）
Diospyros cathayensis Steward

　　常绿或半常绿小乔木。具枝刺，小枝密被短柔毛，后渐脱落。叶片薄革质，长圆状披针形至倒披针形，长3～9cm，宽1～3.6cm，先端急尖或渐尖，基部楔形，上面深绿色，下面淡绿色，嫩时有柔毛，后脱落；叶脉羽状，中脉稍突起，有短柔毛，侧脉纤细，4～8对；叶柄长2～4mm。雌雄异株；雄花常呈聚伞花序，花序梗长7～12mm，密被柔毛，花萼4深裂，裂片三角形，长

图4-119　乌柿

2～3mm，花冠坛状，长5～7mm，两面被毛，4浅裂，裂片宽卵形，雄蕊16，雌蕊退化；雌花常单生于叶腋，花梗细长，长1.5～4cm，花萼4深裂，裂片卵形，长约1cm，花冠坛状，白色，4浅裂，雄蕊退化，子房卵球形，密被柔毛。浆果近球形，直径1～3cm；果梗细长，长3～4（6）cm。种子褐色，长椭圆形，两侧压扁。花期4月，果期7—8月。

原产于安徽南部、湖北西部、湖南、贵州、云南东北部和四川西部。湖州、杭州市区、萧山、建德有栽培。

可作观果植物或制作盆景；根可入药，有清肺热、凉血止血、行气利水等功效。

2. 老鸦柿 （图4-120）
Diospyros rhombifolia Hemsl.

落叶灌木或小乔木状。具枝刺，小枝被柔毛，有圆形皮孔。冬芽小，密被绒毛。叶片纸质，卵状菱形或倒卵形，长3～8.5cm，宽（1）1.8～4cm，先端急尖或钝，基部楔形，上面深绿色，初时沿脉有黄褐色柔毛，后脱落，下面疏被柔毛，脉上较多；叶柄长2～5mm。雌雄异株；花单生于叶腋；雄花花萼4深裂，裂片线状披针形，长约3mm，花冠坛状，白色，长（4）6～7mm，4浅裂，雄蕊16，雌蕊退化；雌花花萼4深裂，较雄花大，裂片长圆形，长1～1.6cm，果时更大，先端急尖，花冠白色，坛状，4浅裂，子房卵形，密被长柔毛，花柱2，柱头2浅裂，花梗细，长约1.8cm。果球形至卵圆形，有时稍长，直径约2cm，初时黄绿色，被毛，后脱落无毛，成熟时橘红色。花期4—5月，果期9—10月。

产于全省各地。生于山坡林下、灌木丛中或岩缝间、溪边或林缘路旁。分布于华东地区。模式标本采自宁波。

根、枝可入药，有清湿热、利肝胆、活血化瘀等功效；果可提取柿漆；果实成熟时橙黄色至橘红色，极具观赏价值，常被用于制作盆景。

图4-120 老鸦柿

3. 油柿 华东油柿（图4-121）
Diospyros oleifera Cheng

落叶乔木。树皮深灰色或灰褐色，片状剥落，露出白色内皮，呈斑驳状。小枝被开展绒毛，后脱落。冬芽卵形，内部鳞片密被棕色柔毛。叶片纸质，长圆形至倒卵形，长7~20cm，宽3~9（12）cm，先端短渐尖，基部楔形或钝，两面密被灰色或黄褐色绒毛；叶柄长5~10mm。雌雄异株，或可见杂性同株；雄花常3~5朵集成聚伞花序，花萼4深裂，裂片卵状三角形，密被绒毛，长约4mm，花冠坛状，黄白色，被毛，长约7mm，4浅裂，裂片近半圆形，黄色，雄蕊16~20，花丝短，花药线形，雌蕊退化；雌花常单生于叶腋，花萼较大，裂片阔卵形，长约1cm，花冠坛状，较雄花大，直径约1.6cm，退化雄蕊10~14，子房扁球形或球形，密被毛，花柱4深裂，柱头2浅裂或不规则浅裂。浆果球形或扁球形，直径4~7cm，表面被黄褐色绒毛，后脱落，表面有胶黏物质渗出，果肉柔软多汁。种子长圆形，棕色，两侧压扁。花期4—5月，果期10—11月。

产于长兴、杭州市区、临安、建德、淳安、诸暨、宁波市区（北仑）、鄞州、余姚、奉化、宁

图4-121 油柿

海、衢州市区、开化、常山、金华市区、天台、仙居、龙泉、庆元、景宁、泰顺等地。生于山谷、山坡林、灌木丛中，也见栽培于路旁。分布于安徽南部、江西、福建、湖南、广东北部、广西等地。模式标本采自诸暨。

未成熟果实可提取柿漆。

4. 罗浮柿 （图4-122）
Diospyros morrisiana Hance

常绿灌木或小乔木。小枝近无毛，具皮孔。叶片薄革质，长椭圆形，长3.5～12cm，宽2～5cm，先端急尖至短渐尖，基部楔形，上面深绿色，有光泽，下面绿色，中脉在上面下凹，背面突起，侧脉4～6对；叶柄长7～13mm。雌雄异株；雄花通常2～5朵呈簇生状生于叶腋，花梗2～4mm，密被毛，花萼4裂，长约2.5mm，裂片卵状三角形，花冠坛状，黄白色，长5～7mm，4浅裂，雄蕊16～20；雌花常单生于叶腋，花萼浅杯状，4裂，裂片三角形，花冠坛状，4浅裂，裂片卵形，黄白色，退化雄蕊6，子房球形，花柱4。果球形，直径1.2～1.8cm，成熟时黄色，有光泽，宿存果萼近平展，似方形，直径8～10mm，4浅裂。种子栗色，近长圆形，长约1.2cm。花期5—6月，果期8—11月。

产于宁波市区（北仑）、鄞州、象山、宁海、定海、普陀、衢州市区、常山、武义、临海、仙居、温岭、玉环、缙云、遂昌、松阳、龙泉、庆元、云和、景宁、温州市区（龙湾）、乐清、永嘉、瑞安、文成、平阳、苍南、泰顺等地。生于海拔20～700m的山坡阔叶林中。分布于江西、福建、湖南南部、台湾、广东、广西、贵州东南部、云南东南部、四川等地。

叶、茎皮可入药，有解毒消炎、收敛止泻等功效；未成熟果实可提取柿漆；木材可用于制作家具。

图4-122 罗浮柿

5. 山柿 浙江柿 粉叶柿（图4-123）
Diospyros japonica Siebold et Zucc. — *D. glaucifolia* E.P. Metcalf

落叶乔木。树皮褐色。枝条近无毛，具长圆形或线形皮孔。冬芽卵形，钝，外面2枚芽鳞无毛，其余密被黄褐色绢毛。叶片纸质，宽椭圆形、卵形至卵状披针形，长6~17.5cm，宽3.5~8cm，先端渐尖至急尖，基部圆钝或浅心形，有时宽楔形，上面深绿色，下面粉绿色，侧脉6~9对；叶柄长1~3cm。雌雄异株；雄花常3朵集成聚伞花序，被短硬毛，花萼4浅裂，裂片宽三角形，长约1.5mm，花冠坛状，白色，4浅裂，裂片圆钝，常呈红色，雄蕊16，花药长约4mm，雌蕊退化；雌花单生或2朵、3朵聚生于叶腋，较雄花大，花萼4浅裂，裂片宽三角形，退化雄蕊8，子房8室，花柱4深裂，柱头2浅裂。浆果近球形，直径1.5~3cm，成熟时橘黄色，被白霜。种子长圆形，淡褐色，长约1.2cm，侧扁。花期5—6月，果期8—10月。

图4-123　山柿

产于安吉、杭州市区、临安、建德、淳安、诸暨、鄞州、开化、江山、东阳、磐安、武义、天台、三门、临海、仙居、遂昌、龙泉、景宁、永嘉、瑞安、文成、泰顺等地。生于溪边、山谷、山坡杂木林或灌丛中。分布于安徽、江西、福建、湖南西南部、广东西北部、广西东北部、贵州西北部、云南、四川等地。日本也有。

果可用于提取柿漆；可作栽培柿树的砧木；木材可作家具等用材。

6. 君迁子 （图4-124）
Diospyros lotus L.

落叶乔木。树皮灰褐色，深裂或块状剥落。幼枝被短柔毛，后脱落。冬芽狭卵形，先端尖，无毛。叶片纸质，椭圆形至近圆形，长5～13cm，宽2.5～6cm，先端渐尖或急尖，基部宽楔形至圆钝，上面深绿色，下面淡绿色或粉绿色，叶背常被柔毛，脉上较密，中脉在上面平坦或下凹，背面突起，侧脉7～10对；叶柄长6～15（18）mm。雌雄异株；雄花常1～3朵簇生于叶腋，花萼4裂，裂片卵形，花冠坛状，黄白色或带红色，4浅裂，裂片近圆形，雄蕊16，雌蕊退化；雌花常单生于叶腋，花萼4中裂，裂片卵形，长约4mm，花冠同雄花，长约6mm，退化雄蕊8，子房8室，花柱4。浆果椭圆形或近球形，直径1～2cm，成熟时蓝黑色，常被白粉。种子褐色，长圆形，长约1cm，侧扁。花期5—6月，果期10—11月。

产于临安、诸暨、磐安、缙云、遂昌、龙泉、云和、文成、泰顺等地。生于山谷、山坡林、灌木丛中及路旁。分布于华中、西南及辽宁、河北、山西、山东、江苏、安徽、江西、陕西、甘肃等地。亚洲西部和西南部、欧洲南部也有，在地中海地区已驯化。

果实可入药，有清热、止咳等功效；成熟果实可食用，未成熟果实可提取柿漆；木材可制精美家具。

图4-124 君迁子

7. 浙江光叶柿 （图4-125）

Diospyros zhejiangensis G.Y. Li, Z.H. Chen et P.L. Chiu

落叶乔木。树皮褐色或黑褐色，纵裂。小枝无毛，具皮孔。冬芽卵形，先端钝，内芽鳞密被灰褐色绢毛。叶片厚纸质，倒卵形或倒卵状椭圆形，长8～13cm，宽4～7cm，先端突尖至短尾状渐尖，基部楔形至宽楔形，边缘背卷，上面深绿色，下面淡绿色，老时无毛，叶脉在上面下陷，下面突起，侧脉4～6对；叶柄长8～10mm。雌雄同株或异株；雄花常3朵集成短聚伞花序，花萼长8～10mm，4深裂，裂片三角形，花萼筒内面有毛，花冠黄白色，坛状，长10～12mm，4浅裂，雄蕊16；雌花单生，具短梗，比雄花稍大，子房卵圆形，4室，无毛，柱头4浅裂，退化雄蕊8。浆果倒卵形，直径2～3.5cm，成熟时橙黄色，有光泽；果萼宿存，4中裂，内面密被黄褐色绢毛。种子半倒卵形，长1.5～2.2cm，深褐色，侧扁。花期5月，果期10—11月。

产于杭州市区（西湖）、萧山、仙居、莲都、缙云、云和、永嘉、文成、泰顺等地。永康有栽培。生于山谷林边、竹林边等。模式标本采自文成。

图4-125 浙江光叶柿

8. 柿 (图4-126)

Diospyros kaki Thunb.

落叶乔木。树皮灰褐色，方块状裂。枝具皮孔，初时被绒毛，渐脱落。冬芽钝头。叶片宽椭圆形至倒卵状椭圆形，长5~18cm，宽2.8~10cm，先端渐尖或急尖，基部楔形或圆钝，上面深绿色，有光泽，下面绿色；叶柄长8~20mm。雌雄异株，偶见杂性同株；雄花常3朵集成聚伞花序，花序梗长约5mm，花萼4深裂，裂片长三角形，长4~6mm，花冠坛状，黄白色，被毛，长约1cm，4浅裂，雄蕊16~26，雌蕊退化；雌花常单生于叶腋，花萼4深裂，裂片阔卵形，长约1.5cm，花冠同雄花，稍大，退化雄蕊8，子房8室，花柱4深裂，

图4-126 柿

柱头2浅裂或不规则浅裂，花梗长6~20mm，密被短柔毛。浆果变化大，球形或扁球形，直径3.5~8cm，成熟时橙黄色至橘红色。种子椭圆形，褐色，长约2cm，侧扁。花期4—5月，果期8—10月。

原产于我国长江流域，全国各地均有栽培。全省各地均有栽培。大洋洲、东南亚及朝鲜半岛、日本、阿尔及利亚、法国、美国等也有栽培。

柿树在我国有着悠久的栽培历史，品种繁多，果可鲜食或加工制成柿饼，也可提取柿漆，用于涂渔网、雨具，填补船缝，作建筑材料的防腐剂等；宿萼可入药，有降逆下气的功效；根、叶、花、果实也可入药；柿树寿命长，叶大荫浓，秋可赏叶，冬可观果，为优良的绿化和景观树种。

8a. 野柿（变种）（图4-127）

var. **sylvestris** Makino

与柿的区别在于小枝及叶柄密被黄褐色柔毛，叶片小而薄，少光泽，背面毛较多，且花和果均较小，子房有毛，果直径2~5cm。

图4-127 野柿

产于全省各地。生于山坡上、沟谷林中、林缘或山坡灌丛中。分布于华东、华中、华南、西南等地。日本也有。

果可食；未成熟果实可提取柿漆；可用作柿树嫁接的砧木。

9. 延平柿 （图4-128）
Diospyros tsangii Merr.

落叶灌木或小乔木。树皮深褐色。嫩枝具锈色柔毛，后脱落。叶片纸质，长圆形，有时倒披针形，长3~10cm，宽1.5~3.5cm，先端渐尖或尾尖，基部楔形，上面绿色，沿叶脉被锈色柔毛，后脱落近无毛，下面淡绿色，老时下面仅中脉疏生伏毛，侧脉纤细，3或4对，不达叶边缘，上面稍凹，下面稍突起；叶柄长3~10mm。雌雄异株，花通常单生；雄花花萼4深裂，裂片披针形，长5~7mm，被伏毛，花冠坛状，白色，4浅裂，裂片宽卵形，长约2mm，被伏毛，雄蕊16，具毛；雌花较雄花大，花萼4裂，裂片宽卵形，长约1cm，花冠坛状，白色，子房密被毛。浆果卵圆形至扁球形，直径2~4cm，幼时密被伏毛，后脱落，外表被白粉，成熟时黄色，光亮。种子长圆形，长约1.4cm，褐色，侧扁。花期5月，果期9—10月。

产于衢州市区、江山、金华市区、武义、缙云、遂昌、松阳、龙泉、庆元、云和、景宁、瑞安、文成、苍南和泰顺等地。生于海拔450~1100m的山谷中、山坡上、溪边林中、林缘或路边。分布于江西、福建、广东等地。

图4-128 延平柿

10. 小果柿 （图4-129）

Diospyros vaccinioides Lindl.

常绿灌木。枝深褐色，嫩时被锈色柔毛。叶片革质或薄革质，通常卵形，长2～3cm，宽9～12mm，先端急尖，常有短针尖，基部钝或近圆形，叶缘常有睫毛，上面绿色，光亮，无毛，下面浅绿色，中脉在两面突起，侧脉不明显；叶柄短，长约1mm，被锈色毛，后脱落。雌雄异株，花较小，常单生于叶腋，近无梗；雄花花萼4深裂，裂片披针形，有柔毛，花冠钟形，长约5mm，4裂，裂片卵形，先端急尖，雄蕊16，无毛，退化子房小，近球形；雌花具退化雄蕊4～8，线形，子房卵形，无毛。浆果球形，直径约1cm，成熟时黑色，无毛。种子1～3，黑褐色，椭圆形，长约8mm，宿萼4深裂，裂片披针形，长约5mm。花期5月，果期12月。

原产于广东、海南、广西等地。杭州市区、萧山、诸暨、慈溪等地有栽培。

枝叶茂密，可供观赏。

图4-129 小果柿

七　安息香科 Styracaceae

乔木或灌木，常被星状毛或鳞片状覆盖物。单叶互生；无托叶。总状或圆锥花序，有时呈聚伞状排列，稀单花腋生；花两性，辐射对称；花萼杯状、钟状或管状，部分至全部与子房贴生，通常顶端4或5裂；花冠合瓣，极少离瓣，裂片4～7；雄蕊数常为花冠裂片数的2倍，稀同数而与其互生，花丝基部合生成筒，通常贴生于花冠筒上；子房上位至下位，3～5室或有时基部3～5室而上部1室，每室具1至多数胚珠，生于中轴胎座上，花柱丝状或钻状，柱头头状或不明显3～5裂。核果或蒴果，具宿萼。种子无翅或有翅，胚乳丰富，胚直或稍弯曲。

11属，约180种，主要分布于亚洲东南部和美洲热带地区，少数分布至地中海沿岸。我国有10属，54种，分布于长江及以南各地；浙江有6属，18种。

本科多数可作观赏植物；有些种作木材用，有的种子油可药用或制造高级芳香油。

分属检索表

1. 冬芽具鳞片；花先于叶开放或与叶同放。
   2. 总状花序或近簇生；花4数；核果具2～4宽纵翅 ·················· 1. 银钟花属 Halesia
   2. 花单生或双生；花5数；果木质，不开裂，具棱 ·················· 2. 鸦头梨属 Melliodendron
1. 冬芽不具鳞片；花后于叶开放。
   3. 果为蒴果，具多数有翅的种子 ·················· 3. 拟赤杨属 Alniphyllum
   3. 果为核果或核果状，不开裂或3瓣不规则开裂；种子无翅。
      4. 子房上位或略呈半下位；果下部被萼筒包围，但两者可分离，通常3瓣不规则开裂；种子具坚硬的种皮和大而基生的种脐 ·················· 4. 安息香属 Styrax
      4. 子房明显半下位或近下位；果皮和萼筒相愈合不可分离，果不开裂。
         5. 圆锥花序；果具狭翅或棱，内果皮薄而略木质化 ·················· 5. 白辛树属 Pterostyrax
         5. 总状聚伞花序；子房顶部在果内发育成圆锥状的喙 ·················· 6. 秤锤树属 Sinojackia

1 银钟花属 Halesia Ellia ex L.

落叶灌木或乔木，多少被星状柔毛。冬芽被鳞片。单叶，互生；叶片边缘具细齿。总状花序或近簇生；花两性；花萼杯状，筒部与子房结合，顶端具4小齿；花冠钟状，常4裂，裂片花蕾时呈覆瓦状排列；雄蕊8，花丝基部合生；子房下位，2～4室，每室具4胚珠。核果，具2～4宽纵翅，顶端具宿存花柱或萼齿。种子长圆形，长8～9mm。

约5种，分布于北美洲，我国也有。我国有1种；浙江也有。

七七　安息香科 Styracaceae

银钟花　（图4-130）
Halesia macgregorii Chun

落叶乔木，高6~10m。树皮光滑，灰白色。叶片纸质，椭圆状长圆形至椭圆形，长5~10cm，宽2.5~4cm，边缘具细锯齿，上面无毛，下面脉腋有簇毛；叶柄长7~15mm。总状花序短缩，花2~7朵似簇生于去年生小枝叶腋内，先于叶开放或与叶同放；花白色，有清香，常下垂，宽钟形，直径约1.5cm；花梗纤细；花萼筒倒圆锥形，萼齿三角状披针形；花冠4深裂；雄蕊8；花柱较花冠长，纤细，无毛，子房下位。果为干核果，椭圆形，长2.5~3cm，宽2~3cm，具2~4宽纵翅，顶端具宿存花柱。种子长圆形。花期4月，果期7—10月。

产于衢州市区（衢江）、磐安、天台、遂昌、龙泉、乐清、瑞安、文成、泰顺等地。零星生于阔叶林中或林缘。分布于江西、福建、湖南、广东、广西等地。模式标本采自泰顺。

本种为浙江省重点保护野生植物；间断分布于北美洲，我国也有，对研究我国和北美地区植物区系间的联系有一定的科学价值；树干通直，边材淡黄色，心材淡红色，纹理致密，可供制造各种家具或农具；也可作绿化及观赏树种。

图4-130　银钟花

❷ 鸦头梨属　Melliodendron Hand.-Mazz.

落叶乔木。冬芽具鳞片。单叶，互生；叶片边缘具细锯齿。花单生或成对生于叶腋；花萼管状，顶端具5齿；花冠钟状，5深裂几达基部；雄蕊10，花丝短，有毛，花药线形；子房2/3下位，不完全5室，每室具4胚珠，花柱长。核果木质，不开裂，稍具棱或脊；宿萼与果实合生，包围果实全长的2/3或至近顶端，密生绢状灰色短柔毛。种子椭圆形，扁平，种皮膜质，胚乳肉质。

1种，特产于我国西南部至中南部；浙江也有。

鸦头梨 陀螺果 （图4-131）

Melliodendron xylocarpum Hand.-Mazz.

落叶乔木，高7～15m。树皮灰白色，光滑。叶片倒披针形、卵状披针形、倒卵圆形，长6～11cm，宽4～6cm，边缘具细锯齿；叶柄长5～10mm。花先于叶开放，单生或成对生于去年枝叶腋；花萼管状，萼筒长约4mm；花冠长2～2.4cm，黄白色，外面具粉红色晕，裂片5，基部连合；雄蕊10，着生于花冠基部，花丝基部膨大并连合成长约10mm的筒，筒的里面生白色长柔毛；子房带紫色，高度半下位，花柱粗壮。核果木质，具棱，倒卵状梨形，长3～4cm，直径1.5～2.5cm，上部3/4处留有环状萼檐的残迹，被星状柔毛。花期3月，果期8月。

产于松阳、泰顺（垟溪）等地。生于向阳阔叶林中。分布于江西、福建、湖南、广东、广西、四川、贵州、云南等地。

根、叶可入药，有清热、杀虫等功效；木材质轻，可作器具；树形优美，可作绿化树种；为浙江省重点保护植物。

图4-131 鸦头梨

3 拟赤杨属 Alniphyllum Matsum.

落叶乔木或灌木。单叶，互生；叶片边缘具锯齿。总状或圆锥花序，顶生或腋生；花两性；花萼杯状，5深裂，裂片比萼筒长，两面均被黄色星状柔毛；花冠钟状，白色至淡红色，5深裂；雄蕊10，5长5短，花丝上部分离，下部合生成短管；子房卵形，半下位，5室，每室具5～7胚珠，花柱丝状，柱头不明显5裂。蒴果木质，长椭圆形，成熟时室背纵裂成5果瓣。种子多数，两端具不规则膜质翅，种皮硬角质，胚乳薄，胚直。

约3种，分布于亚洲东南部，我国南部也有。我国有3种，产于长江以南各地；浙江有1种。

拟赤杨　赤杨叶　（图4-132）
Alniphyllum fortunei (Hemsl.) Makino

落叶乔木，高15～20m。树皮暗灰色，具灰白色斑块。小枝圆柱形，紫褐色，被黄色星状柔毛，后变无毛。单叶，互生；叶片纸质，椭圆形、长圆状椭圆形或倒卵形，长8～18cm，宽4～10cm，边缘具疏细锯齿，两面疏生星状毛；叶柄长约1cm。花序总状或圆锥状；花萼钟状，5裂；花冠白色或略带粉红色，长1.2～1.5cm，5裂，裂片长圆形或椭圆形；雄蕊10，花丝基部合生成筒；子房近上位，被星状毛，5室，胚珠多数。蒴果长椭圆形，长1.5～2cm，室背开裂。种子多

图4-132　拟赤杨

数,两端具膜质翅,连翅长6~10mm。花期4—5月,果期10—11月。

产于全省各地。生于海拔200m以上的向阳山坡杂木林中。分布于山东、江苏、安徽、福建、河南、湖北、台湾、广东、广西、贵州、云南等地。越南、印度也有。

木材可制火柴杆;可药用,根主治风湿关节痛等症;心材有理气和胃的功效,主治胃脘疼痛等症。

4 安息香属 Styrax L.

乔木或灌木。单叶,互生,多少被星状柔毛或鳞片状覆盖物,极少无毛。聚伞花序,有时呈总状或圆锥花序,极少单花或数花腋生,具小苞片;花萼杯状,与子房分离或稍贴生,顶端具不明显5齿;花冠常5深裂,稀4裂;雄蕊10,稀8~9或11~13,贴生于花冠筒上;子房上位或略呈半下位,上部1室,基部3室,每室具1至多数胚珠,花柱细长。核果球形或长圆形,肉质或干燥,基部有宿萼。种子1或2,球形或长圆形,光滑或被鳞片状星状毛。

约130种,主要分布于亚洲、欧洲和北美洲的热带或亚热带地区。我国有31种,主产于长江及以南各地;浙江有12种。

分种检索表

1.叶片下面密被星状绒毛。
 2.冬芽为扩大的叶柄基部所包裹 ·· **1.玉铃花 S. obassia**
 2.冬芽裸露;叶柄基部不扩大。
  3.叶片纸质,近全缘或具不明显锯齿 ······································· **2.越南安息香 S. tonkinensis**
  3.叶片厚纸质或革质,全缘或具细小锯齿。
   4.叶片厚纸质,边缘具细小锯齿;第三级小脉呈网状;叶柄长1~3mm ··· **3.灰叶安息香 S. calvescens**
   4.叶片革质,近全缘;第三级小脉近平行;叶柄长7~15mm ············ **4.红皮树 S. suberifolius**
1.叶片下面无毛或疏被星状毛。
 5.花梗较花长。
  6.幼枝初被星状柔毛,后渐无毛;花冠裂片花蕾时呈覆瓦状排列 ············ **5.野茉莉 S. japonicus**
  6.幼枝被短柔毛;花冠裂片花蕾时呈镊合状排列。
   7.叶片两面除脉上疏被黄色星状柔毛外,其余无毛;花萼和花梗无毛 ··· **6.婺源安息香 S. wuyuanensis**
   7.叶片两面被黄褐色星状绒毛或长柔毛;花萼外面具星状绒毛 ··· **7.台湾安息香 S. formosanus**
 5.花梗较花短。
  8.叶柄长3~7mm;种子表面具鳞片状毛 ································· **8.郁香安息香 S. odoratissimus**
  8.叶无柄或叶柄长1~4mm;种子表面不具鳞片状星状毛。

9. 果实较大，长1.8～2cm；种子表面具不规则瘤状突起 ················· **9. 浙江安息香 S. zhejiangensis**
9. 果实较小，长不超过1.5cm。
　10. 总状花序具3～5花，花序下有单花腋生；叶片纸质。
　　11. 花萼杯状，长4～5mm；果顶端圆或具短尖头，无皱纹 ···················· **10. 白花龙 S. faberi**
　　11. 花萼浅杯状，长2.5～3mm；果顶端具短而稍弯的喙，具不规则皱纹··············
　　　　　　　　　　　　　　　　　　　　　　　　　　　　　7. 台湾安息香 S. formosanus
　10. 总状或圆锥花序，具多花，下部常1至多花聚生于叶腋或排成总状；叶片厚纸质。
　　12. 总状花序具3～8花，花长1.5～2.2cm；果直径8～13mm；种子表面光滑或微皱 ···········
　　　　　　　　　　　　　　　　　　　　　　　　　　　　　　11. 赛山梅 S. cofusus
　　12. 圆锥或总状花序，具多数花，花长1～1.7cm；果直径5～7mm；种子表面具极深的皱纹·········
　　　　　　　　　　　　　　　　　　　　　　　　　　　　　12. 垂珠花 S. dasyanthus

1. 玉铃花（图4-133）

Styrax obassia Siebold et Zucc.

落叶乔木或灌木，高10～14m。树皮褐色。小枝无毛。叶二型；生于小枝下部的叶较小而近对生，生于小枝上部的叶互生；叶片纸质，椭圆形、宽卵圆形或宽倒卵形，长10～14cm，宽8～10cm，先端渐尖，基部宽楔形或圆钝，边缘具疏锯齿，上面除脉上被星状毛外，其余无毛，下面灰白色，密被灰白色星状绒毛；叶柄长约2cm，基部膨大成鞘状包围冬芽。总状花序顶生或单生于上部叶腋，长6～10cm；花白色或粉红色，芳香；花萼杯状，顶端具不规则5或6齿；花冠裂片膜质，椭圆形，长1.3～1.6cm，花蕾时呈覆瓦状排列，花冠筒长约4mm。果实卵形或近卵形，直径10～15mm，顶端具短尖头。种

图4-133 玉铃花

子长圆形，暗褐色，近平滑，无毛。花期6—7月，果期8—9月。

产于安吉、临安、淳安、天台、景宁等地。生于海拔1000～1500m的常绿落叶阔叶混交林中。分布于辽宁、山东、安徽、江西、湖北等地。朝鲜半岛、日本也有。

果实可药用，可消肿止痛、驱虫；木材可作器具、雕刻等细工用材；花美丽、芳香，可提取芳香油，也可供观赏；种子油可制肥皂及润滑油。

2. 越南安息香 （图4-134）

Styrax tonkinensis (Pierre) Craib ex Hartw.

乔木，高6～30m。树皮暗灰色或灰褐色，有纵裂纹。嫩枝被褐色星状毛，成长后变为无毛。叶互生；叶片纸质，长5～11cm，宽3～6cm，近全缘或上部具不明显锯齿，下面密被灰白色星状微绒毛。圆锥花序或渐缩小成总状花序，有时单朵腋生或2朵并生，花序长3～10cm；花白色；花萼杯状；花冠裂片膜质，花蕾时呈覆瓦状排列；雄蕊10，花丝扁平。果实近球形，直径10～12mm，外面密被灰黄色星状绒毛。种子褐色，密被小瘤状突起和微硬毛。花期4—6月，果期8—10月。

产于缙云、庆元（巾子峰）、泰顺（垟溪）等地。生于山坡、山谷的阔叶林或灌丛中。分布于江西、福建、湖南、广东、广西、贵州、云南等地。越南、老挝、柬埔寨、泰国也有。

木材可作火柴杆、家具及板材；种子油称"白花油"，可药用，治疥疮；树脂称"安息香"，含有较多香脂酸，为贵重药材，也可用于制造高级香料。

图4-134 越南安息香

3. 灰叶安息香　灰叶野茉莉　（图4-135）
Styrax calvescens Perk.

落叶灌木或小乔木。小枝疏被黄褐色星状微柔毛，后变无毛。叶互生；叶片厚纸质，长3～13cm，宽2.5～5cm，边缘具细小锯齿，下面密被灰色星状绒毛；叶柄长1～3mm。总状或圆锥花序，顶生或腋生，具10余花，长3.5～9cm；花白色，长约1.2cm；花梗长5～10mm；花萼杯状，革质，长约5mm，萼齿不规则5裂；花冠5裂；雄蕊10，花丝下部连合成管；子房倒卵形，外面被绒毛，3室，每室具多数胚珠，花柱无毛。核果球形，直径5～7mm。种子无毛。花期5—6月，果期7月。

产于丽水、温州及天台等地。生于海拔200～1300m的杂木林中。分布于华中及江西等地。

图4-135　灰叶安息香

4. 红皮树　栓叶安息香　（图4-136）
Styrax suberifolius Hook. et Arn.

常绿灌木或小乔木，高4～10m。树皮红褐色。幼枝密被锈褐色星状绒毛；老枝渐变无毛。叶互生；叶片革质，长6～16cm，宽3～6cm，近全缘，下面密被锈色星状绒毛；叶柄长7～15mm。总状或圆锥花序，顶生或腋生，长3～8cm；花白色；花萼杯状，顶端平截或具5浅齿，密被星状短柔毛；花冠4或5裂；雄蕊8～10；子房3室，花柱细长，无毛。果实球形或近球形，直径1～1.8cm，密被灰色至褐色星状绒毛，成熟时从顶端向下3瓣开裂，具宿萼。种子褐色,表面近光滑。花期5—6月,果期8—9月。

产于杭州市区、富阳、建德、淳安、宁波市区、鄞州、奉化、开化、武义、临海、缙云、遂昌、龙泉、庆元、景宁、温州市区(瓯海)、乐清、永嘉、瑞安、文成、平阳、苍南、泰顺等地。生于海拔200～800m的山坡杂木林中。分布于安徽、江西、福建、湖北、湖南、台湾、广东、海南、广西、四川、贵州、云南等地。越南、缅甸也有。

根、叶可入药,有祛风、除湿、理气止痛的功效。

图4-136　红皮树

5. 野茉莉（图4-137）
Styrax japonicus Siebold et Zucc.

落叶灌木或小乔木,高4～8m。树皮暗褐色或灰褐色。一年生枝紫色或深紫色,初被淡黄色星状柔毛,后渐无毛。叶互生;叶片坚纸质,长2.5～10cm,宽1.5～6cm,边缘具浅锯齿,两面无毛;叶柄长5～10mm。单花腋生或总状花序顶生,具5～8花;花白色,长1～1.5cm;花梗纤细,下垂,长1.5～3.5cm,无毛;花萼钟形,无毛,顶端具5圆齿;花冠5裂;雄蕊10;子房上位,被毛,基部贴生于花萼上,花柱细长,无毛。果实球形至卵圆形,长8～15mm,顶端具短尖头,花萼宿存。种子紫褐色,有深皱纹。花期4—5月,果期8月。

产于开化、临海、缙云、龙泉、庆元、云和、温州市区(瓯海)、永嘉、瑞安、文成、泰顺等地。生于海拔900～1500m的林中。分布于秦岭至黄河及以南各地。朝鲜半岛、日本、菲律宾也有。

种子油可制肥皂或作机器润滑油;油粕可作肥料;花美丽、芳香,可作庭园观赏植物;全株可药用,有祛风除湿的功效;花有清火的功效。

七七　安息香科 Styracaceae

图 4-137　野茉莉

6. 婺源安息香 （图 4-138）
Styrax wuyuanensis S.M. Hwang

灌木，高 1.5～3m。冬芽圆锥形，密被金黄色星状短柔毛。嫩枝圆柱形，疏被褐色星状柔毛。叶互生，但在小枝最下面的两叶近对生；叶片近纸质，椭圆形或椭圆状菱形，长 3.5～6cm，宽 1～3cm，边缘具疏离锯齿，两面除叶脉疏被黄色星状柔毛外，其余无毛，成长后被毛全脱落；叶柄长 2～5mm，无毛。花白色，长 1.3～1.5cm，单生于叶腋或 2 朵聚生于小枝顶端，有时 3 朵排成顶生的总状花序；花梗纤细，长1.5～2cm，无毛；小苞片线状披针形，长约1cm；花萼杯状，褐色，无毛；花冠裂片披针形或卵状披针形，外面密被黄色星状绒毛，内面无毛，花蕾时呈镊合状排列；雄蕊约与花冠等长或稍短。果实卵形，直径约1cm，顶端具短尖头，成熟时3瓣开裂。种子褐色，卵形，无毛。花期4月，果期8月。

产于开化（古田山）。生于海拔约800m的山坡上或沟谷针阔叶混交林中。分布于安徽、江西等地。

图4-138　婺源安息香

7. 台湾安息香 （图4-139）
Styrax formosanus Matsum.

灌木，高2～3m。小枝密被星状短柔毛和疏生长柔毛。叶互生；叶片纸质，倒卵形、

图4-139　台湾安息香

椭圆状菱形或椭圆形，长2~4（5）cm，宽1~3cm，中部以上边缘具不整齐粗锯齿，稀近顶端具2~4齿裂，嫩叶两面均被黄褐色星状绒毛，中脉被毛稍多，成长后上面变无毛，下面疏被绒毛，侧脉7~9对；叶柄长3~4mm，密被星状短柔毛。总状花序顶生，具3~5花，下部常单花腋生；花白色，长1.2~1.4cm；花梗长8~18mm，常下弯，密被星状短柔毛；小苞片钻形；花萼膜质，浅杯状，长2.5~3mm，外面有星状绒毛；花冠膜质，5裂，稀6裂；雄蕊(9) 10 (11)，较花冠稍短；花柱无毛。果实卵形，长约1cm，顶端具短而稍弯的喙，外面具不规则纵皱纹。种子长卵形，长约6mm，褐色，无毛，具3浅沟纹。花期3—4月，果期5—6月。

产于龙泉、泰顺（白海村）等地。生于海拔600~700m的山坡林缘。分布于安徽、江西、福建、湖南、台湾、广东、广西等地。

7a. 长柔毛安息香（变种）（图4-140）
var. **hirtus** S.M. Hwang

与台湾安息香的区别在于叶片菱状长圆形，长2~7cm，宽1~4cm，先端急尖或短渐尖，基部楔形，嫩叶两面均被褐色星状柔毛，侧脉5或6对，叶上面散生长柔毛。花期4月，果期6—8月。

产于莲都、龙泉、庆元、云和等地。生于海拔820~1000m的山地竹林下或林缘路旁。分布于湖南、广西等地。

图4-140 长柔毛安息香

8. 郁香安息香　芬芳安息香　（图4-141）

Styrax odoratissimus Champ.

落叶灌木或小乔木，高4～10m。树皮灰褐色。叶互生；叶片薄革质，长7～15cm，宽4～8cm；叶柄长3～7mm。总状或圆锥花序具2～6花，顶生或腋生；花白色；花梗长1.5～1.8cm；花萼杯状，顶端具不明显5齿裂，外面密被黄色短绒毛；花冠裂片5深裂，花蕾时呈覆瓦状排列；雄蕊10，下部密被星状短柔毛；子房上位，3室，基部贴生于花萼上，花柱被白色星状柔毛。果实近球形，直径约10mm，顶端具突尖，密被灰黄色星状绒毛。种子卵形，密被褐色鳞片状毛和瘤状突起。花期4—5月，果期7—8月。

产于全省各地。生于海拔50～1000m的山坡疏林或灌丛中。分布于华东及湖北、广东、广西、四川、贵州等地。

叶可药用，有祛风除湿、理气止痛、润肺止咳等功效。

图4-141　郁香安息香

9. 浙江安息香 （图4-142）

Styrax zhejiangensis S.M. Hwang et L.L. Yu

灌木，高约2m。小枝近圆形，无毛，柔弱，嫩时褐色，老时灰褐色。叶互生；叶片纸质，宽椭圆形，长5～8cm，宽3～5cm，但在小枝最下面的两叶近对生而较小，卵状长圆形，长2.5～6cm，宽2～3.5cm，顶端急尖，基部宽楔形或圆形，边缘具微细锯齿或近全缘，上面无毛，下面除主脉和侧脉散生白色星状长柔毛外，其余无毛，侧脉6～8对，扩展，近边缘处弯弓和小脉连接；叶无柄或近无柄。果实单生于叶腋，长18～20mm，直径10～12mm，顶端急尖，密被浅灰色星状长柔毛。种子卵状椭圆形，疏被白色星状长柔毛，表面具不规则瘤状突起。花期3—4月，果期6月。

产于建德（泷江）。生于溪边疏林或灌丛中。为浙江特有种。模式标本采自建德。

图4-142 浙江安息香

10. 白花龙 （图4-143）

Styrax faberi Perk.

落叶灌木。小枝初被深褐色星状毛，后变无毛。叶互生；叶片纸质，椭圆形，长2～7cm，宽1.2～5cm，边缘具细锯齿；叶柄长1～2mm。总状花序顶生，具3～5花，下部常单花腋生；花序梗和花梗均密被灰黄色星状短柔毛；花白色；花萼杯状，长4～5mm，外面密被灰黄色星状绒毛和星状短柔毛，萼齿5；花冠5裂，外面密被黄色星状短柔毛；雄蕊10，花丝下部连合成管；子房倒卵形，被毛，花柱较花冠等长，无毛。果实卵形，顶端圆或具短尖头，无皱纹，长8～9mm，直径5～7mm，外面密被锈色星状短柔毛。花期4—5月，果期8月。

产于杭州市区、富阳、建德、临海、缙云、庆元、温州市区（瓯海）、苍南等地。生于杂木林中。分布于华东及湖南、湖北、台湾、广东、广西、四川、贵州等地。模式标本采自天台。

根有和胃止痛的功效；叶有凉血止血、祛风止痛等功效；果实有宣肺解表的功效。

图4-143 白花龙

11. 赛山梅 （图4-144）

Styrax cofusus Hemsl. — *S. philadelphoides* Perk.

落叶灌木或小乔木，高2～8m。树皮灰褐色。幼枝有褐色星状毛。叶片厚纸质，长4～11cm，宽2.5～6cm，边缘具细小的不明显小齿，两面叶脉常具星状绒毛；叶柄长3mm。总状花序顶生，具3～8花，下部常1～3朵聚生于叶腋；花白色，长1.5～2.2cm；花萼杯状，顶端具5齿；花冠5深裂；雄蕊10；子房上位。果实球形，直径8～13mm，密被灰黄色星状绒毛。种子倒卵形，褐色，表面光滑或微皱。花期4—5月，果期9—10月。

全省各地常见。生于杂木林中或灌丛中。分布于华东及湖南、广东、广西、四川等地。

叶、果实有祛风治湿的功效。

图4-144 赛山梅

12. 垂珠花（图4-145）
Styrax dasyanthus Perk.

落叶灌木或小乔木。树皮暗灰色或灰褐色。小枝红褐色，嫩时被深褐色短柔毛。叶片厚纸质，长5～13cm，宽2.5～6cm，中部以上叶的边缘具稍内弯细锯齿。圆锥或总状花序，顶生或腋生，具多花，长4～10cm，下部常2至多花聚生于叶腋；花序梗和花梗均密被灰黄色星状细柔毛，花梗长6～8mm；花白色，长10～17mm；花萼钟状，顶端具5齿；花冠5深裂，花蕾时呈镊合状排列；花柱较花冠长。果实圆球形，直径5～7mm，被灰白色绒毛。种子黄褐色，表面具深皱纹。花期5—6月，果期10—12月。

产于安吉、德清、临安、淳安、开化、温岭、遂昌、龙泉、温州市区（瓯海）、永嘉、文成、平阳、泰顺等地。生于向阳山坡的杂木林中。分布于江苏、安徽、江西、湖北、湖南、广西、四川、贵州等地。

叶有润肺止咳的功效；种子榨油，可制油漆及肥皂。

图4-145　垂珠花

⑤ 白辛树属　Pterostyrax Siebold et Zucc.

落叶乔木或灌木。单叶互生；叶片全缘或具锯齿。圆锥花序，顶生或生于小枝上部叶腋；花萼钟状，顶端5齿；花冠5裂，几达基部；雄蕊10，离生或下部合生成膜质管；子房近下位，3室，稀4或5室，每室具4胚珠，生于中轴胎座上。核果干燥，几全部为宿萼所包围，不开裂，有翅或棱。具种子1或2。

约4种，产于亚洲东部。我国有2种，分布于华南和西南地区；浙江有1种。

小叶白辛树（图4-146）
Pterostyrax corymbosus Siebold et Zucc.

落叶灌木或小乔木，高4～10m。嫩枝密被灰色星状毛；老枝无毛，灰褐色。叶片纸质，长6～14cm，宽3.5～8cm，边缘具锐尖细齿，嫩叶两面均被星状柔毛，尤以背面被毛较密，成长后上面无毛，下面稍被星状柔毛。圆锥花序，长8～12cm；花黄白色；花萼钟状，顶端5齿；花冠裂片5，长约1cm，与花萼均被星状短柔毛；雄蕊10，5长5短，花丝宽扁；子房下位，通常3或4室，具多数胚珠。核果倒卵形，长1.2～1.7cm，具4或5狭翅，密被星状绒毛，顶端具长喙。种子被星状绒毛。花期4—5月，果期7月。

产于本省西部和东南部。生于山坡上、沟谷溪边林中。分布于河北、山西、山东、江苏、安徽、江西、河南、陕西等地。日本也有。

圆锥花序大，芳香，可供观赏。

图4-146 小叶白辛树

6 秤锤树属 Sinojackia Hu

落叶乔木或灌木。冬芽裸露。叶互生；叶片边缘具硬质锯齿；近无柄或具短柄；无托叶。总状聚伞花序，生于侧生小枝顶端；花白色；花梗长而纤细，与花萼之间有关节；花萼筒倒圆锥状或倒长圆锥状，几全部与子房合生，萼齿4～7，宿存；花冠4～7裂，裂片在花蕾时呈覆瓦状排列；雄蕊8~14，1列，着生于花冠筒基部，花丝5长5短，下部连合成短筒，花药长圆形，药室内向，纵裂；子房下位，3或4室，每室具6~8胚珠，排成2行，柱头不明显3裂。果实木质，除喙外几全部为宿萼所包围并与其合生，外果皮肉质，不开裂，具皮孔，中果皮木栓质，内果皮木质。种子1，长圆状线形，种皮硬骨质，胚乳肉质。

5种，均产于我国中部、南部和西南部；浙江有2种。

1. 秤锤树 （图4-147）
Sinojackia xylocarpa Hu

乔木，高达7m。叶片纸质，倒卵形或椭圆形，长3~9cm，宽2~5cm，顶端急尖，基部楔形或近圆形，边缘具硬质锯齿，生于花枝基部的叶卵形而较小，长2~5cm，宽1.5~2cm，基部圆形或稍心形，两面叶脉疏被星状短柔毛；叶柄长约5mm。总状聚伞花序生于侧枝顶端，具3~5花；花梗纤细，长达3cm；花萼筒倒圆锥形，高约4mm，萼齿5，少7；花冠裂片5，长圆状椭圆形，长8~12mm，宽约6mm；雄蕊10~14，花丝长约4mm，花药长约3mm；花柱线形，长约8mm。果实卵形，连喙长2~2.5cm，宽1~1.3cm，红褐色，有红棕色皮孔，无毛，顶端具圆锥状的喙。种子1，长圆状线形，长约1cm，栗褐色。花期3—4月，果期7—9月。

图4-147 秤锤树

产于慈溪南部山区。生于海拔500~800m的山坡林缘或疏林中。分布于江苏西南部、河南南部等地。杭州市区有栽培。

花、果可供观赏。国家二级重点保护野生植物。

2. 细果秤锤树（图4-148）

Sinojackia microcarpa C.T. Chen et G.Y. Li

落叶大灌木，高达9m。树皮灰黑色或黄褐色。主干上的侧枝近直角，基部粗壮，常呈棘刺状。叶片椭圆形或卵形，长4～12cm，宽2.5～6cm，边缘具细锯齿，生于花枝基部的叶片卵形而较小，长2～3.5cm，宽1.5～2cm；叶柄长3～4cm。总状聚伞花序疏松，花序具3～7花，白色，直径约3cm，生于侧生小枝顶端；花梗长达2cm，和花序梗均纤细而弯垂；花萼倒圆锥形，高约5mm，顶端5或6齿，萼齿三角形，长约1mm；花冠5或6裂，裂片卵状椭圆形，长约12mm，宽约4mm；花柱长约6mm，线形，柱头不明显3裂，子房3室。果木质、干燥、不开裂，细梭形，具棱，散生星状柔毛，长1.5～3cm，直径2.5～4mm。种子1，长圆柱形，褐色。花期4月，果期10—11月。

产于富阳、临安、桐庐、建德、义乌等地。分布于低海拔山谷溪沟边或沿溪沟边的灌丛中。为浙江省特有珍稀濒危物种、浙江省重点保护野生植物。模式标本采自建德。

与秤锤树的区别在于果细梭形，具棱，散生星状柔毛。

图4-148 细果秤锤树

七八　山矾科 Symplocaceae

灌木或乔木。单叶，互生；叶片具锯齿、腺质锯齿或全缘。花两性，稀单性，辐射对称，排成穗状、总状、圆锥或团伞花序，很少单生；花萼通常3～5裂，宿存；花冠合瓣，通常5裂，裂片分裂至近基部或中部；雄蕊多数，着生于花冠基部；子房下位或半下位，2～5室，每室具2～4胚珠。核果，顶端具宿萼。每室具1种子。

1属，约200种，广泛分布于亚洲、大洋洲和美洲的热带与亚热带地区。我国有近50种，主要分布于长江以南各地；浙江有22种，其中栽培1种。

山矾属　Symplocos Jacq.

特征、分布同科。

本属树种是本省亚热带常绿阔叶林的重要组成部分，其中有些种类材质优良，可作家具和农具用材；种子均含丰富的油脂，为很好的工业用油原料；有些种类可药用；有些种类可作园林绿化树种。

分种检索表

1.花冠深裂至近基部；萼裂片与萼筒等长、稍长或稍短；花丝丝状，基部稍连生或连生成5体雄蕊；叶片干后常呈黄绿色或橄榄绿色。
　2.圆锥花序；叶片纸质，落叶性。
　　3.树皮灰褐色；成熟果实黑色，宿萼鸟喙状。
　　　4.幼枝、叶背、花序被柔毛；花序较宽阔，花全部具梗；核果，无毛 ………… **1. 白檀　S. tanakana**
　　　4.幼枝、叶背、花序被灰黄色皱曲柔毛；花序较狭窄，上部花近无梗；核果，被紧贴柔毛………
　　　　…………………………………………………………………………… **2. 华山矾　S. chinensis**
　　3.树皮红褐色、棕褐色或灰白色，纵裂或片状脱落；成熟果实蓝色，宿萼皇冠状。
　　　5.树皮薄片状剥落；大枝表皮开裂成纸状剥落；叶缘腺齿端通常直伸或外展 ………………
　　　　…………………………………………………………………………… **3. 朝鲜白檀　S. coreana**
　　　5.树皮细浅纵裂；大枝表皮不开裂；叶缘腺齿的齿端内曲 ………… **4. 琉璃白檀　S. sawafutagi**
　2.总状、穗状或团伞花序；叶片纸质、薄革质或厚革质，常绿性。
　　6.团伞花序；中脉在叶片上面凹陷。
　　　7.小枝被绒毛；叶片通常全缘。
　　　　8.叶片厚革质，下面灰白色；叶柄长1.5～2.5cm；核果长椭圆形或狭卵形，核具6～8纵棱……
　　　　　…………………………………………………………………………… **5. 老鼠矢　S. stellaris**

七八　山矾科 Symplocaceae

　　　　8. 叶片薄革质,下面淡绿色;叶柄长1~1.5cm;核果圆柱形,核约具10纵棱 ……………………
　　　　　　………………………………………………………………………………… 6. 密花山矾　S. congesta
　　　7. 小枝及芽无毛;叶片全缘或具波状浅齿 ………………………………… 7. 团花山矾　S. glomerata
　6. 总状或穗状花序,或由穗状花序短缩成团伞状(但具明显花序轴,在果序时更明显);中脉在叶片上面凹陷或隆起。
　　　9. 花序较叶柄短或稍长,最长不超过叶柄的3倍。
　　　　10. 叶片下面被均匀的平伏细毛 ………………………………………… 8. 微毛山矾　S. wikstroemiifolia
　　　　10. 叶片下面无毛。
　　　　　11. 叶片上面中脉隆起,背面浅绿色,具锯齿。
　　　　　　12. 当年生小枝灰褐色或棕褐色,被短绒毛;叶柄长3~5mm;花序总状;核果长7~10mm,
　　　　　　　　被柔毛 ………………………………………………………………… 9. 薄叶山矾　S. anomala
　　　　　　12. 当年生小枝黄绿色,无毛;叶柄长7~23mm;花序短穗状或短缩成密伞状;核果长
　　　　　　　　10~15mm,无毛。
　　　　　　　13. 小枝具棱 ……………………………………………………………… 10. 光亮山矾　S. lucida
　　　　　　　13. 小枝圆柱形,无棱 ………………………………………………… 11. 叶萼山矾　S. phyllocalyx
　　　　　11. 叶片上面中脉凹陷,背面苍白色,全缘或近顶部具细小腺质锯齿 …… 12. 羊舌树　S. glauca
　　　9. 总状花序长为叶柄的3倍以上。
　　　　14. 穗状花序;核果球形或长圆形。
　　　　　15. 小枝圆柱形,无棱;核果球形,长4~7mm。
　　　　　　16. 叶片上面中脉凹陷;穗状花序基部分枝。
　　　　　　　17. 小枝被红褐色绒毛;叶缘具密锐细齿 ……………………… 13. 火灰树　S. cochinchinensis
　　　　　　　17. 小枝被灰褐色短柔毛;叶缘具疏钝锯齿 ………… 14. 黄牛奶树　S. theophrastifolia
　　　　　　16. 叶片上面中脉微凸或平坦;穗状花序基部不分枝。
　　　　　　　18. 叶片纸质或近革质,狭卵形至宽披针形,边缘常波状 … 15. 光叶山矾　S. lancifolia
　　　　　　　18. 叶片革质,长圆状卵形,边缘具浅锯齿 ………………… 16. 阿里山山矾　S. arisanensis
　　　　　15. 小枝具明显的棱;核果长圆形,长1.5cm …………………… 17. 棱角山矾　S. tetragona
　　　　14. 总状花序;核果坛形、壶形或卵形。
　　　　　19. 叶片厚革质;嫩枝绿色 ………………………………………………… 18. 总状山矾　S. botryantha
　　　　　19. 叶片纸质或薄革质;嫩枝褐色、黄绿色或绿色。
　　　　　　20. 小枝绿色;核果坛形 ……………………………………………… 19. 坛果山矾　S. urceolaris
　　　　　　20. 小枝绿色或非绿色;核果卵形。
　　　　　　　21. 当年生小枝较粗,散生黑色斑点;叶片革质,倒披针状椭圆形或狭椭圆形 …………
　　　　　　　　………………………………………………………………………… 20. 黑山山矾　S. prunifolia
　　　　　　　21. 当年生小枝纤细,无黑色斑点;叶片薄革质,卵形、卵状披针形或椭圆形 …………
　　　　　　　　……………………………………………………………………………… 21. 山矾　S. caudata
1. 花冠常分裂至中部;萼裂片较萼筒短;花丝扁平;叶片干后呈橄榄绿色 …… 22. 南岭山矾　S. confusa

1. 白檀 (图4-149)

Symplocos tanakana Nakai — *Palura tanakana* (Nakai) Nakai — *S. paniculata* auct., non (Thunb. ex Murray) Miq.

落叶灌木或小乔木，高达8m。树皮灰褐色。小枝幼时密被柔毛。叶片纸质，椭圆形或倒卵状椭圆形，长3～9cm，宽3～6cm，边缘具细锐锯齿，中脉在上面凹陷，幼时两面均被柔毛，后脱落至仅下面有疏柔毛，尤以中脉两侧为多；叶柄长6～10mm。圆锥花序生于新枝顶端，被柔毛；花全部具梗，白色，芳香；花萼筒无毛或被柔毛；雄蕊约25，长短不等，花丝基部合生成5体雄蕊；子房下位或半下位，无毛，2室。核果斜卵状球形，成熟时黑色，直径约6mm，无毛，花萼宿存，鸟喙状。每室具1种子。花期4—6月，果期8—9月。

产于全省各地，但以浙西北地区较为常见。生于海拔1000m以下的山坡疏林或密林中。分布于全国除新疆以外的地区。朝鲜半岛、日本也有。

木材致密，可作细工用材；种子油可制油漆；全株可药用，有解毒、软坚、调气等功效；根皮与叶可作生物农药。

图4-149 白檀

2. 华山矾 (图4-150)

Symplocos chinensis (Lour.) Druce

落叶乔木，高达6m。树皮灰褐色。小枝幼时密被灰黄色皱曲柔毛。叶片纸质，上面皱缩而不平整，下面被灰黄色皱曲柔毛，椭圆形或倒卵状椭圆形，长3～9cm，宽3～6cm，边缘具细锐锯齿；叶柄长3～10mm。圆锥花序生于新枝顶端，上部的花几无柄，下部的花具短柄；花萼筒外面密被长柔毛；花白色，芳香；雄蕊约25，长短不等，花丝基部合生成5体雄蕊；子房下位或半下位，无毛，2室。核果成熟时黑色，直径约6mm，被紧贴柔毛，花萼宿存，鸟喙状。每室具1种子。花期5月，果期6月。

产于全省各地，但以浙中、浙南地区最为常见。生于海拔300～1000m的山地丘陵。分布于

图 4-150 华山矾

长江流域及以南各地。

根、叶可药用；种子油可制肥皂，也可食用。

3. 朝鲜白檀 （图4-151）

Symplocos coreana (H. Lév.) Ohwi —— *Cotoneaster coreanus* H. Lév. —— *Palura coreana* (H. Lév.) Nakai

落叶乔木。树皮褐色、棕褐色、红褐色，大树树皮灰白色或灰褐色，薄片状剥落。大枝表皮常红褐色，开裂成纸状剥落。叶片椭圆形、倒卵状椭圆形，长7～10cm，宽3.5～5cm，先端渐尖至尾尖，稀急尖，基部楔形至近圆形，侧脉5～7对，连同中脉在叶片上面显著凹陷，网脉较粗，下面连同中脉、侧脉均显著隆起，且沿中脉、侧脉被柔毛，叶缘腺齿较粗锐，齿端通常向前直伸或外展；叶柄长3～6mm，嫩时常暗紫色。圆锥花序长6～9cm，无毛；花梗长2～5mm；花萼筒锥形，绿色，长1.2mm，无毛；花萼5裂，裂片椭圆形，边缘具微睫毛；花冠白色，直径7～10mm，裂片椭圆形，先端舟状收缩，钝尖；雄蕊25～30；花柱长约3mm。果实球形或歪卵球形，成熟时蓝色，稀近白色，平滑；宿萼直立或开展，形似皇冠状。花期6—8月，果期8—10月。

产于上虞、新昌、鄞州、余姚、宁海、磐安、天台、临海、仙居、缙云、庆元、泰顺等地。生于海拔700m以上的山地林中。分布于江西等地。日本、韩国（济州岛）也有。

图 4-151 朝鲜白檀

4. 琉璃白檀 （图4-152）

Symplocos sawafutagi H. Nagamasu — *Palura paniculata* (Thunb. ex Murray) Nakai var. *pilosa* Nakai — *S. paniculata* (Thunb. ex Murray) Miq. var. *leucocarpa* Nakai

落叶乔木。树皮灰褐色、褐色，细浅纵裂。大枝表皮不开裂。叶片倒卵形至椭圆形，长3～9cm，宽3～6cm，先端急尖至渐尖，下面苍白色或微被白粉，沿中脉、侧脉被柔毛或有时无毛，叶缘腺齿的齿端内曲；叶柄长4～10mm。圆锥花序长6～9cm，花序下面具少量叶，无毛；花梗长2～5mm；花萼筒锥形，

图4-152 琉璃白檀

绿色；花萼5裂，裂片椭圆形；花冠白色，直径7~10mm，裂片椭圆形，先端舟状收缩，钝尖；雄蕊25~30，花丝白色，花药黄色；花柱长约3mm，柱头绿色。果实球形或歪卵球形，成熟时蓝色，稀近白色，平滑；宿萼直立或开展，形似皇冠状。花期6—8月，果期8—9月。

产于安吉、临安、淳安、诸暨、余姚、宁海、衢州市区（衢江）、磐安、三门、临海、仙居、景宁、泰顺等地。生于海拔700m以上的中山地区，但较少见。分布于东北经秦岭至四川以东地区。日本、朝鲜半岛也有。

5. 老鼠矢 （图4-153）
Symplocos stellaris Brand

常绿乔木。小枝粗，髓心中空，具横隔；芽、嫩枝、嫩叶柄、苞片和小苞片均被红褐色绒毛。叶片厚革质，狭长圆状椭圆形或披针状椭圆形，长6~20cm，宽2~5cm，上面有光泽，下面灰白色；叶柄有纵沟，长1.5~2.5cm。团伞花序着生于去年生枝的叶痕之上；花萼长约3mm，裂片5，宽卵形；花冠白色，长7~8mm，5深裂几达基部，裂片椭圆形，顶端有缘毛；雄蕊18~25，花丝基部合生成5束；花盘圆柱形，无毛；子房3室。核果长椭圆形或狭卵形，长约1cm，顶端宿存萼裂片直立，核具6~8纵棱。花期4—5月，果期6月。

产于全省各地。生于海拔1100m

图4-153 老鼠矢

以下的山地上、路旁、疏林中。分布于华南及安徽、江西、福建、湖北、湖南、贵州、四川、云南等地。模式标本采自天台和宁波。

根可药用，有祛风、解毒等功效。

6. 密花山矾 （图4-154）
Symplocos congesta Benth.

常绿乔木或灌木。幼枝、芽均被褐色皱曲柔毛，后变无毛。叶片薄革质，下面淡绿色，长椭圆形、狭卵状椭圆形或倒卵形，长8～10（17）cm，宽2～6cm，通常全缘；叶柄长1～1.5cm。团伞花序腋生于近枝端叶腋，具4～5花；苞片和小苞片圆形，均被红褐色柔毛；花萼长5～6mm，裂片卵形或阔卵形，无毛；花冠白色，长7～8mm，5深裂几达基部，裂片椭圆形或卵形；雄蕊约60，花丝基部稍连合；子房顶端无毛。核果成熟时紫蓝色，多汁，圆柱形，长8～13mm，顶端宿萼直立，核约具10纵棱。花期10—11月，果期次年1—2月。

产于龙泉、庆元、永嘉、瑞安、文成、平阳、苍南、泰顺等地。生于海拔200～1200m的密林中。分布于华南及江西、福建、湖南、贵州、云南等地。

根可药用，有解毒、消肿、化瘀等功效。

图4-154 密花山矾

7. 团花山矾 宜章山矾 （图4-155）
Symplocos glomerata King ex C.B. Clarke — *S. yizhangensis* Y.F. Wu

常绿乔木，高3～4m。小枝黄褐色，无毛，具纵皱纹，髓心薄片状。叶片近革质，常集生于小枝顶端，披针形或狭椭圆形，长8～19cm，宽2.5～5cm，全缘或具波状浅齿；叶柄长2～2.5cm。团伞花序腋生；花萼长约4mm，裂片长圆形，背面有微柔毛和纵条纹，等长或稍长于萼筒，萼筒无毛；花冠长4～7mm，5深裂几达基部；雄蕊约30，花丝基部合生成5体雄蕊；子房顶端无毛。核果圆柱形，长约8mm，无毛，宿萼直立。花期7—10月，果期8—11月。

产于龙泉、庆元、景宁、泰顺等地。生于海拔1000～1800m的山地上、路旁、水边、山谷或密林中。分布于江西、福建、湖南、广东、云南、四川、西藏东南部等地。

图4-155　团花山矾

8. 微毛山矾 （图4-156）
Symplocos wikstroemiifolia Hayata

灌木或小乔木。嫩枝、叶背和叶柄均被紧贴细毛，后变无毛。叶片纸质或薄革质，椭圆形、倒卵形或宽倒披针形，长4～12cm，宽1.5～4cm，全缘或具不明显波状浅钝锯齿；叶柄长5～10mm。穗状花序长1～2cm，近基部有分枝，腋生；花萼长约2mm，5裂，裂片三角状卵形，有睫毛；花冠淡黄色或白色，长约3mm，5深裂几达基部，裂片倒卵状长圆形；雄蕊约20，花丝基部合生成5体雄蕊；子房顶端被稀疏短柔毛，花柱短于花冠。核果卵圆形，长约10mm，成熟时黑色或黑紫色，宿萼内倾斜，核无纵棱。花期6—7月，果期8月。

产于瑞安、文成、平阳、苍南、泰顺等地。生于海拔50～1000m的密林中。分布于江西、福建、湖南、台湾、广东、海南、广西、云南、贵州等地。

种子油可制肥皂；木材可作建筑板料；根、叶可药用，有解表祛湿、解毒、除烦、止血等功效。

图4-156 微毛山矾

9. 薄叶山矾 （图4-157）

Symplocos anomala Brand

常绿小乔木，高达7m。顶芽、嫩枝被褐色短绒毛，后变无毛；老枝通常黑褐色。叶片薄革质，多为狭椭圆状披针形，稀卵形或倒披针形，长5～9cm，宽1.5～3cm，边缘全缘或疏生浅的圆钝锯齿；叶柄长3～5mm。总状花序腋生，基部不分枝，长1～1.5cm，通常具5～8花；花萼长2～2.3mm，被微柔毛，5裂，裂片半圆形，与萼筒等长，有缘毛；花冠白色，有芳香，5深裂几达基部，长4～5mm；雄蕊约30，花丝基部稍合生；花盘环状，被柔毛；子房3室，顶端微被柔毛。核果褐色，长圆形，长7～10mm，被短柔毛，宿萼直立，核具明显纵棱。花期8—9月，果期次年4—5月。

产于全省除平原外的地区。生于海拔300～1500m的山地杂木林中。分布于华东、华南、西南及湖北、湖南等地。

果实可药用，有清热解毒、平肝泻火等功效。

图4-157 薄叶山矾

10. 光亮山矾　四川山矾　（图4-158）
Symplocos lucida (Thunb.) Siebold ex Zucc. — *S. setchuensis* Brand

常绿乔木。小枝粗壮，黄绿色，具棱，无毛。叶片革质，长椭圆形或倒卵状长椭圆形，长6～9（13）cm，宽2～5cm，边缘疏生锯齿或波状浅锯齿；叶柄长8～15mm。短穗状花序或短缩成密伞状，通常基部有分枝；花序轴具短柔毛；苞片阔卵形，长约2mm；花萼长约4mm，裂片长圆形；花冠白色，长约4mm，5深裂几达基部；雄蕊10～50，长短不等，基部合生成5体雄蕊；子房3室，被白色柔毛。核果椭圆形，长10～15mm，宽约6mm，顶端具直立宿萼，核无棱。花期3—5月，果期5—10月。

产于全省各地。生于海拔1700m以下的山地林间。分布于华东、华南、西南及湖北、湖南、陕西等地。

根可药用，有行水、消肿等功效。

图4-158　光亮山矾

11. 叶萼山矾　（图4-159）
Symplocos phyllocalyx Clarke — *S. discolor* Brand — *S. ernestii* Dunn

常绿小乔木，高6～8m。小枝粗壮，圆柱形，无棱，黄绿色，无毛。叶片革质，长椭圆形或狭长椭圆形，长6～11（13）cm，宽2～4.5cm，先端渐尖，基部楔形；叶柄长7～15（23）mm。短穗状花序腋生，基部具分枝；花序轴被短柔毛；花萼5，无毛；花冠白色，5深裂；雄蕊10～15，花丝基部合生成5体雄蕊；子房1室，顶端有白色绒毛。核果长圆形或狭卵形，长10～13mm，宿萼直立，核无棱。花期4—5月，果期6—7月。

产于临安、淳安、遂昌、龙泉、庆元、景宁等地。生于海拔1500m以上的山地或山谷阔叶林中。分布于湖北、湖南、广东、广西、云南、贵州、四川等地。

种子油可制肥皂；树皮纤维可代麻用。

图4-159　叶萼山矾

12. 羊舌树（图4-160）
Symplocos glauca (Thunb.) Koidz.

常绿乔木。芽、嫩枝、花序均密被褐色短绒毛；小枝褐色。叶常簇生于小枝上端；叶片狭长

图4-160　羊舌树

圆形或倒披针形，长6～15cm，宽2～5cm，全缘或近顶部具细小腺质锯齿；叶柄长1～3cm。穗状花序基部通常分枝，长1～1.5cm，花蕾时常呈团伞状；花萼长约3mm，裂片5，卵形，外面被黄褐色短绒毛，约与萼筒等长，萼筒无毛；花冠淡黄色，长4～5mm，5深裂几达基部，裂片长圆形，顶端圆；雄蕊30～40，花丝细长，基部合生成5体雄蕊；子房3室，顶端无毛。核果狭卵形，长1.5～2cm，近顶端狭，干后黄绿色，宿萼直立，核具10不明显浅纵棱。花期6—7月，果期8—11月。

产于鄞州、奉化、普陀、温岭、温州市区、瑞安、平阳、苍南、泰顺等地。生于海拔50～800m的沿海山谷的疏林中。分布于华南及福建、湖南、云南、贵州等地。

木材可作建筑、家具、文具及板料用材；根皮可药用，有清热解表的功效。

13. 火灰树 越南山矾 （图4-161）

Symplocos cochinchinensis (Lour.) Moore — *S. cochinchinensis* var. *puberula* Huang et Y.F. Wu

常绿乔木，高可达10m。小枝粗壮，芽、嫩枝、叶柄、叶背中脉均被红褐色绒毛；二年生小枝黑灰色。叶片革质，长圆状椭圆形、倒卵状长圆形或狭椭圆形，长9～20cm，宽3～8cm，叶缘具密锐细齿；叶柄长1～2cm。穗状花序长6～11cm，近基部有3～5分枝；花萼长2～3mm，5裂，裂片卵形，与萼筒等长；花冠有芳香，白色或淡黄色，长约5mm，5深裂几达基部；雄蕊60～70，花丝基部连合；子房3室。核果圆球形，直径5～7mm，宿萼合生成圆锥状，果成熟时蓝色，核具5～8浅纵棱。花期8—9月，果期10—11月。

产于瑞安、平阳、苍南等地。生于海拔700m以下的溪边路旁的阔叶林中。分布于华南、西南及江西、福建、湖南等地。

花蕾可药用，有清热舒肝、解郁等功效。

图4-161　火灰树

14. 黄牛奶树 （图4-162）

Symplocos theophrastifolia Siebold et Zucc. — *S. cochinchinensis* (Lour.) S. Moore var. *laurina* (Retz.) Noot. — *S. laurina* auct., non (Retz.) Wall.

常绿小乔木，高4～12m。芽、幼枝、花序轴及苞片均被灰褐色短柔毛。叶片革质，椭圆形、狭长椭圆形或倒卵状椭圆形，长5.5～11（21）cm，宽2.5～7cm，先端渐尖至长渐尖，基部楔形或宽楔形，边缘具细小钝锯齿；叶柄长8～15mm。穗状花序顶生或腋生，长5～8cm，基部常分枝；花萼5；花冠白色，裂片5，深裂至近基部；雄蕊约30，基部合生成不明显5体雄蕊。核果近球形，直径约5mm，宿萼直立。花期6—8月，果期9—10月。

产于遂昌、龙泉、庆元、温州市区（瓯海）、乐清、永嘉、瑞安、平阳、泰顺等地。生于海拔800m以下的山坡阔叶林中。分布于华南、西南及江西、福建、湖北、湖南等地。印度、斯里兰卡也有。

树皮可药用，有散寒清热的功效。

图4-162 黄牛奶树

15. 光叶山矾 （图4-163）

Symplocos lancifolia Siebold et Zucc.

常绿小乔木。芽、嫩枝、嫩叶背面脉上、花序均被黄褐色柔毛；小枝细长，黑褐色，无毛。叶片纸质或薄革质，狭卵形至宽披针形，长3～6（9）cm，宽1.5～4cm，先端尾状渐尖，边缘具

图4-163　光叶山矾

稀疏浅钝锯齿；叶柄长约3mm。穗状花序腋生，不分枝，长1.5~6cm；花萼长1.6~2.5mm，5裂，裂片卵形，顶端圆，背面被微柔毛，等长或稍长于萼筒，萼筒无毛；花冠淡黄色，5深裂几达基部，裂片椭圆形，长2.5~4mm；雄蕊约25，花丝基部稍合生成不明显5体雄蕊；子房3室，顶端无毛。核果近球形，绿色，直径约4mm，宿萼直立，核无纵棱。花期4—5月，果期6—8月。

产于丽水、温州及建德、武义等地。生于海拔1200m以下的林中。分布于华南、西南及江西、福建、湖北、湖南等地。

全株可药用，有和肝健脾、止血生肌等功效；根有活血化瘀、消肿等功效。

16. 阿里山山矾　潮州山矾　（图4-164）

Symplocos arisanensis Hayata — *S. mollifolia* Dunn

灌木或小乔木。嫩枝和嫩叶背面均被黄褐色长硬毛；老枝紫褐色或黑褐色，无毛或有长硬

图4-164　阿里山山矾

毛。叶片革质，长圆状卵形，长5.5～6.5cm，宽1.5～3.5cm，先端急尖或渐尖，基部楔形，边缘具浅锯齿，上面无毛，有光泽；叶柄长约4mm。穗状花序腋生，密被褐色柔毛；花萼5，无毛；花冠白色，5深裂；雄蕊约20，花丝基部稍连合。核果球形，直径4～6mm，宿萼直立。花期4—5月，果期7—10月。

产于衢州市区（衢江）、常山、江山、磐安、武义、仙居、莲都、遂昌、松阳、龙泉、庆元、景宁、青田、平阳、文成、苍南、泰顺等地。生于海拔800～1600m的山地林中。分布于江西、福建、湖南、台湾、广东、广西等地。

17. 棱角山矾 （图4-165）
Symplocos tetragona Chen ex Y.F. Wu

常绿乔木。小枝黄绿色，粗壮，具4或5棱。叶片革质，狭椭圆形，长12～14cm，宽3～5cm，先端急尖，基部楔形，边缘具粗浅齿，两面均黄绿色；叶柄长约1cm。穗状花序长约6cm，基部

图4-165 棱角山矾

有分枝，长约3cm，密被短柔毛；苞片卵形，长约3mm，小苞片椭圆形，宽约3mm；花萼5裂，长约4mm，无毛，裂片圆形，稍长于或等长于萼筒，有缘毛；花冠白色，长约6mm，5深裂几达基部，有极短花冠筒，裂片椭圆形；雄蕊40~50，花丝基部连合生成5体雄蕊；花盘有毛和腺点；花柱长约3mm，柱头盘状。核果长圆形，长约15mm，宿萼直立，核骨质，分开成3分核。花期3—4月，果期8—10月。

原产于湖南（道县）、江西（庐山）等地。杭州市区、临安、定海、开化、温州市区等地有栽培。可用于庭园绿化，也可作行道树及景观树。

18. 总状山矾 （图4-166）
Symplocos botryantha Franch.

常绿灌木或小乔木。嫩枝绿色，无毛。叶片厚革质，长椭圆形、卵形或倒卵形，长6~11（14）cm，宽3~6cm，先端短尾尖，边缘具波状齿；叶柄长1.5~2cm。总状花序腋生，长5~8cm；花萼长约2mm，裂片三角状卵形；花冠白色，长7~9mm，5深裂几达基部，裂片倒卵状长圆形；雄蕊约35；子房顶端无毛，花柱长7mm，柱头头状。核果坛状，长0.8~1.2cm，宿萼直立或稍内弯，核约具10纵棱。花期4—5月，果期7—8月。

产于台州市区（黄岩）、仙居、遂昌、龙泉、庆元、文成、泰顺等地。生于海拔900~1200m的阔叶林中。分布于湖北、湖南、广东、广西、云南、贵州、四川等地。

果实可药用，有补肝益肾、强筋壮骨等功效。

图4-166 总状山矾

19. 坛果山矾 （图4-167）
Symplocos urceolaris Hance

小乔木，高4～8m。嫩枝黄绿色。叶片纸质，椭圆状卵形，长4～9cm，宽2～3.5cm，先端急尖，基部楔形，边缘具尖锯齿；叶柄长5～8mm。总状花序；花序轴被开展的灰黄色柔毛；苞片和小苞片背面均被柔毛，早落；花萼5，裂片与萼筒近等长；花冠白色，5深裂几达基部；雄蕊约40，花丝基部稍连合；花柱无毛。核果坛形，长5～6mm。花期10—11月，果期次年4—6月。

产于淳安、衢州市区等地。生于海拔700～900m的山坡林中、林缘。分布于广东等地。

图4-167 坛果山矾

20. 黑山山矾　桂樱山矾 （图4-168）
Symplocos prunifolia Siebold et Zucc.

常绿乔木。小枝上散生黑色斑点。芽、叶柄、花序均被细柔毛。叶常聚集于枝上端；叶片革质，干后橄榄绿色，倒披针状椭圆形或狭椭圆形，长6～12cm，宽2.5～4cm，顶端尾状渐尖，基部楔形，全缘或具稀疏浅锯齿，中脉在上面凹陷。总状花序长2～3.5cm；苞片半圆形，宿存；花萼长约1.5mm，萼筒无毛，裂片有微柔毛和睫毛；花冠白色，长约3mm，5深裂至近基部；雄蕊25～35，花丝基部稍合生；子房顶端无毛。核果狭卵形，基部稍偏斜，长6～8mm，成熟时紫黑色，宿萼直立，核约具10纵棱。花期5月，果期6—7月。

产于丽水、温州及鄞州、奉化、常山、天台、仙居等地。生于海拔250～1300m的山坡阔叶林中。分布于华南及江西、福建、湖南、云南等地。

木材性质良好，可作车、船、家具等用材和建筑板料。

图4-168　黑山山矾

21. 山矾　尾叶山矾　（图4-169）

Symplocos caudata Wall. ex G. Don

常绿灌木或小乔木。嫩枝绿色或褐色。叶片薄革质，卵形、卵状披针形或椭圆形，长3.5~8cm，宽1.5~5cm，先端尾状渐尖或急尖，基部楔形或圆形，具浅锯齿或波状齿，有时近全缘；叶柄长0.5~1cm。总状花序长2.5~8cm，被开展柔毛；花萼长2~2.5mm，萼筒倒圆锥形，无毛，裂片三角状卵形，等长或稍短于萼筒，背面有微柔毛；花冠白色，5深裂几达基部，长4~8mm，裂片背面有微柔毛；雄蕊（15）25~35，花丝基部稍合生；花盘环状，无毛；子房3室。核果卵状坛形，长7~10mm，外果皮薄而脆，宿萼直立，有时脱落。花期3—5月，果期6—8月。

产于全省山区。生于海拔1500m以下的丘陵山地林中。分布于华东、华南及湖北、湖南、四川、云南、贵州等地。

全株可药用，根可清湿热、祛风、凉血；叶有清热、收敛等功效；花可理气化痰；叶可作媒染剂。丽水一带蒸清明团子时用山矾叶作为铺垫材料，使团子有特殊香味。

图4-169 山矾

22. 南岭山矾（图4-170）

Symplocos confusa Brand

常绿小乔木。芽、花序、苞片及花萼均被灰色或灰黄色柔毛。叶片薄革质，宽椭圆形或倒卵状椭圆形，稀卵圆形，长5～12cm，宽2～4.5cm，全缘或具疏锯齿；叶柄长1～2cm。总状花序长

1~4.5cm；花梗长3~5mm；花萼钟形；花冠白色，5深裂至中部；雄蕊40~50，花丝粗而扁平，具细锯齿，基部连合，着生于花冠喉部；花盘环状，有细柔毛；子房2室，花柱长约5mm，粗壮，圆柱形，疏被细柔毛，柱头半球形。核果卵形，顶端圆，长4~5mm，外面被柔毛，宿萼直立或内弯。花期6—8月，果期9—11月。

产于三门、仙居、遂昌、龙泉、庆元、温州市区（瓯海）、乐清、永嘉、瑞安、文成、平阳、泰顺等地。生于海拔500~1600m的溪边、路旁、石山或山坡阔叶林中。分布于华南及江西、福建、湖南、贵州、云南等地。

叶可药用，有清热利湿、理气化痰等功效。

图4-170　南岭山矾

七九　紫金牛科 Myrsinaceae

常绿灌木、亚灌木、小乔木或藤本。单叶，互生，稀对生或近轮生；叶片全缘或具齿，有的叶缘齿间具明显边缘腺点。花通常两性或单性，辐射对称，4或5基数，稀6基数；总状、圆锥、聚伞状、伞形及近伞形花序，腋生、侧生、顶生或簇生于具鳞片的短枝上或侧生的特殊花枝顶端；具苞片，有时具小苞片；花萼基部连合或近分离，与花冠常具腺点，宿存；花冠通常深裂至基部或连合；雄蕊与花冠裂片同数而对生；子房上位，稀半下位，1室。果实为浆果状核果，稀蒴果，不裂或不规则开裂，外果皮多为肉质。种子1至多数。

约42属，2200余种，主要分布于热带和亚热带地区。我国有5属，约120种，分布于西藏东南部、秦岭至长江流域及其以南各地；浙江有4属，22种。

分属检索表

1. 子房半下位；花萼基部或花梗上具1对小苞片；种子多数，有棱 ·················· **1. 杜茎山属 Maesa**
1. 子房上位；花萼基部或花梗上无小苞片；种子1，常无棱。
   2. 花单性，偶两性；花冠裂片花蕾时呈覆瓦状或镊合状排列，花柱短。
      3. 总状、圆锥、伞形或聚伞花序；通常为藤本 ······························ **2. 酸藤子属 Embelia**
      3. 近伞形花序或簇生于具鳞片的短枝上；通常为灌木或小乔木 ············ **3. 铁仔属 Myrsine**
   2. 花两性；花冠裂片花蕾时呈右旋螺旋状排列，花柱细长 ··················· **4. 紫金牛属 Ardisia**

1 杜茎山属 Maesa Forsk.

灌木，直立或外倾，通常分枝多。叶片全缘或具锯齿。总状或圆锥花序，腋生；花5数，两性或杂性；花萼漏斗形，萼筒包裹子房下半部或更多，宿存；花冠白色或浅黄色，钟形；雄蕊着生于花冠筒上，与裂片对生；子房半下位，胚珠多数。肉质浆果或干果，顶端具宿存花柱，宿萼包裹果实1/2以上。种子细小，多数。

约200种，主要分布于东半球热带地区。我国有29种，分布于长江流域及其以南各地；浙江有2种。

1. 杜茎山 （图4-171）

Maesa japonica (Thunb.) Moritzi. ex Zoll.

常绿灌木，高1～3m，直立，有时外倾或攀缘状。小枝具细条纹，疏生皮孔。叶互生；叶片革质，有时较薄，椭圆形、椭圆状披针形或长圆状倒卵形，长5～14cm，宽3～6cm；叶柄长

5～13mm。总状花序单生或2～3个腋生，长1～5cm；苞片卵形，长不到1mm；花梗长2～3mm；花萼长约2mm，具明显腺状条纹；花冠长3～4mm，具明显腺状条纹；雄蕊内藏。果球形，直径4～5mm，肉质，具腺状条纹，宿萼包裹果实顶端，花柱宿存。花期3—4月，果期10月至次年5月。

产于全省各地。生于海拔100～700m的丘陵低山杂木林下的阴湿处，或林缘、沟谷、路旁灌丛中。分布于华南、西南及安徽、江西、福建、湖北、湖南等地。日本、越南也有。

根、叶可药用，有祛风湿、消肿解毒等功效。

图4-171 杜茎山

2. 软弱杜茎山 （图4-172）
Maesa tenera Mez

灌木，高1～2m。小枝圆柱形，无毛。叶片膜质或纸质，宽椭圆形至菱状椭圆形，长7.5～11cm，宽3.5～5.5cm；叶柄长1～1.5cm。总状花序至圆锥花序，腋生，长3～6（11）cm；花长约2mm；萼片宽卵形；花冠白色，钟形，长约2mm；雄蕊在雌花中退化，在雄花中着生于花冠管上部，较花冠裂片短，花丝较花药略长，花药长圆形，背部无腺点；雌蕊较花冠短，柱头微4裂，裂片短且圆。果球形或近球形，直径约3mm，具宿存花柱。花期约2月，果期8—9月。

产于平阳（南麂）、苍南（马站）等地。生于林缘空旷处。分布于广东等地。

与杜茎山的区别在于叶片宽椭圆形至菱状椭圆形。

图 4-172　软弱杜茎山

❷ 酸藤子属　Embelia Burm. f.

攀缘藤本，稀灌木。单叶，互生。总状、圆锥、伞形或聚伞花序，顶生、腋生或侧生；花通常单性，雌雄同株或异株，4或5数；花萼基部连合；花瓣分离或仅基部连合；雄蕊在雄花中通常超出花冠，在雌花中退化；雌蕊在雄花中退化，子房极小，在雌花中发达，子房上位，球形或卵形，常具4胚珠。浆果核果状。种子1。

约140种，分布于太平洋诸岛、亚洲南部和非洲等热带、亚热带地区，少数种类分布于大洋洲。我国有14种，自东南至西南各地均有；浙江有3种。

本属一些种类的果实可生吃，具驱虫作用，对驱蛔虫、绦虫有良效；也有茎、枝可供药用者。

分种检索表

1. 叶片边缘具细或粗锯齿 ·· 1. 网脉酸藤子　E. vestita
1. 叶片全缘。
　2. 叶片长6～12cm，宽2～4cm；小枝无毛 ·················· 2. 长叶酸藤子　E. undulata
　2. 叶片长1～2cm，宽0.6～1cm；小枝密被锈色长柔毛 ············ 3. 当归藤　E. parviflora

1. 网脉酸藤子　（图4-173）

Embelia vestita Roxb. — *E. rudis* Hand.-Mazz.

藤本，长1～4m，无毛，密布皮孔。幼枝多少被细柔毛。叶片坚纸质，稀革质，长圆状椭圆形、长圆形或卵形，长5～10cm，宽2～4cm，边缘具细或粗锯齿。总状花序腋生，长1～2cm，有时超过3cm；花5数；花萼基部连合，花瓣分离；雄蕊在雌花中退化，长达花瓣的1/2，在雄花中与花瓣等长或较长，着生于花瓣基部的1/3处；雌蕊在雌花中具卵形或球形子房，花柱常弯曲。果球形，直径4～5mm，红色，具腺点，宿萼紧贴果。花期10—11月，果期次年4—9月。

产于衢州、丽水、温州及宁海、象山、三门、临海、仙居、温岭等地。生于海拔300～800m的常绿阔叶林或山坡林缘灌丛中。分布于华南、西南及福建、湖南等地。越南、缅甸、印度、尼泊尔也有。

根、藤可入药，有清凉解毒、滋阴补肾等功效；果实有强壮、补血等功效。

图4-173　网脉酸藤子

七九 紫金牛科 Myrsinaceae

2. 长叶酸藤子 （图4-174）
Embelia undulata (Wall.) Mez —— *E. longifolia* (Benth.) Hemsl.

攀缘灌木或藤本，长3m以上。小枝具明显皮孔，无毛。叶片坚纸质，全缘，长圆状倒卵形或倒披针形，长6～12cm，宽2～4cm。总状花序腋生或侧生于去年生无叶小枝上，长约1cm；花4数，长2～3mm；花萼基部连合达1/3～1/2；花瓣浅绿色或粉红色至红色，分离；雄蕊在雄花中伸出花冠，长约为花瓣的1倍；雌蕊在雌花中超出花冠或与之等长，具瓶形子房。果球形或扁球形，直径约1（1.5）cm，暗红色；果梗粗壮，长约1cm。花期6—8月，果期11月至次年1月。

产于文成、平阳、苍南、泰顺等地。生于海拔300m左右的常绿阔叶林下或林缘、沟边、路边灌丛中。分布于华南及江西、福建、湖南、四川、贵州、云南等地。越南、老挝、柬埔寨、泰国、印度、尼泊尔也有。

全株可入药，有祛风利湿、消肿散瘀等功效；果可食，味酸。

图4-174 长叶酸藤子

3. 当归藤 （图4-175）

Embelia parviflora Wall. et A. DC.

图4-175　当归藤

攀缘灌木或藤本，长3m以上。树皮灰白色。小枝纤细，密被锈色长柔毛。叶互生，排成2列；叶片坚纸质，全缘，卵形或长圆状卵形，长1~2cm，宽0.6~1cm。亚伞形或聚伞花序腋生，通常下弯藏于叶下，长0.5~1cm，具2~4花；花5数；花萼基部微连合，萼片卵形或近三角形；花瓣白色或粉红色；雄蕊在雌花中退化，在雄花中长于或等长于花瓣；雌蕊在雌花中等长于花瓣，子房卵球形。果球形，直径约5mm或略小，暗红色，宿萼反卷。花期12月至次年5月，果期5—7月。

产于平阳（顺溪、怀溪）、苍南（莒溪）、泰顺（里光）等地。生于海拔600m以下的灌木丛中或常绿阔叶林林缘。分布于福建、广东、海南、广西、贵州、云南、西藏等地。越南、缅甸、泰国、马来西亚、印度尼西亚、印度也有。

根、老藤可药用，有活血散瘀、补肾强腰等功效。

❸ 铁仔属 Myrsine L.

灌木或小乔木。叶通常具锯齿，稀全缘。伞形花序或数花簇生，腋生、侧生或生于无叶的老枝叶痕上；花4或5数，两性或杂性；花萼近分离或连合达全长的1/2，宿存；花瓣几分离，稀连合达全长的1/2；雄蕊着生于花瓣中部以下，与花瓣对生；雌蕊无毛或几无毛，子房上位，卵形或近椭圆形。浆果核果状，球形或近卵形。种子1。

约300种，分布于非洲和亚洲的热带、亚热带地区。我国有11种，分布于长江流域及其以南各地；浙江有3种。

分种检索表

1. 叶缘常具锯齿，稀全缘；花簇生或近伞形花序，基部具1轮苞片；花丝较长。
   2. 叶片倒卵形或近圆形，长1～2cm，边缘中部以上具锯齿 ················· **1. 铁仔 M. africana**
   2. 叶片椭圆状披针形或长椭圆形，稀倒卵形，长3～10cm，全缘或有时中部以上具1～2对齿 ··· **2. 光叶铁仔 M. stolonifera**
1. 叶通常全缘；花通常排成伞形花序或花簇生；花丝极短或几无 ············ **3. 密花树 M. seguinii**

1. 铁仔
Myrsine africana L.

灌木，高0.5～2m。小枝幼嫩时被锈色微柔毛。叶片革质或坚纸质，倒卵形，有时近圆形，长1～2cm，宽0.7～1cm，边缘常从中部以上具锯齿，齿端常具短刺尖；叶柄短或几无。花簇生或近伞形花序，腋生，基部具1轮苞片；花梗长0.5～1.5mm；花4数，长2～2.5mm；花萼长约0.5mm，基部微连合或近分离；花冠在雌花中长为花萼的2倍或略长，基部连合成管；雄蕊微伸出花冠；子房长卵形。果球形，直径3～5mm，红色变紫黑色，光亮。花期2—3月，果期10—11月。

《浙江植物志》记载产于鄞州（福泉山），生于海拔500m以下的荒坡疏林中或林缘等向阳干燥的地方。现已开垦为茶园，实地多次找寻未见。分布于华南、西南及湖北、湖南、陕西、甘肃等地。亚洲西南部、亚速尔群岛及尼泊尔也有。

枝、叶可药用，有清热利湿、收敛止血等功效。

2. 光叶铁仔 （图4-176）
Myrsine stolonifera (Koidz.) Walk.

灌木，高达2m。分枝多，小枝无毛。叶片坚纸质至薄革质，椭圆状披针形或长椭圆形，稀倒卵形，长3～10cm，宽1.5～2.5（3）cm，全缘或有时中部以上具1～2对齿。伞形花序或数花簇生，腋生或生于裸枝叶痕上，具3或4花，每花基部具1苞片；花5数；花萼分离或仅基部连合；花冠基部连合成极短的管；雄蕊小，长为花冠裂片的1/2，在雌花中退化；雌蕊在雌花中长可达花瓣的2/3，子房卵形或椭圆形。果球形，直径约5mm，红色变蓝黑色。花期4—6月，有时10—11月也开，果期12月至次年12月。

产于丽水及临安、桐庐、余姚、宁海、武义、天台、文成、泰顺等地。生于海拔250~1700m的疏林、密林潮湿处。分布于华南及安徽、江西、福建、四川、贵州、云南等地。日本也有。

全株可入药，有清热利湿、收敛止血等功效。

图4-176　光叶铁仔

3. 密花树 （图4-177）

Myrsine seguinii H. Lév. — *Rapanea neriifolia* (Siebold et Zucc.) Mez

常绿小乔木，高2~7m，可达12m。小枝无毛。叶片革质，长圆状披针形或倒披针形，长5~14cm，宽1.3~3.5cm，全缘。伞形花序或数花簇生，着生于具覆瓦状排列的苞片的短枝上，短枝腋生或生于无叶老枝叶痕上，具3~10花；花长（2）3~4mm；花萼仅基部连合，萼片卵形；花瓣白色或淡绿色，有时紫红色；雄蕊在雌花中退化，在雄花中着生于花冠中部，花丝极短或几无；子房卵形或椭圆形。果球形或近卵形，直径4~5mm，淡绿色或紫黑色。花期4—5月，果期10—12月。

产于舟山、台州、丽水、温州等地。生于海拔100~650m的常绿阔叶林或常绿落叶混交林中，亦出现于林缘、路旁等的灌木丛中。分布于华南、西南及安徽、江西、福建、湖北、湖南等地。日本、越南、缅甸也有。

七九　紫金牛科 Myrsinaceae

根皮、叶可入药，有清热解毒、凉血祛湿等功效；树皮含鞣质，可提制栲胶；木材坚硬，为优质的薪炭材。

图 4-177　密花树

4 紫金牛属 Ardisia Sw.

常绿灌木或亚灌木，稀小乔木。叶通常互生，单叶，稀对生或近轮生，有时簇生；叶片全缘或具钝齿，边缘具腺点或无。花通常两性，排成聚伞、伞形或近伞形花序，顶生或腋生，着生于侧生花枝上；花常5数，稀4数；花萼分离或仅基部连合，具腺点；花瓣分离或仅基部连合，花蕾时呈右螺旋状排列，常具腺点；雄蕊着生于花冠基部，花丝短，花药几与花冠裂片等长；子房上位，常球形或卵球形，花柱细长。果为浆果状核果，球形或扁球形，常红色，具腺点，内果皮硬壳质或骨质。种子1，球形或扁球形。

400~500种，分布于热带和亚热带地区。我国约有65种，产于长江以南各地；浙江有14种。

本属植物多数可药用，对跌打损伤、肿痛、风湿、脱力、痨咳及各种炎症有较好疗效；种子可榨油；多数种的果实鲜红，枝叶常青，可供观赏。

分种检索表

1. 灌木至小乔木；叶片全缘，边缘无腺点。
    2. 叶片坚纸质或薄革质，常倒卵形、倒卵状椭圆形；复伞形或复聚伞花序，无叶，分枝多，花多达50朵以上 ·················· 1. 多枝紫金牛 A. sieboldii
    2. 叶片坚纸质，长圆状披针形或倒披针形；聚伞或近伞形花序，具叶，分枝少，花少于20朵 ·················· 2. 罗伞树 A. quinquegona
1. 灌木或亚灌木；叶片具波状齿或疏突尖锯齿，有的齿间或齿尖边缘具腺点，稀近全缘。
    3. 叶缘具波状齿或浅牙齿，齿间或齿尖边缘具腺点。
        4. 植株被长毛。
            5. 叶片两面密被红褐色卷曲分节毛，毛基部隆起如小瘤 ·················· 3. 虎舌红 A. mamillata
            5. 叶片两面被卷曲长柔毛，毛基部不隆起 ·················· 4. 莲座紫金牛 A. primulaefolia
        4. 植株被微柔毛或无毛。
            6. 叶片坚纸质，长为宽的4倍以上；侧生花枝常无叶 ·················· 5. 百两金 A. crispa
            6. 叶片革质或厚纸质；侧生花枝常有叶。
                7. 叶缘齿间边缘具腺点。
                    8. 花梗无毛。
                        9. 叶片全缘或近波状，下面近边缘具黑色腺点 ·················· 6. 少年红 A. alyxiaefolia
                        9. 叶片具钝圆波状齿，齿缝间具黑色腺点 ·················· 7. 朱砂根 A. crenata
                    8. 花梗被柔毛。
                        10. 植株高10~40cm；花序生于侧生花枝上 ·················· 8. 矮茎紫金牛 A. brevicaulis
                        10. 植株高2.5~5（10）cm；花序腋生于茎上部 ·················· 9. 堇叶紫金牛 A. violacea
                7. 叶缘齿尖边缘具腺点，突出或略突出。
                    11. 叶片边缘脉靠近叶缘，下面无毛 ·················· 10. 大罗伞树 A. hanceana
                    11. 叶片边缘脉远离叶缘，下面被细柔毛 ·················· 11. 沿海紫金牛 A. lindleyana

3. 叶缘具锯齿，齿间或齿尖均无腺点。
　　12. 花萼裂片狭披针形或钻形，外面疏生柔毛及长柔毛；叶片两面被糙伏毛 …… **12. 九节龙 A. pusilla**
　　12. 花萼裂片阔卵形或三角状卵形，两面无毛，但具缘毛；叶片上面无毛。
　　　　13. 花萼裂片阔卵形，花冠具腺点；叶片下面中脉被细柔毛 …………… **13. 紫金牛 A. japonica**
　　　　13. 花萼裂片三角状卵形，花冠无腺点；叶片下面被褐色鳞片 ………… **14. 小紫金牛 A. chinensis**

1. 多枝紫金牛 （图4-178）
Ardisia sieboldii Miq.

常绿灌木至小乔木，高1～6m，分枝多。顶芽具锈色绒毛。叶片坚纸质或薄革质，倒卵形、倒卵状椭圆形，长7～14cm，宽2～6cm，全缘；叶柄长5～15mm。复伞形或复聚伞花序，腋生，通常生于小枝顶端叶腋，无叶，分枝多，花多达50朵以上；花白色，长约3mm；萼片卵形；花瓣宽卵形，顶端急尖，两面无毛，多少具腺点；雄蕊长达花瓣的3/4，与花药几相等，背面具腺点；雌蕊与花瓣近等长，子房无毛，具腺点，胚珠多数。果球形，直径5～7mm，成熟时紫褐色。花期5—6月，果期11—12月。

产于台州、温州及象山、普陀等沿海地区与岛屿。生于海拔200m以下的山坡灌丛中。分布于福建、台湾等地。日本南部也有。

果实可药用，有消炎止痛、消食化积等功效。

图4-178　多枝紫金牛

2. 罗伞树 （图4-179）

Ardisia quinquegona Blume

常绿灌木或灌木状小乔木，高2~4m。小枝细，无毛，有纵纹，嫩时被锈色鳞片。叶片坚纸质，长圆状披针形或倒披针形，长6~16cm，宽2~4cm；叶柄长5~10mm。聚伞或近伞形花序，腋生，稀着生于特殊侧生花枝顶端，具叶，分枝少，花少于20朵；花白色，长约3mm；花萼基部连合，萼片三角状卵形；花冠裂片宽椭圆状卵形；雄蕊与花瓣几等长，花丝短；雌蕊通常超过花瓣，无毛。果扁球形，具5棱，直径5~7mm，无腺点，成熟时带紫色。花期5—6月，果期11—12月。

产于温州市区（龙湾）、瑞安、平阳、苍南、泰顺等地。生于海拔100~500m的山坡

图4-179　罗伞树

疏林、密林中。分布于华南及福建、四川、云南等地。日本、越南、马来西亚、印度、印度尼西亚也有。

根、叶可药用，有清咽消肿、散瘀止痛等功效。

3. 虎舌红 （图4-180）
Ardisia mamillata Hance

常绿亚灌木，高10～35cm。具匍匐木质根状茎。叶互生或簇生于茎顶端；叶片坚纸质，倒卵形或长圆状椭圆形，长3.2～9（14）cm，宽2.2～4.5cm，顶端尖或钝，边缘具不明显的疏圆齿及藏于毛中的腺点，两面暗红色，密生红褐色卷曲分节毛，毛基部隆起如小瘤。伞形花序具5～9花，着生于侧生花枝上；花瓣粉红色或近白色。浆果球形，鲜红色，直径约5mm，散生褐色腺点和卷曲毛。花期6—7月，果期11—12月。

产于平阳、苍南、文成、泰顺等地。生于海拔150～600m的山谷阔叶林下阴湿处。分布于福建、湖南、广东、海南、广西、四川、贵州、云南等地。越南也有。

全株可入药，有清热利湿、活血化瘀等功效；全株色彩鲜艳，果实艳红，为优良的室内观叶、观果装饰植物。

图4-180 虎舌红

4. 莲座紫金牛 （图4-181）

Ardisia primulaefolia Gardn. et Champ.

图4-181 莲座紫金牛

常绿矮小亚灌木。茎短或几无，被锈色长柔毛。叶互生或基生，呈莲座状；叶片膜质或厚纸质，密被卷曲长柔毛，椭圆形或长圆状椭圆形，长6~12cm，宽2~4cm，边缘具不明显浅圆齿。聚伞或近伞形花序，单一，从莲座叶腋中抽出1或2个；花序梗长3~7.5（12）cm；花长4~6mm；花萼仅基部连合，裂片披针形；花瓣粉红色；雄蕊较花瓣略短；雌蕊较花瓣略短，子房球形，被疏微柔毛。果球形，直径4~6mm，鲜红色，具疏腺点。花期6—7月，果期11—12月，有时延至次年4—5月。

产于平阳（顺溪）、苍南、泰顺等地。生于海拔约200m的山坡下部与山谷阔叶林下的草丛中。分布于江西、福建、湖南、广东、海南、广西、贵州、云南等地。越南也有。

全株可入药，功效与虎舌红基本相同。

5. 百两金 （图4-182）

Ardisia crispa (Thunb.) A. DC — *A. crispa* var. *amplifolia* Walk. — *A. crispa* var. *dielsii* (H. Lév.) Walk.

常绿灌木，高达1m。茎通常单一，或近茎梢处有细分枝。叶互生；叶片坚纸质，狭长圆状披针形或椭圆状披针形，长7~22cm，宽1.5~4cm，边缘近全缘，或具微波状锯齿，近边缘有黑褐色腺点。花序近伞形，顶生于侧生花枝上；花序梗长约6cm，通常无叶；花梗纤细，长1~2cm，微弯；花萼裂片5，披针形至长圆状卵形；花冠白色或略带红色，5深裂，裂片卵形，长4~5mm；雄蕊5；雌蕊与花冠近等长，子房球形。核果球形，直径4~6mm，成熟时红色。花期5—6月，果期10—11月。

产于安吉、临安、淳安、鄞州（天童）、余姚、宁海、衢州市区（衢江）、武义、仙居、遂昌、龙泉、景宁、苍南、文成、泰顺等地。生于海拔700~1200m的山坡丛林间或岩石旁。分布于华东及湖北、湖南、台湾、广东、广西、四川、贵州、云南等地。日本也有。

根状茎可入药,有清热解毒、祛风止痛等功效;果可食;种子可榨油,可供制皂;果实鲜红,可作盆景供观赏。

图4-182 百两金

6. 少年红 (图4-183)

Ardisia alyxiaefolia Tsiang ex C. Chen

常绿小灌木,高约50cm。具匍匐茎,茎纤细,幼时密被锈色微柔毛。叶片厚纸质至革质,全缘或近波状,卵形、披针形至长圆状披针形,长3.5～6cm,宽1.5～3cm,叶片下面近边缘具黑色腺点。亚伞形或伞房花序,稀复伞形花序,侧生,稀腋生;花序梗长1～3cm,稀达6cm,顶端下弯,长达6cm,常具1或2退化叶;花梗长6～10mm,通常带红色;花长约4mm;花萼仅基部连合,萼片三角状卵形,具腺点;花瓣白色,稀粉红色,卵形或卵状披针形,顶端渐尖,长约4mm,外面无毛;雄蕊较花瓣略短;雌蕊与花瓣等长,子房球形,无毛,胚珠5。果球形,直径约5mm,红色,略肉质,具腺点。花期6—7月,果期10—12月,有时至次年5月。

产于武义、莲都、龙泉、庆元、景宁、文成、泰顺等地。生于海拔600～1200m的山谷疏林、密林下或坡地上。分布于江西、福建、湖南、广东、海南、广西、四川、贵州等地。

全株可入药,有平喘止咳的功效,亦可用于治跌打损伤。

图 4-183　少年红

7. 朱砂根 （图 4-184）
Ardisia crenata Sims

常绿灌木，高达1.5m。茎直立，具数分枝。叶常聚集于枝顶；叶片纸质至革质，椭圆形、椭圆状披针形至倒披针形，长6～12cm，宽2～4cm，边缘具钝圆波状齿，齿缝间有黑色腺点。伞状或聚伞花序，生于侧枝顶端或叶腋，近顶端常有2或3叶，稀无叶，每花序具5～10花，花白色或淡红色；花梗长7～15mm；萼片5裂；花冠5裂，裂片卵形，长4～5mm；雌蕊与花冠近等长。核果球形，直径约6mm，成熟时红色，花柱与花萼宿存。花期6—7月，果期10—11月。

产于全省各地。生于海拔60～900m的常绿阔叶林或常绿落叶混交林下的阴湿处。分布于华东、华南及湖北、湖南、云南、西藏等地。日本、越南、缅甸、印度、马来西亚、菲律宾也有。

七九　紫金牛科 Myrsinaceae

图 4-184　朱砂根

　　民间常用草药，以根入药，功效同百两金；果可供榨油、制皂用；果鲜红，可用于园林绿化，也可作盆景供观赏。

　　本种尚有1变型：黄果朱砂根 form. **xanthocarpa** F.Y. Zhang et G.Y. Li（图4-185），与朱砂根的区别在于成熟果实颜色淡黄色或黄色。见于平阳（腾蛟）等地。民间认为其功效比朱砂根强。

图 4-185　黄果朱砂根

7a. 红凉伞（变种）（图4-186）
var. **bicolor** (Walk.) C.Y. Wu et C. Chen

与朱砂根的区别在于叶片下面、花梗、花萼均紫红色，有的植株叶片两面紫红色。

产地与朱砂根基本相同。

可用于园林绿化。

图4-186 红凉伞

8. 矮茎紫金牛 九管血 （图4-187）
Ardisia brevicaulis Diels.

常绿亚灌木，株高10～40cm。具匍匐根状茎，茎不分枝。叶互生；叶片坚纸质，长圆状椭圆形或椭圆状卵形，稀狭卵形，长5～15cm，宽3～7cm；叶柄长0.5～1.5cm。伞形花序着生于侧生花枝顶端，具5～12花；花枝长1.5～7cm，近顶端具1或2叶；花梗长5～7（12）mm，被柔毛；花萼5裂，裂片卵状或披针形，具黑色腺点；花冠白色略带粉红色，裂片卵形，具黑色腺点；雌蕊与花冠近等长。核果球形，直径约5mm，成熟时红色；果梗红色，宿萼浅红色。花期6—7月，

图4-187　矮茎紫金牛

果期10—12月。

产于丽水及象山、宁海、衢州市区（衢江）、开化、常山、东阳、仙居、永嘉、文成、平阳、苍南、泰顺等地。生于海拔300～800m的常绿阔叶林或毛竹林底层的阴湿处。分布于西南及江西、福建、湖北、湖南、台湾、广东、广西等地。

全株可入药，有祛风清热、散瘀消肿等功效。

9. 堇叶紫金牛 （图4-188）

Ardisia violacea (Suzuki) W.Z. Fang et K.Yao

亚灌木，高2.5～5（10）cm。叶有时略呈莲座状；叶片卵状狭椭圆形或狭长圆形，长3～6cm，宽1～2.5cm，先端渐尖，边缘具不规则浅波状圆锯齿，齿缝间具不明显边缘腺点，上面微红色，下面淡紫色，脉上被细微柔毛。伞形花序单生于叶腋或茎上部，具2或3花；花序梗长1～2cm；花梗长2～4mm；花冠白色。果球形，直径4mm，红色。花期6—7月，果期10—12月，果可延续至次年3月中旬不落。

产于杭州市区（西湖）、建德、淳安、象山、宁海、定海、缙云等地。生于海拔100～300m的丘陵、谷地常绿阔叶林和毛竹林下的灌草丛中。分布于我国台湾等地。

可作盆栽供观赏。

图 4-188　堇叶紫金牛

10. 大罗伞树 （图 4-189）
Ardisia hanceana Mez

常绿灌木，高0.8~1.5m，极少达6m。叶片坚纸质或略厚，椭圆状或长圆状披针形，稀倒卵形或倒披针形，长6~13cm，宽1.5~3.5cm，近全缘或具边缘反卷的疏突尖锯齿，齿间具边缘腺点，边缘脉靠近叶缘，两面无毛。复伞房状伞形花序，无毛，着生于顶端下弯的侧生花枝上；花瓣白色或带紫色，长6~7mm，卵形，顶端急尖，具腺点，里面近基部具乳头状突起。果球形，直径约9mm，深红色，腺点不明显。花期5—6月，果期10—11月。

产于丽水、温州及临安、建德、淳安、奉化、江山、仙居等地。生于海拔360~1200m的山谷中、山坡林下阴湿处。分布于华南及安徽、江西、福建、湖南等地。越南也有。

根可入药，有活血调经、祛风除湿等功效。

七九 紫金牛科 Myrsinaceae

图4-189 大罗伞树

11. 沿海紫金牛 山血丹 （图4-190）

Ardisia lindleyana D. Dietr. — *A. punctata* Lindl

常绿直立灌木，高0.6～1m。不分枝，茎幼时被微柔毛。叶互生；叶片坚纸质或革质，长圆状狭椭圆形或椭圆状披针形，长7～15cm，宽1.5～3.5cm，全缘或近波状，齿间边缘具腺点，上面无毛，下面被细柔毛，边缘脉远离叶缘；叶柄长1～1.5cm。近伞形花序，极少复伞形，顶生；花枝长3～9cm，顶端下弯，具少数退化叶或叶状苞片；花梗长7～12mm，绿白色；花萼裂片5，卵形；花冠裂片5，卵形，具腺点，花冠内部白色；子房微被柔毛。浆果球形，直径约6mm，成熟时深红色，有腺点。花期6—7月，果期11—12月。

产于丽水、温州及常山、武义、临海、温岭等地。生于海拔100~600m的丘陵的常绿阔叶林下阴湿灌丛中或溪旁潮湿处。分布于江西、福建、湖南、广东、广西等地。越南也有。

根可入药，功效同朱砂根；果深红色，适宜作盆景供观赏。

图4-190　沿海紫金牛

12. 九节龙（图4-191）
Ardisia pusilla A. DC.

常绿蔓生小灌木，长30~40cm。直立茎稍分枝，高10~15cm。具匍匐根状茎。叶近对生或轮生；叶片坚纸质，椭圆形或倒卵形，长2~6cm，宽1.5~3cm，边缘具细锯齿，叶片两面被糙伏毛；叶柄长5~10mm。聚伞或伞形花序，被锈色卷曲毛，侧生；花梗长5~10mm；花长5~8mm；萼片狭披针状钻形，两面被柔毛，外面尤密，具疏腺点；花瓣白色或红色，卵形，具腺

七九 紫金牛科 Myrsinaceae

点；雄蕊与花瓣近等长；子房被微柔毛。果球形，直径4～5mm，红色，具腺点，有宿存花柱。花期6—7月，果期11—12月。

产于丽水、温州及建德、普陀、三门、临海、仙居、温岭等地。生于海拔120～600m的疏林下或林下阴湿处。分布于江西、福建、湖南、台湾、广东、广西、四川、贵州等地。朝鲜半岛、日本、马来西亚、菲律宾也有。

全株可入药，有活血通络、消肿止痛等功效。

图4-191 九节龙

13. 紫金牛（图4-192）

Ardisia japonica (Thunb.) Blume

常绿小灌木，高10～30cm。地下茎匍匐状，不分枝。叶对生或近轮生，通常3或4叶集生于茎梢；叶片坚纸质，狭椭圆形、宽椭圆形或椭圆状倒卵形，长3.5～7cm，宽1.5～4.5cm，边缘具细锯齿，除下面中脉被细柔毛外，两面无毛；叶柄长5～10mm。花着生于茎梢或顶端叶腋，常2～5花集成伞形；花两性；花萼5裂，裂片阔卵形，具缘毛；花冠白色或粉红色，5深裂，裂片卵形而先端锐尖，两面无毛，具红色腺点；雄蕊5；雌蕊1，子房球形，花柱细，顶端尖而弯曲。核

图 4-192　紫金牛

果球形,直径6~8mm,成熟时红色,经久不落。花期5—6月,果期9—11月。

产于全省各地。生于海拔300~1000m的山坡上、沟谷常绿阔叶林或常绿落叶混交林下。分布于华东及湖北、湖南、台湾、广西、四川、贵州、云南、陕西等地。朝鲜半岛、日本也有。

全株可入药,有化痰止咳、清热利湿、活血化瘀等功效,为浙江省民间常用中草药;园林中常见栽培花叶品种。

14. 小紫金牛　(图4-193)
Ardisia chinensis Benth.

常绿小灌木,具蔓生走茎,匍匐生根。直立茎高15~45cm;幼时被锈色微柔毛与深褐色鳞片。叶片纸质,倒卵状椭圆形或椭圆形,长3~5cm,宽1.5~2.5cm,基部楔形,顶端钝或渐尖,边缘中部以上具波状齿,下面具褐色鳞片。伞形花序腋生或近顶生;花序梗和花梗有褐色鳞片;花长3mm;萼片三角状卵形,具缘毛;花冠白色,裂片卵形,无腺点;雄蕊短于花冠裂片,花药卵形,急尖;雌蕊与花冠裂片等长。果直径6~8mm,有纵条纹,由红色转为紫黑色,经久不落。花期5—6月,果期11—12月。

产于永嘉、文成、平阳、苍南、泰顺等地。生于海拔100~650m的常绿阔叶林下的沟谷阴湿处或竹林下的灌草丛中。分布于江西、福建、湖南、台湾、广东、广西、四川等地。日本、越南、马来西亚也有。

全株可入药，有活血散瘀、止血止痛等功效；也可作观果植物观赏。

图 4-193　小紫金牛

八〇　报春花科 Primulaceae

一年生或多年生草本。茎匍匐或直立。单叶，对生、互生或轮生，有时全部基生；叶片全缘、具齿或羽状分裂；无托叶。花两性，辐射对称，单生或在花葶上排成总状、头状、伞形、伞房状或圆锥花序；花萼常5裂，宿存；花冠合瓣，辐状、管状或高脚碟状，5裂；雄蕊5，与花冠裂片同数且对生，花丝分离，贴生于花冠筒上或基部连合成筒状、浅杯状；子房上位，很少半下位，1室，特立中央胎座，胚珠多数。蒴果，瓣裂，稀盖裂或不裂。种子多数，细小，具棱角。

22属，约1000种，广泛分布于全球，主产于北温带地区。我国有12属，520余种，主产于西南各地；浙江有6属，42种，其中栽培5种。

本科植物有许多种类可药用，也有的种类可供观赏。

分属检索表

1. 植株不具地下块茎。
    2. 叶茎生或同时有基生叶；花单生或排列成总状、伞房或圆锥花序。
        3. 叶对生或轮生，无基生叶；蒴果盖裂 ················ 1. 琉璃繁缕属 Anagallis
        3. 叶互生、对生或轮生，通常有基生叶，有时花时基生叶枯萎。
            4. 叶片全缘；花冠裂片花蕾时呈旋转状排列 ············ 2. 珍珠菜属 Lysimachia
            4. 叶片边缘具锯齿；花冠裂片花蕾时呈覆瓦状排列 ············ 4. 假婆婆纳属 Stimpsonia
    2. 叶全基生；花葶不具叶；花排列成伞形花序。
        5. 花冠筒短于花萼，喉部缢缩 ················ 5. 点地梅属 Androsace
        5. 花冠筒长于花萼，喉部不缢缩 ················ 3. 报春花属 Primula
1. 植株具地下扁球形块茎 ················ 6. 仙客来属 Cyclamen

❶ 琉璃繁缕属　Anagallis L.

一年生或多年生草本。茎直立或匍匐，常具4棱，无毛。叶对生或轮生；叶片全缘；无柄或有短柄。花单生于叶腋，具花梗；花萼5深裂，裂片披针形或宽条形；花冠蓝紫色或橘红色，辐状或辐状钟形，5深裂，裂片花蕾时呈旋转状排列；雄蕊5，贴生于花冠筒基部；子房球形，无毛。蒴果球形，盖裂。种子细小，多数。

约28种，广泛分布于全球各地。我国仅有1种；浙江也有。

琉璃繁缕 （图4-194）

Anagallis arvensis L. — *A. arvensis* var. *coerulea* (Schreb.) Gren.

一年生或二年生草本，高8~25cm。根细。茎基部匍匐，与分枝均具4棱，棱上有狭翼。单叶，对生，在茎端稍密集；叶片卵形或狭卵形，长0.7~2.5cm，宽0.3~1.5cm，先端急尖，基部圆形，全缘，下面散生褐色腺点，中脉明显，侧脉1或2对，近基生。花单生于叶腋；花梗长1~3.5cm；花萼5深裂，裂片披针形或长披针形，先端长渐尖；花冠橘红色或蓝色，辐状，5深裂，裂片倒卵圆形，顶端圆钝，常有疏缘毛；雄蕊5，贴生于花冠筒基部；子房球形，无毛。蒴果球形，盖裂。种子多数，细小。花期4—5月，果期5—7月。

产于舟山、台州、温州及金华市区、兰溪等地。本省花冠蓝色居多，橘红色仅见于定海、普陀。生于海拔100m以下的海边沙地上、田边草丛中或路边荒地上。分布于华南及福建沿海地区。东南亚、南亚、大洋洲、欧洲、北美洲、南美洲及日本也有。

全草可药用，有祛风通络、化腐生肌等功效。

图4-194 琉璃繁缕

❷ 珍珠菜属 Lysimachia L.

多年生草本,稀一年生或二年生。茎直立或匍匐。叶互生、对生或轮生;叶片全缘,常具腺点或腺条。花单生于叶腋或排成总状、伞形、圆锥或头状花序;花萼通常5裂,宿存;花冠辐射状或近管状钟形,常5裂,裂片花蕾时呈旋转状排列;雄蕊5,着生于花冠筒上;子房近球形,1室,特立中央胎座,胚珠多数。蒴果卵形或球形,常5瓣开裂。

约180种,主要分布于北半球的温带和亚热带地区,南半球仅有少数种。我国有138种,主产于西南地区;浙江有33种,其中栽培1种。

分种检索表

1. 花冠黄色,极少白色;花丝基部常合生成环或筒。
  2. 植株干燥时有香气;茎具4棱,棱上常具狭翅 ·················· **1. 细梗香草 L. capitlipes**
  2. 植株干燥时无香气;茎不具翅。
    3. 总状花序复出而呈圆锥花序;萼片沿边缘有一圈黑色腺条;叶3或4枚轮生或对生 ··· **2. 黄连花 L. davurica**
    3. 非上述性状。
      4. 花白色;花梗纤细,单生于上部叶腋;柔弱小草本,植株高6~15cm ··· **3. 白花过路黄 L. huitsunae**
      4. 花黄色。
        5. 茎直立或膝曲直立。
          6. 叶无柄或几无柄。
            7. 植株有毛。
              8. 植株密生铁锈色多节长柔毛;叶对生或3枚轮生 ········ **4. 轮叶过路黄 L. klattiana**
              8. 茎密被褐色糙伏毛;叶片基部扩展成耳状的柄 ··· **5. 山萝过路黄 L. melampyroides**
            7. 植株光滑无毛,或仅叶上面被稀疏小刚毛。
              9. 叶片卵状披针形,基部圆形;花腋生,排成疏松的总状花序 ··· **6. 长梗过路黄 L. longipes**
              9. 叶片披针形,基部楔形或宽楔形;花单生于叶腋或呈短总状花序生于茎端、枝端。
                10. 叶对生或3~4枚轮生;叶片狭披针形或线状披针形;花梗长0.5~5cm ··· **7. 福建过路黄 L. fukienensis**
                10. 叶对生,偶3枚轮生;叶片披针形;花梗长2~8mm ··· **8. 紫脉过路黄 L. rubinervis**
          6. 叶具明显的柄。
            11. 叶片具黑色腺条。
              12. 花常3朵密集成聚伞花序 ·················· **9. 显苞过路黄 L. rubiginosa**
              12. 花单生于叶腋 ························· **10. 金爪儿 L. grammica**
            11. 叶片具白色或透明腺点或无腺点。
              13. 植株较柔弱;花单生于茎上部叶腋 ············ **11. 疏节过路黄 L. remota**

八〇　报春花科 Primulaceae

13. 植株较粗壮；花集生于茎及枝端，头状或短总状花序。
　　14. 茎钝四棱形；叶片披针形至椭圆状披针形 ·················· 12. 管茎过路黄　L. fistulosa
　　14. 茎圆柱形；叶片卵形至卵状椭圆形。
　　　　15. 茎下部常匍匐，节上生根；植株密被多细胞毛；花序顶生，近头状 ···············
　　　　　　·· 13. 叶头过路黄　L. phyllocephala
　　　　15. 植株直立，密被棕褐色多节柔毛 ·················· 14. 疏头过路黄　L. pseudohenryi
5. 茎匍匐状或分枝稍上升或披散状。
　　16. 茎匍匐状或分枝上升或披散状。
　　　　17. 茎匍匐延伸，平铺地面；花单生于叶腋或2～4花生于茎端或枝端。
　　　　　　18. 叶和花冠具透明粗腺条；2～4花生于茎和枝端 ······ 15. 巴东过路黄　L. patungensis
　　　　　　18. 叶和花冠压干后具有色腺条、腺点或透明点；花单生于叶腋。
　　　　　　　　19. 茎和叶无毛或疏生短柔毛；叶具黑色腺条 ············ 16. 过路黄　L. christinae
　　　　　　　　19. 茎和叶密被多节柔毛；叶具透明腺条 ············ 17. 红毛过路黄　L. rufopilosa
　　　　17. 茎先端常延伸成鞭状枝；花单生于叶腋或短枝的叶腋。
　　　　　　20. 植株具腺点；叶缘具红色或黑色腺点；花多数单生于叶腋 ·······················
　　　　　　　　·· 18. 点腺过路黄　L. hemsleyana
　　　　　　20. 植株具透明腺点；叶缘无腺点；花单生于短枝的叶腋 ···························
　　　　　　　　·· 19. 浙江过路黄　L. chekiangensis
　　16. 茎匍匐，分枝稍上升或基部分枝成簇或披散状。
　　　　21. 植株无毛或疏被毛；茎具棱 ······················ 20. 圆叶过路黄　L. nummularia
　　　　21. 植株有毛；茎圆柱形。
　　　　　　22. 叶边缘散生红色或黑色腺点；花集生于茎端或枝端，近头状 ·····················
　　　　　　　　·· 21. 聚花过路黄　L. congestiflora
　　　　　　22. 叶两面密生透明腺点；花单生于叶腋，花梗短于叶 ······ 22. 小茄　L. japonica
1. 花冠白色；花丝基部不形成环或筒，而附着于花冠上。
　　23. 花萼1/2合生；叶片线状披针形或条形 ·················· 23. 狭叶珍珠菜　L. pentapetala
　　23. 花萼分离几达基部；叶片不为条形或披针形。
　　　　24. 植株无毛。
　　　　　　25. 滨海植物 ···································· 24. 滨海珍珠菜　L. mauritiana
　　　　　　25. 非滨海植物。
　　　　　　　　26. 叶对生。
　　　　　　　　　　27. 茎具狭翅；叶片两面密生黑色腺点；苞片披针形 ····· 25. 黑腺珍珠菜　L. heterogenea
　　　　　　　　　　27. 茎不具狭翅；叶片边缘散生红色腺点；苞片条形 ····· 26. 腺药珍珠菜　L. stenosepala
　　　　　　　　26. 叶互生。
　　　　　　　　　　28. 茎柔弱，通常多分枝，多少匍匐状；总状花序花稀疏 ··· 27. 小叶珍珠菜　L. parvifolia
　　　　　　　　　　28. 茎单一或少分枝，直立；总状花序花密生 ·············· 28. 泽珍珠菜　L. candida
　　24. 植株有毛或至少花序轴稀被腺毛。
　　　　29. 总状花序粗壮。
　　　　　　30. 植株无横走根状茎；叶片两面密被短柔毛 ··········· 29. 江西珍珠菜　L. jiangxiensis

30. 植株具根状茎。
　　31. 茎叶无毛或在茎上部及花序疏被毛；叶片椭圆形或长椭圆形⋯⋯⋯⋯ **30. 珍珠菜 L. clethroides**
　　31. 茎及花序密被棕色多节腺毛；叶片倒披针形或条状披针形⋯⋯⋯⋯ **31. 狼尾花 L. barystachys**
29. 总状花序细瘦。
　　32. 根状茎长，具红色匍匐枝；叶片边缘密生多数红色或粒状腺点⋯⋯⋯⋯⋯ **32. 星宿菜 L. fortunei**
　　32. 无匍匐枝；叶片边缘密生红色腺点⋯⋯⋯⋯⋯⋯⋯⋯⋯⋯⋯ **33. 天目珍珠菜 L. tienmushanensis**

1. 细梗香草 （图4-195）
Lysimachia capitlipes Hemsl.

多年生草本，全株无毛，干燥时有香气。茎直立，通常分枝，具4棱，棱上具狭翅。叶互生；叶片卵形或卵状披针形，长1.5～7cm，宽1～3cm，先端急尖或渐尖，基部楔形，全缘或稍波状；叶柄长3～9mm。花单生于叶腋；花梗丝状，长1.5～3.5cm；花萼5深裂，裂片卵形或披针形；花冠黄色，近辐状，5裂，裂片长约5mm；雄蕊与花冠近等长，花丝极短，花药长约4mm，孔裂；子房球形，花柱长约5mm。蒴果球形，直径约3mm，5瓣开裂。种子多数，褐色至黑色。花期7—9月，果期9—12月。

图4-195 细梗香草

产于临安、普陀、衢州市区（衢江）、开化、遂昌、龙泉、泰顺等地。生于中、低海拔的沟谷中、山坡疏林下。分布于华东、华中、华南、西南等地。菲律宾也有。

全草可药用，有祛风、止咳、调经等功效；茎、叶亦可提炼芳香油。

2. 黄连花
Lysimachia davurica Ledeb.

多年生草本，高40～80cm。具匍匐根状茎。茎圆柱形，下部无毛，上部花序轴及叶片下面被褐色短腺毛，不分枝或略有分枝。叶对生或3～4枚轮生；叶片椭圆状披针形至线状披针形，长4～12cm，宽5～40mm，无毛，先端急尖至渐尖，基部渐狭或近圆形，仅沿中脉被小腺毛，两面均散生黑色腺点。总状花序复出而呈圆锥花序，顶生；花序梗长达5cm；苞片条形，密被小腺毛；花梗长7～12mm；花萼长约4mm，分裂近达基部，裂片狭卵状三角形或卵状披针形，边缘有一圈黑色腺条，有腺状缘毛；花冠深黄色，长约8mm，裂片长圆形，先端圆钝；雄蕊比花冠短，花丝基部合生成长约1.5mm的筒，分离部分长2～3mm，密被小腺体，花药长约1mm；子房无毛，花柱长4～5mm。蒴果球形，直径3～4mm，褐色。花期6—8月，果期8—10月。

产于衢州市区（衢江）、龙泉等地。生于山坡林下、山谷沟边及草丛中。现野外已难见自然分布的植株。分布于东北及内蒙古、山东、江苏、云南等地。朝鲜半岛、蒙古、日本、俄罗斯也有。

全草可药用，有镇静、降压等功效。

3. 白花过路黄 （图4-196）
Lysimachia huitsunae Chien

柔弱小草本，茎纤细，高6～15cm。基部常倾卧，上部直立，单一或有分枝，与花梗、叶柄均密被灰白色下向的多节柔毛及稀疏短柄腺体。叶对生；基部叶常缩小成多对鳞片状，中部以上的叶片增大成披针形，长0.8～1.8cm，宽0.4～0.7cm，先端稍钝，基部楔形，下延成短的翼柄，上面近无毛，下面中脉有灰白色多节毛，新鲜时密生红褐色腺点，干燥后变透明状。花稀疏，单生于茎上部叶腋；花梗纤细，长1.2～3cm，果时下弯；花萼5，分裂近达基部，裂片披针形，长3.5～4mm，密布透明腺点，背面中脉有多节毛；花冠白色，辐状，长5～6mm，基部合生部分长约1mm，裂片菱状宽椭圆形，先端急尖或呈啮齿状，散生无色腺点；花丝基部合生成高0.5mm的浅环，分离部分长2～2.5mm，花药线形，长约1.5mm；子房近球形，上半部被短柔毛，花柱长约4mm。花期6月，果期7—9月。

产于遂昌（桂洋）、龙泉（披云山）等地。生于海拔1260～1680m的山顶草地上或石缝间。分布于安徽、广西等地。

此为较特殊而少见的种，为黄连花亚属中唯一具白色花冠者。

图 4-196 白花过路黄

4. 轮叶过路黄 （图4-197）
Lysimachia klattiana Hance

多年生草本，全株密被铁锈色多节长柔毛。茎直立，高15～45cm，近圆柱形。叶3或4枚轮生，下部的也有对生，在茎端多叶密集成轮生状；叶片披针形至狭披针形，长2～5.5cm，宽5～12mm，先端渐尖或钝，基部楔形，上面具疏毛，下面中脉被长柔毛；叶无柄或具极短的柄。花集生于茎端呈亚头状；花梗长7～12mm；花萼5深裂，裂片披针形，长9～10mm，散生不明显腺条；花冠黄色，长11～13mm，5深裂几达基部，裂片匙状椭圆形，先端圆钝或微缺，上面具棕褐色短腺条，边缘有纤毛；雄蕊长为花冠的1/2，花丝基部合生成长约2.5mm的筒；子房卵球形，无毛，花柱长约6mm。蒴果卵圆形，直径3～4mm。花期5—7月，果期6—10月。

产于建德、鄞州、江山、金华市区、兰溪、义乌、景宁、庆元等地。生于海拔650m以下的疏林、林缘和山坡阴处草丛中。分布于山东、江苏、安徽、江西、河南、湖北等地。

全草可入药，有清热平肝、止血、解蛇毒等功效。

图4-197 轮叶过路黄

5. 山萝过路黄 （图4-198）
Lysimachia melampyroides R. Kunth

多年生草本。茎簇生，直立或膝曲直立，圆柱形，密被褐色糙伏毛。单叶对生；茎下部的2或3对叶较小，叶片卵形至卵状披针形，具基部扩展成耳状的柄；茎上部叶卵状披针形至狭披

图 4-198 山萝过路黄

针形，长3～9cm，宽0.5～2.5cm，先端渐尖或长渐尖，基部楔形，两面均密布粒状透明腺点；叶柄基部扩展成耳状或不明显扩大。花通常单生于茎中部以上叶腋，有时在茎端和枝端密集成总状花序；花梗密被小糙伏毛，果时下弯；花萼5，裂片披针形，有透明腺点；花冠黄色，5深裂，裂片倒卵状椭圆形；雄蕊5，花丝基部合生成短筒；子房顶端被锈色柔毛。蒴果近球形，褐色。花果期4—8月。

产于台州市区（黄岩）、天台、温州市区（瓯海、龙湾）、洞头、乐清、永嘉等地。生于海拔1000m以下的山谷林缘或山坡灌草丛中。分布于江西、湖南、湖北、广西、四川、贵州、甘肃、山西等地。

《浙江植物志》记载，泰顺垟溪有五岭过路黄 L. fistulosa Hand.-Mazz. var. wulingensis Chen et C.M. Hu 分布，其形态特征描述为茎被多节毛，叶柄半抱茎，与本种的形态特征接近。而《中国植物志》记载，五岭过路黄的形态特征为除叶面被稀疏小刚毛外，全株无毛，叶柄也不抱茎。由于查阅不到原始记载的标本，可能是本种的误定。

6. 长梗过路黄 （图4-199）

Lysimachia longipes Hemsl.

多年生草本，全体无毛。茎圆柱形，高40～90cm，下部单一，上部常有分枝。单叶对生；叶片卵状披针形，长4～9cm，宽0.8～3cm，先端长渐尖，基部圆形，两面与花萼、花冠上部散生暗红色或紫黑色腺点及短腺条，沿边缘尤密；叶无柄或近无柄。花腋生，黄色，4～11朵组成疏松的总状花序；花序梗纤细，长3.5～5cm；花梗丝状，长1～3.5cm；花萼5深裂，裂片披针形；

花冠近辐状，5深裂，基部稍合生，裂片菱状卵形至狭长圆形；雄蕊5，花丝近中部合生成狭筒；子房无毛。蒴果球形，直径3～3.5mm，褐色。花果期6—8月。

产于绍兴、宁波、金华、丽水、温州及安吉、杭州市区、开化、天台、临海、仙居等地。生于海拔800m以下的山谷阔叶林下或阴湿的山坡灌丛中。分布于安徽、江西、福建等地。模式标本采自宁波。

全草民间作药用，有定惊止血的功效。

图4-199　长梗过路黄

7. 福建过路黄 （图4-200）
Lysimachia fukienensis Hand.-Mazz.

多年生草本。茎直立，基部圆柱形，常带紫红色，上部具4棱，密布黑色或紫黑色腺条。叶对生，少互生或在上部3、4叶轮生；基生叶叶片匙形或椭圆形；茎生叶叶片披针形、线状披针形或条形，先端长渐尖或渐尖，基部楔形或近圆形，两面密布黑色腺条或腺点，长3～10cm，宽0.5～2.5cm；叶无柄或近无柄。花单生于茎中上部叶腋，有时在茎端或枝端密集成短总状花序；花梗长0.5～5cm；花萼5深裂，裂片线状披针形，密生黑色腺条；花冠黄色，辐状钟形，裂片宽卵形；雄蕊5，短于花冠，花丝基部合生成狭筒。蒴果球形，直径3.5～5mm。花期6—7月，果期7—9月。

产于开化、江山、遂昌、龙泉、庆元、乐清、文成、平阳、泰顺等地。生于海拔500～1000m的山坡林下、林缘、溪沟边及潮湿岩石上。分布于江西、福建、广东等地。

全草可药用，有祛风止咳、调经等功效。

图 4-200　福建过路黄

8. 紫脉过路黄 （图 4-201）
Lysimachia rubinervis Chen et C.M. Hu

多年生草本，全株无毛。茎直立，高可达 50cm，基部分枝而呈簇生状，上部偶有短分枝，常带红色。单叶对生，偶 3 叶轮生，近茎端有时密集；叶片披针形，长 3~8cm，宽 1~3.5cm，具紫红色腺点，先端渐尖或长渐尖，基部楔形或下延成翼柄，中脉较宽，在下面稍突起，带紫红色。总状花序顶生，具 4~18 花；花序梗长 0.5~1.5cm；苞片小，叶

图 4-201　紫脉过路黄

状，常生于花梗上；花梗长2～8mm；花萼5深裂，裂片线状披针形；花冠黄色，近辐状，5深裂，裂片椭圆形；雄蕊5，花丝基部合生成狭筒。蒴果球形，直径约3mm，疏生红色或黑色腺点。花期5—6月，果期7—8月。

产于景宁、瑞安、文成、泰顺等地。生于海拔150～900m的山坡林下和林缘岩石缝间。模式标本采自瑞安石坪（可能是现今文成石垟之误）。

9. 显苞过路黄 （图4-202）
Lysimachia rubiginosa Hemsl.

多年生草本，高30～60cm，全株被锈色多节柔毛。茎直立或基部稍倾斜，分枝短于叶。单叶对生；叶片卵形或卵状椭圆形，长3～7cm，宽1.5～3cm，先端急尖或渐尖，基部圆形或宽楔形，与苞片、花萼均密布黑色腺条；叶柄长约1cm。花3朵至数朵集生于枝端呈聚伞花序；具花序梗；苞片叶状，宽卵形或圆形，等长或稍长于花；花梗极短；花萼5深裂，裂片条形或线状披针形；花冠黄色，近辐状，裂片长圆状披针形；雄蕊5，与花冠等长，花丝近中部合生成狭筒；子房有毛，花柱稍长于雄蕊。蒴果卵球形。花期5—8月，果期7—10月。

图4-202 显苞过路黄

产于龙泉、景宁等地。生于海拔1000～1500m的山谷林缘灌丛中及沼泽旁。分布于湖北、湖南、广西、四川、贵州、云南等地。

全草可药用，有祛风、消热、化痰等功效。

10. 金爪儿 （图4-203）
Lysimachia grammica Hance

多年生草本，高10～30cm。茎簇生，膝曲直立，圆柱形，通常多分枝，密被多细胞柔毛，有黑色腺条。叶在茎下部对生，在上部互生，叶片卵形至三角状卵形，长1.3～3cm，宽8～25mm，基部截形，骤然收缩下延，两面均被多细胞柔毛，密布长短不等的黑色腺条；

图4-203 金爪儿

叶柄长4～15mm，具狭翅。花单生于茎上部叶腋；花梗纤细，丝状，通常超过叶长，密被柔毛，花后下弯；花萼长约7mm，分裂近达基部，裂片卵状披针形，边缘具缘毛，背面疏被柔毛和紫黑色腺条；花冠黄色，长6～9mm，基部合生部分长0.5～1mm，裂片卵形或菱状卵圆形；花丝下部合生成高约0.5mm的环，分离部分长1.5～2.5mm；子房被毛，花柱长约4.5mm。蒴果近球形，淡褐色，直径约4mm。花期4—7月，果期5—9月。

产于杭州。生于山脚路旁、疏林下等阴湿处。分布于江苏、安徽、江西、河南、湖北、陕西等地。全草可药用，有理气活血、拔毒消肿、定惊止痛等功效。

11. 疏节过路黄 （图4-204）
Lysimachia remota Petitm.

多年生柔弱草本，全株被淡褐色多节柔毛。茎膝曲直立，高10～35cm，下部节间较短，向上逐渐变长，可达5cm，分枝较短，常生于上部叶腋。叶对生，但在茎端有时互生或稍密集；叶片宽卵形至卵状椭圆形，茎下部的叶较小，中部的最大，长1～3.5cm，宽0.6～2.5cm，先端急尖或圆钝，基部宽楔形或近圆形，常下延至叶柄，两面均具伏贴短毛，与花萼、花冠裂片上端均散生粒状透明腺点；叶柄长0.3～1.2cm，有时具狭草质边缘。花单生于茎上部叶腋，有时在茎端和枝端稍密集；花梗长0.8～1.2cm，果时反曲；花萼5深裂，裂片披针形，中脉具多节柔毛；花冠黄色，近辐状，5深裂，裂片倒卵形；雄蕊5，花丝基部合生成浅环；子房和花柱基部被毛。蒴果近球形，褐色。花期5—7月，果期7—10月。

产于杭州市区、建德、普陀、岱山、嵊泗、临海。生于海拔500m以下的疏林、灌丛或岩石缝间。分布于江苏、江西、福建、台湾等地。

图4-204 疏节过路黄

12. 管茎过路黄（图4-205）
Lysimachia fistulosa Hand.-Mazz.

多年生草本。茎直立，高20～35cm，钝四棱形，单一或有分枝，节间长4～10cm，被多节柔毛。叶对生；叶片披针形至椭圆状披针形，茎端的2或3对叶较下部的大2～3倍，长4～9cm，宽1～2.5(3)cm，先端渐尖，基部渐狭，下延，上面疏被具节小刚毛或变无毛，下面被柔毛，沿叶脉较密；茎端叶具极短的柄，下部叶具较长的柄，通常长为叶片的1/3～1/2。短缩的总状花序生于茎端和枝端而呈头状花序；花梗短；花萼5深裂，裂片披针形，背面被稀疏多细胞柔毛；花冠黄色，5裂，裂片倒卵形，基部合生成高3～4mm的筒；雄蕊5，基部合生成高4～5mm的筒；子房球形，密被柔毛，花柱细长。蒴果球形，直径3～3.5mm，无毛。花期5—7月，果期7—10月。

产于磐安、乐清等地。生于海拔500～900m的阔叶林下。分布于湖北西部、湖南西北部和四川东部等地。为浙江分布新记录种。

图4-205　管茎过路黄

13. 叶头过路黄（图4-206）
Lysimachia phyllocephala Hand.-Mazz.

多年生草本，高10～30cm。茎通常簇生，茎下部常匍匐，节上生根，上部曲折上升，长可达60cm，密被多细胞毛。叶对生，茎端的2对叶间距小，密集成轮生状，常较下部叶大1～2倍；叶片卵形至卵状椭圆形，稀为卵状披针形，长1.5～8cm，宽8～40mm，两面均被具节糙伏毛。花序顶生，近头状，多花；花梗长1～7mm，密被柔毛；花萼长6～9mm，分裂近达基部，裂片披针

形，背面被柔毛；花冠黄色，长10~13mm，基部合生部分长约3mm，裂片倒卵形或长圆形，有透明腺点；花丝基部合生成长3~4mm的筒；花柱长达8mm，下部及子房顶端被毛。蒴果褐色，直径3.5~4mm。花期5—6月，果期8—9月。

产于建德。生于海拔600~1000m的阔叶林下和山谷溪边、路旁。分布于江西、湖北、湖南、广西、四川、贵州、云南等地。

全草可药用，有祛风、清热、化痰等功效。

图4-206 叶头过路黄

14. 疏头过路黄 （图4-207）
Lysimachia pseudohenryi Pamp.

多年生草本，全株密被棕褐色多节柔毛。茎粗壮直立，常自基部分枝成簇状，高7~25（45）cm，基部圆柱形，上部微具棱，密被多细胞柔毛。叶对生，茎下部叶较小，菱状卵形或卵圆形，上部叶较大，茎端2或3对通常稍密集；叶片卵形，稀卵状披针形，长2~8cm，宽8~25mm，两面均密被小糙伏毛，散生粒状半透明腺点；叶柄长3~12mm，具草质狭边缘。花序为短缩成近头状的总状花序，顶生；花有时稍疏离，单生于茎端稍密集的苞片状叶腋；花梗长4~10（18）mm，果时下弯；花萼长8~11mm，分裂近达基部；花冠黄色，长10~15mm，基部合生部分长3~4mm，具透明腺点；花丝下部合生成高2~3mm的筒，分离部分长3~5mm；子房和花柱下部被毛，花柱长5~6mm。蒴果近球形，直径3~3.5mm。花期4—5月，果期6—7月。

产于建德、东阳、磐安、天台、缙云、乐清等地。生于海拔1200m以下的山地林缘和灌丛中。分布于华中及安徽、江西、广东、四川、陕西等地。

全草可药用，有清热解毒、止痢、消炎等功效。
本种植株的大小、花序的疏密均有较大变异。

图 4-207　疏头过路黄

15. 巴东过路黄（图 4-208）
Lysimachia patungensis Hand.-Mazz.

多年生草本，全株密被棕黄色或灰白色多节腺毛。茎匍匐，细长延伸，节上生不定根。单叶对生，茎端的 2 对（其中 1 对常缩成苞片状）密集成轮生状；叶片宽卵形或近圆形，长 1.3～3.8cm，宽 8～30mm，先端圆钝，基部截形或圆形，两面密布具节糙伏毛，边缘透光可见透明粗腺条；叶柄长 1～2cm。花 2～4 朵集生于茎或枝端；花梗等长或稍长于叶；花萼 5 深裂，裂片披针形；花冠黄色，基部带橘红色，近辐状，5 深裂，裂片长圆形；雄蕊 5，中部以下合生成筒；

图 4-208　巴东过路黄

子房球形，上部具毛。蒴果球形。种子多数。花期5—6月，果期7—10月。

产于全省各地。生于海拔100～900m的山谷林下或山坡阔叶林下阴湿处。分布于安徽、江西、福建、湖北、湖南、广东。

本种尚有1变型：光叶巴东过路黄form. **glabrifolia** C.H. Hu（图4-209），与巴东过路黄的区别在于叶片光滑无毛，茎和花萼被极稀疏柔毛或近于无毛。产于建德、淳安、遂昌、龙泉、庆元等地。生于垂直分布上限可达海拔1000m的疏林下。分布于江西、湖南、广东等地。

全草可药用，有清热解毒、利尿通淋、消肿散瘀等功效。

图4-209 光叶巴东过路黄

16. 过路黄 （图4-210）

Lysimachia christinae Hance

多年生草本。茎柔弱，平卧延伸，长20～60cm，无毛或疏生短柔毛。叶对生；叶片卵圆形、近圆形至肾圆形，长1.5～6（8）cm，宽1～4（6）cm，先端急尖或圆钝，基部截形至浅心形，两面无毛或有短伏毛，透光可见密布的透明腺条，干时腺条变黑色；叶柄比叶短或等长。花单生于叶腋；花梗与叶等长或稍比叶长；花萼5深裂，裂片倒披针形；花冠黄色，辐状钟形，5深裂，裂片舌形；雄蕊5，中部以下合生成筒；子房球形，花柱略长于雄蕊。蒴果球形，直径4～5mm。种子多数。花期5—7月，果期7—9月。

产于全省各地。生于海拔1000m以下的山坡混交林下或竹林中。分布于华东、华中、华南、西南及河北、陕西等地。日本也有。

全草可药用，有清热利湿、通淋消肿等功效。

图 4-210　过路黄

17. 红毛过路黄（图4-211）

Lysimachia rufopilosa Y.Y. Fang et C.Z. Cheng

多年生草本，全株密被多节灰色柔毛，少见淡棕色多节柔毛。茎细长匍匐，常带红色，从基部分枝，节上生不定根。单叶对生；叶片肾形或近圆形，直径0.5～2cm，先端圆钝，基部心形，散生透明腺条；叶柄长不超过1cm。花单生于叶腋；花梗长5～10mm；花萼5深裂，裂片条形，背面和边缘被红色多节毛；花冠橘黄色，宽漏斗形，5深裂，裂片椭圆形；雄蕊5，明显不等长，2枚较长，3枚较短，花丝基部合生成狭筒。蒴果球形，无毛，散生红褐色短腺条。花期5月，果

图 4-211　红毛过路黄

期7—9月。

产于金华、丽水及桐庐、建德、淳安、鄞州、衢州市区（衢江）、开化、常山、江山、磐安、天台、仙居、永嘉、泰顺等地。生于山坡或山沟岩石上、路边灌草丛中。模式标本采自遂昌。

本种与过路黄相似，茎节短，逐节生根；叶片质厚而较小，肾圆形；花较小，橘黄色。原记载植株各部密被红棕色多节柔毛，但野外见到的大多是多节灰色柔毛。

18. 点腺过路黄　（图4-212）
Lysimachia hemsleyana Maxim.

多年生草本。茎纤细匍匐，先端延伸成鞭状，密被多节短柔毛。单叶对生；叶片宽卵形，长1.5~5.8cm，宽1.2~3.8cm，先端急尖或钝，基部近圆形或浅心形，两面密被糙伏毛，边缘

图4-212　点腺过路黄

散生红色或黑色腺点；叶柄长0.5~1.5cm。花单生于茎中部叶腋，极少生于短枝叶腋；花梗长7~15mm，果时可延长到2.5cm，下弯；花萼5深裂，裂片狭披针形，散生红色腺点；花冠黄色，辐状钟形，基部稍合生，裂片椭圆状披针形，先端尖锐或稍钝；雄蕊5，花丝下部合生成狭筒；子房具毛，花柱长6~7mm。蒴果近球形，直径3.6~4mm。花期5—6月，果期7—9月。

产于全省各地。生于海拔100~1000m的山坡上和山谷疏林下、农地旁和路边草丛中。分布于华东、华中及河北、四川、陕西等地。

全草可药用，有清热解毒、利尿通淋等功效。

19. 浙江过路黄 （图4-213）
Lysimachia chekiangensis C.C. Wu

多年生草本。茎匍匐，长可达30cm，与叶柄、花梗、花萼均密被铁锈色多细胞柔毛及少数无柄腺体；分枝上升，长达20cm。叶对生；叶片卵形或近三角状卵形，长5~30mm，宽3~27mm，先端渐尖，基部下延，上面深绿色而稍带紫色，下面淡灰色，密被多细胞柔毛，有透明腺点；叶柄比叶片短或等长。花单生于茎端短枝叶腋；花梗长3~24mm；花萼分裂近达基部，裂片披针形，长4~6mm；花冠黄色，辐状钟形，长约8mm，裂片倒卵形或

图4-213 浙江过路黄

阔椭圆形,具透明腺点;雄蕊长约6mm,花丝下部合生成高约2mm的筒;花柱长约4.5mm,基部密被多细胞柔毛。蒴果球形,直径3~4mm,被毛。花期5—6月,果期7—10月。

产于丽水、温州及江山等地。生于山坡背阴处草丛和灌丛中。模式标本采自龙泉。

全草可药用,有清热解毒、利尿通淋、消肿散瘀等功效。

20. 圆叶过路黄
Lysimachia nummularia L.

多年生匍匐草本,全株被短毛或近无毛。茎长可达1m,具棱。叶对生;叶片近圆形或圆肾形,长、宽各约2.5cm,常黄色,顶端圆钝或微平,基部略呈心形,全缘;叶柄长约5mm。花单生于叶腋;花梗长约2cm;萼片5,稀6,边缘微反卷至1/2处,裂片卵状披针形,先端急尖;花瓣5,稀6,基部连合成筒状,上部裂片长圆形,先端圆,中上部向外翻,冠幅呈杯状;雄蕊5,稀6,贴生于花冠基部,基部合生,花丝黄色,基部最宽,先端窄,被腺柔毛;子房上位,花柱绿色,柱头小,略带紫色。花果期5—8月。

原产于欧洲及美国东部。其园艺品种金叶过路黄'Aurea'(图4-214)在我国广泛栽培;本省也见栽培。

本种叶片早春至秋季金黄色,冬季霜后略带暗红色,花冠亮黄色;常作地被植物,亦可栽培供观赏。

图4-214　金叶过路黄

21. 聚花过路黄　临时救　（图4-215）
Lysimachia congestiflora Hemsl.— *L. congestiflora* var. *atronervata* C.C.Wu

多年生草本。茎下部匍匐，常生不定根，上部膝曲上升，多分枝，密被多节长柔毛。单叶对生；叶片卵形至宽卵形，长1.4~5.5cm，宽1.3~3.5cm，先端急尖至渐尖，基部宽楔形至近圆形，两面疏被伏毛，边缘散生红色或黑色腺点；叶柄长1.5~2cm。2~4花集生于茎或分枝顶端呈头状；苞片近圆形，与花近等长，边缘有缘毛；花萼5深裂，裂片狭披针形；花冠黄色，近辐状，5深裂，裂片长椭圆形；雄蕊5，略短于花冠，基部合生；花柱略长于雄蕊。蒴果球形，上半部具毛。种子多数。花期5—6月，果期7—10月。

产于全省各地。生于海拔800m以下的路边或沟边草丛中。分布于华东、华中、华南、西南及陕西、甘肃等地。越南、缅甸、泰国、印度北部、不丹、尼泊尔也有。

全草可药用，有祛风散寒的功效。

图4-215　聚花过路黄

22. 小茄 （图4-216）
Lysimachia japonica Thunb.

多年生草本。茎匍匐，基部节间常生不定根，上部多分枝，密被灰色下向柔毛。单叶对生；叶片宽卵形至近圆形，长1～2.5cm，宽7～20mm，先端急尖至圆钝，基部圆形，略下延，两面密生透明腺点；叶柄长3～5mm。花单生于叶腋；花梗短于叶，花后向下弯曲；花萼5深裂，裂片狭披针形；花冠黄色，近辐状，5深裂，裂片三角状卵形；雄蕊5，花丝基部合生成浅环；子房上部有长柔毛。蒴果球形，直径约3mm，上部具毛。花果期4—7月。

产于全省各地。生于低海拔的田边和路边草丛、山坡灌草丛中。分布于江苏、台湾、海南等地。朝鲜半岛、日本、菲律宾、马来西亚、印度尼西亚、缅甸、印度、不丹也有。

全草可药用，有祛瘀消肿的功效。

图4-216　小茄

23. 狭叶珍珠菜 （图4-217）
Lysimachia pentapetala Bunge

一年生草本。茎直立，高30～60cm，圆柱形，多分枝。叶互生；叶片线状披针形或条形，长2～7cm，宽2～4mm，先端渐尖或长渐尖，基部楔形，边缘稍反卷，两面无毛，下面常具红褐色腺点；叶柄极短或近无柄。总状花序顶生，长6～10cm，果时可达25cm；苞片钻形，长3～4mm；花梗长5～6mm；花萼长约3mm，下部合生；花冠白色，长约5mm；子房无毛，花柱长约4mm。蒴果球形，直径约3.5mm。花期8月，果期9—10月。

产于杭州市区、鄞州、奉化等地。生于杂草丛中。分布于华北及黑龙江、安徽、河南、湖北、陕西、甘肃等地。

全草可药用，有祛风解毒、消肿等功效。

八〇　报春花科 Primulaceae

图 4-217　狭叶珍珠菜

24. 滨海珍珠菜（图 4-218）
Lysimachia mauritiana Lam.

多年生直立草本，全株无毛，高 10～50 cm。茎自基部分枝而呈簇生状，圆柱形，常带紫红色。基生叶常多数集成莲座状，花时枯萎，叶片匙形，长 6～12 cm，宽 5～25 mm，基部下延成长翼柄，下面及边缘常带紫红色；茎生叶互生，匙形、倒披针形或椭圆形，基部下延，无柄或近无柄，两面常密布黑色腺点。总状花序顶生，初时密集，后渐伸长；苞片叶状，与花梗近等长；

图 4-218　滨海珍珠菜

花萼5深裂，裂片椭圆形至宽披针形；花冠白色，管状钟形，5深裂，裂片长圆形；雄蕊5，贴生于花冠筒上。蒴果梨形，直径约5mm。花期5—6月，果期6—8月。

产于宁波、舟山、台州及温州的沿海地区和岛屿。生于海滨岩石缝间或沿海沙滩上。分布于辽宁、山东、江苏、福建、台湾、广东等的沿海地区。太平洋、印度洋及日本、朝鲜半岛、菲律宾也有。

25. 黑腺珍珠菜 （图4-219）
Lysimachia heterogenea Klat.

多年生草本，全株无毛。茎直立，高40～70cm，四棱形，棱边具明显狭翅和黑色腺条。基生叶匙形，先端圆钝，基部下延成翼柄，花时常不存在；茎生叶对生，叶片披针形至椭圆状披针形，长2～10cm，宽1～3.2cm，先端急尖或圆钝，基部耳状抱茎，有时具短翼柄，两面、苞片、花萼等密布黑色腺点。总状花序生于茎顶或枝端，长8～13cm；苞片披针形，向上逐渐变小，与花梗近等长；花萼5深裂达基部，裂片线状披针形；花冠白色，裂片披针形；雄蕊5，花丝基部贴生于花冠筒上，与花冠近等长；花柱长约5mm，柱头膨大。蒴果球形。种子黑紫色。花果期5—10月。

产于宁波及安吉、德清、临安、诸暨、鄞州、开化、武义、天台、缙云、龙泉、庆元、云和、温州市区（瓯海）、乐清、文成、泰顺等地。生于海拔300～800m的山沟边、田边或湿地草丛中。分布于华东、华中及广东等地。

全草可药用，有行气破血、消肿解毒等功效。

图4-219 黑腺珍珠菜

26. 腺药珍珠菜 （图4-220）
Lysimachia stenosepala Hemsl.

多年生草本，全株光滑无毛。茎直立，高30～65cm，下部近圆柱形，上部明显四棱形。叶对生，在茎上部的常互生；叶片披针形至长圆状披针形或长椭圆形，长4～10cm，宽0.8～4cm，两面近边缘散生红色腺点；无柄或具短柄。总状花序顶生，疏花；苞片条形，长3～5mm；花梗长2～7mm，果时稍伸长；花萼长约5mm，分裂近达基部；花冠白色，钟状，长6～8mm，基部合生部分长约2mm，裂片倒卵状长圆形或匙形；雄蕊约与花冠等长，花丝贴生于花冠裂片的中下部，分离部分长约2.5mm，药隔顶端具红色腺体；子房无毛，花柱细长，长达5mm。蒴果球形，直径约3mm。花期5—6月，果期7—9月。

产于安吉、临安等地。生于海拔850～1700m的山谷林缘、溪边和山坡草地湿润处。分布于河北、山西、湖北、湖南、四川、贵州、云南、陕西等地。

全草可药用，有行气破血、消肿解毒、镇痛等功效。

图4-220 腺药珍珠菜

27. 小叶珍珠菜 （图4-221）
Lysimachia parvifolia Franch. ex Hemsl.

多年生草本，近直立或下部倾卧，长30～50cm，常自基部发出匍匐枝，匍匐枝纤细，常伸长成鞭状。叶互生，近无柄；叶片狭椭圆形、倒披针形或匙形，长1～4.5cm，宽5～10mm，两面均散生暗紫色或黑色腺点。总状花序顶生，初时花稍密集，后渐疏松；苞片钻形，长5～10mm；最下方的花梗长达1.5cm，向顶端渐次短缩；花萼长约5mm，分裂近达基部，裂片狭披针形，先端渐尖，边缘膜质，背面有黑色腺点；花冠白色，狭钟形，长8~9mm，合生部分长约4mm，裂片长圆形；雄蕊短于花冠，花丝贴生于花冠裂片的中下部，分离部分长约2mm；子房球形，花柱自花蕾中伸出，长约6mm。蒴果球形，直径约3mm。花期4—6月，果期7—9月。

产于临安、建德、诸暨、鄞州、龙游等地。生于田边、溪边湿地上。分布于华东及湖北、湖南、广东、四川、贵州、云南等地。模式标本采自宁波鄞州。

全草可药用，有行气止血、消肿散瘀等功效。

图4-221 小叶珍珠菜

28. 泽珍珠菜 （图4-222）
Lysimachia candida Lindl.

多年生草本。茎直立，无毛，高可达35cm，单一或有分枝。叶基生或在茎上互生；基生叶的叶片匙形，长2.5~6cm，宽0.5~2cm，具带狭翼长柄，花时常不存在；茎生叶的叶片线状倒披针形至条形，长1~5cm，宽2~12mm，先端渐尖或钝，基部下延成短柄，两面均散生黑色或暗红色腺点及短腺条。总状花序顶生，初时伞房状，后逐渐伸长；苞片狭披针形或条形；花萼5深裂，裂片披针形；花冠白色，管状钟形，5裂，裂片倒卵状椭圆形；雄蕊5，贴生于花冠筒上，不伸出花冠外；花柱细长，稍伸出花冠外。蒴果球形。种子多数。花果期3—5月。

产于全省各地。生于海拔1000m以下的田埂、绿化带和水沟边湿地草丛中。分布于山东、河南、陕西以及长江以南各地。日本、越南、缅甸也有。

全草可药用，有清热解毒、消肿散结、凉血活血等功效；有毒。

八〇 报春花科 Primulaceae

图 4-222　泽珍珠菜

29. 江西珍珠菜（图 4-223）
Lysimachia jiangxiensis C.M. Hu

多年生草本，无横走的根状茎。根坚硬，簇生，多可达 20 余条。茎粗壮，圆柱形，密被褐色柔毛，上部分枝，基部常发出越冬芽。叶互生；叶片狭椭圆形至椭圆状披针形，长 10～16cm，宽 3.5～6cm，两面密被短柔毛，上面绿色，下面淡绿色，无腺点；叶柄长 6～10mm，密被柔毛。总状花序生于茎端和

图 4-223　江西珍珠菜

枝端，宽8~12mm，果时长可达27cm；花序轴密被柔毛；苞片线状披针形，长4~5mm，边缘具缘毛；花梗长2~3mm，密被柔毛，短于成熟蒴果；花萼长约3mm，分裂近达基部，边缘带膜质，具腺状缘毛；花冠长约4mm，裂片椭圆形，先端钝或稍锐尖；花丝贴生于花冠裂片基部；子房无毛。蒴果褐色，约与宿萼等长。花果期8—12月。

产于开化、常山（梅树底）等地。生于海拔500~800m的山地灌木丛中。分布于江西东北部。

30. 珍珠菜　矮桃　（图4-224）
Lysimachia clethroides Duby

图4-224　珍珠菜

多年生草本，常有匍匐根状茎。茎直立，高40~80cm，圆柱形，无毛或在茎的上部、花序上疏被毛。单叶互生；叶片椭圆形或长椭圆形，长6~16cm，宽2~5cm，先端渐尖或长渐尖，基部楔形，渐狭成短柄，两面疏生黑色腺点。总状花序顶生，初时紧缩并下弯，花后伸长而直；花梗长约5mm，果时长达1cm；苞片条形；花萼5深裂，裂片椭圆形，散生黑色腺点；花冠白色，管状钟形，5深裂，裂片长圆形；雄蕊5，贴生于花冠筒上；子房球形，花柱与雄蕊近等长。蒴果球形。种子多数。花期6—7月，果期9—10月。

产于全省各地。生于海拔500m以上的山坡疏林下或山顶矮林中。分布于东北、华北、华东、华中、华南、西南等地。东亚、东南亚、南亚也有。

全草可药用，有活血调经、利水消肿等功效。

31. 狼尾花 （图4-225）
Lysimachia barystachys Bunge

多年生草本，具横走的根状茎。茎直立，高30~100cm，与花序轴、花梗均密被开展的棕色多节腺毛。叶互生或近对生；叶片倒披针形或条状披针形，长4~8cm，宽6~14mm，近无柄，两面有伏毛。花密集成顶生的总状花序；苞片条形；花梗长4~6mm，通常稍短于苞片；花萼长3~4mm，分裂近达基部，裂片长圆形；花冠白色，长7~10mm，基部合生部分长约2mm，裂片舌状狭长圆形，宽约2mm，先端钝或微凹，常有暗紫色短腺条；雄蕊内藏，花丝基部约1.5mm连合并贴生于花冠基部，分离部分长约3mm，具腺毛；花药椭圆形，长约1mm；子房无毛，花柱短，长3~3.5mm。蒴果球形，直径2.5~4mm。花期5—8月，果期8—10月。

产于临安。生于山坡林下或路旁较潮湿草丛中。分布于华北、东北、华东、华中、西南及陕西、甘肃等地。朝鲜半岛、日本、俄罗斯东部也有。

图4-225 狼尾花

全草可药用，有调经散瘀、清热消肿等功效。

32. 星宿菜 （图4-226）
Lysimachia fortunei Maxim.

多年生草本。根状茎常横走，具红色匍匐枝。茎直立，高30~60cm，基部常带紫红色，散生黑色腺点和腺条。单叶互生；叶片狭椭圆形或倒披针形，长2~8cm，宽0.5~2.7cm，先端急尖或渐尖，基部楔形，边缘密生多数红色或粒状腺点；叶柄短或近无柄。细瘦的总状花序顶生；花梗长2~3mm；花序轴有小腺毛；花萼5深裂，裂片卵形，边缘膜质，散生黑色腺点或腺条；花冠白色，管状钟形，裂片长圆形或倒卵形；雄蕊5，贴生于花冠筒上；花柱粗短，不超出花冠外。蒴果球形。种子多数。花期6—7月，果期8—10月。

产于全省各地。生于海拔1200m以下的田头地角、绿化带、河边湿地和林缘草丛中。分布于长江中下游以南地区。日本、越南、印度、朝鲜半岛等也有。

根及全草可药用，有活血散瘀、利水化湿等功效。

图 4-226　星宿菜

33. 天目珍珠菜 （图 4-227）
Lysimachia tienmushanensis Migo

多年生草本，无匍匐枝，具块状根及多数纤维状根。茎单生或数条形成疏丛，直立，高 35～80cm，近圆柱形，基部常带紫色。基生叶多数，簇生，匙形至倒披针形或长圆形，连同叶柄长4～10cm，宽2.5～3.5cm，早落；茎生叶互生，狭披针形至条形，长6～10cm，宽4～17mm，沿边缘密生红色腺点，无柄或近无柄。总状花序顶生，细瘦，长10～25cm；苞片钻形，长3～5mm；花梗长约3mm，果时长达5mm；花萼长约1.7mm，分裂近达基部，具腺状缘毛，背面和顶端有红色腺条；花冠白色，长约4mm，基部合生部分长约1mm，裂片卵形或卵状椭圆形，具红色腺点；雄蕊比花冠短，花丝贴生于花冠裂片基部，分离部分长约0.5mm；子房卵球形，花柱短，长约2mm。蒴果球形，直径2～3mm。花期5—6月，果期6—8月。

产于临安、淳安等地。生于海拔600～1000m的山谷溪旁和山坡林缘。分布于安徽黄山。模式标本采自临安天目山。

图4-227　天目珍珠菜

❸ 报春花属　Primula L.

多年生草本，稀一年生。叶常基生，单叶；叶片全缘或分裂。花在花葶上组成顶生的伞形或头状花序，很少单生或总状，具总苞片；花常二型，即不同植株上有长雄蕊短花柱和短雄蕊长花柱之分；花萼5裂；花冠高脚碟状或漏斗状，在喉部常有附属物，5裂，裂片花蕾时呈覆瓦状排列；雄蕊5，着生于花冠筒上；子房球形或卵形。蒴果5或10瓣裂。种子多数。

约500种，主产于北温带地区，南半球热带地区也有少数种类。我国有300种，主产于西南和西北地区；浙江有5种，其中栽培3种。

分种检索表

1. 野生植物。
    2. 植株全体无毛；叶片羽状深裂 ··· 1. 毛茛叶报春 P. cicutariifolia
    2. 植株被毛；叶边缘波状浅裂 ··· 2. 莓叶报春 P. rubifolia
1. 栽培植物。
    3. 轮伞花序 ··· 3. 藏报春 P. sinensis
    3. 伞形花序。
        4. 叶片长椭圆形或倒卵状椭圆形，钝头 ······································· 4. 欧洲报春 P. vulgaris
        4. 叶片卵圆形、椭圆形或矩圆形，顶端圆，基部心形 ················· 5. 鄂报春 P. obconica

1. 毛茛叶报春 堇叶报春 （图4-228）

Primula cicutariifolia Pax

二年生矮小草本。茎直立，高可达15cm，基部偶有匍匐枝。叶基生；叶片羽状分裂，长2～6cm，顶裂片较大，具缺刻状锯齿，侧裂片逐渐缩小，具锯齿，下面有锈色短腺条；叶柄长1～4cm。伞形花序具2～4花；苞片条形；花梗长1～2cm；花萼5深裂；花冠淡紫色，高脚碟状，5裂，裂片倒心形，先端微凹，花蕾时呈覆瓦状排列；雄蕊5，着生于花冠筒上，有长短之分；

图4-228 毛茛叶报春

子房近卵形，花柱异长。蒴果球形，顶端开裂。花期3—4月，果期5—7月。

产于安吉、建德、淳安、诸暨、磐安、武义、天台、景宁、永嘉等地。生于海拔300～400m的山谷林下阴湿处和常有滴水的岩石上。分布于安徽、江西、湖南、湖北等地。

全草可药用，有清热解毒的功效，主治毒蛇咬伤。

本省发现有的植株高可达30cm，花序有时2或3轮着生，曾被定为安徽羽叶报春 P. merrilliana Schltr.，但安徽羽叶报春的叶片分裂后再次羽状分裂，其小裂片条形，宽仅0.4～0.8mm，显然有别，笔者认为其鉴定有误，其分类地位有待进一步研究。另外，陈旭波等（2018）报道的丽水报春 P. lishuiensis D. H. Wu, X. D. Mei et X. B. Chen，经观察其形态仍属于本种范围。

2. 莓叶报春
Primula rubifolia C.M. Hu

多年生草本。根状茎粗壮。叶片宽卵圆形或近圆形，长3～8.5cm，宽2.5～9.5cm，先端圆形或钝，基部心形凹缺，通常深达叶片的1/5～1/4，边缘波状浅裂，裂片7～9，边缘具稀疏胼胝质刺状小齿，干时纸质；叶柄长（3）5～17cm，密被褐色多细胞柔毛。花葶1～5枚自叶丛中抽出，高5～17cm，果时可达23cm，被毛情况同叶柄；伞形花序具4～10花，有时可出现第二轮花序；花梗长1～2cm，被褐色多细胞柔毛；花萼阔钟状；花冠淡红色，外面被褐色柔毛，冠筒长11～13mm，喉部无环状附属物，裂片倒卵形，先端具深凹缺；长花柱花的雄蕊着生处距冠筒基部约3mm，花柱长达冠筒口；短花柱花的雄蕊着生处距冠筒基部约11mm，花柱长约3mm。蒴果近球形，直径约3mm。花期3—6月。

据报道开化（马金）有分布，生于海拔300m的混交林下。笔者未查阅到标本，仅见文献报道，有待考证。仅分布于云南（景东）。

3. 藏报春 （图4-229）
Primula sinensis Sabine ex Lindl.

多年生草本。全株均密生多细胞腺状柔毛。叶多数，簇生；叶片心形，长10～13cm，先端钝圆，基部心形或近截形，边缘浅裂至深裂，裂片具不规则粗齿；叶柄鲜时肥厚多汁，常带紫红色。花葶长10～20cm，轮伞花序1或2轮，每轮具4～14花，均具条形至线状披针形苞片；花梗长2～8cm；花萼长1～1.5cm，基部膨大成半球形，果时增大至1.5～2cm，顶端5浅裂；花冠高脚碟状，冠筒口周围黄色，喉部无环状附属物，裂片圆形，先端2深裂；长花柱花的冠筒长约1cm，雄蕊近冠筒中部着生，花柱长近达冠筒口；短花柱花的冠筒长近1.5cm，雄蕊近冠筒口着生，花柱长4～5mm。蒴果卵球形。花期5—6月。

原产于贵州、湖北、四川和陕西等地。全球各地均有栽培。温州市区（鹿城）也有栽培。

用于花坛布置或盆栽观赏。

图 4-229 藏报春

4. 欧洲报春 （图4-230）

Primula vulgaris Huds

多年生草本，多作一年生、二年生栽培，高10～20cm。叶基生，莲座状；叶片长椭圆形或倒卵状椭圆形，长10～15cm，宽4～6cm，向基部渐狭成翅柄，先端钝，叶脉深凹，叶上面亮绿色，皱，叶下面有柔毛，叶缘下弯，具不规则圆齿。花葶多数，长3.5～15cm；伞形花序或单花，顶生，有香气；花直径约4cm；花冠漏斗状，花色有桃红色、杏黄色、樱黄色、浅白色、黄色、柠檬黄色、玫瑰红色、红色、深红色、紫红色、蓝色等。蒴果球形，直径约3mm。花期2—5月，果期

图4-230 欧洲报春

3—6月。

原产于西欧和南欧,全球广泛栽培。我国有引种栽培;浙江各地均有栽培。

用于园林花坛布置或盆栽观赏。

5. 鄂报春 （图4-231）
Primula obconica Hance

多年生草本,全株有多细胞柔毛。叶片卵圆形、椭圆形或矩圆形,长5～10cm,顶端圆,基部心形,边缘具不规则牙齿和波状齿;叶柄被白色或褐色多细胞柔毛,基部增宽成鞘状。花葶长9～27cm;伞形花序顶生,具2～13花,有大小不等的条形至线状披针形苞片;花梗长1～2.5cm;花萼漏斗状,5浅裂;花冠白色、淡紫色或粉红色,直径约2.5cm,冠筒长于花萼,5裂,裂片倒卵形,平展,先端2裂,喉部具环状附属物。花二型或一型;二型花具长花柱的花,雄蕊靠近花冠筒基部着生,花柱长近达冠筒口,具短花柱的花,雄蕊着生于花冠筒中上部,花柱长2～2.5mm;一型花雄蕊着生处和花柱长均近达冠筒口。蒴果球状。花期5—6月。

原产于华南、西南地区。本省温州市区(鹿城)有栽培。

用于园林花坛布置或盆栽观赏。

图4-231　鄂报春

④ 假婆婆纳属 Stimpsonia Wright ex Gray

一年生小草本。茎被多节细柔毛。叶互生;叶片边缘具缺刻状锯齿。花单生于茎中上部叶腋,具短花梗;花萼5深裂,裂片条形或线状长圆形,果时略增大;花冠高脚碟状,喉部有柔毛,5裂,裂片花蕾时呈覆瓦状排列;雄蕊5,花丝短,着生于花冠筒中部;子房球形,花柱短。蒴果球形，5瓣裂。种子多数。

本属仅1种，主产于亚洲东部。我国有分布；浙江也产。

假婆婆纳 （图4-232）
Stimpsonia chamaedryoides Wright ex Gray

一年生直立草本。茎单一或基部分枝，高6~15cm，被多节细柔毛。单叶，基生和茎上互生，基部具柄；基生的叶片卵形或卵状长圆形，先端急尖或圆钝，基部平截或圆形，长1~2.5cm，宽0.7~1.3cm，边缘具圆锯齿或浅锯齿；茎生的叶片近圆形或宽卵形，上部逐渐变小，呈苞片状。花单生于茎中上部叶腋；下部的花梗长可达1.5cm，上部的逐渐变短；花萼5深裂至基部；花冠白色，直径约5mm，5裂，裂片倒卵形，先端有凹缺。蒴果球形。种子多数。花果期4—8月。

产于全省各地。生于海拔约1000m的瘠薄的山坡岩石缝间、路边荒地上。分布于华东、华南及湖南等地。日本也有。

全草可药用，有活血、消肿止痛等功效。

图4-232 假婆婆纳

a. 红花假婆婆纳 （图4-233）

var. rubriflora (J.Z. Shao) Y.L. Xu et D.L. Chen

与假婆婆纳的区别在于花冠粉红色。

见于开化（古田山）、遂昌、庆元、景宁等地。生于山坡林下路旁。分布于安徽、福建、广东等地。

图4-233 红花假婆婆纳

5 点地梅属 Androsace L.

一年生或多年生低矮草本。叶全部基生或旋叠状排列于茎上。花小，单生或在花葶上排列成伞形花序；花萼5深裂，裂片在果时直立；花冠白色或粉红色，高脚碟状或近辐状，花冠筒短于花萼，裂片5，喉部缢缩，有环纹或有褶与裂片对生；雄蕊5，花丝短，内藏；子房球形，花柱短。蒴果卵形或球形，5瓣开裂。种子背部扁平。

约100种，主产于北温带地区。我国有70余种；浙江仅产1种。

点地梅 （图4-234）

Androsace umbellata (Lour.) Merr.

一年生至二年生草本，全株密被灰白色细柔毛。基生叶呈莲座状；叶片圆形或近圆形，直径5～15mm，边缘具粗大三角状牙齿；叶柄长0.5～2cm。花葶数条从基部叶丛中抽出，高5～15cm；伞形花序；苞片轮生，长3～4mm；花萼5深裂，裂片长3～7mm，有明显脉纹；花冠白色，高脚碟状，直径4～5mm，5裂，裂片与花冠近等长；雄蕊贴生于花冠筒中部；子房球形，花柱极短。蒴果近球形,直径约3mm,5裂。花期2—4月,果期5—6月。

产于宁波及长兴、安吉、临安、诸暨、嵊州、岱山、衢州市区(衢江)、兰溪、磐安、武义、临海、温岭、莲都、遂昌等地。生于低海拔草地、林缘、山坡路旁及海滨山坡砂土上。我国南北各地均有分布。东亚、东南亚、南亚也有。

全草可药用,有祛风清热、解毒消肿等功效。

图4-234 点地梅

❻ 仙客来属 Cyclamen L.

多年生草本,具扁球形块茎。叶基生,自块茎顶端抽出,具长柄;叶片卵心形或肾形,全缘或具深波状齿。花葶1至多数;花单生于花葶顶端,下垂;花萼5裂,裂片卵形或卵状披针形,宿存;花冠5深裂,裂片比筒部长3~5倍,花蕾时呈旋转状排列,开放后剧烈反卷,筒部近球形;雄蕊5,稀6~10,着生于花冠筒基部,花丝极短,宽扁,花药箭形,渐尖;子房卵球形,花柱丝状,多少伸出花冠筒外。蒴果球形或卵圆形,从顶部向基部5瓣开裂,裂片反卷。

八〇 报春花科 Primulaceae

约20种，主产于地中海地区和中欧。我国庭园栽培1种；浙江也有栽培。

仙客来 （图4-235）
Cyclamen persicum Mill.

多年生草本，高25～30cm。具扁球形块茎。叶基生，与花葶同时自块茎顶部抽出；叶片心状卵圆形，直径5～8cm，先端稍锐尖，边缘具细圆齿，质地稍厚，上面深绿色，常有浅色斑纹，下面淡绿色，通常具紫色斑纹；叶柄直立，肉质，粗壮，基部紫色向上渐淡，长8～12cm。花葶数枝，直立，肉质，粗壮，高20～30cm；花萼5深裂通常达基部；花冠玫瑰红色或白色，裂片如为红色则近喉部处色深，向上渐淡，如为白色则近喉部处为红色，花冠筒部近半球形，5深裂，裂片长圆状披针形，稍锐尖，剧烈反折；雄蕊5，着生于花冠筒基部，无花丝；子房卵球形，上位，无毛，1室。蒴果卵球形，5瓣裂，裂片反卷。种子多数。花期一般为12月至次年4月，7月进入休眠期。

原产于希腊、叙利亚、黎巴嫩等地。全球各地广泛栽培。全省各地也有栽培。

花冠独特，花色艳丽，为世界著名的观赏花卉，常盆栽，有白色、红色、紫色、玫瑰红色以及重瓣等许多园艺品种。

图4-235 仙客来

八一　海桐花科 Pittosporaceae

常绿乔木或灌木。叶互生或偶对生，在小枝上近轮生；无托叶；叶片多革质，全缘，稀具锯齿或分裂。花单生或为伞形、伞房、圆锥花序，稀簇生；有苞片及小苞片；花通常两性，有时杂性，辐射对称；萼片5，分离或基部连合；花瓣5，白色或黄色；雄蕊5，与萼片对生；子房上位，心皮2~3，稀5，通常1室或不完全2~5室，倒生胚珠通常多数，花柱短，柱头单一或2~5裂。蒴果或浆果。种子多数，生于黏质果肉中，种皮薄，胚乳发达，胚小。

9属，约250种，分布于非洲、亚洲的热带和亚热带地区，太平洋岛屿及澳大利亚。我国有1属，46种；浙江有1属，5种。

海桐花属　Pittosporum Banks

常绿乔木或灌木。叶互生，常簇生于枝顶呈对生或假轮生状；叶片革质或有时膜质，全缘或具波状浅齿或皱褶。聚伞花序，有时单生或排列成伞形、伞房、圆锥花序，生于枝顶或枝顶叶腋；萼片5，通常短小而离生；花瓣5，分离或基部连合，常向外反卷；雄蕊5，直立，花丝无毛；子房上位，被毛或秃净，常有子房柄，心皮2或3，稀4或5，1室或不完全2~5室，胚珠多数，花柱单一或2~5裂，短小，常宿存。蒴果圆球形、椭圆形、倒卵形或卵形，成熟时2~5瓣裂；果瓣木质或革质，内面常有横条。种子2至多数。

约150种，主要分布于大洋洲。我国有46种；浙江有5种。

分种检索表

1. 嫩枝和花序被褐色柔毛；叶片先端圆钝，常微凹；果瓣木质，厚度约1.5mm ·········· **1.海桐　P. tobira**
1. 嫩枝和花序常无毛；叶片先端渐尖；果瓣革质，厚度不超过1mm。
　2. 叶片倒卵状披针形或倒披针形；蒴果长9~12mm。
　　3. 花序生于去年生枝顶端；果梗粗短直立，长不及1cm ·········· **2.短梗海金子　P. brachypodum**
　　3. 花序生于当年生枝顶端或叶腋；果梗细长下垂，长2~4cm。
　　　4. 花梗长2~3cm，果实具3或4棱脊 ·········· **3.昂山海桐　P. maoshanense**
　　　4. 花梗长2~4cm，果实具3纵沟 ·········· **4.崖花海桐　P. illicioides**
　2. 叶片矩圆形或矩圆状卵形，长3.5~6cm；蒴果长6~8mm ·········· **5.小果海桐　P. parvicapsulare**

1. 海桐　万年青（图4-236）
Pittosporum tobira (Thunb.) Ait.

常绿灌木或小乔木。嫩枝被褐色柔毛，有皮孔。单叶；叶片革质，倒卵形或倒卵状披针形，长4~9cm，宽1.5~4cm，先端圆钝，常微凹，基部狭楔形，干后无光泽，中脉下面微隆起。伞形花序或伞房状伞形花序，顶生或近顶生，密被褐色柔毛；苞片、小苞片被褐色柔毛；萼片5，卵形；花瓣5，白色或黄绿色，芳香；雄蕊二型，退化雄蕊5，花丝长2～3mm，花药不育，正常雄蕊5，花丝长5～6mm，花药长圆形，黄色，长2mm；子房上位，密被短柔毛，胚珠多数。蒴果圆球形，有3棱，直径约12mm，被黄褐色柔毛；果瓣木质，厚约1.5mm，内面黄褐色，具横隔。种子红色，长3～7mm。花期4—6月，果期9—12月。

产于宁波、舟山、台州、温州的海岸和岛屿。生于海边、岛屿的崖壁林下、沟边。全省各地普遍栽培。分布于江苏、福建、广东等地。朝鲜半岛、日本也有。

作园林绿化观赏树种，对二氧化硫等有毒气体有较强的抗性；木材可制器具；根能祛风；叶能解毒止血；种子能涩肠固精。

图4-236　海桐

2. 短梗海金子 （图4-237）

Pittosporum brachypodum G.Y. Li, Z.H. Chen et X.P. Li

常绿灌木，高1~2m。小枝灰褐色，无毛。单叶互生，常集生于枝顶；叶片薄革质，倒卵状披针形或倒披针形，长3~10cm，宽1~4cm，先端渐尖，基部狭楔形，全缘，常呈微波状。伞形花序生于去年生枝的顶端，无花序梗。蒴果近球形，直径约1cm，基部具明显果颈，顶端有长1~3cm的尖喙；果梗粗短直立，长不及1cm，灰褐色。种子多数，鲜红色。花期不详，果期9—11月。

产于宁海。生于海拔约400m的山坡路边灌丛中。模式标本采自宁海（五山林场）。

图4-237 短梗海金子

3. 昂山海桐 （图4-238）

Pittosporum maoshanense Z.H. Chen, G.Y. Li et X.F. Jin

常绿灌木，高2~3m。嫩枝无毛；去年生枝有皮孔。叶集生于枝顶；叶片薄革质，倒卵状披针形、狭椭圆形，稀倒卵形或倒披针形，长5~12cm，宽2~3.8cm，先端长渐尖或渐尖，稀短渐尖或急尖，基部狭楔形，常向下延，两面无毛，侧脉6~8对，在上面不明显，在下面稍突起，网脉在下面明显，边缘略波皱；叶柄长5~10mm。伞形花序顶生，具1~4花；花梗长2~3cm，无毛；萼片卵形；花瓣长8~9mm；雄蕊长约6mm；子房倒卵球形，被伏贴褐色糠秕状的白色柔毛，侧膜胎座3~4。蒴果近球形，顶端近平截，长10~14mm，3或4瓣开裂，心皮背缝线外面中间有显著突起的棱脊。种子8~10。花期4月，果期9—11月。

产于龙泉（昂山）。生于海拔480的山坡路旁。模式标本采自龙泉昂山。

图 4-238　昂山海桐

4. 崖花海桐　海金子　狭叶海金子　（图 4-239）

Pittosporum illicioides Makino — *P. illicioides* Makino var. *angustifolium* Huang ex S.Y. Lu — *P. illicioides* Makino var. *stenophyllum* P.L. Chiu ex H.T. Chang et S.Z. Yan

常绿灌木或小乔木。枝和嫩枝光滑无毛，有皮孔，上部枝条有时近轮生。叶互生；叶片薄革质，倒卵状披针形，长5～10cm，宽2.5～4.5cm，边缘平展或略皱褶成微波状，干后有光泽，无毛，侧脉下面微隆起，细脉明显。伞形花序生于当年生枝端或叶腋，具1～12花；花梗长2～4cm，纤细下垂；苞片细小，早落；萼片5，基部连合；花瓣5，长匙形，淡黄色，基部连合；雄蕊5，长约6mm，花药2室，纵裂；子房密被短毛，子房柄短，心皮3。蒴果近圆球形，直径9～12mm，纵沟3条；果瓣薄革质，厚不及1mm。种子红色，长约3mm。花期4—5月，果期6—10月。

产于杭州、宁波、衢州、金华、丽水、温州等地。生于山沟溪坑边、林下岩石旁、山坡杂木

林中。分布于华东及湖北、湖南、台湾、四川、贵州、云南等地。日本也有。

根可治毒蛇咬伤、接骨消肿；叶可治疗疮痈疖；种子可治咽痛；种子含油脂可制皂；茎皮纤维可造纸。

图 4-239　崖花海桐

5. 小果海桐

Pittosporum parvicapsulare Chang et Yan

灌木，高2m。嫩枝无毛，纤细，干后暗褐色，老枝黑暗色，有稀疏灰色皮孔。叶簇生于枝顶；叶片革质，矩圆形或矩圆状卵形，长3.5~6cm，宽1.3~2.3cm，先端渐尖，基部楔形，上面深绿色，发亮，下面淡绿色，无毛，干后带褐色，侧脉7~8对，与网脉在上面稍下陷，下面稍突起，边缘平展；叶柄长5~7mm，纤细。伞形状花序生于枝顶。蒴果2~5，椭圆形，长6~8mm，宽4~5mm，被褐色柔毛，3片裂开，稀为2片，果片薄，厚不及1mm，内侧无明显横格；果梗长约1cm，纤细，无毛；宿存花柱长2~2.5mm。种子9~12，长2~2.5mm，种柄极短。

《中国植物志》和 *Flora of China* 记载浙江有分布，笔者未见标本。分布于江西、湖南、广西、贵州等地。

根、叶、种子可药用。

八二 绣球花科 Hydrangeaceae

灌木、草本或攀缘状藤本，稀小乔木。单叶，常对生；无托叶；叶片常具锯齿，稀全缘，羽状脉或基出脉3～5。伞房状、总状花序或圆锥状复聚伞花序，稀单花；花两性或花序周边有不孕花，不孕花具1或2～5大型扁平萼片，孕性花细小，花萼筒与子房合生；花被片4或5基数；雄蕊8至多数，花丝分离或基部连合，花药2室，纵裂；心皮2～5，合生，花柱离生，子房半下位或下位，具中轴胎座或侧膜胎座，每室具多数倒生胚珠。蒴果，室背开裂或室间开裂。种子小，多数，常具翅。

17属，190种，主产于北温带至亚热带地区。我国有11属，125种，主产于南部和东部地区；浙江有9属，27种，其中栽培2种。

分属检索表

1. 草本或亚灌木。
　　2. 叶对生，叶片掌状分裂；花瓣黄色，花序周边无不孕花 ·················· **1. 黄山梅属 Kirengeshoma**
　　2. 叶互生，叶片边缘具粗大锯齿；花瓣白色或淡紫色，花序周边有不孕花 ···· **2. 草绣球属 Cardiandra**
1. 木本。
　　3. 浆果；花柱3～6 ··· **3. 常山属 Dichroa**
　　3. 蒴果。
　　　　4. 花序周边花通常不育，其萼片常增大成花瓣状。
　　　　　　5. 不孕花仅具1增大萼片，花柱1～2。
　　　　　　　　6. 不孕花萼片非盾状，花柱1 ································ **4. 钻地风属 Schizophragma**
　　　　　　　　6. 不孕花萼片盾状，花柱2 ······································· **5. 蛛网萼属 Platycrater**
　　　　　　5. 不孕花具3～5增大萼片，花柱2～5 ···························· **6. 绣球属 Hydrangea**
　　　　4. 花全部能育，萼片不增大成花瓣状。
　　　　　　7. 常绿木质藤本，以气生根攀缘于他物上；花柱1 ············ **7. 冠盖藤属 Pileostegia**
　　　　　　7. 落叶灌木，稀为常绿，从不攀缘；花柱3～5。
　　　　　　　　8. 叶片具星状毛；花瓣5；蒴果3～5裂 ······················· **8. 溲疏属 Deutzia**
　　　　　　　　8. 叶片不具星状毛；花瓣4；蒴果4裂 ····················· **9. 山梅花属 Philadelphus**

❶ 黄山梅属 Kirengeshoma Yatabe

多年生草本。单叶，对生；叶片纸质，圆心形，掌状分裂，具粗齿；具长叶柄。聚伞花序生于茎上部叶腋及顶端；花两性；花萼筒半球形，贴生于子房基部，上部5裂；花瓣5，离生，着生于萼筒上，与花萼裂片互生，花蕾时旋转状排列；雄蕊15，排成3轮，外面一轮最长，其余的较短；子房半下位，3或4室，花柱3或4，离生。蒴果椭圆形，室背开裂。种子多数，扁平，周围具斜翅。

仅1种，分布于东亚。我国也有；浙江也产。

黄山梅 （图4-240）

Kirengeshoma palmata Yatabe

多年生草本，高80～130cm。茎带紫色，无毛。单叶，对生；叶片圆心形，长和宽均为10～20cm，掌状7～10裂，裂片具粗齿，基部近心形，两面被白色糙伏毛；生于茎最下部的叶柄最长，长达25cm，生于茎上部的渐短直至无柄。聚伞花序生于茎上部叶腋及顶端，通常具3花，有时退化仅具1或2花；苞片披针形；花淡黄色，直径4～5cm；花萼筒半球形，5裂，裂片三角形；花瓣5，离生，形状稍不等，长圆状倒卵形或近狭倒卵形，长2.5～3.5cm；雄蕊15，3轮，不等长；花柱3或4，丝状，子房3或4室。蒴果宽椭圆形或近球形，直径约1.6cm，顶端具宿存花柱。种子多数，扁平，周围具膜质斜翅。花期6—8月，果期9—10月。

产于安吉（龙王山）、临安。生于海拔700～1800m的山谷林中阴湿处。分布于安徽（黄山）。日本、朝鲜半岛也有。

根状茎可药用，治全身酸疼发麻；花大美丽，可作观赏植物。

图4-240　黄山梅

2 草绣球属 Cardiandra Siebold et Zucc.

亚灌木。单叶互生，有时在茎和枝端近对生或对生；叶缘具粗大锯齿；无托叶。伞房状聚伞或圆锥花序，顶生；花二型；不孕花位于花序边缘，萼片2，稀3；孕性花小，花萼筒杯状，与子房合生，萼片4或5，三角形，花瓣4或5，雄蕊多数，花丝线形，花药近圆形，子房下位，具不完全3室，胚珠多数，花柱短，3枚，柱头侧生。蒴果，顶端孔裂。种子多数，纺锤形，顶端具翅。

约4种，分布于东亚。我国有2种，产于华东、华中、华南各地；浙江有2种。

1. 草绣球 人心药 （图4-241）
Cardiandra moellendorffii (Hance) Migo

亚灌木，高30～100cm，具横卧地下茎。茎单生，幼时被基部呈球形的短伏毛。叶互生；叶片纸质，形态变化较大，椭圆形、长圆状椭圆形至倒卵状匙形，长6～18cm，宽3～8cm，先端急尖或渐尖，基部沿叶柄两侧下延成楔形，边缘具粗大锯齿，上面被短糙伏毛，下面疏生柔毛或仅脉上有疏毛；叶柄长1～3cm，茎上部的渐短或几无柄。伞房状聚伞花序顶生；苞片和小苞片条形或狭披针形，宿存；花二型；不孕花数朵，有萼片2或3，膜质，花瓣状，近相等或1枚稍大，有网脉，白色或粉红色，宽卵形或近圆形，长5～11mm；孕性花较多，萼片三角形，细小，花瓣白色至带淡紫色，雄蕊15～25，子房近下位，具不完全3室，胚珠多数。蒴果卵球形，长约3mm，顶端孔裂。种子两端的翅颜色深且与种子同。花期7—9月，果期8—10月。

产于安吉、临安、桐庐、淳安、宁波市区（北仑）、余姚、奉化、宁海、开化、天台、莲都、龙泉、景宁、泰顺等地。生于海拔700～1500m的山坡林下及溪谷阴湿处。产于安徽、江西、福建等地。

块状根茎可药用。

图4-241 草绣球

2. 台湾草绣球 （图4-242）

Cardiandra formosana Hayata

亚灌木，高50～70cm。茎初时被稀疏短柔毛，后变无毛。叶常4～7枚聚生于茎的上部；叶片薄纸质，狭椭圆形、椭圆形或倒长卵形，长10～15cm，宽3～6cm，先端渐尖，基部渐狭，沿叶柄两侧下延成狭楔形，边缘具三角形小锯齿；叶柄长2～5cm。伞房状聚伞花序通常顶生；花序梗伸长，被紧贴微柔毛；不孕花具细长花梗，萼片2，卵形，不等大，较大的长1.5～2.5cm，其大小几乎等于小者的2倍，先端渐尖或钝，基部平截或微心形，具脉纹；孕性花小，具短柄，花萼筒杯状，长约1mm，萼齿卵圆形，长约0.7mm，先端略尖，花瓣4或5，卵形或阔长圆形，雄蕊15～19，稍不等长，子房近下位。蒴果卵球形。种子棕褐色，阔长圆形、阔卵形或阔倒卵形，连翅长0.7～1mm，两端的翅长0.2～0.25mm，黄白色，半透明，与种子明显不同色。花期8月，果

图4-242 台湾草绣球

期10月。

产于安吉（龙王山）、临安（昌化）、磐安（大盘山）等地。生于中海拔的山地林下阴湿处。分布于我国台湾。

与草绣球的区别在于叶片聚生于茎的上部，种子两端的翅与种子不同色。

❸ 常山属 Dichroa Lour.

落叶灌木。单叶，对生；无托叶；叶缘具锯齿。伞房或伞房状圆锥花序，顶生；花两性；萼片5或6；花瓣5或6，离生；雄蕊10～16（20）；子房下位或半下位，上部1室，下部不完全4～6室，侧膜胎座，胚珠多数，花柱4～6，稀3，分离或下部合生，柱头卵形。浆果，蓝色。种子多数，细小，无翅，种皮有网纹。

12种，主要分布于亚洲东南部的热带和亚热带地区，少数分布于太平洋岛屿。我国有6种，自西南至台湾广泛分布，主产于华南；浙江有1种。

常山（图4-243）
Dichroa febrifuga Lour.

落叶灌木，高1～2m。小枝稍肉质，圆柱形或稍具4棱，无毛或稀被短柔毛。叶对生；叶片椭圆形、倒卵状椭圆形或披针形，长6～25cm，宽2～10cm，先端渐尖，基部楔形，边缘具锯齿，无毛或叶背被稀疏短毛，侧脉稍弯拱，4～6对；叶柄长1.5～5cm。伞房状圆锥花序顶生或生于上部叶腋；花萼筒倒圆锥形，萼齿5或6，裂片宽三角形；花瓣蓝色或青紫色，肉质，花后反曲；雄蕊10～20；子房下位，花柱4～6。浆

图4-243 常山

果蓝色，卵球状，直径3~5mm，具宿萼及宿存花柱。种子极多，长约1mm，种皮具网纹。花期6—7月，果期8—10月。

产于武义、临海、平阳等地。生于林下沟谷边。分布于华南、西南及江西、福建、湖北、湖南、陕西、甘肃等地。印度、印度尼西亚、菲律宾、日本也有。

根、叶可药用，有解热、催吐等功效。

4 钻地风属 Schizophragma Siebold et Zucc.

落叶木质藤本。茎平卧或以气生根攀缘。小枝表皮紧贴；老枝树皮纵裂，稍剥落。冬芽具芽鳞2~4对，被柔毛或睫毛。叶对生；叶片全缘或稍具小锯齿，具长柄。伞房状聚伞花序或圆锥花序顶生，疏散；不孕花仅具1白色、全缘、大型萼片，少数2；孕性花小，4或5基数，萼片宿存，花瓣分离，雄蕊10，花丝扁平，子房下位，4或5室，中轴胎座，胚珠多数，花柱短。蒴果陀螺形或倒圆锥形，具10细棱，成熟时于棱间开裂。种子多数，细小，纺锤形，两端有翅。

约10种，分布于东亚。我国有9种，广泛分布于长江以南地区；浙江有3种。

分种检索表

1. 子房顶端平坦，不突出花萼筒；叶片近掌状脉，且中脉和侧脉近同粗大，叶缘具粗锯齿 ························ 1. 秦榛钻地风 S. corylifolium
1. 子房顶端圆锥状，突出花萼筒；叶片羽状脉，全缘或中部以上具稀少疏离小齿。
   2. 叶片下面无毛或稍有毛 ·························· 2. 钻地风 S. integrifolium
   2. 叶片下面密被短柔毛，脉上的毛更密 ·················· 3. 柔毛钻地风 S. molle

1. 秦榛钻地风 （图4-244）

Schizophragma corylifolium Chun

落叶木质藤本。小枝灰黄色，带光泽，有纵裂条纹。叶片纸质，宽倒卵形或近圆形，长7~12cm，宽4.5~9cm，先端渐尖或镰形，基部圆形、宽楔形或稍浅心形，边缘除基部外具粗锯齿，上面深绿色，仅沿脉疏生粗毛，下面灰绿色，被稀疏粗毛，叶近掌状脉，且中脉和侧脉近同粗大；叶柄疏被长柔毛。伞房状聚伞花序，花序梗及花梗密生白色粗毛；花二型；不孕花萼片白色，宽卵形，基出脉3~5，中间1条较粗；孕性花萼片5，短三角形，花萼筒无毛，具纵棱，花瓣初时绿色，长圆形，雄蕊长于花瓣，子房顶端平坦，被厚大花盘所覆盖。蒴果倒圆锥形，具纵棱。花期5—6月，果期7—9月。

产于安吉、临安、普陀、余姚、开化、缙云、泰顺等地。生于山谷溪沟边岩石上或灌丛中。分布于安徽、江西、湖南、广东、四川等地。

八二　绣球花科 Hydrangeaceae

图 4-244　秦榛钻地风

2. 钻地风 （图4-245）
Schizophragma integrifolium Oliv.

落叶木质藤本。小枝赤褐色，无毛。叶片薄革质，卵形、宽卵形或椭圆形，长6~15cm，宽4~10cm，先端渐尖或急尖，基部圆形或截形，有时近心形，全缘或中部以上具稀少疏离小齿，两面绿色，下面无毛或脉上微被柔毛，有时脉腋有簇毛；叶柄近无毛或被疏毛。伞房状聚伞花序被栗褐色柔毛；花二型；不孕花萼片乳白色，老时棕色，卵形、椭圆形或长圆状披针形；孕性花萼片三角状卵形，花萼筒无毛，花瓣绿色，离生，雄蕊10，不等长，子房顶端圆锥形，突出于萼筒之上。蒴果褐色，陀螺形，具10细纵棱。花期6—7月，果期8—10月。

产于安吉、临安、上虞、普陀、莲都、缙云、龙泉、庆元、云和、文成、泰顺等地。生于山坡林中或溪流旁岩石上，常攀缘于石壁和树上。分布于华东及湖北、湖南、广东、

图 4-245　钻地风

广西、四川、贵州、云南、甘肃等地。

根、藤可药用，有祛风活血、舒筋、清热解毒等功效。

2a. 粉绿钻地风 （图4-246）

var. **glaucescens** Rehd.

与钻地风的区别在于叶片下面粉绿色，脉腋间常有簇毛。

产于临安、天台、缙云、泰顺等地。生于山坡林缘或路旁灌丛中，常攀缘于石壁或乔木上。分布于安徽、福建、湖北、湖南、广东、四川、贵州等地。

图4-246　粉绿钻地风

3. 柔毛钻地风 （图4-247）

Schizophragma molle (Rehd.) Chun

攀缘灌木，具气生根。小枝无毛或密被锈色柔毛。叶对生；叶片纸质，长椭圆形或长卵形，长6~18cm，先端渐尖，基部圆形，稀心形，近全缘或边缘具角质尖头的小齿，上面近无毛，下面密被短柔毛，脉上毛更密。伞房状聚伞花序顶生，密被锈色柔毛；不孕花萼片长圆状卵形或椭圆形，黄白色；孕性花小而密，花萼筒倒圆锥状，被毛，萼齿三角状，子房近下位。蒴果狭倒圆锥形，具10棱。种子棕褐色，两端具翅。花果期6—10月。

产于遂昌、龙泉、庆元、景宁、平阳、泰顺等地。生于海拔600~1000m的沟谷岩石上。分布于江西、湖南、广东、广西、四川、贵州、云南等地。

图4-247　柔毛钻地风

5 蛛网萼属 Platycrater Siebold et Zucc.

落叶灌木。单叶,对生;叶片具锯齿。伞房花序顶生;苞片宿存;不孕花少数,具1盾状萼片;孕性花细小,花萼4裂,宿存,花瓣4,白色,卵形,分离,早落,雄蕊多数,着生在1环状花盘的下侧,花丝丝状,基部结合,子房上位,2室,每室具多数胚珠,花柱2,分离,宿存。蒴果,顶部孔裂。种子多数,细小,两端有翅。

仅1种,分布于我国和日本;浙江也有。

蛛网萼 (图4-248)

Platycrater arguta Siebold et Zucc.

落叶灌木。茎直立或下部平卧。小枝灰褐色,近无毛。树皮薄片状脱落。叶片膜质至纸质,长圆形、椭圆形至椭圆状披针形,长6~15cm,宽2.5~5cm,先端尾状渐尖,基部楔形,边缘具疏锯齿,上面散生短伏毛,下面沿脉常有疏毛;叶柄近无毛。伞房花序具6~10花;花序梗无毛;不孕花少数,萼片膜质,半透明,绿黄色,盾状,直径1.5~3cm,3或4钝圆形浅裂,具小突尖,有密集网状凸脉;孕性花萼片三角形,先端渐尖,子房近陀螺形。蒴果倒卵形,干时常带紫红色,顶端孔裂。种子暗褐色,扁椭圆形。花果期4—11月。

产于三门、温岭、遂昌、松阳、龙泉、庆元、云和、景宁、乐清、永嘉等地。生于海拔300~700m的山地林下、溪沟边岩石上等阴湿处。分布于江西、福建等地。日本也有。

可栽培供观赏;为国家二级重点保护野生植物。

图4-248 蛛网萼

6 绣球属 Hydrangea L.

常绿或落叶灌木，稀小乔木或木质藤本。树皮剥落。小枝常有白色或棕色髓心。单叶，对生，稀轮生；叶片具锯齿，稀全缘。花序聚伞状、伞房状，稀为圆锥状，顶生；花二型；不孕花萼片3或4，稀2或5；孕性花萼片4或5，花瓣4或5，雄蕊10，稀8或多达25，子房3或4室，稀2或5室，花柱2~5。蒴果常具突出的纵肋，顶端孔裂。种子两端或周边具翅或无翅。

约73种，分布于东亚及南、北美洲。我国约有33种，主产于秦岭及长江以南；浙江有7种，其中栽培1种。

本属植物多数可供观赏，少数可药用。

分种检索表

1. 木质藤本；花瓣顶端结合成冠状 ··· 1. 冠盖绣球 H. anomala
1. 直立灌木；花瓣分离，展开。
　2. 子房下位；蒴果杯状，先端截形 ··· 2. 粗枝绣球 H. robusta
　2. 子房半上位；蒴果近球形、卵球形，多少突出于萼筒外。
　　3. 花序圆锥状，塔形；小枝上部叶3枚轮生 ································· 3. 圆锥绣球 H. paniculata
　　3. 花序非圆锥状。
　　　4. 伞房状聚伞花序无花序梗，花序下直接有叶。
　　　　5. 叶面平整，下面脉腋有白色簇毛；花序第一级辐射枝5出 ········ 4. 中国绣球 H. chinensis
　　　　5. 叶面皱褶，下面脉腋无簇毛；花序第一级辐射枝通常3出 ······ 5. 江西绣球 H. jiangxiensis
　　　4. 伞房状聚伞花序有短花序梗，花序下不直接有叶。
　　　　6. 伞房状聚伞花序球形 ··· 6. 绣球 H. macrophylla
　　　　6. 伞房状聚伞花序非球形 ··· 7. 浙皖绣球 H. zhewanensis

1. 冠盖绣球 （图4-249）
Hydrangea anomala D. Don

木质藤本，有时灌木状，常有气生根。小枝无毛。树皮片状剥落。叶对生；叶片卵形、椭圆状卵形或卵状长圆形，长6~12cm，宽3~8cm，先端渐尖或短尾状，基部宽楔形或圆形，边缘具细密锐齿，无毛或下面脉腋簇生柔毛；叶柄有狭翅，被稀疏柔毛。伞房状聚伞花序较大；不孕花少或无，萼片4，近圆形或宽倒卵形，全缘或具不整齐缺刻，网脉明显，脉上略被柔毛；孕性花小，花萼筒倒圆锥形，萼裂片宽卵形，花瓣顶端连合成冠盖状，花开后整个脱落，雄蕊10，子房下位，花柱2，稀3，反曲。蒴果扁球形，先端平截，两侧稍扁。种子褐色，周围具翅。花果期5—10月。

产于安吉、临安、建德、淳安、衢州市区（衢江）、开化、龙游、磐安、天台、仙居、缙云、遂昌、龙泉、庆元、景宁、乐清、文成、泰顺等地。生于沟谷、林下或林缘，攀缘于林中树上或平卧于岩石上。分布于华东、西南及湖北、湖南、广西、陕西、甘肃等地。

叶可药用，有清热抗疟的功效；树皮可作收敛剂；可栽培供观赏。

图 4-249 冠盖绣球

2. 粗枝绣球　腊莲绣球　乐思绣球（图 4-250）

Hydrangea robusta Hook. f. et Thoms. — *H. rosthornii* Diels — *H. strigosa* auct., non Rehd

灌木或小乔木。小枝褐色，常四棱形，密被棕黄色短糙伏毛。叶片纸质，椭圆形或长卵形，长 7～23cm，宽 3～13cm，先端长渐尖或急尖，基部阔楔形或圆形，边缘具不规则重锯齿，叶背

图 4-250 粗枝绣球

密被灰白色短柔毛和稀疏的褐色硬毛,脉上的毛更粗长,叶上面被糙伏毛;叶柄密被糙伏毛。伞房状聚伞花序密被褐黄色短粗毛;不孕花萼片4,宽卵形、圆形或倒卵形,边缘具粗齿,稀全缘;孕性花萼筒杯状,萼齿卵状三角形,花瓣卵状披针形,离生,雄蕊10~14,不等长,子房下位,花柱2或3,下弯。蒴果杯状,先端截形,花柱宿存。种子红褐色,两端具翅,种皮具条纹脉。花果期7—11月。

产于杭州、宁波、衢州、金华、丽水、温州、安吉等地。生于山谷中、溪流沿岸或山坡灌丛中。分布于西南及安徽、江西、福建、湖北、湖南、广东、广西、陕西等地。日本、越南也有。

全草可入药,有清热解毒的功效;可栽培供观赏。

3. 圆锥绣球 (图4-251)
Hydrangea paniculata Siebold

落叶灌木或小乔木。小枝紫褐色,略呈方形,有稀疏细毛。叶对生,有时3枚轮生;叶片卵形或椭圆形,长5~10cm,宽3~5cm,先端渐尖,基部圆形或楔形,边缘具内弯的细密锯齿,上面疏被柔毛或近无毛,下面脉上有长柔毛,脉腋具粗毛。圆锥状聚伞花序塔形;花序轴与花梗被

图4-251 圆锥绣球

八二 绣球花科 Hydrangeaceae

毛；不孕花多数，萼片白色，后带紫色，常4，卵形或近圆形，不等大，全缘；孕性花芳香，花萼筒陀螺状，萼裂片短三角形，花瓣5，白色，离生，早落，雄蕊10，不等长，子房半上位，花柱3，柱头稍下延。蒴果近球形，有棱角，约有1/2突出于萼筒之外。种子两端有翅。花果期6—11月。

产于全省各地。生于山谷溪沟边、山坡灌丛中、疏林下或林缘。分布于华东、华南及湖北、湖南、贵州、云南等地。日本也有。

根可药用，有清热抗疟的功效；树皮含黏液，可作糊料；也可栽培供观赏。

4. 中国绣球 （图4-252）
Hydrangea chinensis Maxim. — *H. angustipetala* Hayata

落叶灌木，高1~1.5m。小枝灰黄色至红褐色，疏被粗伏毛，后无毛。叶对生；叶片纸质，披针形、狭椭圆形或倒卵形，长4~8cm，宽2~5cm，先端渐尖，基部楔形，近全缘或中部以上具稀疏小齿，无毛或仅脉上被伏毛，脉腋常有白色簇毛。伞房状聚伞花序无花序梗，被短柔毛；花序第一级辐射枝5出；不孕花缺或少数，具3或4萼瓣，全缘或具稀疏圆齿；孕性花萼筒杯状，疏被伏毛，萼裂片三角状卵形，花瓣白色或黄色，倒卵状披针形，子房半上位，花柱3或4，柱头常膨大，宿存。蒴果卵球形，一半以上突出于萼筒之外，顶端孔裂。种子褐色，无翅。花果期5—10月。

产于全省各地。生于山坡疏林、山谷、山顶、山岗及路旁灌丛中。分布于华东、华南及湖北、湖南、贵州、云南等地。

图4-252 中国绣球

5. 江西绣球 （图4-253）

Hydrangea jiangxiensis W.T. Wang et Nie

灌木，高1~2.5m。枝条通常紫褐色，与叶柄、花序、花梗及花萼均被伏贴短柔毛。叶片狭倒卵形、狭椭圆形或长圆形，长4~7cm，宽1.5~3cm，顶端短渐尖或渐尖，基部楔形或宽楔形，边缘近中部以上具小锯齿，叶面皱褶，上面沿中脉被短伏毛，下面疏被短毛，侧脉5~7对；叶柄长3~6mm。花序顶生，无总轴，排成聚伞状伞房花序；花序第一级辐射枝通常3出；不孕花白色，直径2.5~4cm，萼片通常4（稀3或5），近圆形，不等长，全缘；孕性花白色，花萼5裂，花瓣5，雄蕊12~16。蒴果近圆球形，直径3~4mm。种子椭圆形，无翅。花期5—6月，果期7—9月。

产于杭州、宁波、衢州、金华、丽水、温州等地。生于山坡路旁。分布于江西、福建等地。

图4-253　江西绣球

6. 绣球 （图4-254）

Hydrangea macrophylla (Thunb.) Ser.

灌木，高1~2m。茎常于基部发出多数放射枝而形成圆形灌丛。枝圆柱形，粗壮，无毛。叶片纸质或近革质，倒卵形或阔椭圆形，长6~20cm，宽4~11cm，先端骤尖，具短尖头，基部钝圆或阔楔形，边缘于基部以上具粗齿；叶柄粗壮，长1~3.5cm，无毛。伞房状聚伞花序近球形，直径8~20cm，具短的花序梗，分枝粗壮，花密集，多数不育；花白色，后变粉红色或蓝色，全部为不孕花；萼片4，宽卵形，长1~2cm，全缘或具疏齿；花瓣长圆形。花期5—8月。

八二 绣球花科 Hydrangeaceae 257

图 4-254 绣球

原产于我国中部。国内各大城市均有栽培；全省各地也有栽培。

花大，极美丽，为著名的观赏植物；也可供药用，有清热抗疟的功效。

6a. 山绣球　八仙花　（图 4-255）
var. **normalis** Wils

与绣球的主要区别在于花序只有少数不孕花，多数为孕性花，且花序顶端平，不呈近球状或头状。花期7月。

产于德清（莫干山）、庆元（百山祖）等地。生于海拔约690m的山谷溪边。分布于广东沿海地区及岛屿。

图 4-255 山绣球

7. 浙皖绣球　泽绣球　（图4-256）

Hydrangea zhewanensis P.S. Hsu et X.P. Zhang —— *H. serrata* (Thunb.) Ser. form. *acuminata* (Siebold et Zucc.) Wils.

灌木，高0.7～1.5m。小枝淡褐色，圆柱形或略具钝棱，幼时密被卷曲短柔毛，老后渐变无毛。叶片近膜质或薄纸质，椭圆形或菱状椭圆形，长6～19cm，宽3～8cm，先端渐尖，具尾状长尖头或短尖头，边缘具锐锯齿；叶柄长1～4cm。伞房状聚伞花序顶生，具短的花序梗，直径8～14cm，顶端微拱，密被卷曲短柔毛；不孕花萼片3或4，卵形或阔卵形，不等大，淡蓝色；孕性花蓝色，花萼筒狭钟状或钟状，无毛，花瓣长卵形，先端尖，花后反折，雄蕊10，稍不等长，子房半上位。蒴果卵球形。种子褐色，椭圆形或长圆形，扁平，具网纹，两端具0.1～0.2mm的短翅。花期6—7月，果期10—11月。

产于安吉、德清、临安、淳安、宁波市区、天台、遂昌等地。生于海拔690～1500m的山谷溪边疏林下或山坡灌丛中。分布于安徽（歙县）等地。

与山绣球近似，但本种的叶椭圆形或菱状椭圆形，侧脉纤细，弯拱，两面沿脉密被卷曲短柔毛，边缘具锐锯齿；山绣球的叶倒卵形，侧脉较粗，直而斜举，两面无毛或近无毛，边缘具钝圆齿，可以相区别。

图4-256　浙皖绣球

7 冠盖藤属 Pileostegia Hook. f. et Thoms.

常绿木质藤本。单叶对生；叶片革质，全缘或略具浅波状疏齿；叶柄短。伞房状圆锥花序；无不孕花；花两性；萼片4或5；花瓣4或5，白色或绿白色，上部连合成冠盖花冠，早落；雄蕊8~10，花丝长，花药近球形；子房下位，4~6室，胚珠多数，花柱短，1枚，4~6裂。蒴果陀螺状半球形，顶端近截形，具纵棱，成熟时沿棱脊开裂。种子多数，微小，纺锤形，两端具向上渐狭的翅。

约3种，分布于东南亚。我国有3种，产于华东、西南及台湾；浙江有2种。

1. 冠盖藤 （图4-257）
Pileostegia viburnoides Hook. f. et Thoms.

常绿木质藤本，长可达15 m，攀缘于树上或岩石上，具气生根。小枝灰褐色，无毛。叶对生；叶片薄革质，椭圆状长圆形、披针状椭圆形至长圆状倒卵形，长10~16（21）cm，宽2.5~7 cm，先端渐尖或急尖，基部平截，全缘或中部以上具浅波状疏齿，两面无毛或下面散生极稀疏长柔毛，细脉明显；叶柄长1~3 cm。伞房状圆锥花序顶生，无毛或有极稀疏长柔毛；萼片短三角形，4或5裂；花瓣白色，卵形，上部连合成冠盖状；雄蕊8~10；子房下位，柱头头状。蒴果陀螺状半球形，顶端近截形，具纵棱，无毛。种子淡黄色。花期7—8月，

图4-257 冠盖藤

果期9—11月。

产于杭州、宁波、衢州、金华、丽水、温州等地。生于山谷溪边灌丛中或林下,常攀附于树上及峭壁上,或匍匐于岩石旁。分布于华东、华南及湖北、湖南、四川、贵州、云南等地。日本南部、印度、越南也有。

根、老茎、花、叶等可药用,有活血散瘀的功效。

2. 星毛冠盖藤 （图4-258）
Pileostegia tomentella Hand.-Mazz.

常绿木质藤本。小枝、叶和花序密被锈褐色星状毛,星状毛具3～6辐射枝。叶片革质,长圆形或倒卵状长圆形,长7～15（18）cm,宽2.5～5（8）cm,顶端短尖或钝,基部圆形或浅心形,稀宽楔形,边缘常具不规则波状疏钝齿,上面通常无毛；叶柄长8～12mm。伞房状圆锥花序顶生,长6～13cm；苞片线状钻形；花两性；萼片5,裂片三角状,被星状毛；花瓣5,白色,卵形；雄蕊8～10；子房下位。蒴果陀螺状半球形,直径4mm,先端平截。种子棕色。花期6—9月,果期8—10月。

产于泰顺（仕阳、龟湖）。生于山谷溪边灌丛中。分布于江西、福建、湖南、广东、广西等地。

全株可药用,有强筋壮骨的功效。

与冠盖藤的区别在于小枝、叶和花序密被锈褐色星状毛,叶基部圆形或浅心形。

图4-258 星毛冠盖藤

8 溲疏属 Deutzia Thunb.

落叶，稀常绿灌木。树皮通常灰褐色，片状剥落。小枝中空或有疏松白色髓心。单叶对生；叶缘具锯齿或粗齿，通常被星状毛，有时混生柔毛；叶柄短。花序伞房状、圆锥状、聚伞状或总状，稀单生，通常着生于茎顶端或侧枝顶端；花两性；花托膨大成钟状与子房壁合生，老时木质化；萼片5；花瓣5，白色、粉红色或蓝紫色；雄蕊10，稀12～15，常较花瓣短；子房下位，3～5室，花柱3～5，离生。蒴果3～5瓣裂。种子多数，褐色，具纵纹。

约60种，分布于北温带地区。我国有50余种，全国各地均有分布，以西南部较多；浙江有6种，其中栽培1种。

可栽培供观赏，目前本省园林中栽培较多的是粉花园艺品种。

分种检索表

1. 叶两面被毛相同，星状毛具3～6辐射枝，下面较上面的辐射枝数仅多1或2条。
   2. 圆锥花序粗壮，被毛；花丝无齿 ················· **1. 浙江溲疏 D. faberi**
   2. 总状或圆锥花序柔弱，无毛；花丝先端具2齿（栽培）············· **2. 细梗溲疏 D. gracilis**
1. 叶两面被毛不同，星状毛具5～15辐射枝，下面较上面密，且辐射枝数多1倍以上。
   3. 花枝无毛；叶下面无毛或被疏毛 ················· **3. 黄山溲疏 D. glauca**
   3. 花枝被毛；叶两面均被毛，下面被毛比上面密。
      4. 叶下面绿色或带灰白色，疏被星状毛，毛被不连续覆盖，叶表皮露出。
         5. 叶下面绿色；花萼被锈色星状毛；花萼筒直径2mm，裂片卵形 ········· **4. 溲疏 D. crenata**
         5. 叶下面灰白色；花萼被灰绿色星状毛；花萼筒直径4mm，裂片三角形 ·················
            ··············· **5. 长江溲疏 D. schneideriana**
      4. 叶下面灰白色，被极密星状毛，毛被连续覆盖，叶表皮不露出 ······ **6. 宁波溲疏 D. ningpoensis**

1. 浙江溲疏 天台溲疏 （图4-259）
Deutzia faberi Rehd.

落叶灌木。小枝紫褐色，被星状毛。树皮条片状剥落。叶片薄纸质，卵状长圆形、椭圆形，长4～8.5cm，宽2～4cm，先端渐尖，边缘具细锐锯齿，两面被星状毛，下面毛较密，星状毛具3或4辐射枝，有时在星状毛中央有1单毛状斜上的辐射枝；叶柄长3～9mm，花枝上的叶无柄或近无柄。圆锥花序被星状毛；萼片三角形，密被具6或7辐射枝的星状毛；花瓣白色，狭长圆形，外被星状毛；雄蕊10，花丝无齿，外轮花丝长约6mm；花柱3。蒴果半球形，顶端平截，密被星状毛及单毛。花果期4—8月。

产于宁波及上虞、诸暨、新昌、普陀、开化、东阳、磐安、永康、天台、三门、临海、仙居、温岭、乐清、永嘉等地。生于山谷溪边灌丛中及山坡林下、林缘。为浙江特有种。模式标本采自天台。

图 4-259　浙江溲疏

2. 细梗溲疏　小溲疏　（图 4-260）

Deutzia gracilis Siebold et Zucc.

灌木，高约 2.5m。老枝灰褐色，无毛，表皮有时脱落；花枝长 5～17cm，具 4 叶，褐色，无毛。叶片纸质，披针形或椭圆状披针形，长 3～3.5cm，宽 1～1.2cm，先端渐尖，基部楔形，边缘具细锯齿，两面均绿色，上面被具 3 或 4 辐射枝的星状毛，下面被具 4 或 5 辐射枝的星状毛，毛紧贴叶表面；叶柄长 2～4mm。总状或狭圆锥花序，长 8～12cm，具 12～25 花，下部的分枝有时具

图 4-260　细梗溲疏

2（3）花，无毛；花序梗和花梗纤细，柔弱，无毛；花冠直径1.5～2cm；花梗长5～10mm；花萼筒杯状；花瓣白色，长圆形或长圆状披针形，长1～1.2cm，两面疏被毛；外轮雄蕊长5～6mm，内轮雄蕊较短，形状相同，花丝先端具2齿，齿长不达花药；花柱3，约与外轮雄蕊等长或较长。蒴果近球形，直径约5mm。花期3—4月，果期6—8月。

原产于日本。华东各地有栽培；杭州也有栽培。

3. 黄山溲疏 （图4-261）
Deutzia glauca Cheng

落叶灌木，高1.5～2m。小枝灰褐色，无毛。叶片纸质，卵形或卵状椭圆形，稀卵状披针形，长5～13cm，宽2～6cm，先端急尖或渐尖，基部楔形或圆形，边缘具细锯齿，叶下面无毛或被疏毛；叶柄长5～10mm。圆锥花序，长5～10cm，具多花，无毛；花冠直径2.4～2.8cm；花梗长5～7mm；花萼筒杯状，高约3mm，裂片阔三角形，先端急尖，与萼筒均疏被具10～12辐射枝的星状毛；花瓣白色，长圆形或狭椭圆状菱形，长14～18mm，先端急尖或钝，外面被星状毛，内面近边缘稍被毛；雄蕊10，外轮

图4-261 黄山溲疏

雄蕊长约9mm，内轮雄蕊长约5mm，形状相同，花丝先端具2钝齿；子房半球形，下位，花柱3。蒴果半球形，直径约7mm。花期5—6月，果期8—9月。

产于安吉、临安、淳安、鄞州、余姚、开化等地。生于海拔600～1200m的林中。分布于安徽、江西、福建、河南、湖北等地。

可栽培供观赏。

3a. 斑萼溲疏 （图4-262）
var. **decalvata** S.M. Hwang

与黄山溲疏的区别在于花萼筒近无毛或仅萼裂片疏被星状毛，具紫色斑点。花期6—7月。

产于安吉、临安（清凉峰）等地。生于海拔约580m的山谷溪边林下。模式标本采自安吉。

图4-262　斑萼溲疏

4. 溲疏　齿叶溲疏 （图4-263）
Deutzia crenata Siebold et Zucc. — *D. scabra* auct., non Thunb.

落叶灌木。小枝红褐色，疏生星状毛；老枝灰色，树皮片状剥落。叶片纸质，卵形至卵状披针形，长3～8cm，宽1.2～3cm，先端急尖或渐尖，边缘具细锯齿，上面疏生具5辐射枝的星状毛，下面被具10～15辐射枝的星状毛，叶下面绿色，星状毛不连续覆盖；叶柄短，长约2mm。圆锥花序被星状毛；花萼密被锈色星状毛，萼筒直径2mm，萼片卵形；花瓣白色，长卵形，外面疏被星状毛；外轮雄蕊较花瓣略短，花丝顶端有2长齿，内轮花丝先端具2齿，稀舌状；花柱3，稀4。蒴果近球形，被星状毛。花果期5—8月。

八二　绣球花科 Hydrangeaceae

图 4-263　溲疏

图 4-264　白花重瓣溲疏

产于临安、乐清、永嘉、泰顺等地。生于山坡灌丛中。分布于江苏、安徽、江西、湖北、贵州等地。

可供观赏及药用。

本种尚有1栽培变型白花重瓣溲疏'Candidissima'（图4-264），与溲疏的主要区别在于花纯白色，重瓣。有较高的观赏价值。杭州园林有栽培。

5. 长江溲疏 （图4-265）

Deutzia schneideriana Rehd.

图4-265 长江溲疏

落叶灌木。小枝带紫红色，疏被星状毛，老枝灰褐色，无毛，树皮剥落。叶片纸质，椭圆状卵形或狭卵形，长3.5～6cm，宽1.5～3cm，先端急尖或渐尖，边缘具细锯齿，上面疏被具5或6辐射枝星状毛，下面带灰白色，密被具12～15辐射枝的星状毛，中脉星状毛中央有直立的单毛状辐射枝，毛不连续覆盖；叶柄长3～5mm，疏被星状毛。圆锥花序；花梗被星状毛；花萼筒半球形，直径约4mm，密被灰绿色星状毛，萼片三角形；花瓣白色，长圆形，外被星状毛；外轮花丝顶端具2齿，齿不达到花粉囊，内轮花丝的齿合生成舌状；花柱3，长于雄蕊。蒴果半球形，被星状毛。花果期5—8月。

产于临安、淳安、遂昌、文成等地。生于山坡林缘或溪边灌丛中。分布于安徽、江西、湖北、湖南等地。

本种可供观赏。

6. 宁波溲疏 （图4-266）

Deutzia ningpoensis Rehd. — *D. chunii* Hu

落叶灌木。小枝红褐色，疏被星状毛。树皮薄片状剥落。叶片纸质，狭卵形或披针形，长3～9cm，宽1.3～3.5cm，先端渐尖，边缘疏生不明显细锯齿或近全缘，上面疏被具4～6辐射枝的星状毛，下面灰白色，毛连续覆盖，密被具12～15辐射枝的星状毛；叶柄长1～2mm，被星状毛。圆锥花序疏生星状毛；花梗短，长1～3mm；花萼筒杯状，密被白色短星状毛，萼片三角形或卵形，密被具10～15辐射枝的星状毛；花瓣白色，长圆形，被星状毛；内外2轮雄蕊形状相同，花丝顶端2齿极短，齿不达到花粉囊；花柱3～4。蒴果近球形，密被星状毛。花果期5—9月。

八二　绣球花科 Hydrangeaceae

产于全省各地。生于谷地溪边、林缘及山坡灌丛中。分布于华东及湖北等地。模式标本采自宁波。

可用作观赏树种；根、叶可入药，有退热利尿、杀虫、接骨等功效。

图 4-266　宁波溲疏

9 山梅花属 Philadelphus L.

落叶灌木。小枝具白色髓心。单叶对生；无托叶；叶片全缘或具锯齿，具3~5基出脉；有短柄。花两性，常具芳香；通常为总状花序，有时单生或2~3朵组成聚伞花序，稀圆锥花序；花萼筒倒圆锥形或近钟形，萼片4；花瓣4，白色；雄蕊多数，花丝分离；子房下位或半下位，4室，稀3或5室，中轴胎座，花柱与子房室同数。蒴果倒圆锥形、椭圆形或半球形，4瓣裂。种子多数，细小，微具翅，有胚乳。

约70种，分布于亚洲、欧洲南部及北美洲。我国有22种，产于东北、华北、华东、西南、西北；浙江有4种。

分种检索表

1. 花梗和花萼外面无毛。
  2. 叶片两面均无毛或仅脉腋被白色长柔毛……………………………… 1. 太平花 P. pekinensis
  2. 叶片两面多少被粗伏毛。
    3. 总状花序具3~5花，花序轴长2~4cm ……………………………… 2. 短序山梅花 P. brachybotrys
    3. 总状花序具5~7(9)花，花序轴长5~13cm ……………………………… 3. 浙江山梅花 P. zhejiangensis
1. 花梗和花萼外面被毛 ……………………………………………………………… 4. 绢毛山梅花 P. sericanthus

1. 太平花 （图4-267）

Philadelphus pekinensis Rupr.

落叶灌木，高1~2m。树皮剥落。小枝无毛，紫褐色；二年生小枝栗褐色。叶片卵形或狭卵形，长3~9cm，宽1.5~4.5cm，先端长渐尖，基部宽楔形或圆形，边缘疏生小锯齿，稀近全缘，两面无毛，稀仅下面脉腋被白色长柔毛，通常具3出脉；叶柄长3~10mm。总状花序具5~9花；花序梗、花梗均无毛，花梗长3~8mm；花萼黄绿色，外面无毛，裂片卵形，长4~5mm；花瓣白色，倒卵形，长9~12mm；雄蕊25~28，最长的达9mm；花盘和花柱无毛。蒴果近球形或倒圆锥形，长约1cm，宿萼近顶生。种子细纺锤形，长2~3mm。花期5—7月，果期8—10月。

产于临安（天目山）。生于海拔700~900m的山坡杂木林或灌丛中。分布于辽宁、河北、山西、江苏、河南、湖北、四川、陕西、甘肃等地。朝鲜半岛也有。

图4-267　太平花

2. 短序山梅花　疏花山梅花 （图4-268）

Philadelphus brachybotrys (Koehne) Koehne

落叶灌木，高2~3m。二年生小枝无毛，表皮灰褐色，开裂，不易脱落；当年生小枝初被长柔毛，以后无毛，黄褐色，不开裂。叶片卵形或卵状长圆形，长2~6cm，宽1~3cm，先端急尖或渐尖，基部宽楔形或圆形，边缘具疏锯齿，上面疏被粗伏毛或近无毛，下面叶脉被粗伏毛，具稍离基出3脉；叶柄长3~6mm。总状花序具3~5花；花序轴长2~4cm；花梗长3~8mm，无毛；花萼黄绿色，外面无毛，裂片卵形；花瓣白色，宽倒卵形，长1~1.5cm；雄蕊32~42，最长的长约8mm；花盘和花柱无毛，花柱纤细。蒴果椭圆形，长7~10mm。种子长3~4mm。花期4—7月，

图4-268　短序山梅花

果期8—9月。

产于安吉、临安、建德、诸暨、开化、浦江、武义、缙云、龙泉、永嘉等地。生于海拔200～1400m的灌丛中。分布于江苏、安徽、江西、福建等地。

为观赏植物，可供园林绿化及观赏。

3. 浙江山梅花 （图4-269）

Philadelphus zhejiangensis (Koehne) Koehne — *P. brachybotrys* (Koehne) Koehne var. *laxiflorus* (Cheng) S.Y. Hu

落叶灌木。树皮不剥落。当年生小枝赤褐色，无毛；二年生枝灰褐色或栗褐色。叶片薄革质，卵形或卵状椭圆形，长4～10cm，宽2～6cm，先端渐尖，基部宽楔形或近圆形，边缘具疏锯齿，上面疏被粗伏毛或近无毛，下面沿脉被粗伏毛，具3出脉。总状花序具5～7（9）花；花序轴长5～13cm，与花梗均无毛；花芳香；萼片卵形，

图4-269　浙江山梅花

外面无毛，内面密被白色绒毛；花瓣宽倒卵形；花丝不等长；花柱无毛，上部4裂，柱头线形。蒴果椭圆形，长约1cm，直径约6mm，宿萼周位。种子具短尾。花期5—7月，果期6—8月。

产于杭州、宁波、衢州、金华、丽水等地。生于阔叶林下溪沟旁及杂木林中。分布于江苏、安徽、福建。

本种花美丽，可供庭园绿化及观赏。

4. 绢毛山梅花　建德山梅花　（图4-270）
Philadelphus sericanthus Koehne

落叶灌木。树皮剥落。当年生小枝褐色，无毛；二年生枝灰褐色至深栗色。叶片纸质，椭圆形或椭圆状披针形，长3～11cm，宽1.5～5cm，先端渐尖，基部宽楔形，边缘具浅锯齿，上面疏被短伏毛或近无毛，下面无毛或沿脉散生短伏毛，脉腋有簇毛。总状花序具7～15花，疏被伏毛；无香味；花梗疏被短伏毛；花萼外面被较密的白色粗伏毛，萼片卵形，宿存；花瓣宽倒卵形，外面基部疏被伏毛；花柱无毛，上部4裂，柱头匙形。蒴果倒卵形，长约7mm，直径约5mm。种子具短尾。花期5—6月，果期7—9月。

产于临安、建德、衢州市区（衢江）、遂昌、永嘉、泰顺等地。生于山地溪沟边及山坡灌丛中。分布于华东、华中及河北、广西、四川、贵州、云南、陕西、甘肃等地。

可栽植用于庭园绿化；也可药用。

图4-270　绢毛山梅花

4a. 牯岭山梅花
var. **kulingensis** (Koehne) Hand.-Mazz.

与绢毛山梅花的主要区别在于花萼筒与萼片疏被伏毛，花梗长1～2cm，无毛。花期稍晚。

产于安吉、临安、建德、淳安、缙云、泰顺等地。生于山坡林中。分布于江西等地。

可栽培供庭园绿化；根可药用。

八三　茶藨子科 Grossulariaceae

　　落叶，稀常绿，乔木或灌木。单叶，互生或对生，稀轮生；常具齿或掌状分裂，稀全缘；无托叶或有托叶。总状、圆锥或聚伞花序，稀簇生或单生；花两性，稀单性，雌雄异株或杂性；萼片下部合生，4或5裂，宿存；花瓣4或5，分离或合生成短筒；雄蕊4或5，着生于花盘上，有时具退化雄蕊；子房下位、半下位或上位，1~6室，胚珠多数，中轴或侧膜胎座，花柱1~6。蒴果或浆果。种子富含胚乳。

　　25属，约350种，分布于热带至温带地区，主产于南美洲及澳大利亚。我国有3属，约80种；浙江有2属，3种。

1 茶藨子属 Ribes L.

　　灌木。枝无刺，稀有刺。芽具干膜质或纸质鳞片。单叶，掌状分裂；无托叶。花两性或单性异株；总状、伞房花序或近无梗的伞形花序，稀簇生或单生；花萼筒与子房合生，4或5裂，与花瓣同色；花瓣4或5，小或退化成鳞片状；雄蕊4或5；子房下位，每室具2侧膜胎座，胚珠多数，花柱2。浆果，顶端具宿萼。种子具胚乳。

　　约160种，主要分布于北半球温带地区和较寒冷的地区。我国有59种；浙江有2种。

1. 簇花茶藨子 （图4-271）

Ribes fasciculatum Siebold et Zucc.

　　落叶灌木，高达1.5m。小枝灰褐色。叶片近圆形，长（2）3~4cm，宽（2.5）3.5~5cm，边缘掌状3~5裂，具粗钝单锯齿；叶柄长1~3cm，被疏柔毛。花单性，雌雄异株，组成几无花序梗的伞形花序；雄花序2~9花，雌花2~4（6）花簇生，稀单生；花梗长（3）5~9mm，具关节；花萼黄绿色，外面无毛，有香味，花萼筒杯形，萼片卵圆形或舌形，花时反折；花瓣近圆形或扇形，长1.5~2mm；雄蕊长于花

图4-271　簇花茶藨子

瓣，雌花的雄蕊不发育，花药无花粉；子房梨形，光滑无毛，雄花的子房退化，花柱先端2裂。果实近球形，直径7～10mm，红褐色，无毛，味欠佳。花期4—5月，果期7—9月。

产于临安、建德、淳安等地。生于低海拔地区的山坡杂木林下、竹林内或路边。分布于山东、江苏、安徽、江西、河南、湖北、贵州、陕西、甘肃等地。日本和朝鲜半岛也有。

华东地区常栽培于庭园供观赏。

1a. 华蔓茶藨子（变种）（图4-272）

var. **chinense** Maxim.

与簇花茶藨子的区别在于常绿，嫩枝、叶两面和花梗均被较密柔毛，叶较大，直径达10cm。花期4—5月，果期5—9月。

产于杭州、宁波及普陀、泰顺等地。生于山坡疏林或溪沟边灌丛中。分布于山东、江苏、安徽、江西、河南、湖北、陕西、甘肃等地。朝鲜半岛、日本也有。

果实可酿酒或作果酱；根、果实可药用。

图4-272 华蔓茶藨子

2. 绿花茶藨子 （图4-273）

Ribes viridiflorum (Cheng) L.T. Lu et G. Yao —— *R. tenue* Jancz var. *virdiflorum* Cheng —— *R. glaciale* auct., non Wall.

落叶灌木，高1～3m。小枝灰褐色或灰棕色。叶片宽卵圆形或近圆形，稀长卵圆形，长2～7cm，宽2～6cm，掌状3～5裂，顶生裂片菱状卵圆形或菱形，先端短渐尖，比侧裂片稍长，稀长1倍多，侧裂片卵圆形，先端急尖，边缘具粗锐单锯齿，有时混生少数重锯齿；叶柄长1.5~3cm，具长腺毛。花单性，雌雄异株，呈直立总状花序；雄花序长4~9cm，具8~20花，雌花序稍短，具6~18花；花序轴具短柔毛、无毛或疏生短腺毛；花梗长2~5mm；苞片长圆形或长圆状披针形，长5~9mm，边缘有短腺毛，具单脉；花萼辐状，绿色或黄绿色，外面无毛，萼筒碟形，长1.5~2mm，宽大于长；花瓣

图 4-273 绿花茶藨子

小，近圆形，先端圆钝而微凹缺，绿白色；雄蕊短，几与花瓣等长或稍长；子房光滑无毛，花柱先端2裂。果实球形，直径6~8mm，红色，无毛。花期4—5月，果期6—7月。

产于安吉、临安、淳安、余姚等地。生于海拔250~1200m的山坡林下、岩石堆上或路边。模式标本采自临安西天目山。

与簇花茶藨子的区别在于总状花序，叶片宽卵圆形或近圆形，顶裂片比侧裂片稍长。

❷ 鼠刺属 Itea L.

灌木或小乔木。单叶；托叶小，早落。花白色，两性或杂性；总状花序；苞片条形，早落；花萼筒杯状或倒圆锥状，与子房基部合生，顶端5裂，裂片宿存；花瓣5，极狭；雄蕊5，着生于花盘周边；子房上位或半下位，心皮2或3，胚珠多数，花柱单一，两侧有沟，柱头头状。蒴果长圆形或狭圆锥形，有槽纹，2瓣裂。种子纺锤形。

约29种，主要分布于东南亚至我国和日本。我国约有17种；浙江有1种。

与茶藨子属的区别在于本属叶片不分裂，子房上位，蒴果。

峨眉鼠刺　牛皮桐　矩形叶鼠刺（图4-274）
Itea omeiensis C.K. Schneider — *I. chinensis* Hook. et Arn. var. *oblonga* (Hand.-Mazz.) Wu

常绿灌木或小乔木。小枝黄绿色，无毛，老枝褐色，有纵棱。叶互生；叶片薄革质，长圆形，长7~13cm，宽3~6cm，先端急尖或渐尖，基部楔形至圆形，边缘具细密锯齿，两面无毛，上面

深绿色,下面淡绿色;叶柄长1~1.7cm。总状花序腋生,单生或2~3个簇生,被微柔毛;萼片狭披针形,长约1.5mm,无毛或被微柔毛,宿存;花瓣披针形,长约3mm;雄蕊略超出花冠;子房上位,被白色微柔毛。蒴果深褐色,狭圆锥形,长7~9mm,顶端有喙,2瓣裂。花期4—6月,果期6—11月。

产于杭州、宁波、衢州、金华、丽水、温州等地。生于山坡林缘、溪谷灌丛中及岩石旁。分布于安徽、江西、福建、湖南、广西、四川、贵州、云南等地。

根、叶、花可入药。

图4-274 峨眉鼠刺

八四　景天科 Crassulaceae

一年生或多年生草本，稀亚灌木。茎、叶多为肉质。叶互生、对生或轮生，常为单叶，稀浅裂或羽状复叶；常无柄；不具托叶。聚伞花序伞房状、穗状、总状或圆锥状，有时花单生；花两性，稀单性，辐射对称，花各部常为4或5数，或为其倍数，稀3数；雄蕊与花瓣同数或为其2倍，若2倍则必排成2轮，通常外轮与萼片对生，内轮与花瓣对生，花药基生，少有背着，内向开裂；雌蕊心皮与花瓣同数，稀不同数，离生或基部合生，常在基部外侧有1腺状鳞片，子房上位，胚珠少数至多数，着生于侧膜胎座上，具2层珠被。果为蓇葖果，稀为蒴果。种子细小，胚乳不发达或缺。

约35属，1500多种，分布于亚洲、欧洲、非洲、美洲。我国约有13属，233种；浙江有6属，35种，其中栽培2种。

本科许多种类常栽培供观赏或药用。

分属检索表

1. 花4基数；雄蕊2轮；萼片分离或多少合生成管状。
    2. 花丝着生于花冠基部···1.落地生根属 Bryophyllum
    2. 花丝着生于花冠中部或上部·······································2.伽蓝菜属 Kalanchoe
1. 花5基数，稀4基数；雄蕊2轮，偶1轮；花瓣分离或多少合生。
    3. 心皮有柄或基部渐狭，分离或基部稍合生。
        4. 茎基部叶通常呈莲座状；花瓣基部合生·················3.瓦松属 Orostachys
        4. 茎基部叶不呈莲座状；花瓣分离····························4.八宝属 Hylotelephium
    3. 心皮无柄，分离或基部合生。
        5. 叶扁平，边缘具圆齿或锯齿；外种皮光滑或有纵向条纹··············5.费菜属 Phedimus
        5. 叶全缘；外种皮具乳突···6.景天属 Sedum

❶ 落地生根属 Bryophyllum Salisb.

肉质草本、亚灌木或灌木。茎常直立。叶对生或3枚轮生，单叶，浅裂、羽状分裂或为羽状复叶。花大型，常下垂，颜色鲜艳；花4数，萼片分离或多少合生成管状；花冠与花萼同长，合生，在心皮上常紧缩，裂片4，较管部短，稀较长；雄蕊2轮，花丝着生于花冠基部；鳞片半圆形、正方形或条形，全缘或有微缺；心皮先端常具较长花柱。

约20种，分布于非洲（包括马达加斯加）。我国有1种，栽培或有时逸生；浙江有1种。

落地生根 (图4-275)
Bryophyllum pinnatum (L. f.) Oken

多年生草本,高40~150cm。茎有分枝。单叶或羽状复叶,长10~30cm;小叶长圆形至椭圆形,长6~8cm,宽3~5cm,先端钝,边缘具圆齿,在圆齿底部易生芽,落地即成新植株;小叶柄长2~4cm。圆锥花序顶生,长10~40cm;花下垂,淡红色或紫红色;花萼圆柱形,长2~4mm;花冠高脚碟状,长达5cm,基部膨大,向上呈管状,裂片4,卵状披针形;雄蕊8,2轮,着生于花冠基部,花丝长;鳞片近长方形;心皮4。蓇葖果包于花萼及花冠内。种子小,有条纹。花期3月,果期4月。

原产于非洲。福建、台湾、广东、广西、云南等地有栽培。全省各地均有栽培,泰顺等地有少量逸生。

全草可药用,有凉血止血、清热解毒等功效;多栽培作观赏。

图4-275 落地生根

❷ 伽蓝菜属 Kalanchoe Adans.

肉质草本、亚灌木或灌木。具须根。茎常直立。叶对生；具叶柄或无，通常抱茎；叶片全缘、齿裂或羽状分裂。圆锥状聚伞花序顶生，具多数花；花4数；苞片小；萼片分离或多少合生成管状，三角形或披针形，常短于花冠筒；花冠黄色、白色或红色，高脚碟状，筒部不膨大或基部膨大成坛状，上部渐狭；雄蕊8，2轮，花丝很短，着生于花冠筒中部或上部；鳞片条形至半圆形；心皮直立。种子多数，细小。

约125种，分布于非洲、亚洲。我国有4种；浙江栽培1种。

《浙江种子植物检索鉴定手册》记载，本省还产伽蓝菜 K. ceratophylla Haworth 和匙叶伽蓝菜 K. spathulata (Medikus) Kuntze，但未见标本及野外植株，故未予收录。

火炬花 长寿花 （图4-276）
Kalanchoe blossfeldiana Poelln.

多年生肉质草本，高40～70cm。茎直立，少分枝。叶对生；叶片宽卵形，不分裂，长6～10cm，宽4～7cm，先端钝圆，基部渐狭或近圆形，边缘具浅齿；叶柄长1.5～2cm。圆锥状聚伞花序顶生，长10～20cm；花红色、粉色、黄色等；苞片条形；萼片4，披针形，长4～9mm；花冠高脚碟状，长1.8～2cm，花冠筒下部膨大，4裂，裂片卵状披针形，

图4-276 火炬花

长7～8mm；雄蕊8，2轮，着生于花冠筒喉部，花丝短；鳞片4，条形；心皮4，披针形，连花柱长约10mm。蓇葖果具多数种子。种子细小，圆柱形，长约0.5mm。花期4—5月。

原产于南非（马达加斯加岛）。全国各地均有栽培；杭州市区等地有栽培。

园艺品种多样，多见重瓣。

3 瓦松属 Orostachys (DC.) Fisch.

二年生或多年生草本。基生叶莲座状；叶片先端常具软骨质刺；无柄。聚伞圆锥花序或伞房状聚伞花序顶生，花多数；萼片5，基部合生，常较花瓣短；花瓣5，白色、粉红色或淡紫色，基部稍合生；雄蕊10，2轮，外轮与萼片对生，内轮着生于花瓣上；子房上位，心皮5，具柄，基部渐狭，直立，花柱细，胚珠多数，侧膜胎座。蓇葖果，先端有喙，具多数种子。

约13种，分布于俄罗斯、蒙古、日本、韩国、哈萨克斯坦。我国有8种；浙江有1种。

晚红瓦松 （图4-277）
Orostachys japonica A. Berger — *O. erubescens* (Maxim.) Ohwi

二年生或多年生肉质草本，高15～25cm，无毛，常有紫色或暗红色斑点。叶初时螺旋状集生于短茎上，叶片条形，长1.5～3cm，宽0.4～0.7cm，先端长渐尖，具1软骨质刺，常于茎顶形成扁球状叶球；次年春季叶球展开成莲座状，叶片狭匙形至倒披针形，长0.6～2cm，宽0.4～1.5cm，先端具薄片状软骨质附属物；附属物边缘具不规则细牙齿，中央具1狭长的刺；花茎从莲座中间抽出，直立，其上之叶螺旋状互生，叶片条形至条状披针形，自下往上渐小。总状花序排成狭长圆锥形或圆筒形，花密生，具短梗，每梗具1花；苞片叶状；萼片卵形，长约2mm，先端钝；花瓣白色或淡红色，披针形；雄蕊与花瓣近等长，花药暗紫色；心皮离生，花柱细，长约2mm。花期10—11月，果期12月至次年1月。

产于杭州、宁波、舟山、台州及安吉、新昌、永康、磐安、乐清、平阳等地。生于石隙或旧屋顶瓦缝间。分布于东北、华北、华东。俄罗斯、朝鲜半岛、日本也有。

全草可药用，有凉血止血、清热解毒、收湿敛疮等功效；可栽培作观赏。

该种的模式标本缺乏扁球状基生叶球的新株，花茎基部叶叶片先端微凹或圆钝的莲座状基生叶已枯萎凋落，故历史文献均误以为其仅有先端渐尖的条形基生叶，从而造成鉴定困难。《中国植物志》等文献均记载本省有瓦松 *O. fimbriata* (Turcz.) Berger 分布，但其莲座状基生叶片先端软骨质附属物的牙齿呈流苏状，总状花序塔形，多分枝，每梗具1～3花，分布于东北、华北等地，浙江不产。

八四 景天科 Crassulaceae

图 4-277 晚红瓦松

4 八宝属 Hylotelephium H. Ohba

多年生草本。根状茎短，肉质。茎直立，基部木质化。叶互生、对生或3~5枚轮生；叶片基部无柄或有柄，无距。聚伞状伞房花序；花两性，有时减少或退化为单性；萼片5，无距，基部近合生；花瓣5，通常离生，粉红色、白色或黄绿色；雄蕊10，对瓣的雄蕊着生于花瓣近基部处；鳞片5，全缘或近微缺；心皮基部分离，近有柄。蓇葖果具多数种子。种子带狭翅。

约有33种，分布于亚洲、欧洲、北美洲。我国有16种；浙江有3种。

分种检索表

1. 叶互生；花紫色 ·· 3.紫花八宝 H. mingjinianum
1. 叶对生或轮生；花不为紫色。
  2. 叶对生，少有轮生，比节间短 ··· 2.八宝 H. erythrostictum
  2. 叶轮生，有时下部对生，比节间长 ··· 1.轮叶八宝 H. verticillatum

1. 轮叶八宝 （图4-278）
Hylotelephium verticillatum (L.) H. Ohba

多年生肉质草本，高30~70cm。茎直立，少分枝。叶轮生，有时茎下部叶对生，长于节间；叶片长圆形或长圆状披针形，长5~8cm，宽2~3cm，先端钝圆，基部渐狭至柄，边缘疏生钝齿，上面深绿色，下面淡绿色；叶柄长2~7mm。聚伞状伞房花序顶生，具多数密集的花；萼片5，三角状卵形，长约1mm；花瓣5，淡绿色至黄白色，长圆状椭圆形，长约4mm；雄蕊10，对萼的较花瓣稍长，对瓣的较短；鳞片5，条状楔形，长约1mm；心皮5，倒卵形至长圆形，连花柱长约

图4-278 轮叶八宝

4mm,有短柄。种子淡褐色,狭长圆形,长约0.7mm。花期7—9月。

产于安吉、杭州市区、临安、鄞州、余姚、奉化、象山、宁海、开化、天台、缙云等地。生于海拔800～1300m的林下石隙间或山坡沟边。分布于吉林、辽宁、河北、山西、山东、江苏、安徽、河南、湖北、四川、陕西、甘肃等地。日本、朝鲜半岛也有。

全草可药用,有活血化瘀、解毒消肿等功效。

2. 八宝（图4-279）
Hylotelephium erythrostictum (Miq.) H. Ohba

多年生肉质草本,高30～80cm。块根胡萝卜状。茎直立,少分枝。叶对生,少互生或3枚轮生；叶片长圆形或卵状长圆形,长3.5～8cm,宽2～5cm,比节间短,先端钝,边缘疏生钝齿；无柄。聚伞状伞房花序顶生,具多数密集的花；萼片5,三角状卵形,长约1.5mm；花瓣5,白色或粉红色,宽披针形,长4～6mm,先端渐尖；雄蕊10,等长或稍短于花瓣；鳞片5,长圆状楔形,长约1mm；心皮5,直立,狭卵形,稍长于花瓣,基部分离。种子褐色,细条形,长约1.2mm。花期5—10月。

产于安吉、杭州市区、临安、淳安、鄞州、慈溪、余姚、奉化、象山、普陀、嵊泗、磐安、天台、温岭、缙云、庆元、景宁、文成等地。生于山坡岩石缝间或林下草丛中。分布于东北及河北、山西、山东、江苏、安徽、河南、湖北、四川、贵州、云南、陕西等地。日本、朝鲜半岛也有。

全草可药用,有清热解毒、止血等功效；可栽培供观赏。

图4-279 八宝

3. 紫花八宝 （图4-280）

Hylotelephium mingjinianum (S.H. Fu) H. Ohba

多年生草本，高20～40cm。茎直立，常不分枝。叶互生，茎叶常呈紫红色；下部的叶片宽椭圆状倒卵形，长8～12cm，宽3～5cm，先端钝或具尖头，基部渐狭成柄，边缘具波状钝齿；上部的叶片狭卵形至条形，较小。聚伞状伞房花序顶生，具多数密集的花；花梗长8～10mm；萼片5，狭卵状披针形，长2.5～3.5mm，宽约1mm；花瓣5，紫色，狭卵形，长5～6mm，宽约2mm；雄蕊10，与花瓣近等长；鳞片5，匙状长圆形，长约1mm；心皮5，直立，卵形，长约5mm，基部分离，具长约1mm的柄。种子褐色，条形，长约1mm，表面生细乳头状突起。花期9—10月，果期10月。

产于安吉、临安、建德、淳安、诸暨、新昌、鄞州、余姚、奉化、象山、宁海、金华市区（婺城）、磐安、武义、仙居、永嘉等地。生于海拔200～950m的山间溪沟边阴湿处或树干上、屋顶及石隙间。分布于安徽、湖北、湖南、广西等地。

全草可药用，有活血止血、清热解毒等功效。

图4-280　紫花八宝

5 费菜属 Phedimus Raf.

多年生草本,无毛。根状茎粗壮。茎直立,基部木质化。叶互生或对生;叶片扁平,边缘具圆齿或锯齿;具叶柄或无。花序顶生,聚伞花序具3主要分枝,具多数花;花两性;花瓣5,黄色;无梗或近无梗;雄蕊10;鳞片全缘或先端微缺;花柱短,弯曲或花时伸直。种子多数,外种皮光滑或有纵向条纹。

约20种,分布于亚洲、欧洲。我国有8种;浙江有1种。

费菜 景天三七 (图4-281)
Phedimus aizoon (L.) 't Hart

多年生草本,高20~50cm。根状茎粗壮,块状,近木质化,通常抽出1~3条茎。茎直立,不分枝。叶互生;叶片宽卵形、披针形至倒卵状披针形,长2.5~5cm,宽1~2cm,先端钝尖,基部楔形,边缘具不整齐锯齿或近全缘。聚伞花序顶生,水平分枝;花多数,密集;萼片5,条形,肉质,不等长,长3~3.5mm;花瓣5,黄色,长圆形或卵状披针形,长约6mm,有短尖;雄蕊10,较花瓣短;鳞片5,近正方形,长约0.3mm;心皮5,长6~7mm,基部合生,腹面具囊状突起。蓇葖果星芒状。种子长圆形,长约0.8mm,平滑,边缘具狭翅。花果期6—9月。

产于安吉、杭州市区、临安、建德、淳安、诸暨、宁波市区(北仑)、鄞州、余姚、奉化、象山、宁海、东阳、天台、温岭、缙云、瑞安、泰顺等地,全省各地广泛栽培。生于山坡岩石上或屋边墙脚荒地上。分布于长江流域及北部各地。蒙古、日本、朝鲜半岛也有。

全草可药用,有散瘀止血、宁心安神、解毒等功效。

图4-281 费菜

⑥ 景天属 Sedum L.

一年生或多年生草本。不育茎有或无；茎直立或外倾，有时丛生或呈藓状。叶互生、对生或轮生；叶片全缘，稀具齿或浅裂；通常无柄。聚伞或伞房花序，腋生或顶生；花常两性，稀单性；萼片和花瓣各5，离生或基部合生；雄蕊5或10，对瓣的雄蕊着生于花瓣上；鳞片5，全缘或微凹；心皮通常5，分离或基部合生。蓇葖果。种子平滑或具乳突，很少具条纹。

约470种，主要分布于北半球，并延伸到南半球的非洲和南美洲。我国有121种；浙江有28种。

分种检索表

1. 花通常具明显花梗。
 2. 一年生草本；花近白色或淡紫色 ·· **1. 大叶火焰草 S. drymarioides**
 2. 二年生草本；花黄色 ·· **2. 火焰草 S. stellariifolium**
1. 花无梗或近无梗。
 3. 植株具不育茎和花茎；不育茎和花茎上的叶二型。
  4. 不育茎上部的叶较大，先端微凹。
   5. 不育茎上的叶3～5枚轮生 ·· **26. 江南景天 S. kiangnanense**
   5. 不育茎上的叶互生 ·· **14. 中华景天 S. tosaense** subsp. **sinense**
  4. 不育茎上部的叶较小，先端微钝。
   6. 不育茎上的叶对生或3～4枚轮生 ·· **13. 细小景天 S. subtile**
   6. 花茎、不育茎上的叶均互生，花茎从基部分枝 ························· **16. 台湾景天 S. formosanum**
 3. 植株不育茎和花茎上的叶一型，稀仅具花茎时叶二型。
  7. 花单生 ·· **6. 贺氏景天 S. hoi**
  7. 花多数。
   8. 植株被腺毛和暗红色斑纹 ·· **10. 龙泉景天 S. lungtsuanense**
   8. 植株无毛，也无明显的异色斑纹。
    9. 花茎上的叶互生。
     10. 叶片与花的苞片卵形至倒卵状近圆形，大型。
      11. 花瓣及心皮均为5 ·· **3. 大苞景天 S. oligospermum**
      11. 花瓣及心皮均为4。
       12. 叶具长柄 ·· **4. 四芒景天 S. tetractinum**
       12. 叶基部渐狭，不具明显的柄 ·· **7. 东至景天 S. dongzhiense**
     10. 叶片与花的苞片条形至匙形，小型。
      13. 植株基部木质，密生残叶，鳞片呈藓状 ························· **9. 藓状景天 S. polytrichoides**
      13. 植株基部草质，叶常脱落。
       14. 植株具块茎；苞片远比花长 ·· **5. 薄叶景天 S. leptophyllum**
       14. 植株无块茎；苞片与花近等长或稍长。

15.植株上部叶腋常具珠芽 …………………………………………………… 11.珠芽景天　S. bulbiferum
15.植株无珠芽。
　　16.植株相对较高,通常大于15cm；叶片匙形。
　　　　17.心皮5。
　　　　　　18.叶轮生或对生 ………………………………………………… 25.红子佛甲草　S. erythrospermum
　　　　　　18.叶互生。
　　　　　　　　19.花茎通常不分枝；花药紫褐色 ……………………………… 17.东南景天　S. alfredii
　　　　　　　　19.花茎中下部分枝；花药橙黄色 ……………………………… 15.杭州景天　S. hangzhouense
　　　　17.心皮3,偶见2或4 …………………………………………………… 18.高岭景天　S. tricarpum
　　16.植株相对矮小,通常小于15cm；叶片条形或披针形。
　　　　20.植株高不及10cm ……………………………………………………… 8.天目山景天　S. tianmushanense
　　　　20.植株高10～20cm ……………………………………………………… 12.日本景天　S. japonicum
9.花茎上的叶对生或轮生。
　21.植株直立或近直立；叶对生。
　　　22.叶片先端圆钝。
　　　　　23.植株常分枝。
　　　　　　　24.萼片长2～3mm,花瓣长4～5mm ……………………………… 20.圆叶景天　S. makinoi
　　　　　　　24.萼片长5～9mm,花瓣长7～8mm ……………………………… 21.坤俊景天　S. kuntsunianum
　　　　　23.植株不分枝,高不及15cm …………………………………………… 22.对叶景天　S. baileyi
　　　22.叶片先端微凹 ……………………………………………………………… 19.凹叶景天　S. emarginatum
　21.植株直立或匍匐；叶轮生。
　　　25.植株直立；叶3或4枚轮生；不育茎上的叶片条形。
　　　　　26.叶片长10～15mm；种子表面密布乳头状突起 ……………………… 28.佛甲草　S. lineare
　　　　　26.叶片长5～10mm；种子表面疏生乳头状突起 ……………………… 24.爪瓣景天　S. onychopetalum
　　　25.植株匍匐；叶3枚轮生；不育茎上的叶片倒卵形、倒披针形至长圆形。
　　　　　27.不育茎纤细；叶片倒卵形 …………………………………………… 23.九龙山景天　S. jiulungshanense
　　　　　27.不育茎粗壮；叶片倒披针形至长圆形 ……………………………… 27.垂盆草　S. sarmentosum

1. 大叶火焰草　（图4-282）
Sedum drymarioides Hance

一年生草本,高7～20cm,全株被腺毛。茎基部斜升,多分枝,细弱。叶互生或对生；叶片卵形至宽卵形,长1.5～3.5cm,宽1～3cm,先端圆钝,基部宽楔形并下延成柄；叶柄长0.5～1.5cm。圆锥花序疏散,分枝少,具少数花；花梗纤细,长3～15mm；萼片5,长圆形至披针形,长约2mm；花瓣5,白色或淡紫色,长圆形,比萼片稍长,先端渐尖；雄蕊10,与花瓣近等长或略短,花药深紫褐色；鳞片5,宽匙形,先端微缺至浅裂；心皮5,长2～3mm,略叉开,具6～8胚珠。蓇葖果成熟时叉开,具3或4种子。种子长圆状卵形,暗褐色,具纵纹。花期5—6月。

产于安吉、德清、杭州市区、富阳、临安、建德、淳安、诸暨、新昌、宁波市区（北仑）、鄞州、余姚、奉化、衢州市区（衢江）、开化、常山、金华市区（婺城）、武义、仙居、莲都、遂昌、龙泉、庆元、景宁、瑞安等地。生于海拔150～800m的路边、岩石上、溪边林下。分布于华中及安徽、江西、福建、台湾、广东、广西等地。

全草可药用，有凉血止血、清热解毒等功效。

图4-282　大叶火焰草

1a. 虎耳草状景天（变种）（图4-283）
var. **saxifragiforme** X.F. Jin et H.W. Zhang

与大叶火焰草的区别在于基生叶莲座状，无毛；花序分枝多。

产于临安、开化、景宁等地。生于山坡岩石上。模式标本采自临安昌化。

图4-283　虎耳草状景天

2. 火焰草 繁缕景天（图4-284）
Sedum stellariifolium Franch.

二年生草本，高10～15cm，全株密生腺毛。具须根。茎铺散，多分枝，较纤细。叶互生；叶片三角形或三角状卵形，长0.5～1.5cm，宽0.4～1cm，先端钝或尖，基部宽楔形至截形；叶柄长4～8mm。聚伞花序顶生；萼片5，长圆形至披针形，长1～2mm，先端尖；花瓣5，黄色，披针形，长3～4mm；雄蕊10，比花瓣短，花药黄色；鳞片5，宽匙形，先端深凹或浅裂；心皮5，长圆形，长约3mm，基部1mm以下合生。蓇葖果具10至多数种子。种子长圆状卵形，长约0.3mm，具纵纹，表面具乳头状突起。花期6月。

产于淳安、奉化、永康、天台、温岭、莲都等地。生于海拔200～300m的村边石坎或石隙间。分布于华中及河北、山西、山东、四川、贵州、云南、陕西等地。

全草可药用，有清热解毒、凉血止血等功效。

图4-284 火焰草

3. 大苞景天 （图4-285）
Sedum oligospermum Maire

一年生草本，高40cm。具须根。茎直立。叶互生，基生叶常脱落；叶片菱状椭圆形，长3～7cm，宽1～2cm，先端渐狭，钝，基部渐狭成长柄，有短距。聚伞花序顶生，常三歧分枝，每枝具1～4花；花无梗；苞片叶状，下部的长超出花序，其余的圆形或倒卵形，与花近等长；萼片5，宽三角形，长0.5～0.7mm，先端钝，有距；花瓣5，黄色，长圆形，长5～6mm；雄蕊10，较花瓣稍短；鳞片5，长圆状匙形；心皮5，略叉开，基部2mm以下合生。蓇葖果具1～2种子。种子狭卵形，有乳头状突起。花期6—7月，果期8—9月。

产于安吉、临安、莲都、庆元、泰顺等地。生于海拔700～1000m的沟边潮湿处。分布于华中及四川、贵州、云南、陕西、甘肃等地。

全草可药用，有清热解毒、活血行瘀等功效。

图4-285 大苞景天

4. 四芒景天 （图4-286）
Sedum tetractinum Fröd.

一年生草本，高9～15cm。具须根。全株有时被白色糠秕状突起。不育茎上的叶对生；花茎直立或平卧，上部分枝，叶互生。基生叶常脱落，具长柄，卵圆形至圆形，长1.5～3.2cm，宽1～1.3cm，先端钝圆、微凹或有微乳头状突起。蝎尾状聚伞花序顶生；具花序梗；苞片大型，叶状；萼片4，披针形或狭长圆形，长约2mm，宽约0.5mm；花瓣4，黄色，狭披针形，长10～12mm，宽约0.8mm；雄蕊8，较花瓣短，对瓣的在离花瓣基部0.5mm处着生；鳞片4，宽匙形；心皮4，略叉开，基部1.5～2mm处合生。蓇葖果具多数种子。种子棕褐色，卵球形，表面有乳头状突起。花果期7—10月。

产于临安、淳安、宁波市区（北仑）、奉化、开化、磐安、天台、庆元、永嘉、瑞安、泰顺等地。生于海拔70～900m的山坡上、林下及溪边阴湿处。分布于安徽、江西、广东、贵州等地。

图4-286　四芒景天

5. 薄叶景天 （图4-287）
Sedum leptophyllum Fröd.

多年生草本。根状茎块状。茎直立；不育茎高10～15cm，顶端的叶簇生状；花茎自基部发出，基生叶常脱落。叶互生或3枚轮生；叶片狭条状披针形至狭条状倒披针形，长1.5～3.5cm，宽0.1～0.2cm，先端钝，基部有短距。聚伞花序顶生，2或3分枝；花几无梗；苞片叶状，较小型，远比花长；萼片5，狭三角形，长1mm；花瓣5，黄色，狭披针形，长4～4.5mm；雄蕊10，较花瓣稍短；鳞片3，宽匙状长方形；心皮3，披针形至长圆形，基部1mm以下合生，略叉开。种子多数。花期7—8月，果期9—10月。

产于杭州市区、临安、磐安、天台、缙云、松阳、泰顺等地。生于海拔400～1500m的阴湿岩石上或林下潮湿处。分布于安徽、湖北等地。

图4-287 薄叶景天

6. 贺氏景天

Sedum hoi X.F. Jin et B.Y. Ding.

多年生草本,全株无毛,散生暗红色斑点。具须根。茎直立,不分枝,高8~10cm。叶互生,二型;下部叶叶片椭圆形或倒卵形,长2~4mm,宽1~2.5mm,先端圆钝,基部渐狭,近无距;上部叶叶片条形,长6~25mm,宽1~1.5mm,先端钝,基部渐狭,具短距。花单生于茎顶;花无梗;萼片5,三角状卵形或狭卵形,不等长,长1.5~2.5mm,具短距;花瓣5,黄色,披针形,长5~6mm,宽1.5~2mm;雄蕊10;鳞片5,钝四方形,小,极不明显;心皮5,披针形,基部1.5mm处合生。果星芒状叉开。种子多数,长卵形。花期7—8月,果期9月。

产于临安(西天目山横塘)。生于林下岩石上。模式标本采自临安西天目山。

王泓等(2005)发表了该新种,标本存放于杭州植物园标本馆,但实地调查未见野生分布及栽培,故仅作记录。

7. 东至景天 (图4-288)

Sedum dongzhiense D.Q. Wang et Y.L. Shi

二年生草本,全株无毛。具须根。茎高14~25cm,节上生淡紫色根。叶互生;不育茎的下部叶匙状倒披针形,上部叶近菱形,长3~4.5cm,宽1.2~1.8cm;花茎上的叶倒披针形,长2.5~4.5mm,宽5~8mm,先端钝,基部渐狭,不具明显的柄。聚伞花序顶生,4或5分枝;中间花具花梗,其余无梗;苞片叶状,长达4.5cm;萼片4,狭三角形;花瓣4,黄色,狭披针形,长约

7mm；雄蕊8，排成2轮，较花瓣短；鳞片4，近三角形，先端微凹；心皮4，长椭圆形。花期5—7月，果期7月。

产于临安、淳安、衢州市区（衢江）、开化等地。生于湿润岩石上。分布于安徽等地。

图4-288　东至景天

8. 天目山景天 （图4-289）

Sedum tianmushanense Y.C. Ho et F. Chai

多年生小草本，高不及10cm。根状茎短缩，节上生有长圆球形的地下潜伏小鳞茎。花茎直立，无毛，自基部分枝。叶互生；叶片条形或披针形，长不及1mm，宽约2mm，先端钝，基部具短距。聚伞花序具2～7分枝，具少数花；花无梗；苞片线状披针形，叶状；萼片5，倒卵状披针形，不等大，长1.5～7mm，先端钝，基部有短距；花瓣5，淡黄色，狭卵形，长约4mm；雄蕊10，比花瓣短；鳞片5，近方形；心皮5，卵状披针形，长约3.5mm，基部1mm以下合生，具5～7胚珠。蓇葖果成熟时星芒状叉开，内侧具明显囊状隆起。种子淡栗褐色，长圆状卵形，表面具乳头状突起。花果期5—6月。

产于临安、淳安、莲都、龙泉等地。生于海拔900～1500m的山坡林下阴湿处。模式标本采自临安天目山。

图4-289　天目山景天

9. 藓状景天 （图4-290）

Sedum polytrichoides Hemsl.

多年生草本，高5~10cm。茎基部木质，纤细，丛生，有多数不育茎，茎下部常有较密生

图4-290　藓状景天

的残叶；鳞片藓状。叶互生；叶片条形至条状披针形，长5～15mm，宽1～2mm，先端钝或尖，基部有距。聚伞花序顶生，具2～4分枝；花近无梗；苞片叶状，较小；萼片5，长卵形，长1.5～2mm，具短距；花瓣5，黄色，狭披针形，长5～6mm，宽约1mm，先端渐尖；雄蕊10，稍短于花瓣，花药黄色；鳞片5，细小，圆楔形；心皮5，稍直立。蓇葖果长卵形，基部1.5mm以下合生，腹面有浅囊状突起。种子多数，栗褐色，长圆形，表面有乳头状突起。花期5—6月，果期6—7月。

产于杭州市区、临安、淳安、新昌、宁波市区（北仑）、鄞州、余姚、奉化、象山、宁海、定海、普陀、岱山、磐安、天台、松阳等地。生于山坡岩石上。分布于东北及安徽、江西、河南、陕西等地。日本、朝鲜半岛也有。模式标本采自宁波。

10. 龙泉景天 （图4-291）
Sedum lungtsuanense S.H. Fu

一年生草本，高15～25cm，全株疏生腺毛。根须状。茎直立，具开展分枝。叶互生；叶片匙形，长7～15mm，宽4～7mm，先端钝圆或急尖，基部渐狭，具不明显距，两面散生腺毛和暗红色斑纹。聚伞花序顶生，具多数花，疏生；花梗短；萼片5，匙形，不等长，长2～4mm，叶状；花瓣5，黄色，狭披针形，长4.5～5mm，宽约1mm；雄蕊10，较花瓣短；鳞片5，细小，正方状匙形；心皮5，卵状披针形，近直立，连同花柱长约4mm，基部1mm以

图4-291　龙泉景天

下合生。种子多数,栗褐色,长卵形。花期6月。

产于淳安、江山、磐安、临海、遂昌、龙泉、泰顺等地。生于海拔600～800m的山坡阴湿处。分布于福建等地。模式标本采自龙泉。

11. 珠芽景天　珠芽石板菜　（图4-292）
Sedum bulbiferum Makino

多年生草本。根须状。茎高10～15cm,纤细,直立或斜升,着地部分节上常生不定根。上部叶腋常着生球形、肉质、小型珠芽。基生叶常对生,常脱落,茎生叶互生,下部叶卵状匙形,上部叶匙状倒披针形,长7～15mm,宽2～4mm,先端钝,基部渐狭,有短距。聚伞花序顶生,具2或3分枝;花无梗;苞片与花近等长或稍长;萼片5,宽披针形或倒披针形,常不等长,有短距,先端钝;花瓣5,黄色,披针形至长圆形,长4.5～5mm,宽1.5～2mm;雄蕊10,较花瓣短,花药黄色;鳞片长圆柱状匙形;心皮5,披针形,基部1mm合生。蓇葖果略叉开。种子长圆形,表面有乳头状突起。花期4—5月。

全省各地常见。生于海拔1100m以下的山坡草丛中、岩石及林下阴湿处、平原农田、园地、绿化带中。分布于长江流域以南各地。日本也有。

全草可药用,有清热解毒、凉血止血等功效。

图4-292　珠芽景天

12. 日本景天（图4-293）
Sedum japonicum Siebold ex Miq.

多年生草本。具须根。不育茎高2～4cm；花茎纤细，直立或斜升，高10～20cm。叶互生；叶片条状匙形，长7～10mm，宽2～3mm，先端钝，基部渐狭，有短距；无柄。聚伞花序顶生，具2或3分枝，具多数花；苞片叶状，较小；萼片5，条状长圆形或倒卵形，长2～4mm，常不等长，先端钝，基部有短距；花瓣5，黄色，长圆状披针形，长6～7mm，宽约1.5mm；雄蕊10，较花瓣稍短或近等长；鳞片5，细小，宽楔形；心皮5，卵状披针形，长4～5mm，基部2mm以下合生。蓇葖果成熟时水平展开。花期5—6月，果期7—8月。

产于临安、象山、武义、遂昌、松阳、龙泉、庆元、永嘉等地。生于海拔800m左右的山坡阴湿处。分布于安徽、江西、湖南、台湾、广东等地。日本也有。

图4-293　日本景天

13. 细小景天（图4-294）
Sedum subtile Miq.

多年生草本。茎纤细，丛生，下部横卧，节上生不定根；花茎高5～12cm，下部着生不育茎。不育茎上部的叶对生或3、4枚轮生，较小，叶片倒卵形，长10～20mm，宽5～8mm，先端微钝，基部渐狭，具短距；花茎上的叶互生，叶片倒披针状条形，长5～15mm，宽1～2mm。聚伞花序顶生，具2或3分枝，每枝疏生3至数花；花无梗；苞片叶状，较小；萼片5，条形或宽条形，长3～7mm，不等长，先端钝，基部具短距；花瓣5，黄色，宽披针形，长约5mm；雄蕊10，比花瓣短，花药紫褐色；鳞片5，宽楔形；心皮5，披针形，基部2mm以下合生。蓇葖果斜展。种子褐色，卵形，表面有乳头状突起。花期6—8月。

图4-294 细小景天

产于安吉、杭州市区、临安、淳安、磐安、龙泉、景宁等地。生于海拔700m以上的沟边阴湿岩石上。分布于江苏、江西等地。日本也有。

14. 中华景天 （图4-295）

Sedum tosaense Makino subsp. **sinense** K.T. Fu et G.Y. Rao

多年生草本。具须根。具不育茎。不育茎上的叶互生，叶片倒卵状匙形，基部楔形；花茎幼时匍匐，后直立，细弱，可达15cm，叶片条状匙形，长1.2～2cm，宽0.5～1cm，基部渐狭，先端圆形或微凹。聚伞花序顶生，有时分枝，具多数花；花无梗；苞片叶状；萼片4，长圆形，不等长，有距，先端圆钝；花瓣5，黄色，狭椭圆状披针形，先端短尖；雄蕊10，与花瓣近等长或略短，花药紫褐色；心皮皱缩，成熟时叉开，基部合生。蓇葖果种子多数。种子表面具乳头状突起。花期5—6月。

产于临安、淳安、磐安等地。生于海拔600~800m的湿润岩石上、山核桃林下、石砾堆中。模式标本采自临安昌化。

金孝锋等（2010）发现，中华景天不育茎上的叶片先端明显凹陷，具小尖头，与日本的土佐景天 S. tosaense Makino 明显不同，又考虑到两者分布区出现明显分化，故认为本省的土佐景天系中华景天的误定。

图4-295　中华景天

15. 杭州景天 （图4-296）

Sedum hangzhouense K.T. Fu et G.Y. Rao

一年生草本，高8~20cm。具须根。花茎中下部分枝，直立或斜上展。叶互生；叶片狭倒卵形或匙状长圆形，长2~3cm，宽3~7mm，先端钝圆，基部狭楔形，具距。聚伞花序顶生，具多数花；花无梗；苞片叶状，远较花长；萼片5，近等长，宽线形或三角形，长1.5~2.4mm；花瓣5，黄色，线状披针形，长4~4.5mm，基部合生约0.5mm；雄蕊10，比花瓣短，花药橙黄色；鳞片5，近匙形；心皮5，长圆形、卵状披针形，全长4~4.5mm，基部1.2~1.5mm合生。蓇葖果星状叉开，内侧囊状隆起。种子长圆形，种脊明显，具微乳头状突起。花期5—6月。

产于杭州市区等地。生于阴湿石缝间、路旁岩石上或山坡林下。模式标本采自杭州市区。

图4-296 杭州景天

16. 台湾景天 台湾佛甲草 （图4-297）
Sedum formosanum N.E. Br.

多年生草本。具须根。茎粗壮，丛生，下部直立，具2或3分枝；花茎自基部分枝，花茎、不育茎上的叶互生，叶片匙形、倒卵形或近圆形，长0.8~1.2cm，宽0.5~0.8cm；不育茎上的叶较小，先端微钝。聚伞状伞房花序，具多数花；苞片叶状；花无梗；萼片条状披针形，不等长，长2~3mm，先端钝，局部具极短距；花瓣5，黄色，狭披针形，长6~7mm，先端锐尖；雄蕊10，花

图4-297 台湾景天

药黄色,比花瓣短;鳞片5,长方形或正方形;心皮5,宽披针形,长5~6mm,先端短渐尖,基部1mm以下合生。蓇葖果具多数种子。种子狭椭圆形。花期3—4月,果期6—7月。

产于杭州市区、余姚、象山、普陀、嵊泗、临海、温岭、玉环等地。生于海岸边。分布于我国台湾。日本、菲律宾也有。

17. 东南景天　石板菜 （图4-298）
Sedum alfredii Hance

多年生草本。根状茎横走。不育茎高3~5cm,叶互生,下部叶常脱落,上部叶常聚生,匙形至匙状倒卵形,长10~20mm,宽3~8mm,先端钝,基部狭楔形,无柄,有短距;花茎单一,通常不分枝,常带暗红色,高10~20cm,果时木质化,无珠芽。聚伞花序顶生,具2或3分枝,具多数花;花无梗;苞片叶状,较小;萼片5,匙状倒卵形,长3~5mm,不等大,基部有距;花瓣5,黄色,披针形至长圆状披针形,长5~6mm,宽1.5~1.8mm;雄蕊10,比花瓣略短,花药紫褐色;鳞片5,匙状方

图4-298　东南景天

形;心皮5,卵状披针形,长4mm,基部稍合生。蓇葖果斜叉开。种子多数,栗褐色,长卵形。花期4—5月,果期6—7月。

全省各地常见。生于海拔1200m以下的山地林下阴湿处或岩石上。分布于华东及湖北、湖南、台湾、广东、广西、四川、贵州等地。日本、朝鲜半岛也有。

全草可药用,有清热凉血、消肿解毒等功效。

18. 高岭景天 （图4-299）
Sedum tricarpum Makino

多年生草本,全体无毛。不育茎高5~10cm,叶集生于茎顶;花茎通常分枝,高10~20cm,紫红色,稍具棱,下部叶早落。叶互生;叶片匙形或匙状倒卵形,长15~35mm,宽5~10mm,先端钝,具小突尖,基部渐狭,具短距。聚伞花序顶生,具2或3分枝;花无梗;苞片叶状,较叶小;萼片5,匙状倒卵形,长2~5mm,不等大;花瓣5,黄色,狭披针形,长5~6mm;雄蕊10,短于花瓣;鳞片和心皮均为3,偶见2或4。花期4—6月。

图4-299　高岭景天

产于临安、淳安等地。分布于安徽等地。日本也有。

19. 凹叶景天 （图4-300）
Sedum emarginatum Migo

多年生草本,高10~15cm。茎纤细,近直立,着地部分常生不定根。叶对生;叶片匙状倒卵形至宽卵形,长1~2.5cm,宽0.5~1.2cm,先端微凹,基部渐狭,有短距;无柄。聚伞花序顶生,具3分枝;花无梗;萼片5,披针形至狭长圆形,长2~5mm,先端钝,基部有短距;花瓣5,黄色,线形至披针形,长6~7mm,宽1.5~2mm;雄蕊10,比花瓣短,花药紫褐色;鳞片5,长圆形;心皮5,长圆形,长4~5mm,基部合生。蓇葖果略叉开,腹面具浅囊状隆起。种子细小,褐色。花期5—6月,果期6—7月。

全省各地常见。生于海拔570m以下的溪沟边、草丛中、山顶岩石上及路边阴湿处。分布于江苏、安徽、江西、湖北、湖南、四川、云南、陕西、甘肃等地。模式标本采自杭州市区。

全草可药用,有清热解毒、凉血止血、利湿等功效。

图 4-300 凹叶景天

20. 圆叶景天 （图 4-301）
Sedum makinoi Maxim.

多年生草本，高 20～35 cm。茎直立或近直立，下部节上生不定根，常分枝。叶对生；叶片倒卵形或倒卵状匙形，长 15～20 mm，宽 6～8 mm，先端钝圆，基部渐狭，有短距。聚伞花序顶生，花枝二歧

图 4-301 圆叶景天

分枝；花无梗；苞片与叶同形而小；萼片5，条状匙形，长2~3mm，先端钝，基部有短距；花瓣5，黄色，披针形，长4~5mm，先端渐尖；雄蕊10，较花瓣短或近等长，花药紫褐色；鳞片5，长方状匙形；心皮5，披针形，长约5mm，基部1mm处合生。蓇葖果斜展，有微乳头状突起。花期6—7月。

产于杭州市区、临安、宁波市区（北仑）、鄞州、慈溪、余姚、宁海、衢州市区（衢江）、开化、江山、金华市区（婺城）、兰溪、磐安、天台、临海、仙居、温岭、玉环、莲都、缙云、遂昌、龙泉、庆元、景宁、洞头、乐清、永嘉、瑞安、文成、泰顺等地。生于海拔350~1000m的低山山谷林下阴湿处及沟边岩石上。分布于安徽（黄山）等地。日本也有。

全草可药用，有清热解毒、凉血止血、利湿等功效。常栽培供观赏。

21. 坤俊景天 （图4-302）
Sedum kuntsunianum X.F. Jin, S.H. Jin et B.Y. Ding

多年生草本，高8~12cm。具须根。茎直立或近直立，常分枝。基生叶对生，椭圆形、宽卵形至近圆形，长1~4cm，宽1~3cm，先端钝，基部渐狭，具短距；不育茎匍匐，成对着生于基生叶的叶腋，叶片倒卵形或近圆盘状，长1.4~2cm，宽1~1.5cm，具短距；花茎直立或上升，基部叶对生，稀互生，叶片近圆盘状或匙形，长1~2cm，宽0.6~1.2cm，具短距。蝎尾状聚伞花序，具2或3分枝；花无梗；苞片叶状，先端钝，楔形，具短距；萼片5，长圆形至线形，不等长，长5~9mm，宽1~1.5mm，先

图4-302　坤俊景天

端钝，楔形，具短距；花瓣5，黄色，披针形，长7～8mm，宽1.5～2mm，先端渐尖；雄蕊10，较花瓣稍短，着生于离花瓣基部约1mm处，花药红黄色；鳞片5，卵状匙形；心皮5，披针形，长约5mm，基部1mm处合生。种子多数，细小，长圆状卵球形，红棕色。花果期5月。

产于仙居、景宁、文成、泰顺等地。生于海拔450～850m的山谷中、岩石上和路边潮湿处。模式标本采自文成石垟。

22. 对叶景天 （图4-303）
Sedum baileyi Praeger

多年生草本。根状茎常横走，根须状。茎高不及15cm，常不分枝。叶对生；叶片倒卵状匙形，长约1.5mm，宽约6mm，先端圆钝，基部楔形，有短距。聚伞花序，具少数花；苞片倒卵形，似叶而小；萼片5，长圆状条形，长1.5～2mm，宽约1mm，基部有宽钝距；花瓣5，黄色，披针形，长4～5mm，宽约1.5mm，有短尖头；雄蕊10，较花瓣短；鳞片5，长方状匙形，先端钝圆。蓇葖果叉开，基部2mm处合生，腹面浅囊状。种子多数。花期4—6月，果期7月。

产于杭州市区、开化、磐安、莲都、松阳、庆元等地。生于山间岩石上。分布于江西、湖南、广东、广西等地。

图4-303 对叶景天

23. 九龙山景天 （图4-304）
Sedum jiulungshanense Y.C. Ho

多年生草本，高8～10cm。不育茎纤细，匍匐，节上生不定根，叶3枚轮生或最上部2枚对生，叶片倒卵形，长4～8mm，宽1.5～3mm，先端微凹，基部楔形，具短距；花茎直立，纤细，叶3枚轮生或最上部2枚对生，叶片条形，长5～10mm，先端钝，基部具短距。聚伞状总状花序，具

3分枝，长3~5cm，具少数花；花无梗；苞片叶状，条形；萼片5，条状倒卵形，长2~3mm，先端钝，基部有短距；花瓣5，黄色，卵状披针形，长5~6mm；雄蕊10，较花瓣短；鳞片5，近方形；心皮5，卵状披针形，略叉开，长约6mm，基部约2mm处合生。蓇葖果成熟时叉开。种子栗褐色，长圆状卵形，表面具乳头状突起。花果期4—5月。

产于磐安、遂昌、松阳、庆元等地。生于海拔800~1000m的山坡林下阴湿处。模式标本采自遂昌九龙山。

图4-304　九龙山景天

24. 爪瓣景天　（图4-305）
Sedum onychopetalum Frod.

多年生草本，高2~4cm。根状茎长，横生。不育茎纤细，近直立，密生叶，叶片条形；花茎由根茎抽出。叶3或4枚轮生，叶片宽条形至条状披针形，长5~10mm，宽1~1.5mm，先端钝，基部有短距。聚伞花序顶生，具2或3分枝；花无梗；苞片叶状，较小；萼片5，宽条形至近长圆形，长2~3mm，宽0.8~1mm，不等长，先端钝，基部无距；花瓣5，黄色，披针形，长4~5mm，先端有短尖；雄蕊10，比花瓣短；鳞片5，近四方形；心皮5，狭卵形，长4~5mm，基部1mm以下合生，略叉开，腹面浅囊状。蓇葖果具多数种子。种子细小，近卵形，表面具稀疏乳头状突起。花期5月，果期5—6月。

产于杭州市区、临安、普陀等地。生于阴湿的岩石上。分布于江苏、安徽等地。

图 4-305　爪瓣景天

25. 红子佛甲草（图 4-306）
Sedum erythrospermum Hayata

一年生草本，高 10～20 cm。茎在基部分枝。叶对生或 3 枚轮生；叶片倒卵状匙形，长约 8 mm，宽约 2.5 mm，先端钝，基部渐狭，有距。聚伞花序花疏生；花无梗，萼片 5，线形，长约 2 mm，宽约 0.5 mm，先端钝；花瓣 5，黄色，披针形，长约 5 mm，先端短尖；雄蕊 10；心皮 5，成熟时叉开，基部合生，长约 3.5 mm，宽约 2 mm。蓇葖果具多数种子。种子黄色，卵状椭圆形，两端有细尖。花期 3—4 月，果期 4—5 月。

产于莲都等地。生于海拔 1000 m 左右的路边岩石上。分布于我国台湾等地。

图 4-306　红子佛甲草

26. 江南景天 （图4-307）

Sedum kiangnanense D.Q. Wang et Z.F. Wu — *S. ecalcaratum* H.J. Wang et Hsu ex Hsu

多年生草本，高10～20cm。不育茎直立，叶3～5枚轮生，茎基部叶片倒披针形，具短距，先端微凹，茎上部叶片匙形至宽卵形，基部楔形，先端微凹；花茎自基部发出，近直立，下部叶4或5枚轮生，顶部通常互生，叶片倒披针形，长1.5～2.5cm，宽1～1.8cm，基部具短距，先端锐尖。蝎尾状聚伞花序顶生，常有3或4分枝，具多数花；花无梗或近无梗；苞片叶状；萼片条状长圆形，不等长，长2～10mm，宽0.5～2mm，基部无短距，先端锐尖；花瓣5，黄色，宽披针形至狭卵形，长6～9mm，宽2～3mm，先端渐尖；雄蕊10，与花瓣近等长或略短，花药红色；鳞片扇形，基部稍窄；心皮披针形，基部约1mm以下合生。蓇葖果具多数种子。种子卵球形，具瘤。花期4月，果期4—5月。

产于杭州市区、临安、建德、淳安、诸暨、衢州市区（衢江）、庆元等地。生于海拔500～1500m的山坡林下、路边岩石上。

图4-307 江南景天

27. 垂盆草 狭叶垂盆草 （图4-308）

Sedum sarmentosum Bunge — *S. sarmentosum* var. *angustifolium* (Z.B. Hu et X.L. Huang) Y.C. Ho

多年生草本。不育茎匍匐，粗壮，节上生不定根，长10～25cm，叶片倒披针形至长圆形；花茎直立，叶3枚轮生，叶片狭披针形至长圆形，长15～25mm，宽3～7mm，先端尖，基部急狭，有短距。聚伞花序顶生，具3～5分枝；花稀疏，无梗；苞片叶状，较小；萼片5，宽披针形，不等长，长3～5mm，先端钝；花瓣5，黄色，披针形至长圆形，长5～8mm；雄蕊10，较花瓣短；鳞片

5，近四方形；心皮5，长圆形，稍开展，顶端有长花柱，基部1.5mm以下合生。种子细小，卵球形，表面具乳头状突起。花期5—6月，果期7—8月。

全省各地常见。生于海拔900m以下的山坡岩石上。分布于东北及长江中下游流域。日本、朝鲜半岛也有。

全草可药用，有清热利湿、解毒消肿等功效。

图 4-308　垂盆草

28. 佛甲草 （图4-309）
Sedum lineare Thunb.

多年生草本，高10～20cm。不育茎纤细，直立或斜升，基部节上生不定根，叶3枚轮生，少4枚轮生或对生；叶片条形，上面绿色，长10～15mm，宽1～2mm，先端钝，基部无柄，有短距。聚伞花序顶生，具2或3分枝；花疏生，中央1朵常具短梗，其余的花近无梗；苞片叶状，较小；萼片5，条状披针形，长2～5mm，不等长；花瓣5，黄色，宽披针形，长4～5mm，宽1.5～2mm；雄蕊10，较花瓣短；鳞片5，宽楔形至近四方形；心皮5，略叉开，长3～5mm。种子卵形，表面密布乳头状突起。花期4—5月，果期5—6月。

产于杭州市区、临安、宁波市区（镇海）、余姚、奉化、象山、宁海、普陀、开化、江山、磐安、临海、温岭、龙泉、洞头、乐清、永嘉、平阳、泰顺等地。生于海拔500m以下的阴湿岩石上。分布于华东、华中及台湾、广东、四川、贵州、云南、陕西、甘肃等地。日本也有。

全草可药用,有清热解毒、利湿、止血等功效;常用作园林地被植物景观。

图4-309 佛甲草

八五 虎耳草科 Saxifragaceae

草本、灌木或小乔木，有时攀缘状。单叶或复叶；通常无托叶。花两性，稀单性；聚伞状、总状或圆锥花序，稀单花；花被片4或5基数；萼片有时花瓣状；花瓣常与萼片同数而对生，有时不存在；雄蕊与萼片同数或为其2倍，稀多数，花丝分离，花药2室，纵裂；心皮2～5（6），花柱离生，子房上位、半下位或下位，1～5室，每室具多数倒生胚珠，中轴胎座或侧膜胎座。蒴果或浆果。种子小，多数，胚乳丰富。

40属，约700种，全球广泛分布。我国有13属，约300种，广泛分布于全国，多分布于西南部；浙江有8属，17种，其中栽培1种。

分属检索表

1. 花各轮同数；心皮常5 ·· 1. 扯根菜属 Penthorum
1. 花各轮不同数；心皮常少于5。
  2. 二回至三回三出复叶 ·· 2. 落新妇属 Astilbe
  2. 单叶，叶片全缘或分裂。
    3. 花呈各种花序，无退化雄蕊。
      4. 子房2室，中轴胎座；萼片5；花瓣5；雄蕊10。
        5. 叶片较小，长、宽均为1.5～8cm；基部着生于叶柄上 ············ 3. 虎耳草属 Saxifraga
        5. 叶片大型，长、宽均为15～32cm；盾状着生于叶柄上 ············ 4. 涧边草属 Peltoboykinia
      4. 子房1室，侧膜胎座；萼片4或5；花瓣5或缺；雄蕊4～10。
        6. 花单生或小聚伞花序 ·· 5. 金腰属 Chrysosplenium
        6. 圆锥或总状花序。
          7. 总状花序，雄蕊10 ·· 6. 黄水枝属 Tiarella
          7. 圆锥花序，雄蕊5 ·· 7. 矾根属 Heuchera
    3. 花单生于茎顶，有退化雄蕊5 ·· 8. 梅花草属 Parnassia

1 扯根菜属 Penthorum L.

多年生草本。茎直立。单叶互生；叶片披针形或长圆状披针形，边缘具细锯齿；无柄或有短柄。聚伞花序顶生，由3～10分枝组成；花两性，小型，通常着生于花序分枝上侧；花萼5裂，宿存；花瓣黄绿色，5或缺；雄蕊10，着生于花萼筒上；心皮5，中部以下合生，子房5室，胚珠多数，花柱短，柱头扁球形。蒴果，顶端扁平，5浅裂，裂瓣先端喙状，星状斜展。种子卵状长圆形，细小，多数。

2种，分布于东亚和北美。我国产1种；浙江也有。

扯根菜 （图4-310）
Penthorum chinense Pursh

多年生直立草本，高30~80cm。茎红紫色，无毛，不分枝或少分枝。叶互生；叶片狭披针形或披针形，长5~10cm，宽1~1.5cm，先端渐尖或长渐尖，基部楔形，边缘具细锯齿，两面无毛，叶脉不明显；无柄或近于无柄。聚伞花序顶生，具3~10分枝，疏生短腺毛；花梗长0.5~2mm；苞片小，卵形或狭卵形；花小型，直径约4mm；花萼黄绿色，5深裂，裂片三角形，先端通常渐尖；花瓣缺；雄蕊10，稍伸出花萼之外；心皮5（6），下部合生，子房5（6）室，每室具多数胚珠，花柱5，粗短，分离。蒴果红紫色，压扁，五角形，直径4~6mm，短喙5，呈星状斜展。种子红色，细小，卵状长圆形，表面具锐尖小丘状突起。花期7—8月，果期9—10月。

产于长兴、临安、桐庐、淳安、鄞州、开化、永嘉、泰顺等地。生于水田边或河岸草丛中，或山坡下溪沟边。分布于东北、华北、华东、华中、华南、西南等地。俄罗斯、蒙古、朝鲜半岛、日本、老挝、泰国、越南也有。

全草可药用，有消肿、利尿、祛痰、行气等功效；嫩苗可作蔬菜食用。

图4-310 扯根菜

② 落新妇属 Astilbe Buch.-Ham.

多年生草本。根状茎粗壮。茎基部常有褐色膜质鳞片或具褐色长毛。叶互生，二回至三回三出复叶，稀单叶；具长柄；托叶膜质；小叶片披针形、卵形、阔卵形至阔椭圆形，边缘具锯齿或缺刻。圆锥花序顶生；花小，两性或单性，稀杂性或雌雄异株；萼片5，稀4；花瓣3~5，白色或紫红色，条形或匙形，有时具退化花瓣，有时无花瓣；雄蕊8~10，稀5；子房半上位，心皮2，分离或基部合生。蓇葖果或蒴果，沿花柱间内缝开裂。种子小，多数。

约18种，分布于亚洲和北美洲。我国有7种，南北各地均产；浙江有3种。

园林中栽培较多的有杂交落新妇。

分种检索表

1. 花较密集；具正常花瓣5；萼片外面无毛，边缘具腺毛。
   2. 圆锥花序宽不超过12cm；花序梗密被褐色卷曲长柔毛；小叶先端短渐尖至锐尖 ………………………………………………………………………………… **1. 落新妇 A. chinensis**
   2. 圆锥花序宽达17cm；花序梗密被褐色柔毛和腺毛；小叶先端长渐尖至渐尖 ………………………………………………………………………………… **2. 大落新妇 A. grandis**
1. 花较疏生；花瓣缺或具2~5退化花瓣；萼片外面被腺毛 …………… **3. 大果落新妇 A. macrocarpa**

1. 落新妇 （图4-311）

Astilbe chinensis (Maxim.) Franch. et Sav.

多年生直立草本，高50~100cm。根状茎粗大，暗褐色。基生叶二回至三回三出复叶，小叶片卵状长圆形、菱状卵形或卵形，长2~8.5cm，宽1.5~5cm，顶生者较侧生者大，先端短渐尖至锐尖，基部圆形、宽楔形或微心形，边缘具重锯齿，两面仅叶脉散生锈色伏毛；茎生叶2~3，比基生叶小。圆锥花序长15~33cm，宽通常不超过12cm；花较密集，几无花梗；花序梗密被褐色卷曲长柔毛；苞片卵形，较花萼稍短；萼片5，卵形，外面无毛，边缘具腺毛；花瓣5，紫红色，条形；雄蕊10，花药紫色；

图4-311 落新妇

心皮2，仅基部合生。蓇葖果长约3mm。种子褐色，细纺锤形，长约1.5mm。花期5—6月，果期7—9月。

产于金华、丽水及安吉、临安、淳安、开化、永嘉、文成、泰顺等地。生于林下杂草丛中、山谷溪沟边。分布于东北、华北、华东、华中、华南、西南等地。俄罗斯、朝鲜半岛、日本也有。

全草含氰酸，花含槲皮素，根和根状茎含岩白菜素，根状茎、茎、叶含鞣质，可提制栲胶；根状茎可药用，能散瘀止痛、祛风除湿、清热止咳。

2. 大落新妇 （图4-312）
Astilbe grandis Stap. ex Wils.

多年生草本，高40～120cm。根状茎粗壮。茎被褐色长柔毛和腺毛。基生叶二回至三回三出复叶，小叶片宽卵形或卵状披针形，长2.8～10cm，宽2～6cm，先端常长渐尖或渐尖，基部浅心形、圆形或宽楔形，边缘具重锯齿，两面叶脉上有短硬毛；茎生叶较小。圆锥花序长达20cm以上，宽可达17cm；花密集，小；花序梗密被褐色柔毛和腺毛；花梗长约1mm；苞片披针形，较花萼短；萼片5，卵形至椭圆形，外面无毛，边缘具腺毛；花瓣5，白色或紫红色，条形；雄蕊10，与花瓣近等长；心皮2，离生。蓇葖果长约5mm。花期6—7月，果期8—9月。

产于安吉、临安、淳安、开化、武义、遂昌、龙泉、庆元、永嘉、瑞安、文成、泰顺等地。生于林下、灌丛中或沟谷阴湿地。分布于东北、华东、华南、西南等地。朝鲜半岛也有。

根和根状茎含岩白菜素；根状茎可药用，治筋骨酸痛等症。

图4-312 大落新妇

3. 大果落新妇（图4-313）
Astilbe macrocarpa Knoll

多年生草本，高50～120cm。根状茎粗短，与茎基部密被棕褐色长毛及鳞片。基生叶一回至二回三出复叶至羽状复叶，小叶片椭圆状卵形或卵状长圆形，长13～16cm，宽5.5～8cm，顶生小叶片比侧生者宽，先端长渐尖，边缘具重锯齿，基部心形，两面仅脉上被稀疏短伏毛；茎生叶比基生叶小。圆锥花序长达40cm，宽达28cm；花疏生；花序轴与花梗被褐色短腺毛；花梗长约1mm；苞片钻形，背面具腺毛，萼片5，卵形，外面被腺毛，宿存；无花瓣或退化花瓣2～5，条形；雄蕊8～10；心皮2，仅基部合生。蓇葖果长约6mm。花期5—6月，果期7—9月。

产于德清、临安、奉化、开化、浦江、天台、龙泉、景宁、乐清、永嘉、泰顺等地。生于山坡溪沟边草丛中。分布于安徽、福建、湖南等地。

图4-313　大果落新妇

❸ 虎耳草属 Saxifraga L.

多年生草本，稀一年生、二年生，有时具匍匐茎。单叶；基生叶近簇生，茎生叶互生。总状、聚伞状、圆锥或伞房花序，有时单生；具小苞片；花两性；花托杯状或扁平，内壁完全与子房下部愈合；萼片5；花瓣5，全缘，脉显著；雄蕊10，稀8，花丝基部宽扁；心皮2，基部合生，子房半下位，有时上位，2室，中轴胎座。蒴果，顶端呈2喙状，成熟时由腹缝线开裂。种子多数，具小突起或平滑。

约450种，分布于北极、北温带地区和南美洲。我国约216种，南北各地均有分布，主产于西南及青海、甘肃等地的高山地区；浙江有3种。

分种检索表

1. 叶圆形或肾形,具匍匐茎 ··· 1. 虎耳草 S. stolonifera
1. 叶掌状肾形至圆肾形,无匍匐茎。
   2. 植株较矮小;叶片掌状肾形至圆肾形,3~9浅裂或近中裂 ·· 2. 扇叶虎耳草 S. rufescens var. flabellifolia
   2. 植株较粗大,叶片圆肾形,5~8中裂 ············ 3. 裂叶虎耳草 S. fortunei var. incisolobata

1. 虎耳草 （图4-314）

Saxifraga stolonifera Curtis —— *S. stolonifera* Curtis var. *immaculata* (Diels) Hand.-Mazz.

多年生草本,高14~45cm。匍匐茎细长,红紫色。叶数枚基生;叶片肉质,圆形或肾形,长1.5~7cm,宽2.2~8cm,基部心形或截形,上面具白色或淡绿色斑纹,下面淡绿色或紫红色,两面被伏毛,边缘浅裂并具不规则浅牙齿;叶柄长可达14cm,基部

图4-314 虎耳草

扁平，与茎均被赤褐色伸展长柔毛。花序疏圆锥状，被短腺毛；花梗长5～10mm；苞片披针形，具柔毛；花不整齐；萼片5，卵形，花时反折；花瓣5，白色，上方3枚小，具黄色及紫红色斑点，卵形，下方2枚大，无斑纹，披针形；雄蕊10，花丝棒状。蒴果宽卵形，长4～5mm，顶端呈喙状2深裂。种子卵形，具瘤状突起。花期4—8月，果期6—10月。

全省各地普遍分布。生于山坡上、路旁及林下阴湿处或溪边石缝间。分布于华北、华东、华中、华南等地。朝鲜半岛、日本也有。

全草可药用，能清热解毒、祛风止痛；也可盆栽供观赏。

2. 扇叶虎耳草 （图4-315）

Saxifraga rufescens Balf. f. var. **flabellifolia** C.Y. Wu et J.T. Pan — *S. zhejiangensis* Z.Wei et Y.B. Chang

多年生草本，高约14cm。无匍匐茎，茎近无毛。叶基生；叶片掌状肾形至圆肾形，3～9浅裂或近中裂，裂片长圆形，具不规整粗齿，基部常圆钝或宽楔形，有时微心形，两面有疏腺毛。多

图4-315　扇叶虎耳草

歧聚伞花序圆锥状；花梗有腺毛；苞片线状披针形，边缘有腺毛；花两性，两侧对称；萼片5，长卵形或长圆形，下面基部有短腺毛；花瓣5，白色至粉红色，条形，全缘，上方4枚短小，无斑点，具3~5脉，下方1枚长10~15mm，具3~5脉；雄蕊10，长约4mm，花药圆形，花丝扁平；子房上位，柱头2。花果期9—11月。

产于丽水、温州及江山、仙居等地。生于阔叶林下、溪边岩石壁上等阴湿处。分布于四川、云南等地。

可作盆栽供观赏；全草可药用。

3. 裂叶虎耳草 （图4-316）
Saxifraga fortunei Hook. f. var. **incisolobata** (Engl. et Irish.) Nakai

多年生草本，高30~38cm。无匍匐茎；花茎无叶，无毛。叶1或2枚基生；叶片圆肾形，长3~7cm，宽4.5~10cm，5~8中裂，裂片先端圆钝或钝尖，基部心形，边缘具疏粗齿，两面被稀疏长柔毛；叶柄长4~13cm，无毛。圆锥花序疏散；花梗具稀疏短腺毛，向上稍多；苞片披针形；花不整齐；花萼5，萼片卵状椭圆形，不等大；花瓣5，白色，线形，下方1或2枚甚长，长达1.3cm，其余的短，长约0.5cm；雄蕊10；心皮2，合生。花果期10—11月。

产于景宁（草鱼塘）。生于海拔1480m的山坡林下潮湿地的岩石上。日本也有分布。

图4-316 裂叶虎耳草

八五　虎耳草科 Saxifragaceae　　317

本种花瓣全缘,产于日本者花瓣有齿,略有不同。

与扇叶虎耳草非常接近,主要区别在于植株较粗大,叶圆肾形,5~8中裂,基部心形。其分类地位值得怀疑,暂录于此,需进一步研究。

❹ 涧边草属　Peltoboykinia (Engl.) Hara

多年生草本。根状茎粗壮,块状,稍肉质。单叶互生;基生叶具长柄,叶片大型,盾状着生,掌状浅裂;茎生叶少,与基生叶同形,但较小;托叶膜质。聚伞花序顶生;花萼浅钟状,中部以下与子房壁结合,上半部离生,顶端5裂;花瓣5,淡黄色,先端常具疏细齿,疏被短腺毛;雄蕊10;心皮2,子房半下位,2室,中轴胎座,胚珠多数,花柱2,离生。蒴果,成熟时先端2裂,花萼宿存。种子细小,圆肾形,具小瘤状突起。

有2种,分布于日本。我国产1种;浙江也有。

涧边草　(图4-317)
Peltoboykinia tellimoides (Maxim.) Hara

多年生草本,高0.2~1m。根状茎粗壮,直径1.5~2cm,外皮黄褐色,内部深黄色。基生叶通常1或2,叶片盾状着生,圆状心形,直径15~32cm,掌状7~9浅裂,裂片三角状宽卵形或斜三角形,边缘具不规则粗锯齿,上面无毛,下面被稀疏多节柔毛,具掌状脉序,叶柄长20~35cm,疏被具节柔毛;茎生叶通常2或3,较小,边缘几不分裂或微裂,叶柄也较短。聚伞花序顶生;花梗长5~10mm,疏生腺毛;花萼钟状,5裂,萼片卵状三角形,背面疏生腺毛;花瓣5,淡黄白色,狭长圆形;雄蕊10,稍伸出花萼外;子房半下位,2室,胚珠多数,花柱2,柱头头状。蒴果椭圆形或近卵球形,长1.2~1.4cm,直径约8mm,外面疏生腺毛。种子椭圆形,长0.8~1mm,具小瘤状突起。花果期7—10月。

产于遂昌(九龙山)。生于海拔1300m的沟谷林下阴湿处。分布于福建(崇安)。日本也有。

图4-317　涧边草

5 金腰属 Chrysosplenium L.

多年生草本。常具匍匐枝或珠芽。茎肉质，柔弱。单叶；具柄；无托叶。通常为聚伞花序，稀单花，围有苞叶；花托通常多少与子房合生，漏斗状或杯状；萼片4，稀5；无花瓣；花盘极不明显或无，或明显（4）8裂，且其周围有或无褐色乳头状突起；雄蕊4或8，花丝钻形或针形；子房1室，由2心皮组成，胚珠多数，侧膜胎座，花柱2，离生。蒴果2瓣裂，裂瓣近等大或明显不等大。种子卵球形或椭球形，多数，种皮平滑或有微乳头状突起，有时具纵肋。

约65种，大多分布于亚洲北温带地区。我国有35种；浙江有6种。

分种检索表

1. 叶对生。
    2. 花茎无毛。
        3. 茎生叶卵形或宽卵形，边缘具4～6对锯齿 ·· 1. 中华金腰 C. sinicum
        3. 茎生叶边缘具7～12明显或不明显圆齿 ·· 2. 肾萼金腰 C. delavayi
    2. 花茎被灰色长柔毛；叶上面有毛，下面无毛 ······························ 3. 毛柄金腰 C. pilosopetiolatum
1. 叶互生。
    4. 基生叶倒卵形或宽倒卵形，长1.3～15（20）cm，宽1.2～12cm。
        5. 基生叶倒卵形，长2.3～15（20）cm，宽1.3～11.5cm ·············· 4. 大叶金腰 C. macrophyllum
        5. 基生叶卵形、阔卵形至近椭圆形，长1.3～4.5cm，宽1.2～2.9cm··· 5. 绵毛金腰 C. lanuginosum
    4. 基生叶肾形，长0.6～1.6cm，宽0.9～2.5cm ·· 6. 日本金腰 C. japonicum

1. 中华金腰 （图4-318）

Chrysosplenium sinicum Maxim

多年生草本，高5～25cm，全株无毛。不育枝发达，出自茎基部叶腋，基生叶花时多枯萎，茎生叶对生，1～3对，叶片宽卵形或卵形，长0.5～1.2cm，宽0.5～1cm，先端钝，边缘具4～6钝齿，两面无毛，叶柄长5～11mm；不育茎顶端的叶稍簇生，叶片较大，长10～35mm，边缘具内弯的齿。聚伞花序稍密集，花少数；苞叶阔卵形、卵形至倒狭卵形，长4～18mm，宽9～10mm，边缘具钝齿；花黄绿色，近无梗；萼片在花时直立，钟形，长圆形或舌状，先端钝；雄蕊8；子房半下位，花柱2。蒴果长4～5mm，2果瓣明显不等大，叉开。种子红褐色，卵形，长0.6～0.8mm，被微乳头状突起，一侧有肋棱。花期3—4月，果期4—6月。

产于安吉、杭州市区、临安、淳安、鄞州、余姚、奉化、景宁等地。生于海拔500～1600m的林下或山沟阴湿处。分布于东北及河北、山西、安徽、江西、河南、湖北、四川、陕西、甘肃、青海等地。朝鲜半岛、蒙古也有。

图 4-318 中华金腰

2. 肾萼金腰 (图 4-319)

Chrysosplenium delavayi Franch.

多年生草本，高 5~12cm，全株光滑无毛。叶缘和苞片背部以及边缘的圆齿端、叶腋和苞腋、花萼顶端凹处和花盘周围均常有褐色乳头状突起。具横生根状茎。茎细弱，肉质，有不育枝发自茎下部叶腋。叶对生；叶片阔卵形至扇形，长 0.5~0.8cm，边缘具 7~12 明显或不明显圆齿。单花或聚伞花序，具 2~5 花；苞片阔卵形；花黄绿色，直径约 8mm；花时萼片开展，扁圆形，先端微凹；雄蕊 8；花盘 8 裂；子房近下位。蒴果先端近平截而微凹，2 果瓣近等大且水平叉

图 4-319 肾萼金腰

开。种子黑褐色,卵球状,具12纵肋。花果期3—6月。

产于德清、临安、桐庐、建德、淳安、诸暨、鄞州、余姚、奉化、衢州市区(衢江)、磐安、莲都、遂昌、松阳、青田、泰顺等地。生于沟谷中、溪边潮湿石壁上或林下阴湿处。分布于华南、西南及安徽、江苏、湖北、湖南等地。缅甸也有。

3. 毛柄金腰 (图4-320)

Chrysosplenium pilosopetiolatum Z.P. Jien — *C. pilosum* Maxim. var. *valdepilosum* auct., non Ohwi

多年生草本,高5~16cm。茎直立或斜升,被灰色长柔毛,后渐脱落。基生叶花时枯萎,叶片近圆形或倒卵形,长1~1.7cm,宽0.7~1.5cm,两面近边缘具稀疏短柔毛,基部楔形,边缘具波状钝齿;茎生叶对生,1~3对,叶片近扇形,长3.5~10mm,宽3.5~14mm,基部楔形,具波状圆齿,上面有毛,下面无毛,叶柄被长柔毛。聚伞花序顶生;苞叶长圆形或楔形,有短柄;萼片白色,宽卵形;雄蕊8,长约为萼片的一半;子房近上位。蒴果2裂,果瓣明显不等长。种子暗红色,卵形,长约0.6mm,具12纵肋,沿肋有细密微乳头状突起,纵肋隆起较低。花期5月,果期6—7月。

产于杭州、衢州、金华、丽水及天台、泰顺等地。生于林下阴湿处。分布于湖南、广东等地。

图4-320　毛柄金腰

4. 大叶金腰　马耳朵草 (图4-321)

Chrysosplenium macrophyllum Oliv.

多年生草本,高7~20cm。有时具珠芽。茎疏生锈色柔毛或近无毛。匍匐不育枝上叶互生,顶端3或4叶稍大而密集。基生叶肥厚,倒卵形或宽倒卵形,长2.3~15(20)cm,宽

1.3~11.5cm，先端钝圆，基部楔形，腹面疏生棕色柔毛，背面无毛，叶柄宽展，长1~6cm，边缘被锈色长柔毛；茎生叶小，匙形，常1枚。聚伞花序顶生，疏被锈色长柔毛；苞片卵形或椭圆状长圆形，长1.3~2.3cm；花粉红色，有香气；萼片4，近卵形，先端微凹；雄蕊8，明显高出萼片；子房半下位。蒴果2裂，裂瓣水平状叉开，果喙长3~4mm。种子小，宽卵形，有微小乳头状突起。花期2—5月，果期5—6月。

产于杭州、衢州、金华、丽水及安吉、余姚、临海、平阳、泰顺等地。生于山地林下、溪沟边灌丛中等阴湿处。分布于华东、华南、西南及湖北、湖南、陕西等地。

全草可药用，治小儿惊风和肺、耳部疾病等。

图4-321 大叶金腰

5. 绵毛金腰 （图4-322）

Chrysosplenium lanuginosum Hook. f. et Thoms. — *C. jienningense* auct., non W.T. Wang

多年生草本，高8~22cm，全株被褐色长柔毛。根状茎直或横走，长达20cm。不育枝出自基生叶腋部，长5~25cm，叶互生，自下而上渐变大；叶片卵形、阔卵形至近扇形，长2.8~25mm，宽2.5~17mm，边缘具5~12圆齿；叶柄长0.7~1cm。基生叶卵形、阔卵形至近椭圆形，长1.3~4.5cm，宽1.2~2.9cm，边缘具不明显9~17波状圆齿，叶柄长0.8~5cm；茎生叶1~3，互生，阔卵形、扇形至椭圆形，长0.2~1cm，宽0.16~1cm，边缘具5~9圆齿，叶柄长0.5~1.7cm。聚伞花序长5~9.5cm；苞叶偏斜状阔卵形、近扇形至倒卵形；花较疏，绿色；

图4-322 绵毛金腰

萼片肾状扁圆形至阔卵形;雄蕊8;子房近下位。蒴果长3.2~3.5mm,先端近平截而微凹,2果瓣近等大,喙长约0.8mm。种子黑褐色,近卵球形,长0.6~1mm。花果期4—6月。

产于临安、淳安、开化、江山、松阳、龙泉、庆元等地。生于海拔900~1600m的山谷石隙间阴湿处。分布于西南及湖北等地。缅甸北部、不丹、尼泊尔、印度北部均有。

《浙江植物志》提及的建宁金腰 C. jienningense W.T. Wang,经查证系本种的误定。

6. 日本金腰 (图4-323)
Chrysosplenium japonicum (Maxim.) Makino

多年生草本,高8.5~15.5cm,丛生。茎疏生柔毛,茎基具珠芽。基生叶肾形,长0.6~1.6cm,宽0.9~2.5cm,边缘约具15浅齿(齿先端微凹),基部心形或肾形,叶柄长1.5~8cm;茎生叶与基生叶同形,长约1.1cm,宽约1.3cm,边缘约具11浅齿,叶柄长约2cm。聚伞花序长1.5~4cm,花序分枝疏生柔毛;苞叶阔卵形至近扇形,长5~12mm,宽5~14mm,边缘具3~9浅齿,基部宽楔形,无毛,柄长0.5~6mm;花几无梗;花密集,绿色,直径约3mm;萼片在花时直立,无毛;雄蕊通常4,稀2或8;子房近下位;花盘通常4裂。蒴果长4~5mm,2果瓣近等大而水平状叉开,喙长约0.2mm。种子黑棕色,椭圆形,长0.6~0.7mm,被微柔毛。花果期3—6月。

产于安吉、临安、建德、泰顺等地。生于海拔500m左右的林下或山谷湿地中。分布于吉林、辽宁、安徽、江西、台湾等地。朝鲜半岛、日本也有。

八五 虎耳草科 Saxifragaceae

图4-323 日本金腰

6 黄水枝属 Tiarella L.

多年生直立草本。具短根状茎。叶大多基生，叶掌状分裂或为3小叶复叶；具膜质托叶；基生叶通常具长柄；茎生叶较小，互生，具短柄。圆锥状或总状花序，顶生或腋生，花小；花萼筒杯状，与子房基部合生，萼片5，花瓣状；花瓣5，有时缺；雄蕊10，伸出花冠外；心皮2，不等大，基部结合，上部分离，子房近上位，1室，侧膜胎座2，花柱丝状，柱头不明显。蒴果膜质，上部分离为不等长2角，成熟时由腹部纵裂。

3种，分布于亚洲和北美洲。我国有1种；浙江也有。

黄水枝（图4-324）
Tiarella polyphylla D. Don

多年生草本，高16~70cm。根状茎匍匐，深褐色。茎密被白色伸展长柔毛及腺毛。叶基生及茎生；叶片宽卵形或五角形，3~5浅裂，长2.5~8cm，宽2.5~7.5cm，先端急尖，基部心形，边缘具浅齿，两面均被疏伏毛，基生叶叶柄长达16cm，被腺毛；托叶膜质，褐色。总状花序顶生或腋生，疏散，密生短腺毛；花小，略下垂；花梗长约6mm；萼片膜质，狭卵形，具3脉，背部和边缘具腺毛；花瓣白色或淡红色，披针形，比萼片稍长，或缺；雄蕊通常伸出。蒴果裂片不等长，顶端具尾状细尖。种子肾形或近椭圆形。花期4—5月，果期4—7月。

产于安吉、临安、淳安、衢州市区（衢江）、开化、磐安、天台、遂昌、龙泉、庆元、云和、景宁、文成、泰顺等地。生于林下、岩石边等阴湿处。分布于华东、华南、西南及湖北、湖南、陕西、甘肃等地。不丹、日本、缅甸、印度、尼泊尔也有。

全草可药用,能清热解毒、消肿止痛。

图4-324 黄水枝

⑦ 矾根属 Heuchera L.

多年生直立草本,高20～50cm。具短根状茎。叶基生;叶片肾圆形,掌状分裂,基部心形,边缘具锯齿,直径7～15cm,两面被柔毛;基生叶通常具长柄,叶柄长6～15cm;稀有茎生叶,若有则较小,互生,具短柄。圆锥花序腋生,花小,钟状,花直径0.5～1.2cm;花萼筒杯状,萼片5;花瓣5;雄蕊5,伸出花冠外;心皮2,基部结合,上部分离,子房近上位,1室,侧膜胎座2,花柱丝状,柱头不明显。蒴果。种子细小,多数。

58种,主要分布于北美洲。我国主要栽培3种;浙江栽培1种。

肾形草 矾根 (图4-325)

Heuchera micrantha Douglas ex Lindl.

多年生草本,高20～40cm。具短根状茎。叶基生;叶片肾圆形,掌状分裂,基部心形,边缘具锯齿,直径7～10cm,两面被短柔毛,下面脉上被长柔毛;基生叶通常具长柄,叶柄长6～10cm,基部具鞘;稀有茎生叶,若有则较小,互生,具短柄。圆锥花序腋生;花序轴及花梗密被腺毛,花小,钟状,花直径约0.5cm;花萼筒杯状,萼片5,外面密被柔毛及短腺毛;花瓣5,

白色，匙状条形，长约4mm；雄蕊5，伸出花冠外；心皮2，基部结合，上部分离，子房近上位，1室，侧膜胎座2，花柱丝状，柱头不明显。蒴果。种子细小，多数。花期4—6月。

原产于美洲中部。本省杭州、温州等地有栽培。

本种色彩多样，在园林中多用于林下花境、地被、庭园绿化等。

图4-325　肾形草

⑧ 梅花草属　Parnassia L.

多年生草本，植株无毛。茎不分枝。单叶，质厚，全缘；基生叶具长柄；花茎中部以下具1无柄叶，稀无叶或有数叶。花两性，单生于花茎顶端；萼裂片5，基部多少连合且与子房合生，宿存；花瓣5，白色或淡黄色，稀淡绿色，边缘全缘或流苏状；雄蕊5，与花瓣互生，退化雄蕊5，宽展成片状，生于花瓣基部，上部常分裂；雌蕊1，心皮3或4，合生，1室，子房上位或半下位，胚珠多数。蒴果顶端3或4裂。种子多数，有翅。

70余种，分布于北温带地区。我国有63种；浙江有1种。

白耳菜　白须草　（图4-326）

Parnassia foliosa Hook. f. et Thoms.

多年生草本，高15～60cm，直立。茎具4突起棱脊。基生叶4～8，叶片肾形或圆肾形，长2.5～6.5cm，宽4～7cm，全缘，叶柄长5～14cm；茎生叶4～12，半抱茎。花单生于茎顶，直径约3cm；萼片5，卵形至长圆形；花瓣5，白色，卵形至三角状卵形，长约8mm（不包括流苏状毛），基部渐狭成爪，边缘除爪外被长流苏状毛；雄蕊5，间有退化雄蕊5；子房上位，卵形，顶端骤缩成短花柱，花柱长约2mm，柱头3（4）裂。蒴果扁球形，长约5mm，直径约8mm。种子多数，红褐色。花期8—9月，果期9—10月。

产于临安（天目山和清凉峰）。生于海拔1100～1600m的山坡、水沟边或路边潮湿处。分布于安徽、江西和福建等地。日本和印度北部也有。

全草可入药，有镇咳止血、解热利尿等功效。

图4-326　白耳菜

八六　蔷薇科 Rosaceae

草本、灌木或乔木，落叶或常绿，有刺或无刺。冬芽常具数枚鳞片，有时仅具2枚。叶互生，稀对生，单叶或复叶；托叶明显，稀无。花两性，稀单性，通常辐射对称，周位花或上位花；被丝托碟状、钟状、杯状或圆筒状；萼片与花瓣同数，通常4或5，稀无花瓣，萼片外侧有时具副萼；雄蕊5至多数，稀1或2，花丝离生，稀合生；心皮1至多数，离生或合生，有时与被丝托连合，子房上位、半下位或下位，每心皮具1至多数倒生胚珠，花柱与心皮同数，有时连合，顶生、侧生或基生。果实为蓇葖果、瘦果、梨果或核果，稀蒴果。

95～125属，2825～3500种，广泛分布，以温带地区较多。我国有55属，950种，广泛分布；浙江有35属，182种，其中栽培31种。

本科中果树与观赏植物众多，不少种类可入药，还有一些为优良用材树种。

分亚科及分属检索表

1. 果实为开裂的蓇葖果、蒴果；心皮1～5（8）；托叶有或无（绣线菊亚科 Spiraeoideae Agardh）
   2. 果实为蓇葖果；种子无翅；花型较小，直径不足2cm。
      3. 心皮通常5，稀3或4（5～8）。
         4. 单叶 ··· **1.绣线菊属 Spiraea**
         4. 羽状复叶。
            5. 多年生草本；一回至三回羽状复叶，无托叶；心皮3或4（5～8），离生 ··· **2.假升麻属 Aruncus**
            5. 落叶灌木；一回羽状复叶，有托叶；心皮5，基部合生 ················· **3.珍珠梅属 Sorbaria**
      3. 心皮1或2 ·· **4.小米空木属 Stephanandra**
   2. 果实为蒴果；种子有翅；花型较大，直径2cm以上 ························ **5.白鹃梅属 Exochorda**
1. 果实不开裂，梨果、瘦果或核果；有托叶。
   6. 子房下位或半下位，稀上位，心皮（1）2～5，多数与杯状被丝托内壁连合；梨果，稀浆果状或小核果状（苹果亚科 Maloideae Weber）
      7. 心皮在成熟时变为坚硬骨质；果实内含1～5小核。
         8. 单叶。
            9. 枝无刺；叶片全缘 ·· **6.栒子属 Cotoneaster**
            9. 枝常有刺；叶片具锯齿或缺刻状分裂。
               10. 叶常绿；心皮5，每心皮具2成熟胚珠 ·················· **7.火棘属 Pyracantha**
               10. 叶凋落；心皮1～5，每心皮具1成熟胚珠 ·············· **8.山楂属 Crataegus**
         8. 羽状复叶 ··· **9.小石积属 Osteomeles**
      7. 心皮在成熟时变为革质或纸质；果实1～5室，每室具1或多数种子。
         11. 伞房、复伞房、圆锥或伞形花序，稀聚伞花序。
            12. 圆锥花序；子房下位，心皮全部合生。

13. 萼片果时宿存；雄蕊20~40；花柱2~5 ············· **12.枇杷属 Eriobotrya**
13. 萼片果时脱落；雄蕊15~20；花柱2~3 ············· **13.石斑木属 Raphiolepis**
12. 复伞房、伞房或伞形花序，稀聚伞花序；子房半下位，心皮部分离生。
   14. 常绿，如落叶则果梗具疣点。
      15. 花柱5，大部分连合成束；心皮与被丝托分离 ············· **10.红果树属 Stranvaesia**
      15. 花柱2~5，离生；心皮1/3部分与被丝托分离 ············· **11.石楠属 Photinia**
   14. 落叶 ············· **14.花楸属 Sorbus**
11. 伞形状总状、总状花序或单生、簇生。
   16. 花单生或簇生；每个成熟心皮含3至多数种子；花柱5 ············· **15.木瓜属 Chaenomeles**
   16. 伞形状总状、总状花序；每个成熟心皮含1或2种子；花柱2~5。
      17. 伞形状总状花序；花瓣卵形、倒卵形、宽卵形至近圆形；子房2~5室，每室具2胚珠。
         18. 花柱离生；果实常有多数石细胞 ············· **16.梨属 Pyrus**
         18. 花柱基部合生；果实通常无石细胞 ············· **17.苹果属 Malus**
      17. 总状花序；花瓣披针形；子房具不完全6~10室，每室具1胚珠 ···· **18.唐棣属 Amelanchier**
6. 子房上位，少数下位；瘦果或核果。
   19. 复叶，稀单叶；萼片果时宿存；心皮多数，瘦果（蔷薇亚科 Rosoideae Focke）
      20. 瘦果或小核果着生于扁平或隆起的被丝托上。
         21. 托叶不与叶柄合生；雌蕊4~8。
            22. 叶互生；花无副萼片，黄色；雌蕊5~8，各具1胚珠 ············· **19.棣棠花属 Kerria**
            22. 叶对生；花有副萼片，白色；雌蕊4，各具2胚珠 ············· **20.鸡麻属 Rhodotypos**
         21. 托叶常与叶柄合生；雌蕊数枚至多数。
            23. 灌木或亚灌木，常有刺，稀无刺；每心皮具2胚珠；小核果相互愈合成聚合果 ·············
            ············· **21.悬钩子属 Rubus**
            23. 草本，无刺；每心皮具1胚珠；瘦果彼此分离。
               24. 花柱顶生，果时延长成钩刺状喙 ············· **22.路边青属 Geum**
               24. 花柱侧生、基生或顶生，果时不延长或微延长；果实顶端无钩刺状喙。
                  25. 叶基生和茎生，小叶3至多数；被丝托成熟时不膨大 ····· **23.委陵菜属 Potentilla**
                  25. 叶基生，小叶3；被丝托成熟时膨大或变为肥厚肉质。
                     26. 副萼片比萼片小，先端不裂；花瓣白色 ············· **24.草莓属 Fragaria**
                     26. 副萼片比萼片大，先端通常3裂；花瓣黄色 ············· **25.蛇莓属 Duchesnea**
      20. 瘦果着生于杯状或坛状被丝托内。
         27. 灌木，常有刺；心皮多数；被丝托果时变肉质 ············· **26.蔷薇属 Rosa**
         27. 多年生草本，无刺；心皮1~4；被丝托果时干燥、坚硬。
            28. 被丝托外面有钩刺；花瓣黄色；雄蕊5~15或更多 ············· **27.龙芽草属 Agrimonia**
            28. 被丝托外面无钩刺；花瓣缺；雄蕊通常4 ············· **28.地榆属 Sanguisorba**
   19. 单叶；萼片果时常脱落；心皮1，少数2或5；核果（李亚科 Prunoideae Focke）
      29. 萼片和花瓣大型，各为5；心皮1。
         30. 幼叶多席卷式，少数对折式；果实有沟，外面被毛或蜡粉。
            31. 侧芽3枚，两侧为花芽，具顶芽；核常有孔穴，极稀光滑 ············· **29.桃属 Amygdalus**

31. 侧芽单生，顶芽缺；核常光滑或具不明显孔穴。
　　32. 花先于叶开放；花常无柄或具短柄；子房和果实常被短柔毛·················· **30. 杏属 Armeniaca**
　　32. 花叶同放；花常有柄；子房和果实光滑无毛·································· **31. 李属 Prunus**
30. 幼叶常为对折式，果实无沟，不被蜡粉，枝有顶芽。
　　33. 花单生或数朵组成短总状或伞房状花序；苞片明显；子房光滑；核平滑，有沟，稀有孔穴······
　　　　·· **32. 樱属 Cerasus**
　　33. 花小型，10朵或更多组成总状花序；苞片小型。
　　　　34. 落叶；花序顶生，花序下方常有叶，稀无叶····························· **33. 稠李属 Padus**
　　　　34. 常绿；花序腋生，花序下方无叶·································· **34. 桂樱属 Laurocerasus**
29. 萼片10～12（15），细小，花瓣缺；心皮2································ **35. 臭樱属 Maddenia**

1 绣线菊属 Spiraea L.

落叶灌木。枝直立、拱曲或呈"之"字形弯曲，稀平卧地面。冬芽小，具2～8外露鳞片。单叶互生；叶缘具锯齿或缺刻，有时分裂，稀全缘，羽状脉，稀3～5基出脉；通常具短叶柄；无托叶。花两性，稀杂性，伞形、伞形状总状、伞房或圆锥花序；被丝托钟状或杯状；萼片5，果时宿存；花瓣5，圆形，较萼片长；雄蕊15～60；子房上位，心皮通常5，离生。蓇葖果5，沿腹缝线开裂，内具数粒细小种子。种子线形至长圆形。

80～100种，分布于北半球亚热带至温带地区。我国有70种；浙江有8种，其中栽培2种。

《浙江植物志》记载茂汶绣线菊 *S. sargentiana* Rehder 在浙江有产，*Flora of China* 记载该种分布于河南、湖北、四川、云南，未提及浙江，笔者未见浙江标本，在中国数字植物标本馆未查到采自浙江的标本，野外调查也未发现，故未予收录。*Flora of China* 记载毛花绣线菊 *S. dasyantha* Bunge 在浙江有产，笔者通过检视中国数字植物标本馆，查到D170、D171两号存于中国科学院植物研究所标本馆的标本记载采自浙江，但地点不详，经检视这两号标本应是中华绣线菊 *S. chinensis* Maxim. 的误定，编者未见省标本，野外调查也未发现，故未予收录。

分种检索表

1. 复伞房花序；花瓣粉红色或白色 ·· **1. 粉花绣线菊 S. japonica**
1. 伞形花序；花瓣白色。
　　2. 花序具花序梗，基部常具正常叶。
　　　　3. 叶片无毛；花序和蓇葖果无毛，稀具毛。
　　　　　　4. 叶片先端急尖。
　　　　　　　　5. 叶片菱状披针形至菱状长圆形，羽状脉 ··························· **2. 麻叶绣线菊 S. cantoniensis**

5.叶片卵形至菱状倒卵形,不明显三出脉 ················· **3.菱叶绣线菊 S. × vanhouttei**
　　4.叶片先端圆钝 ··· **4.绣球绣线菊 S. blumei**
　3.叶片、花序具毛。
　　　6.叶片倒卵形或椭圆形,边缘锯齿钝,下面疏被短柔毛;雄蕊18～20···· **5.疏毛绣线菊 S. hirsuta**
　　　6.叶片菱状卵形至倒卵形,边缘具缺刻状粗锯齿,下面密被黄色绒毛;雄蕊22～25,稀达30 ·······
　　　　　·· **6.中华绣线菊 S. chinensis**
2.花序无花序梗,基部具小型叶。
　　7.叶片卵形至长圆状披针形;花梗具短柔毛 ··························· **7.李叶绣线菊 S. prunifolia**
　　7.叶片线状披针形;花梗无毛 ··· **8.珍珠绣线菊 S. thunbergii**

1. 粉花绣线菊　日本绣线菊　（图4-327）

Spiraea japonica L. f.

落叶灌木,高1.5m。枝条细长,小枝近圆柱形,无毛或幼时被短柔毛。冬芽卵形,先端急

图4-327　粉花绣线菊

尖,具数枚鳞片。叶片卵形至卵状椭圆形,长2～8cm,宽1～3cm,先端急尖至短渐尖,基部楔形至宽楔形,边缘具缺刻状重锯齿或单锯齿,上面暗绿色,无毛或沿脉微具短柔毛,下面颜色浅或有白霜,通常沿脉有短柔毛;叶柄长1～3mm,具短柔毛。复伞房花序生于当年生长枝顶端,花密集;花序梗和花梗密被短柔毛,花梗长4～6mm;苞片披针形至线状披针形,下面微被柔毛;花直径4～7mm;被丝托钟状,外面有稀疏短柔毛,内面有短柔毛;萼片三角形,先端急尖,内面近先端有短柔毛;花瓣卵形至圆形,先端通常圆钝,粉红色;雄蕊25～30,远较花瓣长。蓇葖果半张开,无毛或沿腹缝线有疏柔毛;宿萼常直立。花期6—7月,果期8—9月。

产于全省山区。生于海拔500～1800m的山坡林下、林缘或山顶灌丛中。分布于华东及河北、山西、山东、湖北、湖南、广东、广西、四川、贵州、西藏、甘肃等地,也常见栽培。朝鲜半岛、日本也有。

分变种检索表

1. 花瓣粉红色。
    2. 叶片下面有短柔毛。
        3. 叶片卵形至卵状椭圆形,先端急尖,基部楔形至宽楔形,边缘具缺刻状重锯齿·· **1. 粉花绣线菊 var. japonica**
        3. 叶片长卵形至披针形,先端渐尖,基部楔形,边缘具尖锐锯齿·· **1a. 狭叶粉花绣线菊 var. acuminata**
    2. 叶片两面无毛。
        4. 花序被短柔毛;叶片长卵形、长圆状披针形至狭长圆状披针形,先端渐尖,基部楔形·· **1b. 光叶粉花绣线菊 var. fortunei**
        4. 花序无毛;叶片长卵形至长椭圆形,先端急尖或短渐尖,基部楔形至圆形·· **1c. 无毛粉花绣线菊 var. glabra**
1. 花瓣白色·· **1d. 白花绣线菊 var. albiflora**

1a. 狭叶粉花绣线菊(变种)(图4-328)

var. **acuminata** Franch.

叶片长卵形至披针形,先端渐尖,基部楔形,边缘具尖锐锯齿,下面有短柔毛。花瓣粉红色。花期6—7月,果期8—9月。

产于安吉、杭州市区(西湖)、临安、建德、淳安、衢州市区(衢江)、开化、金华市区(婺城)、浦江、磐安、武义、天台、缙云、遂昌、龙泉、庆元等地。生于海拔450～1500m的山坡、沟谷、山脊灌丛中。分布于华东、华中、西南及广东、广西、陕西、甘肃等地。

图4-328 狭叶粉花绣线菊

1b. 光叶粉花绣线菊(变种)（图4-329）
var. fortunei (Planch.) Rehder

叶片长卵形、长圆状披针形至狭长圆状披针形，先端急尖至渐尖，基部楔形至宽楔形，边缘具尖锐重锯齿至缺刻状重锯齿，两面无毛，下面有白霜或无。花序被短柔毛；花瓣粉红色。花期6—7月，果期8—10月。

产于杭州市区（西湖）、临安、建德、淳安、开化、遂昌、龙泉、庆元、瑞安、泰顺等地。生于海拔

图4-329 光叶粉花绣线菊

500～1000m的山脊、山坡、沟谷林下或灌丛中。分布于华东、华中及山东、广东、广西、四川、贵州、云南、陕西、甘肃等地。

1c. 无毛粉花绣线菊（变种）（图4-330）
var. **glabra** (Regel) Koidz.

叶片卵形、卵状长圆形或长椭圆形，先端急尖或短渐尖，基部楔形至圆形，边缘具尖锐重锯齿，两面无毛。花序无毛；花瓣粉红色。花期5—6月，果期8—10月。

产于安吉、杭州市区（西湖）、临安、桐庐、金华市区（婺城）、天台、仙居等地。生于海拔500～1200m的山顶、山坡、谷地等处的砾石地以及林下或林缘。分布于安徽、江西、湖北、四川、云南等地。

图4-330　无毛粉花绣线菊

1d. 白花绣线菊（变种）
var. **albiflora** (Miq.) Z. Wei et Y.B. Chang

叶片椭圆形、菱状披针形至披针形，先端长渐尖，基部渐狭成楔形，边缘具缺刻状重锯齿，两面仅脉上有稀疏柔毛，下面被白霜。小枝、花序梗、花梗、花萼外面均被柔毛；花瓣白色。花期7—9月。

产于临安（天目山）、天台（华顶山）、龙泉（凤阳山）、泰顺（乌岩岭）等地。生于海拔950m以上的山岗灌草丛中。

《浙江植物志》记载的华北绣线菊 S. *fritschina* Schneid. 及 Flora of China 记载浙江有产的长芽绣线菊 S. *longigemmis* Maxim.，因均未见到典型标本，尚难确定与白花绣线菊三者之间的关系，有待进一步研究。

2. 麻叶绣线菊　麻叶绣球　（图4-331）
Spiraea cantoniensis Lour.

落叶灌木，高达1.5m。小枝细瘦，无毛，暗褐色，披散拱曲。冬芽小，卵形，先端尖，无毛，具数枚外露鳞片。叶片菱状披针形至菱状长圆形，长3～5cm，宽1.5～2cm，先端急尖，基部楔形，边缘近中部以上具缺刻状锯齿，两面无毛，叶脉羽状；叶柄长4～7mm，无毛。伞形花序具多花；花序梗和花梗无毛，花梗长8～14mm；苞片线形，无毛；花直径5～7mm；被丝托钟状，与萼片外面无毛，内面被短柔毛；萼片三角形或卵状三角形，先端急尖或短渐尖；花瓣白色，近

图4-331　麻叶绣线菊

圆形或倒卵形，先端圆钝或微凹；雄蕊20～28，稍短于或等长于花瓣；子房近无毛，花柱短于雄蕊。蓇葖果直立，张开，无毛；宿萼直立张开。花期4—5月，果期6—9月。

产于临安、建德、定海、普陀、开化、天台、缙云、遂昌、庆元、景宁等地。生于溪边、山坡灌丛中。分布于江西、福建、广东、广西等地。全国各地广泛栽培。日本也有。

3. 菱叶绣线菊 （图4-332）
Spiraea × vanhouttei (Briot) Carr.

落叶灌木，高达2m。小枝拱曲，无毛。冬芽小，卵形，顶端圆钝，无毛。叶片菱状卵形至菱状倒卵形，长1.5～3.5cm，宽0.9～1.8cm，先端急尖，基部楔形，边缘具缺刻状重锯齿，两面无毛，具不明显3脉或羽状叶脉；叶柄无毛。伞形花序具多花，基部具数枚叶片；花序梗和花梗无毛，花梗长7～12mm；花托与萼片外面无毛；花瓣白色，近圆形，先端圆钝；雄蕊20，短于花瓣；子房无毛。蓇葖果直立，稍张开，无毛；宿萼直立开张。花期4—5月。

全国各地栽培；杭州植物园有栽培。

图4-332　菱叶绣线菊

4. 绣球绣线菊　珍珠绣球 （图4-333）
Spiraea blumei G. Don

落叶灌木，高1～2m。小枝深红褐色或暗灰褐色，稍弯曲，无毛。叶片菱状卵形或倒卵形，长2～3.5cm，宽1～1.8cm，先端圆钝或微尖，基部楔形，边缘近中部以上具少数圆钝缺刻状锯齿或3～5浅裂，两面无毛，羽状脉或基部具不明显3脉。伞形花序具10～25花；花序梗和花梗无毛；花直径5～8mm；被丝托与萼片外面无毛，内面被短柔毛；花瓣白色，宽倒卵形，先端微凹；

雄蕊18~20，较花瓣短；子房无毛或仅腹部微具短柔毛，花柱短于雄蕊。蓇葖果直立，无毛。花期4—6月，果期8—10月。

产于长兴、临安、桐庐、建德、淳安、诸暨、衢州市区（衢江）、江山、东阳、永康、天台、仙居、遂昌、松阳、龙泉、青田、瑞安、文成、泰顺等地。生于海拔500~1300m的向阳山坡、路旁灌丛中或杂木林内。分布于华北、华东及辽宁、湖北、湖南、广东、广西、四川、陕西、甘肃等地。

庭园常栽植供观赏；叶可代茶；根、果可药用。

图4-333 绣球绣线菊

4a. 宽瓣绣球绣线菊（变种）（图4-334）

var. **latipetala** Hemsl.

小枝、花梗及被丝托具细短柔毛；花瓣宽大。

图 4-334　宽瓣绣球绣线菊

产于宁波及长兴、淳安、开化、云和等地。生于山坡、岩石旁灌草丛中。分布于广东等地。模式标本采自宁波。

4b. 毛果绣球绣线菊（变种）
var. pubicarpa Cheng

子房和蓇葖果被短柔毛。

产于临安、开化、浦江、东阳、天台、乐清等地。生于海拔300～580m的山脚、山坡、沟谷灌丛中。分布于陕西等地。模式标本采自临安天目山。

5. 疏毛绣线菊　（图4-335）
Spiraea hirsuta (Hemsl.) C.K. Schneid.

落叶灌木，高1～1.5m。枝条圆柱形，稍呈"之"字形弯曲，嫩时具短柔毛。叶片倒卵形、椭圆形，稀卵圆形，长1.5～3.5cm，宽1～2cm，先端圆钝，基部楔形，边缘自中部以上具钝锯齿或稍锐锯齿，两面具稀疏短柔毛，叶脉明显；叶柄具短柔毛。伞形花序具20余花，被短柔毛；花直径6～8mm；被丝托钟状，两面均被短柔毛；萼片三角形或卵状三角形，先端急尖，两面均具短柔毛；花瓣宽倒卵形，稀近圆形，白色；雄蕊18～20，短于花瓣；子房微具短柔毛，花柱短于雄蕊。蓇葖果稍张开，具稀疏短柔毛。花期4—5月，果期7—8月。

产于安吉、临安、淳安、余姚、奉化、普陀、磐安、天台、玉环、莲都、遂昌、云和等地。生于山坡、路旁灌丛中。分布于华中及河北、山西、江西、福建、四川、陕西、甘肃等地。

图 4-335　疏毛绣线菊

6. 中华绣线菊　铁黑汉条　（图 4-336）
Spiraea chinensis Maxim.

落叶灌木，高1～3m。小枝红褐色，拱曲，幼时被黄色绒毛。叶片菱状卵形至倒卵形，长2.5～6cm，宽1.5～3cm，先端急尖或圆钝，基部宽楔形或圆形，边缘具缺刻状粗锯齿或不明显3裂，上面被短柔毛，脉纹深陷，下面密被黄色绒毛，脉纹隆起；叶柄长4～10mm，被短绒毛。伞形花序具16～25花；花梗具短绒毛；花直径3～4mm；被丝托钟状，外面有稀疏柔毛，内面密被柔毛；萼片卵状披针形，先端长渐尖，内面有短柔毛；花瓣白色，近圆形，先端微凹或圆钝；雄蕊22～25，短于或等长于花瓣；子房具短柔毛，花柱短于雄蕊。蓇葖果张开，全体被短柔毛。花期4—6月，果期6—10月。

产于全省各地。生于海拔360～1300m的山坡灌丛中或山谷、溪边、荒野路旁等处。分布于华北、华东、华中、华南、西南、西北等地。模式标本采自舟山。

八六　蔷薇科 Rosaceae

图 4-336　中华绣线菊

6a. 大花中华绣线菊（变种）（图 4-337）
var. grandiflora Yü

花较大，直径8~10mm，雄蕊22~30（40）。花期5月，果期7—10月。

产于安吉、临安等地。生于海拔300~1000m的山坡上、沟谷林缘或路旁。分布于湖北等地。

图 4-337　大花中华绣线菊

7. 李叶绣线菊 笑靥花 （图4-338）

Spiraea prunifolia Sieblod et Zucc.

落叶灌木，高达3m。小枝细长，稍有棱角，幼时被短柔毛，后渐脱落。叶片卵形至长圆状披针形，长1.5～3cm，宽0.7～1.4cm，先端急尖，基部楔形，边缘具细锐单锯齿，幼时两面微被短柔毛，老时仅下面有短柔毛；叶柄被短柔毛。伞形花序具3～6花，基部着生数枚小型叶片；花序梗无；花梗长6～10mm，有短柔毛；花直径约10mm，重瓣，白色。花期4—5月。

分布于山东、江苏、安徽、江西、湖北、湖南、四川、贵州、陕西等地。全国各地常见栽培。浙江有零星栽培。日本、朝鲜半岛也有栽培。

图4-338 李叶绣线菊

7a. 单瓣李叶绣线菊（变种）（图4-339）

var. simpliciflora Nakai

与李叶绣线菊的区别在于花单瓣，直径约6mm；被丝托钟状，两面均被短柔毛；萼片卵状三角形，先端急尖，外面微被短柔毛，内面毛较密；花瓣白色，宽倒卵形，先端圆钝；雄蕊约20，长为花瓣的1/3或1/2；子房具短柔毛，花柱短于雄蕊。蓇葖果张开，仅腹缝线具短柔毛。花期3—4月，果期4—7月。

产于长兴、安吉、杭州市区（西湖）、建德、淳安、余姚、定海、开化、金华市区（婺城）、浦江、磐安、天台、莲都、松阳、龙泉、庆元、青田等地。生于海拔300～700m的山坡上、溪边或岩石缝间，也常见栽培。分布于江苏、江西、福建、湖北、湖南等地。

图 4-339 单瓣李叶绣线菊

8. 珍珠绣线菊 喷雪花 雪柳（图4-340）
Spiraea thunbergii Sieblod ex Blume

落叶灌木，高达1.5m。枝条细长张开，呈弧形弯曲，小枝有棱角，幼时被短柔毛，褐色，老时转为红褐色，无毛。叶片线状披针形，长25~40mm，宽3~7mm，先端长渐尖，基部狭楔形，边缘自中部以上具尖锐锯齿，两面无毛，羽状脉；叶柄极短或近无柄，有短柔毛。伞形花序具3~7花，基部簇生数枚小型叶片；无花序梗；花梗细，无毛；花直径6~8mm；被丝托钟状，外面无毛，内面微被短柔毛；萼片三角形或卵状三角形，先端尖，内面有稀疏短柔毛；花瓣倒卵形或近圆形，先端微凹至圆钝，白色；雄蕊18~20，长约为花的1/3或更短；子房无毛或微被短柔毛，花柱几等长于雄蕊。蓇葖果张开，无毛。花期4—5月，果期7月。

原产于辽宁、山东、江苏、福建、河南、陕西等地。全省各地常见栽培。日本也有。

图 4-340 珍珠绣线菊

2 假升麻属 Aruncus L.

多年生草本。根状茎粗大。叶互生；大型，一回至三回羽状复叶，稀掌状复叶；小叶片边缘具锯齿；无托叶。花单性，雌雄异株，呈大型穗状圆锥花序；无梗或近于无梗；被丝托杯状；萼片5；花瓣5，白色；雄蕊15~30，花丝细长，比花瓣长1倍；雌花中具短花丝和不发育的花药，心皮3或4，稀5~8，与萼片互生，子房1室；雄花中有退化雌蕊。蓇葖果沿腹缝线开裂，通常具2粒棍棒状种子。

3~6种，分布于北半球温带地区。我国有2种；浙江有1种。

假升麻（图4-341）

Aruncus sylvester Kostel. — *A. dioicus* (Walt.) Fernald

多年生草本，高1~3m，基部木质化。茎带暗紫色，无毛。二回至三回羽状复叶；总叶柄无毛；无托叶；小叶片3~9，菱状卵形、卵状披针形或长椭圆形，长5~13cm，宽2~8cm，先端渐尖，稀尾尖，基部宽楔形至圆形，边缘具不规则尖锐重锯齿，近无毛。大型穗状圆锥花序，长10~40cm，被柔毛与稀疏星状毛，后渐脱落；花直径2~4mm；被丝托杯状，微具毛；萼片三角形，先端急尖，全缘；花瓣白色，倒卵形，先端圆钝；雄花具20雄蕊，花丝约比花瓣长1倍，有退化雌蕊，花盘盘状，边缘具10圆形突起；雌花心皮3或4，稀5~8。蓇葖果无毛；果梗下垂；萼片宿存。花期6月，果期8—9月。

产于安吉、临安、临海、遂昌、龙泉、庆元、云和、景宁、泰顺等地。生于海拔700～1500m的山沟、山坡林下。我国除台湾、广东等少数地区外均有分布。亚洲、欧洲、北美洲也有。

根可入药，能补虚、止痛；花洁白繁茂，可供观赏。

图4-341　假升麻

❸ 珍珠梅属　Sorbaria (Ser.) A. Br.

落叶灌木，大型。冬芽卵形，具数枚外露鳞片。羽状复叶互生，小叶对生；小叶片具锯齿；具托叶。花两性，小型，组成顶生的圆锥花序；被丝托钟状；萼片5，反折；花瓣5，白色，覆瓦状排列；雄蕊20～50；心皮5，基部合生，与萼片对生。蓇葖果沿腹缝线开裂，含数粒种子。

约9种，分布于亚洲温带地区。我国有3种，产于东北、华北至西南各地；浙江栽培1种。

高丛珍珠梅 (图4-342)

Sorbaria arborea C.K. Schneid.

落叶灌木，高可达6m。小枝稍有棱角，微具星状毛或无毛。羽状复叶，连叶柄长20～32cm；小叶对生，13～17；小叶片披针形至长圆状披针形，长4～9cm，宽1～3cm，基部宽楔形或圆形，边缘具重锯齿，先端渐尖，两面无毛或下面具星状绒毛；小叶柄短或近无；托叶三角状卵形，两面无毛或近无毛。顶生大型圆锥花序；花序梗与花梗微具星状柔毛；苞片线状披针形至披针形，微被短柔毛；花直径6～7mm；被丝托浅钟状，无毛；萼片长圆形至卵形，先端钝；花瓣近圆形，基部楔形；雄蕊20～30，长约为花瓣的1.5倍。蓇葖果圆柱形，无毛；萼片宿存，反折；果梗弯曲，果实下垂。花期6—7月，果期9—10月。

分布于西南及江西、湖北、陕西、甘肃、新疆等地。全省各地有栽培。

可供观赏；枝、果穗可入药。

图4-342 高丛珍珠梅

4 小米空木属 Stephanandra Sieblod et Zucc.

落叶灌木。冬芽微小，常2或3枚叠生，具2~4枚外露鳞片。单叶互生；叶片边缘具锯齿和浅裂；具叶柄和托叶。圆锥花序，稀伞房花序，顶生；花小，两性；被丝托杯状；萼片5；花瓣5；雄蕊10~20，花丝短；心皮1，具2倒生胚珠，花柱顶生。蓇葖果偏斜，近球形，成熟时自基部开裂，具1或2种子。种子近球形，光亮，种皮坚脆，胚乳丰富。

约5种，分布于亚洲东部。我国有2种；浙江有1种。

野珠兰 华空木 中国小米空木（图4-343）
Stephanandra chinensis Hance

落叶灌木，高达1.5m。小枝细弱，红褐色，微具柔毛。叶片卵形至长椭圆状卵形，长5~7cm，宽2~3cm，基部圆形至近心形，稀宽楔形，边缘常浅裂，具重锯齿，先端渐尖至尾尖，两面无毛或下面叶脉微具柔毛；叶柄长6~8mm，近无毛；托叶线状披针形至椭圆状披针形，近

图4-343 野珠兰

无毛。圆锥花序顶生，松散；花序梗和花梗无毛；苞片小，披针形，无毛；被丝托杯状，无毛；萼片三角状卵形，长约2mm，先端钝，有短尖，全缘；花瓣白色，先端钝；雄蕊10，长约为花瓣的一半；心皮1，子房外被柔毛。蓇葖果近球形，直径约2mm，被疏柔毛；萼片宿存，直立。种子1，卵球形。花期5月，果期7—8月。

产于全省山区。生于海拔1500m以下的沟谷边、山坡上、溪边、阔叶林林缘或灌丛中。分布于华东、华中及广东、四川等地。

枝条秀丽，秋季叶片呈红紫色，开花繁茂，可供观赏；茎皮纤维可作造纸原料。

5 白鹃梅属 Exochorda Lindl.

落叶灌木。冬芽卵形，无毛，具数枚覆瓦状排列的鳞片。单叶互生；叶片全缘或具锯齿；具叶柄；托叶无或早落。总状花序顶生；花两性，大型；被丝托钟状；萼片5，短而宽；花瓣5，宽倒卵形，有瓣柄，白色；雄蕊15～30，花丝较短，着生于被丝托边缘；子房上位，心皮5，合生，花柱分离。蒴果倒圆锥形，具5脊，5室，沿背腹两缝线开裂。每室具1或2种子，扁平，有翅。

约4种，分布于亚洲中部与东部。我国有3种；浙江有2种。

1. 白鹃梅　茧子花　（图4-344）
Exochorda racemosa (Lindl.) Rehder

落叶灌木，高2～5m。小枝圆柱形，微具棱，无毛。冬芽三角状卵圆形，无毛。叶片椭圆形、长椭圆形至长圆状倒卵形，长3.5～6.5cm，宽1.5～3.5cm，先端圆钝或急尖，稀有突尖头，基部楔形或宽楔形，全缘，稀中上部具钝锯齿，两面无毛；叶柄长5～15mm，或近无柄，无毛；无托叶。总状花序具6～10花；花序梗和花梗无毛，花梗长3～8mm；苞片宽披针形；花直径2.5～3.5cm；被丝托浅钟状，无毛；萼片白色，宽三角形，先端急尖或钝，边缘具尖锐细锯齿，无毛；花瓣白色，倒卵形，先端钝，基部缢缩成短瓣柄；雄蕊15～20，3～5枚组成一束，着生于被丝托边缘，与花瓣对生；心皮5，合生，花柱分离。蒴果倒圆锥形，长8～10mm，具5脊，无毛；果梗长3～8mm。花期3—5月，果期6—8月。

产于长兴、德清、杭州市区、建德、淳安、诸暨、余姚、奉化、江山、金华市区（婺城）、浦江、磐安、永康、天台、莲都、缙云等地。生于海拔1100m以下的山坡灌丛中或林缘。分布于江苏、安徽、江西、河南、湖北等地。

花大而洁白，具较高的观赏价值。

图 4-344　白鹃梅

2. 红柄白鹃梅 （图 4-345）
Exochorda giraldii Hesse

落叶灌木，高 3~5m。小枝圆柱形，无毛，幼时绿色，老时红褐色。冬芽卵形，先端钝，红褐色，边缘微被短柔毛。叶片椭圆形、长椭圆形至长圆状倒卵形，长 3~4cm，宽 1.5~3cm，先端急尖至圆钝，基部楔形至圆形，全缘，有时中上部具钝锯齿，两面无毛或下面被柔毛；叶柄长 1.5~2.5cm，常红色，无毛；无托叶。总状花序具 6~10 花；花序梗和花梗无毛，花梗短或近无；苞片线状披针形，全缘，无毛；花直径 3~4.5cm；被丝托浅钟状，无毛；萼片白色，短而宽，近半圆形，全缘；花瓣白色，倒卵形或长圆状倒卵形，先端圆钝，基部渐狭成长瓣柄；雄蕊 20~30；心皮 5，合生，花柱分离。蒴果倒圆锥形，具 5 脊，无毛。花期 5 月，果期 7—8 月。

产于建德、淳安、江山（江郎山）等地。生于海拔 300~1000m 的山坡上、灌木林中。分布于河北、山西、江苏、安徽、河南、湖北、四川、陕西、甘肃等地。

用途同白鹃梅。

与白鹃梅的区别在于叶柄红色；花直径 3~4.5cm，萼片全缘，雄蕊 20~30。

图4-345 红柄白鹃梅

2a. 绿柄白鹃梅(变种)
var. **wilsonii** (Rehder) Rehder

与红柄白鹃梅的区别在于叶片有时具锯齿,叶柄长1~2cm,绿色;花直径约5cm。

分布于安徽、湖北、四川等地。《浙江植物志》记载杭州有栽培,实地考察未见。

6 栒子属 Cotoneaster Medik.

落叶、半常绿或常绿灌木。冬芽小型,具数枚覆瓦状排列的鳞片。单叶互生,有时呈2列状;叶片全缘;叶柄短;托叶细小,早落。花1～4朵排成聚伞花序,腋生或着生于短枝顶端;被丝托钟状、筒状或陀螺状;萼片5,短;花瓣5,白色、粉红色或红色,直立或张开;雄蕊5～25;子房下位或半下位,花柱2～5,离生,心皮成熟时骨质,背面与被丝托连合,腹面分离,每心皮具2胚珠。果实小型,梨果状,红色、褐红色至紫黑色,先端具宿萼,内含1～5小核;小核骨质,常具1种子。种子扁平。

约90种,分布于亚洲、欧洲、中美洲和北非的温带地区。我国有59种,为主产地,大多数种类分布于西部和西南部;浙江有1种。

平枝栒子 (图4-346)
Cotoneaster horizontalis Decne.

落叶或半常绿匍匐灌木,高0.5m以下。枝条水平开展成整齐2列状;小枝圆柱形,幼时被糙伏毛,老时脱落。叶片近圆形或宽椭圆形,稀倒卵形,长5～14mm,宽4～9mm,先端急尖,基部楔形,全缘,上面无毛,下面有稀疏伏贴柔毛;叶柄长1～3mm,被柔毛;托叶钻形,早落。花1～2朵,顶生或腋生,近无梗,直径5～7mm;被丝托钟状,外面有稀疏短柔毛,内面无毛;萼片三角形,先端急尖,外面微具短柔毛,内面边缘有柔毛;花瓣粉红色,倒卵形,先端圆钝;雄蕊约12;子房顶端有柔毛,花柱2或3。果实近球形,鲜红色,直径4～6mm,常具3小核。花期5—6月,果期9—10月。

产于临安(龙塘山、天目山)。生于海拔1000m以上的山坡、山脊灌丛中或岩石缝间。分布于山西、江苏、安徽、江西、湖北、湖南、台湾、四川、贵州、云南、陕西、甘肃等地。尼泊尔也有。

图4-346 平枝栒子

枝密叶小，红果艳丽，可用作园林地被及制作盆景等。

7 火棘属 Pyracantha M. Roem.

常绿灌木或小乔木，常具枝刺。单叶互生；叶缘具圆钝锯齿、细锯齿或全缘；托叶小，早落。复伞房花序；萼片5；花瓣5，白色，近圆形；雄蕊15~20，花药黄色；心皮5，成熟时骨质，在腹面离生，在背面约1/2与被丝托相连合，每心皮具2胚珠，子房半下位。梨果球形，具宿萼，内含5小核。

约10种，分布于亚洲东部至欧洲东南部。我国有7种；浙江栽培2种。

1. 火棘　火把果　救兵粮　（图4-347）
Pyracantha fortuneana (Maxim.) Li

常绿灌木，高达3m。侧枝短，先端呈刺状；嫩枝被锈色短柔毛；老枝无毛。叶片倒卵形或倒卵状长圆形，长1.5~6cm，宽0.5~2cm，基部楔形，下延，边缘具钝齿，齿尖内弯，近基部全缘，先端圆钝或微凹，有时具短尖头，两面无毛。复伞房花序，直径3~4cm；花梗长约1cm；花直径约1cm；被丝托钟状，无毛；萼片三角状卵形，先端钝；花瓣白色，近圆形，直径约4mm；雄蕊20；子房上部密生白色柔毛，花柱5，离生。果实橘红

图4-347　火棘

色或深红色，近球形，直径约5mm。花期3—5月，果期8—11月。

原产于华中、西南及江苏、福建、广西、陕西等地。全球广泛栽培；浙江各地有栽培。

可栽培作庭园观赏，也可作绿篱或制盆景。

2. 窄叶火棘 （图4-348）

Pyracantha angustifolia (Franch.) C.K. Schneid.

常绿灌木，高达4m，多枝刺。小枝密被灰黄色绒毛；老枝紫褐色，绒毛减少。叶片狭长圆形至倒披针状长圆形，长1.5～5cm，宽0.4～0.8cm，基部楔形，全缘，微下卷，先端圆钝，有短

图4-348　窄叶火棘

尖或微凹，上面暗绿色，幼时微有灰色绒毛，后渐脱落，下面密被灰白色绒毛；叶柄长1~3mm，密被灰白色绒毛。复伞房花序，直径2~4cm；花序梗和花梗密被灰白色绒毛；花直径6~9mm；萼片三角形，与被丝托均密被灰白色绒毛；花瓣白色，近圆形，基部楔形；雄蕊20；子房被白色绒毛，花柱5，与雄蕊近等长。果扁球形，直径5~6mm，砖红色；萼片宿存。花期5—6月，果期10—12月。

分布于西南及湖北、陕西等地。杭州植物园等地有栽培。

与火棘的区别在于叶片狭长圆形至倒披针状长圆形，叶柄、花梗和花序梗密被灰白色绒毛。

8 山楂属 Crataegus L.

落叶灌木或小乔木，稀半常绿，常具枝刺。单叶互生；叶片具锯齿或深裂至浅裂，稀不裂；具叶柄与托叶。伞房或伞形花序，稀单生；被丝托钟状；萼片5；花瓣5，白色，稀粉红色；雄蕊5~25；心皮1~5，成熟时骨质，大部分与被丝托合生，仅先端和腹面分离，子房下位至半下位，每室具2胚珠，常仅1枚发育。梨果；具宿萼。种子直立，扁。

1000种以上，主要分布于北半球，主产于北美。我国有18种；浙江有4种，其中栽培1种。

分种检索表

1. 叶片羽状深裂，侧脉伸至裂片先端或分裂处 ·· **1. 山楂 C. pinnatifida**
1. 叶片浅裂或不裂，侧脉伸至裂片先端，裂片分裂处无侧脉。
　2. 灌木，高2m以下；叶片宽倒卵形至倒卵状长圆形，基部楔形下延 ············· **3. 野山楂 C. cuneata**
　2. 乔木或小乔木，高3m以上；叶片卵形，基部圆形不下延。
　　3. 小枝、花序梗、花梗均无毛；果直径2.5cm，表面有突起斑点，小核5 ·· **2. 湖北山楂 C. hupehensis**
　　3. 小枝、花序梗、花梗均有毛；果直径6~7mm，表面光滑，小核1~3 ····· **4. 华中山楂 C. wilsonii**

1. 山楂（图4-349）

Crataegus pinnatifida Bunge

落叶小乔木，高达6m。枝通常有长1~2cm的刺；小枝圆柱形，无毛或近无毛。叶片宽卵形或三角状卵形，长5~10cm，宽4~7.5cm，先端短渐尖，基部截形至宽楔形，通常两侧各有3~5羽状深裂片，边缘具尖锐而稀疏的不规则重锯齿，上面暗绿色而有光泽，下面沿叶脉疏生短柔毛或在脉腋有髯毛；叶柄长2~6cm，无毛；托叶镰形，边缘具锯齿。伞房花序具多花；花序梗和花梗均被柔毛，后渐稀少，花梗长4~7mm；苞片线状披针形，边缘具腺齿，早落；花直径约1.5cm；被丝托钟状，外面密被灰白色柔毛；萼片三角状卵形，全缘，两面均无毛或在内面顶端有髯毛；花瓣白色，倒卵形或近圆形；雄蕊20，花药粉红色；花柱3~5，基部被柔毛。果实近球形，直径10~15mm，深红色，具浅色斑点；小核3~5。花期5—6月，果期9—10月。

原产于东北、华北及江苏、河南、陕西等地。朝鲜半岛、俄罗斯（西伯利亚地区）也有。杭州市区、遂昌、庆元、云和、景宁等地有栽培。

可栽培作绿篱和观赏树；果实可鲜食，也可入药，有健胃、消积、舒气等功效。

本省栽培的还有园艺品种山里红'Major'，与山楂的区别在于植株刺少；叶片大，分裂浅；果实较大，直径可达2.5cm，深亮红色。

图4-349 山楂

2. 湖北山楂 （图4-350）

Crataegus hupehensis Sarg.

落叶乔木或灌木，高3~6m。枝条开展，有刺；小枝圆柱形，无毛。叶片卵形至卵状长圆形，长4~9cm，宽4~7cm，基部宽楔形或近圆形，先端短渐尖，边缘具圆钝锯齿，上半部具2~4对浅裂片，无毛或仅下部脉腋有髯毛；叶柄长3.5~5cm，无毛；托叶草质，披针形或镰形，边缘具腺齿，早落。伞房花序具多花；花序梗和花梗均无毛，花梗长4~5mm；苞片膜质，线状披针形，边缘具腺齿，早落；花直径约1cm；被丝托钟状，外面无毛；萼片三角状卵形，全缘，两面均无毛；花瓣白色，卵形；雄蕊20，花药紫色；花柱5，基部被白色绒毛。果实近球形，直径约2.5cm，深红色，有突起斑点；萼片宿存，反折；小核5。花期5—6月，果期8—9月。

产于宁波、舟山及湖州市区（吴兴）、长兴、安吉、德清、杭州市区（余杭）、临安、诸暨、金华市区（婺城）、台州市区（黄岩）、天台、松阳、景宁等地。生于海拔50~1500m的山坡、山岗、山沟杂木林或灌丛中。分布于华中及山西、江苏、安徽、江西、四川、陕西、甘肃等地。

果实可鲜食、制山楂糕及酿酒，也可入药。

本省该种标本的叶片幼时上面有疏柔毛；被丝托内面底部有白色丛毛，萼片内面有毛，花

图4-350　湖北山楂

柱3~5，基部无毛；果实黄色或红色；开花时有浓烈的鱼腥味。其特征与文献记载不尽相同，有待进一步研究。

3. 野山楂 （图4-351）
Crataegus cuneata Sieblod et Zucc.

落叶灌木，高达1.5m。分枝密，具细刺；小枝细弱，幼时被柔毛。叶片宽倒卵形至倒卵状长圆形，长2~6cm，宽1~4.5cm，先端急尖，基部楔形，下延至叶柄，边缘具不规则重锯齿，先端3或5~7浅裂，上面无毛，有光泽，下面具稀疏柔毛，后脱落，叶脉显著；叶柄两侧有叶翼；托叶草质，镰刀状，边缘具齿。伞房花序具5~7花；花序梗和花梗均被毛；花直径约1.5cm；被丝托钟状，外面被长柔毛；萼片三角状卵形，先端尾状渐尖，全缘或具齿，两面均有柔毛；花瓣白色，近圆形或倒卵形，有短瓣柄；雄蕊20，花药红色；花柱4或5，基部被绒毛。果实近球形或扁球形，直径1~1.5cm，红色或黄色，无斑点，常具反折宿萼和1枚叶状苞片；小核4或5。花期5—6月，果期9—11月。

产于全省山区。生于海拔1500m以下的山顶、山坡、山谷的灌草丛中或林缘。分布于华东、华中、华南、西南各地。日本也有。

果可鲜食、酿酒或制果酱，也可入药，有健胃消积、散瘀化滞等功效；嫩叶可代茶。

图4-351 野山楂

4. 华中山楂 少毛山楂 （图4-352）
Crataegus wilsonii Sarg.

落叶灌木或小乔木，高达7m。枝条开展，有刺；小枝圆柱形，稍有棱角，被白色柔毛。叶片卵形或倒卵圆形，长4～6.5cm，宽3.5～5.5cm，基部圆形、楔形或心形，先端急尖或圆钝，边缘具尖锐锯齿，幼时齿尖有腺，通常中部以上有3～5对浅裂片，幼时上面散生柔毛，下面沿脉微具柔毛；叶柄长2～2.5cm，有狭叶翼，幼时被白色柔毛，后脱落至无毛；托叶披针形、镰形或卵形，边缘具腺齿，早落。伞房花序具多花；花序梗和花梗均被白色绒毛；苞片披针形，先端渐尖，边缘具腺齿，脱落较迟；花直径1～1.5cm；被丝托钟状，外面通常被白色柔毛或无毛；萼片三角状卵形，边缘具齿，外面被柔毛；花瓣白色，近圆

图4-352 华中山楂

形；雄蕊20，花药玫瑰紫色；花柱2或3，稀1，基部被白色绒毛。果实椭圆形，直径6～7mm，红色，光滑；萼片宿存，反折；小核1～3。花期5—6月，果期8—9月。

产于安吉（龙王山）、临安（清凉峰）等地。生于海拔1300m以上的平缓山坡、山岗杂木林或灌丛中。分布于山西、安徽、河南、湖北、四川、云南、陕西、甘肃等地。

果实可入药，有破气散瘀、消积化痰等功效。

⑨ 小石积属 Osteomeles Lindl.

落叶或常绿灌木。冬芽小，卵形，具数枚外露鳞片。奇数羽状复叶，互生；小叶对生；小叶片全缘，近于无柄；叶轴上有狭翼；托叶早落。伞房花序多花，顶生；苞片早落；被丝托钟状；萼片5；花瓣5，白色；雄蕊15～20；子房下位，5室，每室具1胚珠，花柱5，离生。梨果，果肉坚硬，具宿萼，内含5骨质小核。种子直立；子叶平凸。

约5种，分布于亚洲东部。我国有3种；浙江有1种。

圆叶小石积 （图4-353）
Osteomeles subrotunda K. Koch

常绿匍匐灌木。枝条密集；小枝细弱，幼嫩时密被灰白色长柔毛，后渐脱落。奇数羽状复叶；小叶5～8对；小叶片革质，对生，近圆形或倒卵状长圆形，长4～6mm，宽2～3mm，基部圆形或近圆形，先端圆钝或有短尖头，全缘，上面有光泽，散生长柔毛，下面密被灰白色丝状长柔

图 4-353　圆叶小石积

毛。伞房花序具多花，顶生；花序梗和花梗均被长柔毛；苞片披针形，早落；花直径约1cm；被丝托钟状，外面被柔毛；萼片三角状披针形，先端急尖，全缘，外面被柔毛，内面近无毛；花瓣近圆形，白色；雄蕊20，比花瓣稍短。果实近球形，直径6～12mm；萼片宿存。花期4—6月，果期7—9月。

产于象山（渔山列岛）、临海（东矶岛、头门岛、大竹山岛）等地。生于海岛的山坡岩石边。分布于广东（仁化）等地。日本和菲律宾也有。

可供观赏，适宜在岩石园种植。

10 红果树属 Stranvaesia Lindl.

常绿乔木或灌木。冬芽小，卵形，具少数外露鳞片。单叶互生；叶片革质，全缘或具锯齿；具叶柄与托叶。复伞房花序顶生；苞片早落；被丝托钟状；萼片5；花瓣5，白色，基部有短瓣柄；雄蕊20；子房半下位，基部与被丝托合生，5室，每室具2胚珠，花柱5，大部分连合成束，仅顶端部分分离。梨果小，成熟后心皮与被丝托分离，沿心皮背部开裂；萼片宿存。种子长椭圆形，种皮软骨质；子叶扁平。

约5种，分布于我国、印度、缅甸北部。我国约有4种；浙江有1种。

可栽培供观赏，叶丛亮绿色，果穗红黄色，经久不凋，十分美丽。

波叶红果树（变种）（图4-354）

Stranvaesia davidiana Decne. var. **undulata** (Decne.) Rehder et E.H. Wilson

常绿灌木，高1～2m。枝密集；小枝粗壮，圆柱形，幼时密被长柔毛，后渐脱落，具稀疏

图4-354 波叶红果树

不明显皮孔。叶片椭圆状长圆形至长圆状披针形，长3~8cm，宽1.5~2.5cm，先端急尖或突尖，基部楔形至宽楔形，边缘波皱起伏；叶柄长3~8mm，被柔毛；托叶膜质，钻形，早落。花序密而多花，近无毛；花梗短；苞片早落；花直径约6mm；萼片三角状卵形，先端急尖，全缘，长2~3mm，长不及被丝托的一半；花瓣近圆形，直径约4mm，白色；雄蕊20，花药紫红色；子房顶端被绒毛，花柱5，大部分连合，柱头头状，稍短于雄蕊。梨果近球形，橘红色，直径6~7mm；萼片宿存，直立。种子长椭圆形。花期5—6月，果期9—10月。

产于淳安、江山、龙游、莲都、遂昌、松阳、龙泉、庆元、云和、景宁、泰顺等地。生于海拔900~1900m的山坡、沟谷灌丛中。分布于江西、湖北、湖南、广西、四川、贵州、云南、陕西。

存疑种

毛萼红果树

Stranvaesia amphidoxa C.K. Schneid

与波叶红果树的区别在于叶片具锯齿；花序梗、花梗及花萼均被黄色绒毛；梨果卵形，直径10~14mm。《中国植物志》记载浙江有分布，但《浙江植物志》记载未见其标本，野外调查也未见，是否确有分布，有待进一步研究。

11 石楠属 Photinia Lindl.

落叶或常绿，乔木或灌木。冬芽小，具覆瓦状排列的鳞片。单叶互生；叶片革质或纸质，多数具锯齿，稀全缘；具托叶。花两性，多数；复伞房、伞房或伞形花序，稀聚伞花序，顶生；被丝托杯状、钟状或管状；萼片5，短；花瓣5，开展；雄蕊20；心皮2，稀较多或较少，子房半下位，2~5室，每室具2胚珠，花柱2~5，离生。梨果小型，微肉质，成熟后不开裂；心皮1/3部分与被丝托分离；萼片宿存。

60余种，分布于亚洲东部与南部。我国有40余种；浙江有17种，其中栽培1种。

本属植物花白繁密，果色艳丽，可供观赏；木材坚硬，可制作家具、农具等器具。

分种检索表

1. 常绿；叶片革质；花序梗、花梗果时无疣点。
   2. 叶片下面无黑色腺点。
      3. 乔木、小乔木或灌木；叶片较大，长5cm以上，宽2cm以上；果实较大，直径5mm以上。
         4. 树干或大枝具粗壮棘刺；果实黑色·· **2. 黑果石楠 P. atropurpurea**
         4. 树干或大枝无棘刺；果实红色。
            5. 小枝、叶柄粗壮，叶柄幼时有绒毛；叶片厚革质；花瓣两面无毛······ **1. 石楠 P. serratifolia**
            5. 小枝、叶柄细弱，叶柄无毛；叶片革质；花瓣内面基部有绒毛。

6. 灌木或小乔木，高3～5m；叶缘疏生细锯齿，叶柄无锯齿。
　　7. 枝顶冬芽小，通常长不超过0.5cm ································ **3. 光叶石楠 P. glabra**
　　7. 枝顶冬芽大，长超过1.5cm ······································ **4. 红叶石楠 P. × fraseri**
6. 乔木，高可达15m；叶片基部无锯齿，有时近全缘，叶柄有时近顶端具1或2锯齿············
　　·· **5. 裘氏石楠 P. chiuana**
3. 披散灌木；叶片狭小，长2～5cm，宽0.6～2cm；果实小，直径约3mm···············
　　·· **6. 泰顺石楠 P. taishunensis**
2. 叶片下面具黑色腺点·· **7. 桃叶石楠 P. prunifolia**
1. 落叶；叶片纸质；花序梗、花梗果时具显著疣点。
　　8. 伞房状或复伞房花序，具多数花，通常在10朵以上。
　　　　9. 花序无毛。
　　　　　　10. 叶片长圆形、倒卵状长圆形或卵状披针形，边缘疏生具腺锯齿；复伞房花序密集多花 ············
　　　　　　　　·· **8. 中华石楠 P. beauverdiana**
　　　　　　10. 叶片披针形或长圆状披针形，边缘密生细锐锯齿；伞房花序稀疏少花·············
　　　　　　　　·· **9. 福建石楠 P. fokienensis**
　　　　9. 花序有毛。
　　　　　　11. 花序梗和花梗均轮生·· **10. 闽粤石楠 P. benthamiana**
　　　　　　11. 花序梗和花梗均互生。
　　　　　　　　12. 叶片长椭圆形或长圆状披针形，下面绒毛永存············· **11. 绒毛石楠 P. schneideriana**
　　　　　　　　12. 叶片倒卵形，下面被绵毛或柔毛，后脱落至仅被稀疏毛或近无毛。
　　　　　　　　　　13. 叶片宽大，宽倒卵形，长8～14cm，宽4～8.5cm，先端圆钝，边缘具重锯齿 ·············
　　　　　　　　　　　　·· **12. 玉兰叶石楠 P. magnoliifolia**
　　　　　　　　　　13. 叶片狭小，倒卵形或长圆状倒卵形，长不及8cm，宽不到4cm，边缘具单锯齿·············
　　　　　　　　　　　　·· **13. 毛叶石楠 P. villosa**
　　8. 伞形、伞房或聚伞花序，具少数花，通常10朵以下。
　　　　14. 幼枝、叶片下面、叶柄、花梗、被丝托均无毛。
　　　　　　15. 花序具2～9花，花梗较粗短，长1～2.5cm，直立，花较大，直径达15mm ·············
　　　　　　　　·· **14. 小叶石楠 P. parvifolia**
　　　　　　15. 花序通常仅具1～3花，花梗丝状细长，长2～6cm，弧曲下垂，花较小，直径6～8mm ·············
　　　　　　　　·· **15. 垂丝石楠 P. komarovii**
　　　　14. 幼枝、叶片下面、叶柄、花梗及被丝托均被黄褐色毛。
　　　　　　16. 花梗纤细，长10～20mm，具1或2花，稀3～7花············ **16. 浙江石楠 P. zhejiangensis**
　　　　　　16. 花梗短，长3～10mm，具3～8花···························· **17. 褐毛石楠 P. hirsuta**

1. 石楠（图4-355）

Photinia serratifolia (Desf.) Kalkman — *P. serrulata* Lindl.

常绿灌木或小乔木，高4～6m。小枝灰褐色，无毛。叶片厚革质，长椭圆形、长倒卵形或倒卵状椭圆形，长9～22cm，宽3～7cm，先端急尖至尾尖，基部圆形或宽楔形，边缘疏生具腺细锯齿，近基部全缘，幼苗或萌芽枝的叶片边缘的锯齿锐尖，呈硬刺状，侧脉25～30对；叶柄粗壮，长2～4cm，幼时有绒毛。复伞房花序顶生，直径10～16cm，花密集；花序梗和花梗无毛；花直径6～8mm；被丝托杯状，无毛；萼片宽三角形，无毛；花瓣白色，两面无毛；雄蕊20，外轮较花瓣长，内轮较花瓣短；子房顶端有长柔毛，花柱2，稀3，基部合生。果实红色，球形，直径5～6mm。种子棕色，卵形，平滑。花期4—5月，果期10月。

产于全省各地，也常见栽培。生于海拔900m以下的山坡杂木林下、山谷中、溪边林缘。分布于华东、华中及河北、台湾、广东、广西、四川、贵州、云南、陕西、甘肃等地。日本、印度尼西亚也有。

本种枝叶浓密，树冠浑圆，花繁果艳，可栽培供观赏；叶和根可入药，有祛风止痛、补肾强筋等功效。

图4-355 石楠

1a. 绵毛石楠(变种)(图4-356)

var. **lanuginosa** (Yü) F.G. Zhang et Z.H. Chen —— *P. lanuginosa* Yü

花序梗、花梗密被灰白色绵毛。

产于杭州市区(拱墅、西湖),也常见栽培。生于阔叶林中。分布于湖南等地。

用于绿化观赏。

《浙江植物志》记载,本省尚产2个变种,即宽叶石楠var. *daphniphylloides* (Hayata) L.T. Lu 和紫金牛叶石楠var. *ardisiifolia* (Hayata) Ohashi,《中国植物志》、*Flora of China* 记载仅分布于我国台湾,经查阅标本及野外调查,未见典型标本,野外也未见,故未予收录。

图4-356 绵毛石楠

2. 黑果石楠（图4-357）

Photinia atropurpurea P.L. Chiu ex Z.H. Chen et X.F. Jin — *P. lasiogyna* (Franch.) C.K. Schneid. var. *glabrescens* L.T. Lu et C.L. Li — *P. bodinieri* auct., non H. Lév. — *P. lasiogyna* (Franch.) auct., non C.K. Schneid.

常绿乔木，高达25m。树干或大枝具棘刺和横向的褐色皮孔，棘刺粗壮。大树树皮红褐色或红棕色，不规则薄片状剥裂。一年生枝绿色或紫红色，初时被黄褐色绒毛，花枝上毛被尤密，后渐脱净；二年生枝紫褐色，具皮孔。叶片革质，倒卵状披针形或倒披针形，长（4）7～12.5cm，宽（2）3～4cm，基部楔形，先端急尖或圆钝，边缘平整，具低平细锯齿，两面无毛，侧脉8～14对，近叶缘处网结；叶柄长1～1.8cm，仅初时疏被绒毛。复伞房花序顶生，花多数；花序轴及分枝仅初时疏被绒毛；无花序梗；花梗长4～8mm，无毛；花直径1.2～1.5cm；被丝托杯状，外面无毛；萼片宽三角形，先端急尖，仅顶端微被绒毛；花瓣白色，卵形或卵圆形，内面基部具柔毛；雄蕊20，较花瓣短；子房3室，顶端具绒毛，花柱3。果实倒卵球形，直径6～8mm，成熟时黑色，光亮，无毛，先端具宿存花柱。花期4—5月，果期11—12月。

产于莲都、遂昌、松阳、

图4-357 黑果石楠

龙泉、庆元、青田、永嘉、瑞安、文成、平阳、苍南、泰顺等地。生于海拔200～1000m的山坡林中。模式标本采自泰顺。

树干通直挺拔，叶色浓绿光亮，花序洁白，为优良的绿化树种；木材暗红色，材质坚硬，密度高，为优良用材。

本省以往鉴定为贵州石楠 *P. bodinieri* H. Lév. 或倒卵叶石楠 *P. lasiogyna* (Franch.) C.K. Schneid. 的，均系黑果石楠的误定。

3. 光叶石楠 （图4-358）
Photinia glabra (Thunb.) Maxim.

常绿小乔木或灌木状，高3～5m，有时可达7m。顶芽小，长不超过0.5cm。叶片革质，绿色或红色，长圆状倒卵形、椭圆形或长圆形，长5～9cm，宽2～4cm，先端渐尖，基部楔形，边缘疏生浅钝细锯齿，两面无毛，侧脉10～18对；叶柄长1～2cm，无毛。复伞房花序顶生，直径5～10cm；花序梗和花梗均无毛；花直径7～8mm；被丝托杯状，无毛；萼片三角形，长约1mm，先端急尖，外面无毛，内面有柔毛；花瓣白色，

图4-358　光叶石楠

倒卵形，反卷，长约3mm，先端圆钝，具短瓣柄，内面基部有白色绒毛；雄蕊20，与花瓣等长或稍短；子房顶端有柔毛，花柱2，稀3，离生或下部合生。果实红色，卵形，长约5mm，无毛。花期4—5月，果期9—10月。

产于全省各地。生于海拔1200m以下的山坡杂木林中。分布于华东及湖北、湖南、广东、广西、四川、云南等地。日本、泰国、缅甸也有。

叶可药用，有解热、利尿、镇痛等功效；木材坚硬致密，可制作器具等；枝叶浓密，花繁果艳，可作绿篱及供园林观赏。

4. 红叶石楠（图4-359）
Photinia × fraseri Dress

为石楠与光叶石楠的杂交种，常绿小乔木，与光叶石楠相似；冬芽大，长超过1.5cm，常红色或暗红色；新梢和嫩叶红色。

全国各地均有栽培；浙江普遍栽培。

极具观赏价值，广泛用于庭园美化。

图4-359　红叶石楠

5. 裘氏石楠 （图4-360）

Photinia chiuana Z.H. Chen, F. Chen et X.F. Jin

常绿乔木，树干通直，高达15m，胸径达42cm。树皮浅红褐色，不规则薄片状或细条片状浅裂。当年生小枝绿色，无毛，去年生小枝红褐色，老枝黑褐色。叶片革质，狭椭圆形或长圆形，稀倒卵状椭圆形，长5~12（14.5）cm，宽2~4.3cm，先端渐尖，基部楔形，除基部外具浅钝细锯齿，有时近全缘，上面绿色，光亮，中脉下陷，下面淡绿色，网脉细致而清晰，两面无毛，侧脉10~15对；叶柄长1~3cm，无毛，有时近顶端具1或2锯齿。复伞房花序顶生，分枝疏散，花多数；花序梗、花序轴、花梗和花萼外面无毛；花直径约1cm；被丝托杯状，外面无毛；萼片宽三角形，长约1mm，先端急尖，外面无毛，内面被白色绒毛；花瓣白色，倒卵形，先端圆钝，内面基部有白色绒毛；雄蕊20，与花瓣等长或稍长；子房2室，顶端被白色绒毛，花柱2，中部或上部离生。果实长圆状椭圆球形，长6~7mm，直径5.5~6.5mm，两端近平截，成熟时红色，内具1或2种子。种子肾状卵球形，黄褐色，平滑。花期5月，果期10月。

图4-360 裘氏石楠

产于衢州市区(衢江)、江山等地。生于海拔400m以下的低山丘陵地区。模式标本采自衢江。

树干通直挺拔，叶色浓绿光亮，花序洁白，为优良的绿化树种。

6. 泰顺石楠 （图4-361）

Photinia taishunensis G.H. Xia, L.H. Lou et S.H. Jin

常绿披散灌木。小枝细弱，下垂，幼时疏生短柔毛，紫褐色或黑褐色。叶片革质，倒卵状披针形，长2～5cm，宽0.6～2cm，先端急尖，常具小尖头，基部渐狭成楔形，边缘微向外反卷并有起伏，具尖锐内弯细锯齿，上面深绿色，下面干时黄褐色，幼时中脉稍有柔毛，其余无毛，中脉在上面凹陷，在下面隆起；叶柄长3～10（18）mm，幼时有柔毛，后无毛。复伞房花序顶生，直径3～6cm；花序梗和花梗无毛；花直径1～1.2cm；被丝托钟状，具稀疏短柔毛；萼片直立，宽三角形，外面无毛，内面密被短柔毛；花瓣白色，倒卵形，边缘具纤毛，基部密被短柔毛；雄蕊20，短于花瓣；子房顶端有白色柔毛，花柱2，稀3，离生。果实近球形至卵球形，直径约3mm，无毛，具宿存内弯萼片。花期4月。

产于泰顺（垟溪）。生于海拔100～350m的溪边岩石缝间。模式标本采自泰顺。

可作盆景栽培。

图4-361 泰顺石楠

浙江的标本过去被误定为罗城石楠 P. lochengensis Yü，区别在于后者萼片内面及花瓣基部无毛。

7. 桃叶石楠 （图4-362）
Photinia prunifolia (Hook. et Arn.) Lindl.

常绿乔木，高10～20m。小枝无毛，灰黑色，具黄褐色皮孔。叶片革质，长圆形或长圆状披针形，长7～13cm，宽3～5cm，先端渐尖，基部圆形至宽楔形，边缘密生具腺的细尖锯齿，上面光亮，下面密布黑色腺点，两面无毛；叶柄长10～25mm，无毛，具多数腺齿。复伞房花序顶生，直径12～16cm；花序梗和花梗微有长柔毛；花直径7～8mm；被丝托杯状，外面有柔毛；萼片

图4-362　桃叶石楠

三角形，先端渐尖，内面微有绒毛；花瓣白色，倒卵形，先端圆钝，基部有绒毛；雄蕊20，与花瓣等长或稍长；子房顶端有毛，花柱2，稀3，离生。果实椭圆形，长7～9mm，直径3～4mm，红色，内含2或3种子。花期3—4月，果期10—12月。

产于遂昌、松阳、龙泉、庆元、景宁、永嘉、瑞安、文成、平阳、苍南、泰顺等地。生于海拔300～900m的山坡、沟谷阔叶林中。分布于江西、福建、广东、广西、贵州、云南等地。印度尼西亚、日本、马来西亚也有。

可供观赏。

7a. 齿叶桃叶石楠　水花石楠　（图4-363）
var. denticulata Yü

与桃叶石楠的主要区别在于叶缘具明显重锯齿，即两个大锯齿之间有数个小锯齿；被丝托外面无毛。

产于龙泉、庆元、平阳、泰顺等地。生于山坡阔叶林中。分布于福建、广西等地。模式标本采自平阳。

图4-363　齿叶桃叶石楠

8. 中华石楠　（图4-364）
Photinia beauverdiana C.K. Schneid.

落叶灌木或小乔木，高3～10m。小枝紫褐色，散生灰色皮孔，无毛。叶片薄纸质，长圆形、倒卵状长圆形或卵状披针形，长5～13cm，宽2～6cm，先端渐尖，基部圆形或楔形，边缘疏生具腺锯齿，上面光亮无毛，下面沿中脉疏生柔毛，侧脉9～14对；叶柄长5～10mm，微有柔毛。复伞房花序顶生，具多数花，直径5～7cm；花序梗和花梗无毛，密生疣点；花直径5～7mm；被丝托杯状，外面微有毛；萼片三角形；花瓣白色，卵形或倒卵形，先端圆钝，无毛；雄蕊20；花柱（2）3，基部合生。果实紫红色，卵形，长7～8mm，直径5～6mm，微有疣点；萼片宿存。花期5月，果期7—8月。

产于湖州、舟山、衢州、金华、台州、丽水、温州及临安、桐庐、建德、淳安、诸暨、新昌、宁波市区（北仑）、鄞州、慈溪、余姚、奉化、宁海等地。生于海拔1300m以下的山坡、山谷阔叶林中或林缘。分布于华东、华中及台湾、广东、广西、四川、贵州、云南、陕西等地。不丹、越南也有。

图4-364　中华石楠

8a. 厚叶中华石楠 （图4-365）
var. **notabilis** (C.K. Schneid.) Rehder et E.H. Wilson

与中华石楠的区别在于树高达25m；叶片厚纸质，长圆状椭圆形，长9～13cm，宽3.5～6cm，先端急尖，有小尖头，边缘疏生细锯齿，侧脉9～12对；花序直径8～10cm，花梗长1～1.8cm。

产于开化、庆元、文成、泰顺等地。

可栽培供观赏。

图4-365 厚叶中华石楠

8b. 短叶中华石楠 （图4-366）
var. **brevifolia** Cardot

与中华石楠的区别在于叶片较短，卵形、椭圆形至倒卵形，长3～6cm，宽1.5～3.5cm，先端短尾状渐尖，基部圆形，侧脉6～8对，不显著。

产于安吉、开化、天台、莲都、缙云、遂昌、庆元、景宁等地。生于海拔800～1000m的杂

图 4-366　短叶中华石楠

木林中或林缘。分布于江苏、江西、湖北、湖南、四川、陕西等地。

9. 福建石楠 （图 4-367）
Photinia fokienensis (Finet et Franch.) Franch. ex Cardot

落叶灌木或小乔木，高达 5m。小枝细，无毛，棕黑色，散生皮孔。冬芽卵形，无毛。叶片薄纸质，披针形或长圆状披针形，长 7～10.5cm，宽 1.5～3.5cm，先端长渐尖，基部楔形，边缘密生尖锐的细锯齿，两面无毛或下面中脉上微有柔毛，叶脉在上面凹陷，下面隆起，侧脉 7～9 对；叶柄长 5～10mm，无毛。复伞房花序顶生，少花、稀疏；花序梗、花梗、被丝托、萼片均无毛，花梗细，长 8～12mm；花直径 10～12mm；被丝托杯状；萼片三角形，先端急尖；花瓣白色，宽倒卵形，先端微凹，有短瓣柄；雄蕊 20；子房顶端有柔毛，花柱 3，近顶端连合，基部有柔毛。果实椭圆形，橙红色，无毛；果梗长 1.5～2.5cm，密生疣点。花期 5 月，果期 10 月。

产于开化等地。生于海拔 850m 左右的山谷林中。分布于福建等地。

可供观赏。

图 4-367 福建石楠

10. 闽粤石楠 （图4-368）
Photinia benthamiana Hance

落叶灌木或小乔木，高3～10m。小枝密生灰色柔毛，后脱落至无毛，灰黑色。叶片纸质，倒卵状长圆形或长圆状披针形，长5～11cm，宽2～5cm，先端急尖或圆钝，基部渐狭，边缘具疏锯齿，幼时两面疏生白色长柔毛，后脱落至仅在下面脉上具少数柔毛，侧脉5～8对；叶柄长

图 4-368 闽粤石楠

3~10mm，有灰色绒毛；托叶早落。复伞房花序顶生，具多数花；花序梗、花梗均轮生，有灰色柔毛，花梗长3~5mm，果时密生疣点；苞片、小苞片钻形，有柔毛；花直径7~8mm；被丝托杯状，外面密生柔毛；萼片三角形；花瓣白色，倒卵形或圆形，先端圆钝或微凹，外面无毛，内面微有柔毛；雄蕊20；花柱3，中部以上分离，无毛。果实卵形或近球形，直径4~6mm，有淡黄色柔毛。花期4—5月，果期7—8月。

产于浦江、温州市区（鹿城）、永嘉、文成、泰顺等地。生于低海拔山坡林中。分布于福建、湖北、湖南、广东、海南、广西、云南等地。老挝、泰国、越南也有。

可供观赏。

11. 绒毛石楠 （图4-369）

Photinia schneideriana Rehder et E.H. Wilson

落叶灌木或小乔木，高达7m。幼枝有疏长柔毛，紫褐色，老时无毛，灰褐色，具梭形皮孔。叶片厚纸质，长圆状披针形至长椭圆形，长6~11.5cm，宽2~5.5cm，先端渐尖，基部宽楔形，边缘具锐锯齿，上面疏生长柔毛，后脱落，下面有薄绒毛，不脱落，侧脉10~15对；叶柄长6~10mm，初时被柔毛。复伞房花序顶生，具多数花，直径5~7cm；花序梗和分枝花梗疏生长柔毛，花梗长3~8mm，无毛，果时密生疣点；被丝托杯状，外面无毛；萼片圆形，先端具短尖头，内面上部有疏柔毛；花瓣白色，近圆形，先端钝，无毛；雄蕊20，与花瓣等长；子房顶端有柔毛，花柱2或3，基部连合。果实卵形，带红色，无毛，具小疣点；萼片宿存。种子卵形，两头尖，黑褐色。花期5月，果期10月。

产于丽水及安吉、临安、建德、淳安、开化、金华市区（婺城）、天台、临海、仙居、永嘉、瑞安、文成、平阳、泰顺等地。生于海拔300~1300m的山坡疏林中。分布于安徽、江西、福建、湖北、台湾、广东、四川、贵州等地。

可供观赏。

八六 蔷薇科 Rosaceae

图 4-369 绒毛石楠

12. 玉兰叶石楠（图4-370）
Photinia magnoliifolia Z. H. Chen

落叶灌木，高2~3m。小枝淡黄褐色，初时被白色绵毛，后脱落至无毛，密生白色皮孔。冬芽淡棕色，卵形，鳞片边缘有微毛。叶片纸质，宽倒卵形，稀倒卵状椭圆形，长8~14cm，宽4~8.5cm，先端圆钝，骤突尖，基部下延成楔形，边缘具浅的尖锐重锯齿，两面幼时密被白色绵毛，后脱落至仅在下面有稀疏白色绵毛，侧脉（4）7~12对，与细脉在上面下陷成皱，下面隆起；叶柄无或至长5mm；托叶早落。复伞房花序顶生，具多数花；花序梗、花梗密被白色绵毛，后渐稀少，花梗长约3mm，果时密生疣点；花直径约1cm；被丝托漏斗状钟形，外面密被白色短绒毛；萼片三角状宽卵形，短于被丝托，先端急尖，外面密被白色绒毛；花瓣白色，近圆形；雄蕊15~20；子房密被白色短绒毛，花柱3，基部连合。梨果椭圆形。花期5—6月，果期9—10月。

图 4-370　玉兰叶石楠

产于临安（青山湖）。生于低海拔水库边的山坡灌木丛中。模式标本采自临安。可供观赏。

13. 毛叶石楠 （图4-371）
Photinia villosa (Thunb.) DC.

落叶灌木或小乔木，高2~5m。叶片倒卵形或长圆状倒卵形，长3~8cm，宽2~4cm，先端尾尖，基部楔形，边缘上半部密生锐齿，两面初被白色长柔毛，后脱落至无毛或仅下面叶脉有毛，侧脉5~7对；叶柄长1~5mm，有长柔毛。伞房花序顶生，具10~20花；花序梗和花梗有长柔毛，花梗长1~2.5cm，果时密生疣点；花直径7~12mm；被丝托与萼片外面有长柔毛；花瓣白色，近圆形，内面基部具柔毛，有短瓣柄；雄蕊20；子房顶端密生白色柔毛，花柱3，离生，无毛。果实红色或橙红色，椭圆形、卵形或近球形，长8~10mm，稍具柔毛或无毛；宿萼直立。花期4—5月，果期7—9月。

产于湖州市区（吴兴）、长兴、安吉、杭州市区（余杭）、建德、嵊州、开化、金华市区（婺城）、天台、遂昌、龙泉、庆元、景宁、瑞安、文成、泰顺等地。生于海拔300~1400m的山坡灌丛中。分布于山东、江苏、安徽、福建、湖北、湖南、广东、广西、四川、贵州、云南、陕西、甘肃等地。朝鲜半岛、日本也有。

叶可入药；木材可制工艺品；果实红艳，可供园林观赏。

图4-371 毛叶石楠

13a. 庐山石楠 无毛毛叶石楠 （图4-372）

var. **sinica** Rehder et E.H. Wilson

与毛叶石楠的区别在于叶片椭圆形或长圆状椭圆形，稀长圆状倒卵形，长4～8.5cm，宽1.8～4.5cm，无毛。伞房花序具5～8花；花直径1～1.5cm。果实球形，直径9～11mm，无毛。

产于安吉、临安、磐安、天台、龙泉、景宁等地。生于海拔800～1300m的山坡疏林中。分布于华东及湖北、湖南、广东、广西、四川、贵州、甘肃、陕西等地。

秋季叶变红色，红色果实经冬不落，常栽培供观赏。

图4-372 庐山石楠

13b. 光萼石楠

var. **glabricalycina** L.T. Lu et C.L. Li

与毛叶石楠的区别在于小枝、叶柄和花梗均具稀疏长柔毛；花序为简单伞房状，稀伞状，具5～8花，花萼外面无毛。

产于湖州市区（吴兴）、临安、诸暨、鄞州、衢州市区（衢江）、江山、天台等地。分布于江西、湖南、广西、贵州等地。

14. 小叶石楠（图4-373）

Photinia parvifolia (Pritz.) C.K. Schneid. — *P. subumbellata* Rehder et E.H. Wilson

落叶灌木，高1～3m。小枝纤细，红褐色，无毛，散生黄色皮孔。叶片薄革质或厚纸质，卵形、椭圆形或椭圆状卵形至菱状卵形，长4～8cm，宽1～3.5cm，先端渐尖至尾尖，基部楔形至近圆形，边缘具锐齿，上面光亮，下面苍白色，两面无毛，侧脉4～8对；叶柄长1～2mm，无毛。伞形花序具2～9花，生于侧枝顶端；花梗长1～2.5cm，无毛，直立；花直径5～15mm；被丝托钟状，与萼片外面无毛，内面疏生柔毛；萼片卵形；花瓣白色，圆形，先端钝，内面基部疏生长柔毛；雄蕊20，短于花瓣；子房顶端密生长柔毛，花柱2或3，中部以下合生。果实橘红色或紫色，椭圆形或卵形，长9～12mm，直径5～7mm，无毛；萼片宿存，直立；果梗长1～2.5cm，密布疣点。花期4—5月，果期7—8月。

产于全省山区。生于海拔1700m以下的山谷中、路旁、林缘、林下。分布于江苏西南部、安徽南部、江西、福建、河南西部、湖北、湖南、台湾、广东、广西、贵州、四川东部等地。

叶可入药，也可供园林观赏。

图4-373 小叶石楠

15. 垂丝石楠 （图4-374）

Photinia komarovii (H. Lév. et Vant.) L.T. Lu et C.L. Li — *P. villosa* (Thunb.) DC. var. *tenuipes* Hsu et L.C. Li — *P. parvifolia* (Pritz.) C.K. Schneid. var. *tenuipes* (Hsu et L.C. Li) P. L. Chiu ex Z.H. Chen

落叶灌木，高达3m。小枝纤细，红棕色。叶片椭圆形、长卵形至披针状卵形，长2～5cm，宽1～2.2cm，先端渐尖至尾尖，基部宽楔形至近圆形，边缘具锐锯齿，两面无毛，侧脉4～6对，背面突起；叶柄长1～2mm，无毛。伞形花序具1～3花，生于侧枝顶端；花梗丝状，弧曲下垂，长2～6cm，无毛；花直径6～8mm；被丝托外面无毛；萼片三角状卵形，长1～1.5mm；花瓣白色，近圆形，先端圆钝；雄蕊15～20；花柱2或3，中部以下合生。果实红色，椭圆形，长6～7mm，直径3～4mm，无毛；果梗纤细，长2～6cm，有疣点。花期4—5月，果期8—10月。

产于丽水及衢州市区（衢江）、开化、江山、浦江、磐安、武义、天台、临海、仙居、永嘉、文成、平阳、泰顺等地。生于海拔1700m以下的山坡上、沟谷林下、林缘或灌丛中。分布于江西、福建、湖北、四川、贵州等地。

叶可入药，也可供园林观赏。

图4-374　垂丝石楠

16. 浙江石楠 （图4-375）

Photinia zhejiangensis P. L. Chiu

落叶灌木，高1～1.5（4）m。小枝密被黄褐色硬毛，老时黑褐色，皮孔褐色。叶片薄革质，椭圆形至倒卵状椭圆形或菱状椭圆形，长2～5.5cm，宽1.5～2.8cm，先端急尖、突尖或圆钝，基部楔形或宽楔形，边缘疏生具腺的锐硬锯齿，上面绿色，初被稀疏黄褐色长柔毛，后无毛，下面颜色淡，初时沿中脉有褐色长柔毛，侧脉6~8对；叶柄短或几无，微被黄褐色硬毛。伞房花序顶生，具1或2花，稀3~7；花梗长1~2cm，疏生黄褐色长柔毛；花直径约1cm；被丝托钟状，外面疏被黄褐色长柔毛；萼片三角形；花瓣白色或带粉红色，倒卵形，内面微被柔毛；雄蕊20，稍短于花瓣；花柱2或3，中部以下合生。果实卵状椭圆形或坛状，红色，有斑点；果梗长1~2cm，具疣点，疏生长柔毛或近无毛；萼片宿存，直立。花期4—5月，果期10—11月。

产于遂昌、龙泉、庆元、云和、景宁、瑞安、泰顺等地。生于海拔130~1000m的山坡疏林中。模式标本采自云和。

图4-375　浙江石楠

17. 褐毛石楠（图4-376）
Photinia hirsuta Hand.-Mazz.

落叶灌木或小乔木，高1~4m。小枝密生黄褐色硬毛，老时黑褐色，有纵条纹及圆形皮孔。叶片薄革质，椭圆形或椭圆状披针形，长3~7.5cm，宽1.5~3cm，先端渐尖或尾尖，基部宽楔形或近圆形，边缘疏生具腺的锐锯齿，近基部全缘，上面光亮无毛，下面沿中脉有褐色柔毛，侧脉5~6对；叶柄粗短，长2~4mm，密生黄褐色硬毛。聚伞花序顶生，具3~8花；无花序梗；花梗长3~10mm，与被丝托及萼片外面均密生黄褐色硬毛，果时有疣点；花直径5~7mm；被丝托钟状；萼片三角形；花瓣白色或带粉红色，倒卵形，内面微被柔毛；雄蕊20，稍短于花瓣；花柱2，中部以下合生，基部有毛。果实椭圆形，红色，具斑点。种子椭圆形，光滑。花期4—5月，果期9月。

产于衢州市区（衢江）、开化、江山、金华市区（婺城）、莲都、遂昌、松阳、龙泉、庆元、云和、景宁、瑞安、文成、苍南、泰顺等地。生于海拔130~1300m的山坡疏林中。分布于安徽、江西、福建、湖南等地。

图 4-376 褐毛石楠

12 枇杷属 Eriobotrya Lindl.

常绿乔木、小乔木或灌木。单叶互生；叶片边缘具锯齿或近全缘，羽状网脉显著；通常具叶柄或近无柄；托叶早落。圆锥花序顶生，常有绒毛；被丝托杯状或倒圆锥状；萼片5，宿存；花瓣5，倒卵形或圆形，无毛或有毛；雄蕊20~40；子房下位，心皮2~5，合生，每心皮具2胚珠，花柱2~5，离生。梨果肉质或干燥，内果皮膜质。种子1或多数，大型。

约30种，分布于东南亚。我国有14种；浙江栽培1种。

枇杷（图4-377）

Eriobotrya japonica (Thunb.) Lindl.

常绿小乔木，高达10m。小枝粗壮，密被锈色或灰棕色绒毛。叶片革质，倒卵状披针形、倒卵形或椭圆状长圆形，长12~30cm，宽3~9cm，先端急尖或渐尖，基部楔形或渐狭成叶柄，上

八六 蔷薇科 Rosaceae

部边缘具疏齿，下部全缘，上面光亮，多皱，下面密被灰棕色绒毛；叶柄短或近无柄，有灰棕色绒毛。圆锥花序顶生，具多数花；花序梗和花梗密被锈色绒毛；苞片钻形，密被锈色绒毛；花直径12～20mm；被丝托浅杯状；萼片三角状卵形，与被丝托外面被锈色绒毛；花瓣白色，具锈色绒毛；雄蕊20，远短于花瓣，花丝基部扩展；子房顶端具锈色柔毛，5室，每室具2胚珠，花柱5，离生，无毛。果实黄色或橘黄色，球形或长圆形，直径2～5cm，有锈色柔毛，后脱落。种子1～5，大型，褐色，光亮，直径1～1.5cm。花期10—12月，果期次年5—6月。

原产于湖北（宜昌）、重庆（南川）等地。东南亚及我国南方各地均有栽培。全省常见栽培。

果实味甘酸，可供鲜食、制蜜饯和酿酒；叶可入药，能清热止咳、和胃降逆；木材可制木梳、手杖、农具柄等。

图4-377 枇杷

13 石斑木属 Rhaphiolepis Lindl.

常绿灌木或小乔木。单叶互生；叶片革质，具短柄；托叶钻形，早落。圆锥花序；被丝托钟状至筒状，下部与子房合生；萼片5，直立或反折，脱落；花瓣5，具短瓣柄；雄蕊15～20；子房下位，心皮2，合生，每心皮具2直立胚珠，花柱2或3，离生。梨果核果状，近球形，肉质，顶端因萼片脱落后形成1圆环或浅窝。种子1或2，近球形，种皮薄；子叶肥厚，半球形。

约15种，分布于亚洲东部。我国有7种；浙江有4种。

分种检索表

1. 成熟叶片下面近无毛。
   2. 叶片边缘全具锯齿。
      3. 叶片卵形或长圆形，稀倒卵形，长3～8cm，宽1.5～4cm，先端圆钝、急尖、渐尖或尾尖；梨果直径5～8mm ·· 1. 石斑木 R. indica
      3. 叶片长椭圆形至倒卵状长圆形，长7～15cm，宽4～6cm，先端急尖或短渐尖；梨果直径7～10mm ·· 2. 大叶石斑木 R. major
   2. 叶片全缘或疏生浅钝齿 ·· 3. 厚叶石斑木 R. umbellata
1. 成熟叶片下面密被锈色绒毛 ·· 4. 锈毛石斑木 R. ferruginea

1. 石斑木　车轮梅 （图4-378）
Rhaphiolepis indica (L.) Lindl.

常绿灌木，高1.5～4m。幼枝初被褐色绒毛，后渐脱落至近无毛。叶集生于枝顶；叶片卵形或长圆形，稀倒卵形，长3～8cm，宽1.5～4cm，先端圆钝、急尖、渐尖或尾尖，基部渐狭，边缘具细钝锯齿，上面光亮，平滑无毛，下面颜色较淡，无毛或被疏柔毛，网脉明显；叶柄长5～18mm；托叶钻形，脱落。圆锥或总状花序顶生；花序梗和花梗被锈色绒毛，花梗长5～15mm；花直径1～1.3cm；被丝托筒状，长4～5mm；萼片三角状披针形至线形，长4.5～6mm；花瓣白色或淡红色，倒卵形或披针形，先端圆钝，基部具柔毛；雄蕊15，与花瓣近等长；花柱2或3，近无毛。梨果紫黑色，球形，直径5～8mm；果梗粗短，长5～10mm。花期4—5月，果期7—8月。

产于全省山区。生于海拔1300m以下的山坡、路旁或溪边灌丛中。分布于华南及安徽、江西、福建、湖南、贵州、云南等地。日本、老挝、越南、柬埔寨、泰国、印度尼西亚也有。

木材带红色，材质坚韧，可制作器具；根、叶可入药，能活血止痛、消肿解毒；果可鲜食。

图4-378　石斑木

2. 大叶石斑木（图4-379）

Rhaphiolepis major Cardot —— *R. indica* Cardot var. *grandifolia* Franch.

常绿灌木，高达4m。树皮光滑。小枝粗壮，灰色，几无毛。叶片长椭圆形至倒卵状长圆形，长7～15cm，宽4～6cm，先端急尖或短渐尖，基部楔形下延，边缘略反卷，具浅钝锯齿，上面无毛，下面苍白色，中脉两面突起，侧脉及网脉在上面下陷成皱，侧脉8～14对，未达叶缘前即分叉；叶柄具翅，长1.5～2.5cm，近无毛。圆锥花序顶生，长约12cm；花序梗、花梗、苞片及小苞片均被锈色绒毛，花梗长7～15mm；花直径13～15mm；被丝托筒状，上部宽，长约4mm，外面被锈色绒毛，内面无毛；萼片三角状披针形，先端长渐尖，长5～6mm，外面微被毛，内面先端具锈色绒毛；花瓣卵形，先端稍急尖或圆钝，基部有毛；雄蕊15，与花瓣近等长；子房被毛，花柱2，离生。梨果黑色，球形，直径7～10mm；果梗粗壮，长8～15mm，被棕色绒毛。种子1，黑色，圆形，直径约5mm。花期4月，果期8月。

产于开化、龙泉、景宁、泰顺等地。生于海拔500～1400m的阴暗潮湿密林下或溪谷灌丛中。分布于江苏、江西、福建等地。

图4-379　大叶石斑木

3. 厚叶石斑木（图4-380）

Rhaphiolepis umbellata (Thunb.) Makino

常绿灌木或小乔木，高1～4m。枝粗壮，极叉开，枝和叶幼时有褐色柔毛，后脱落至无毛。

叶集生于枝顶；叶片长椭圆形、卵形或倒卵形，长2~10cm，宽1.2~4cm，先端圆钝至稍锐尖，基部楔形、宽楔形至圆钝，全缘或疏生浅钝锯齿，边缘稍反卷，上面深绿色，稍有光泽，下面淡绿色，网脉明显；叶柄长5~18mm。圆锥花序顶生，直立，密被褐色柔毛；被丝托倒圆锥状；萼片三角形至狭卵形；花瓣白色，倒卵形，长1~1.2cm；雄蕊20；花柱2，离生。梨果球形，直径7~10mm，黑紫色带白霜。种子1。花期4—5月，果期8—11月。

产于全省海边及岛屿。生于低海拔的山坡上、岩石旁。分布于我国台湾。日本也有。

图4-380 厚叶石斑木

4. 锈毛石斑木 （图4-381）
Rhaphiolepis ferruginea Metcalf

常绿乔木或灌木，高达10m。树皮暗灰黑色。小枝圆柱形，密被锈色绒毛。叶片椭圆形至长圆形，长6～15cm，宽2.5～5.5cm，先端急尖或短渐尖，基部楔形，边缘反卷，全缘，上面幼时被绒毛，后脱落至无毛，下面密被锈色绒毛；叶柄长1～2.5cm，密被锈色绒毛。圆锥花序顶生，长3～5.5cm，直径约5.5cm；花梗长2～4mm，与花序梗均密被锈色绒毛；花直径8～10mm；被丝托外面密被锈色绒毛，长约4mm；萼片卵形，长约3mm；花瓣白色，卵状长圆形，长约4mm，先端圆钝；雄蕊15，长短不等；花柱2，离生，无毛。梨果球形，直径5～8mm，黑色，幼时被黄色绒毛，成熟后近无毛或仅在顶端散生少数锈色绒毛；果梗粗短，密被锈色绒毛。花期4—6月，果期10月。

产于庆元、泰顺等地。生于海拔300～600m的山坡、山谷林中。分布于福建、广东、海南、广西等地。

图4-381 锈毛石斑木

14 花楸属 Sorbus L.

落叶乔木或灌木。冬芽发达，芽鳞多数。单叶或奇数羽状复叶，互生，在芽中对折，稀席卷；有托叶。复伞房花序，顶生；花两性；被丝托钟形，稀倒圆锥形或坛状；萼片5，边缘有时具腺体；花瓣5；雄蕊15~25，常不等长，2或3轮；子房半下位或下位，心皮2~5，部分离生或全部合生，每心皮具2胚珠，花柱2~5，分离或部分连合。梨果小型，2~5室，每室具1或2种子。

约100种，分布于亚洲、欧洲和北美洲温带地区。我国有67种，各地均有分布；浙江有5种。

多为优良的园林观赏树种；木材坚硬，可制作各种器具；果富含维生素和糖分，可加工成果汁、果酒、果酱、果糕等。

分种检索表

1. 单叶。
  2. 叶片下面无毛或仅在脉上微具短柔毛，叶缘具尖锐重锯齿……………………… 1. 水榆花楸 S. alnifolia
  2. 叶片下面密被绒毛。
    3. 梨果椭圆形，光滑或有极少数不明显的细小斑点；叶片下面连同叶脉和叶柄均被白色绒毛…………………………………………………………………………………… 2. 石灰花楸 S. folgneri
    3. 梨果近球形，具少数斑点。
      4. 叶片下面被灰白色绒毛，叶脉无毛，花梗和花萼外面被白色绒毛…… 3. 江南花楸 S. hemsleyi
      4. 叶片下面被黄白色绒毛，叶脉、花梗和花萼外面均被棕色绒毛……… 4. 棕脉花楸 S. dunnii
1. 羽状复叶………………………………………………………………………………… 5. 黄山花楸 S. amabilis

1. 水榆花楸 水榆 （图4-382）
Sorbus alnifolia (Sieblod et Zucc.) K. Koch

落叶乔木，高达20m。小枝圆柱形，具灰白色皮孔。冬芽暗红褐色，卵形，顶端急尖，无毛。单叶；叶片卵形至椭圆状卵形，长5~10cm，宽3~6cm，先端短渐尖，基部宽楔形至圆形，边缘具不整齐尖锐重锯齿，有时微浅裂，两面无毛或下面脉上微具短柔毛，侧脉6~14对，直达齿尖；叶柄长1.5~3cm。复伞房花序较疏松，具6~25花；花序梗和花梗具稀疏柔毛，无瘤状突起皮孔，花梗长6~12mm；花直径10~18mm；被丝托钟状，外面无毛，内面近无毛；萼片三角形，先端急尖，外面无毛，内面密被白色绒毛；花瓣卵形或近圆形，先端圆钝，白色；雄蕊20，短于花瓣；花柱2，基部或中部以下合生，光滑无毛，短于雄蕊。梨果红色或黄色，椭圆形或卵形，长10~13mm，直径7~10mm，2室，顶端萼片脱落后留有圆斑。花期5月，果期8—10月。

产于安吉、临安、淳安、天台、莲都、缙云、龙泉、景宁、瑞安、泰顺等地。生于海拔1200~1600m的山坡、山沟、山顶混交林或灌丛中。分布于东北及河北、山东、安徽、江西、河南、湖北、四川、陕西、甘肃等地。朝鲜半岛、日本也有。

叶片秋季转猩红色，为优良的秋季观赏树种；木材可制作器具、车辆及模型；树皮可提取染料。

图4-382 水榆花楸

2. 石灰花楸　石灰树　（图4-383）
Sorbus folgneri (C.K. Schneid.) Rehder

落叶乔木，高达10m。小枝圆柱形，具少数皮孔，黑褐色，幼时被白色绒毛。冬芽卵形，先端急尖，外面具数枚褐色鳞片。叶片卵形至椭圆状卵形，长5～8cm，宽2～3.5cm，先端急尖或短渐尖，基部宽楔形或圆形，边缘具细锯齿或在新枝上具重锯齿，上面深绿色，无毛，下面密被白色绒毛，叶脉上具绒毛，侧脉8～15对，直达齿端；叶柄长5～15mm，密被白色绒毛。复伞房花序具多数花；花序梗和花梗均被白色绒毛，花梗长5～8mm；花直径7～10mm；被丝托钟状，外被白色绒毛，内面稍具绒毛；萼片三角状卵形，先端急尖，外面被绒毛，内面微有绒毛；花瓣卵形，先端圆钝，白色；雄蕊18～20，与花瓣近等长或稍长；花柱2或3，近基部合生并有绒毛，短于雄蕊。梨果椭圆形，长9～13mm，直径6～7mm，红色，光滑或有极少数不明显的细小斑点，2或3室，顶端萼片脱落后留有圆穴。花期4—5月，果期7—8月。

产于临安、开化、莲都、遂昌、龙泉、庆元、景宁、瑞安、文成、平阳、泰顺等地。生于海拔800～1800m的山坡阔叶林中。分布于华中及安徽、江西、广东、广西、四川、贵州、云南、陕西、甘肃等地。

图4-383 石灰花楸

2a. 齿叶石灰花楸 （图4-384）

var. **duplicatodentata** Yü et L.T. Lu

与石灰花楸的区别在于叶缘具明显重锯齿。

产于开化。生于山坡上、路边。分布于湖南。模式标本采自开化。

图4-384 齿叶石灰花楸

3. 江南花楸 （图4-385）
Sorbus hemsleyi (C.K. Schneid.) Rehder

落叶乔木或灌木，高7~10m。小枝圆柱形，暗红褐色，具明显皮孔，无毛。冬芽卵形，先端急尖，外被数枚暗红色鳞片，无毛。叶片卵形至长椭圆状卵形，稀长椭圆状倒卵形，长5~11cm，宽2.5~5.5cm，先端急尖或短渐尖，基部楔形，稀圆形，边缘具细锯齿，微反卷，上面深绿色，无毛，下面除叶脉外均被灰白色绒毛，侧脉12~14对，直达齿端；叶柄长1~2cm，无毛或有微绒毛。复伞房花序具20~30花；花梗长5~12mm，被白色绒毛；花直径10~12mm；被丝托钟状，外面密被白色绒毛，内面微有柔毛；萼片三角状卵形，先端急尖，外面被白色绒毛，内面微有绒毛；花瓣宽卵形，先端圆钝，白色，内面微有绒毛；雄蕊20，长短不等；花柱2，基部合生，具白色绒毛，短于雄蕊。梨果近球形，直径5~8mm，具少数斑点，顶端萼片脱落后留有圆斑。花期5月，果期8—9月。

产于遂昌、松阳、龙泉、庆元、景宁、泰顺等地。生于海拔900~1500m的山坡疏林和阔叶林下。分布于安徽、江西、福建、湖北、湖南、广东、广西、四川、贵州、云南、陕西、甘肃等地。

图4-385 江南花楸

4. 棕脉花楸 （图4-386）

Sorbus dunnii Rehder

落叶乔木，高5~10m。小枝圆柱形，褐紫色，具皮孔。冬芽卵形，无毛。叶片椭圆形或长圆形，长6~10（15）cm，宽3~5（8）cm，先端急尖或短渐尖，基部宽楔形，边缘具不规则而大小不等的锯齿，上面无毛，下面密被黄白色绒毛，叶脉上密被棕褐色绒毛，侧脉10~18对，直达齿端；叶柄长1.5~2.5cm，被褐色绒毛，后渐脱落。复伞房花序具多数花；花序梗和花梗被棕褐色绒毛；花直径达1cm；被丝托陀螺状，外面密被锈褐色绒毛；萼片三角状卵形，先端急尖，外面被棕褐色杂以白色的绒毛；花瓣宽卵形，白色，无毛；雄蕊20，长短不等，长者比花瓣稍长；花柱2，基部连合，无毛。梨果圆球形，直径5~8mm，具少数斑点，顶端萼片脱落后留有圆穴。花期5月，果期8—9月。

产于开化、莲都、遂昌、龙泉、庆元、云和、景宁、文成、泰顺等地。生于海拔900~1700m的山坡阔叶林中。分布于安徽、福建、广西、贵州、云南等地。

图4-386　棕脉花楸

5. 黄山花楸 （图4-387）

Sorbus amabilis Cheng ex Yü

落叶乔木，高可达10m。小枝灰黑色，粗壮，具皮孔。冬芽大，长卵形，红褐色。奇数羽状复叶，小叶（9）11~17；小叶片长圆形或长圆状披针形，长4~6.5cm，宽1.5~2cm，先端渐尖，基部圆形，两侧不等，边缘自基部或在1/3以上部分具粗锐锯齿，无小叶柄；叶柄长

2.5～3.5cm；托叶草质，半圆形，具粗大锯齿，花后脱落。复伞房花序顶生；花序梗和花梗密被褐色柔毛，果时近无毛；花直径7～8mm；萼片三角形，先端圆钝；花瓣白色，宽卵形或近圆形，先端圆钝；雄蕊20，短于花瓣；花柱3或4，基部密生柔毛，稍短于雄蕊。梨果球形，直径6～7mm，红色；萼片宿存。花期5—6月，果期9—10月。

产于临安（清凉峰）、缙云（大洋山）、龙泉（凤阳山）等地。生于海拔1300～1500m的山顶、向阳山坡矮林中。分布于安徽、江西、福建、湖北等地。

树形美观，叶片清秀，花果艳丽，具较高的观赏价值。

*Flora of China*记载，浙江还产湖北花楸 S. hupehensis C.K. Schneid.，经考证，系本种的误定。

图4-387　黄山花楸

15 木瓜属 Chaenomeles Lindl.

落叶或半常绿，灌木或小乔木，有刺或无刺。冬芽小，具2枚外露鳞片。单叶互生；叶片具锯齿或全缘；具短柄与托叶。花单生或簇生，先于叶开放或后于叶开放；萼片5，全缘或具齿；花瓣5；雄蕊20或多数，2轮；子房5室，每室具多数胚珠，排成2行，花柱5，离生。梨果大型；花柱常宿存。种子多数，褐色，种皮革质。

约5种，分布于亚洲东部。我国有5种；浙江栽培4种。

分种检索表

1. 花单生，后于叶开放；萼片反折，具齿；树干有斑状痕；叶缘具刺芒状腺齿；托叶卵状披针形，边缘具腺齿 ·· **1. 木瓜 C. sinensis**
1. 花簇生，先于叶开放；萼片直立，稀反折，全缘或近全缘；叶缘具锯齿；托叶肾形或耳形，具锯齿。
   2. 叶片边缘的锯齿锐尖或芒状；花柱基部有毛或近无毛；果直径4～7cm。
      3. 叶片卵形至椭圆形，幼时下面无毛或有短柔毛，边缘具尖锐锯齿；花柱基部无毛或稍有毛 ··· **2. 皱皮木瓜 C. speciosa**
      3. 叶片椭圆形或披针形，幼时下面密被褐色绒毛，边缘具刺芒状细锯齿；花柱基部被柔毛或绵毛 ··· **3. 毛叶木瓜 C. cathayensis**
   2. 叶片边缘的锯齿圆钝；花柱基部无毛；果直径3～4cm ·············· **4. 日本木瓜 C. japonica**

1. 木瓜 榠楂 木李 光皮木瓜 （图4-388）
Chaenomeles sinensis (Thouin) Koehne

落叶灌木或小乔木，高5～10m。树皮片状剥落，树干留下凹凸不平的斑痕。小枝无刺，圆柱形。叶片椭圆状卵形或椭圆状长圆形，稀倒卵形，长5～8cm，宽3.5～5.5cm，先端急尖，基部宽楔形或圆形，边缘具刺芒状尖锐腺齿，幼时下面被黄白色绒毛，不久脱落；叶柄长5～10mm，具腺齿；托叶膜质，卵状披针形，边缘具腺齿。花单生于叶腋，后于叶开放；花梗粗短，长5～10mm，无毛；花直径2.5～3cm；被丝托钟状，外面无毛；萼片反折，边缘具腺齿，外面无毛，内面密被浅褐色绒毛；花瓣淡粉红色，倒卵形，先端微凹；雄蕊多数；花柱3～5，基部合生，被柔毛。果实暗黄色，具短梗，木质，长椭圆形，长10～15cm，具香气。花期4月，果期9—10月。

分布于华东及河北、山东、湖北、广东、广西、贵州、陕西等地。杭州市区、临安（天目山）、宁波市区、松阳、温州市区等地有栽培。

花美果大，可作庭园栽培观赏；果实味涩，嫩时经水煮脱涩或糖渍后可食用，也可药用或浸酒，有舒筋活络、和胃化湿等功效；材质坚硬致密，有光泽，可制工艺品。

图4-388 木瓜

2. 皱皮木瓜 贴梗海棠 贴梗木瓜 （图4-389）
Chaenomeles speciosa (Sweet) Nakai — *C. lagenaria* (Loisel.) Koidz.

落叶灌木，高达2m。枝直立开展，有刺。叶片卵形至椭圆形，长3~9cm，宽1.5~5cm，先端急尖，稀圆钝，基部楔形至宽楔形，边缘具尖锐锯齿，无毛或萌芽枝上的叶片背面沿脉具短柔毛；叶柄长约1cm；托叶大型，肾形或半圆形，边缘具尖锐重锯齿，无毛。花先于叶开放，3~5朵簇生于去年生枝上；花梗长约3mm或近无；花直径3~5cm；被丝托钟状，外面无毛；萼片直立，半圆形，全缘或波状，具黄褐色睫毛；花瓣猩红色、淡红色或白色，倒卵形或近圆形；雄蕊45~50；花柱5，基部合生，无毛或稍有毛。果实黄色或黄绿色，球形或卵球形，直径4~6cm，具香气。花期3—5月，果期9—10月。

分布于广东、四川、贵州、云南、陕西、甘肃等地。缅甸也有。全省各地公园常见栽培。

果实可入药，功效同木瓜。

图4-389 皱皮木瓜

3. 毛叶木瓜 木桃 木瓜海棠 （图4-390）
Chaenomeles cathayensis (Hemsl.) C.K. Schneid.

落叶灌木至小乔木，高2～6m。枝直立，有刺。叶片椭圆形、披针形至倒卵状披针形，长5～11cm，宽2～4cm，先端急尖或渐尖，基部楔形至宽楔形，边缘具芒状细锯齿，幼时下面密被褐色绒毛，后脱落至无毛；叶柄长约1cm；托叶大型，肾形、耳形或半圆形，边缘具芒状细锯齿，下面有褐色绒毛。花先于叶开放，2或3朵簇生于二年生枝上；花梗粗短或近无；花直径2～4cm；被丝托钟状，外面无毛；萼片直立，卵圆形至椭圆形，全缘或具浅齿，具黄褐色睫毛；花淡红色或白色；花瓣倒卵形或近圆形；雄蕊45～50；花柱5，基部合生，下半部被柔毛或绵毛。果实黄色有红晕，卵球形或近圆柱形，长8～12cm，直径6～7cm，具香气。花期3—5月，果期9—10月。

分布于江西、湖北、湖南、广东、广西、四川、贵州、云南、陕西、甘肃等地。杭州市区、

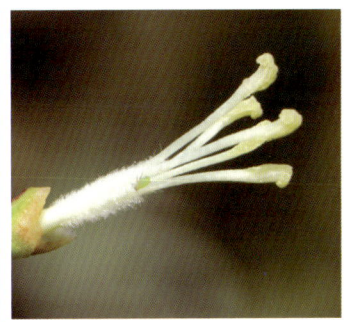

淳安、遂昌、龙泉等地有栽培。

果实可入药，功效同木瓜。

图4-390　毛叶木瓜

4. 日本木瓜　倭海棠　和圆子　（图4-391）
Chaenomeles japonica (Thunb.) Lindl. ex Spach

落叶矮灌木，高约1m。枝开展，具细刺。叶片倒卵形、匙形至宽卵形，长3～5cm，宽2～3cm，先端圆钝，基部楔形至宽楔形，边缘具圆钝锯齿，无毛；叶柄长约0.5cm，无毛；托叶肾形，具圆齿。花先于叶开放，3～5朵簇生；花梗短或近无，无毛；花直径2.5～4cm；被丝托钟状，外面无毛；萼片卵形，稀半圆形，先端急尖或圆钝，边缘具不明显锯齿，外面无毛，内面基部有褐色短柔毛和睫毛；花瓣砖红色，倒卵形或近圆形；雄蕊45～60；花柱5，基部合生，无毛。果实黄色，近球形，直径3～4cm。花期3—6月，果期8—10月。

原产于日本。江苏、福建、湖北、陕西等地有栽培。全省各地公园常见栽培。

花色美丽，可供观赏。

图4-391　日本木瓜

⑯ 梨属　Pyrus L.

落叶乔木或灌木，稀半常绿乔木，有时具刺。单叶互生；叶片具锯齿或全缘，稀分裂，在芽内呈席卷状；具叶柄和托叶。伞形状总状花序；花先于叶开放或与叶同放；萼片5，反折或开展；花瓣5，白色，稀粉红色，具瓣柄；雄蕊15~30，花药通常深红色或紫色；子房2~5室，每室具2胚珠，花柱2~5，离生，子房壁软骨质。梨果，果肉多汁，富含石细胞。种子黑色或黑褐色，种皮软骨质。

约25种，分布于亚洲、欧洲至非洲北部。我国有14种；浙江有7种，其中栽培1种。

各地普遍栽培，为重要的果树及观赏树，木材坚硬致密，具多种用途。

分种检索表

1. 萼片在果时宿存。
    2. 叶缘具刺芒状锯齿；花柱5 ······ 1. 秋子梨　P. ussuriensis
    2. 叶缘具细锐锯齿；花柱3或4 ······ 2. 麻梨　P. serrulata
1. 萼片在果时脱落。
    3. 叶缘具圆钝或尖锐锯齿。
        4. 花柱2或3；梨果直径1.5cm以下。
            5. 叶缘具尖锐锯齿；梨果直径0.5~1cm ······ 3. 杜梨　P. betulifolia

5.叶缘具圆钝锯齿；梨果直径1～1.4cm。

  6.叶片宽卵形至卵状椭圆形，长4～8cm，宽3.5～6cm，两面无毛·········· **4. 豆梨　P. calleryana**

  6.叶片菱状卵形、菱状圆形，稀长卵形，长3～6cm，宽1.5～3cm，幼时下面被锈褐色柔毛，成叶至少中脉上有绒毛·· **5. 海棠叶梨　P. malifolioides**

 4.花柱5，稀4；梨果直径2～3.5cm ··· **6. 柯氏梨　P. koehnei**

3.叶缘具向内合拢的刺芒状锯齿·· **7. 沙梨　P. pyrifolia**

1. 秋子梨　华盖梨　仙顶梨（图4-392）
Pyrus ussuriensis Maxim.

落叶乔木，高达15m，树冠宽广。嫩枝无毛或微具毛；二年生枝黄灰色至紫褐色，疏生皮孔。冬芽肥大，卵形，先端钝，鳞片边缘微具毛或近无毛。叶片卵形至宽卵形，长5～10cm，宽4～6cm，先端短渐尖，基部圆形或近心形，稀宽楔形，叶缘具刺芒状锯齿，两面无毛或幼时被绒毛；叶柄长

图4-392　秋子梨

2～5cm，幼时有绒毛。伞形状总状花序具5～7花，密集；花序梗和花梗幼时被绒毛；苞片膜质，线状披针形，先端渐尖，全缘，长12～18mm；花直径3～3.5cm；被丝托外面无毛或微具绒毛；萼片三角状披针形，先端渐尖，边缘具腺齿，外面无毛，内面密被绒毛；花瓣白色，倒卵形或宽卵形，先端圆钝，具短瓣柄；雄蕊20，短于花瓣，花药紫色；花柱5，离生，近基部有稀疏柔毛。梨果黄色，近球形，直径2～6cm；萼片宿存。花期4—5月，果期6—9月。

产于湖州市区（吴兴）、安吉、临安等地。生于海拔200～1500m的山坡林中或林缘。分布于东北、华北及陕西、甘肃等地。亚洲东北部及朝鲜半岛、俄罗斯远东地区也有。

果实可鲜食，也可用冰糖煎膏，有清肺止咳的功效。

2. 麻梨 （图4-393）
Pyrus serrulata Rehder

落叶乔木，高8～10m。小枝圆柱形，微带棱角，幼时具褐色绒毛；二年生枝紫褐色，疏生白色皮孔。冬芽肥大，卵形，先端急尖，鳞片内面具黄褐色绒毛。叶片卵形至长卵形，长5～11cm，

图4-393 麻梨

宽 3.5～7.5cm，先端渐尖，基部宽楔形或圆形，边缘具细锐锯齿，齿尖常向内合拢，下面在幼时被褐色绒毛，侧脉 7～13 对，网脉明显；叶柄长 3.5～7.5cm，初时具褐色绒毛，后脱落。伞形状总状花序具 6～11 花；花序梗和花梗被褐色绵毛，后渐脱落，花梗长 3～5cm；苞片膜质，线状披针形，先端渐尖，边缘具腺齿，内面具褐色绵毛；花直径 2～3cm；被丝托外面疏被绒毛；萼片三角状卵形，先端渐尖或急尖，边缘具腺齿，外面疏生绒毛，内面密生绒毛；花瓣白色，宽卵形，先端圆钝；雄蕊 20，长约为花瓣的一半；花柱 3 或 4，与雄蕊近等长，基部具稀疏柔毛。梨果近球形或倒卵形，直径 1.5～2.5cm，深褐色，具浅褐色果点，3 或 4 室；萼片宿存，有时部分脱落；果梗长 3～4cm。花期 4 月，果期 6—8 月。

产于安吉、临安、诸暨、台州市区（黄岩）、天台、莲都、遂昌、龙泉、庆元、乐清、泰顺等地。生于海拔 300～1500m 的山坡林中及林缘。分布于江西、福建、湖北、湖南、广东、广西、四川等地。

果味酸涩，经加工后可食用。

3. 杜梨（图 4-394）
Pyrus betulifolia Bunge

落叶乔木，高达 10m，树冠开展。枝常具刺；嫩枝密被灰白色绒毛；二年生枝紫褐色。冬芽卵形，先端渐尖，外面被灰白色绒毛。叶片菱状卵形至长圆状卵形，长 4～8cm，宽 2.5～3.5cm，先端渐尖，基部宽楔形，稀近圆形，边缘具尖锐锯齿，幼叶两面密被灰白色绒毛，老叶上面无毛，下面微被绒毛或近无毛；叶柄长 2～3cm，被灰白色绒毛。伞形状总状花序具 10～15 花；花序梗和花梗被灰白色绒毛，花梗长 2～2.5cm；花直径 1.5～2cm；

图 4-394　杜梨

被丝托外面密被灰白色绒毛;萼片三角状卵形,先端急尖,全缘,两面密被绒毛;花瓣白色,宽卵形,先端圆钝;雄蕊20,花药紫色,长约为花瓣的一半;花柱2或3,基部微具毛。梨果褐色,具淡色斑点,近球形,直径5~10mm,2或3室;萼片脱落;果梗具绒毛。花期4月,果期8—9月。

产于湖州市区(吴兴)、新昌、浦江、永康、玉环、文成等地。生于海拔50~800m的平原或山坡向阳处。分布于华北、华中及辽宁、江苏、安徽、江西、贵州、陕西、甘肃等地。

本种抗干旱,耐寒凉,通常作各种栽培梨的砧木,结果期早,寿命长。木材致密可制作各种器具;树皮含鞣质,可提制栲胶并入药。

4. 豆梨　(图4-395)
Pyrus calleryana Decne.

落叶小乔木,高5~8m,具枝刺。小枝粗壮,圆柱形,幼时有绒毛,后脱落;二年生枝灰褐色。冬芽三角状卵形,先端短渐尖,微具绒毛。叶片宽卵形至卵状椭圆形,长4~8cm,宽3.5~6cm,先端渐尖,基部圆形至宽楔形,边缘具钝锯齿,两面无毛;叶柄长2~4cm,无

图4-395　豆梨

毛；托叶膜质，线状披针形，无毛。伞形状总状花序具6～12花；花序梗和花梗无毛，花梗长1.5～3cm；苞片膜质，线状披针形，内面具绒毛；花直径2～2.5cm；被丝托无毛；萼片披针形，先端渐尖，全缘，内面具绒毛，边缘较密；花瓣白色，卵形，有短瓣柄；雄蕊20，稍短于花瓣；花柱2，稀3，基部无毛。梨果褐色，具斑点，球形，直径约1cm，2（3）室；萼片脱落；果梗细长。花期4月，果期9—11月。

产于湖州、杭州、绍兴、宁波、舟山、衢州、金华、台州、丽水、温州等地。生于海拔300～800m的山坡、山谷阔叶林中。分布于华东、华中及山东、台湾、广东、广西等地。日本、越南也有。

材质致密，可作器具用材；果可药用；常用作沙梨的砧木。

4a. 全缘叶豆梨（变种）（图4-396）
var. integrifolia Yü

与豆梨的区别在于叶片通常卵形，基部圆钝，全缘。

产于安吉、临安、建德、开化、金华市区（婺城）、武义、莲都、遂昌等地。生于海拔700～950m的疏林中。分布于江苏。模式标本采自安吉梅溪。

图4-396　全缘叶豆梨

4b. 柳叶豆梨

var. **lanceata** Rehder

与豆梨的区别在于叶片卵状披针形或长圆状披针形,边缘具浅钝锯齿或全缘。

产于金华市区(婺城)。分布于安徽、福建等地。

5. 海棠叶梨 (图4-397)

Pyrus malifolioides Z.H. Chen, W.Y. Xie et Zi L. Chen

图4-397 海棠叶梨

落叶小乔木，高达6m，具枝刺。嫩枝圆柱形，密被锈褐色绒毛；二年生枝紫褐色或暗褐色，皮孔显著。冬芽卵形，先端急尖，鳞片外面疏被锈褐色绒毛，边缘具短纤毛。叶片菱状卵形、菱状圆形，稀长卵形，长3～6cm，宽1.5～3cm，先端急尖或短渐尖，稀钝尖，基部楔形，稀圆楔形，幼时上面仅中脉被柔毛，下面被锈褐色柔毛，成叶至少中脉上有绒毛，叶缘具锯齿，齿端具透明腺质尖头，后凋落而呈钝圆齿；叶柄长1～3cm，幼时密被锈褐色绒毛。伞形状总状花序具8～12花；花序梗、花梗密被锈褐色绒毛，花梗长2～4cm；花直径约3cm；被丝托杯状，密被锈褐色绒毛；萼片卵状三角形，先端钝尖，两面密被锈褐色绒毛；花瓣近圆形或倒卵圆形，先端初时粉红色，后变白色，先端圆钝，稀具凹缺；雄蕊20～30，短于花瓣，花药紫色；子房2(3)室，每室具2胚珠，花柱2(3)，与雄蕊近等长，无毛。梨果近球形，直径1～1.4cm，褐色，有斑点；萼片早落；果梗长2.5～4cm，无毛。花期4月，果期9—10月。

产于安吉、临安、淳安、宁海、金华市区(婺城)、磐安、缙云、庆元等地。生于海拔800～1800m的山坡、山岗落叶阔叶林中。分布于安徽、江西、福建等地。模式标本采自景宁。

6. 柯氏梨　楔叶豆梨　（图4-398）
Pyrus koehnei C.K. Schneid. — *P. calleryana* Decne. var. *koehnei* (C.K. Schneid.) Yü

落叶乔木，高达9m，具枝刺。小枝圆柱形，无毛；二年生枝紫褐色或暗褐色。冬芽卵形，先端圆钝，鳞片边缘具短柔毛。叶片卵形至卵圆形，长4～7cm，宽3～5cm，先端渐尖或急尖，基部圆形或浅心形，上面无毛，下面沿中脉两侧和叶缘疏被脱落性灰色或褐色柔毛，边缘具纤毛，叶缘具细锐锯齿或圆钝锯齿，侧脉6～12对；叶柄长1.5～3cm，幼时被脱落性柔毛；托叶膜质，线状披针形，早落。伞形总状花序具7～13花；花序轴、花梗被脱落性疏毛，花梗长3～4cm；苞片膜质，线形，早落。花直径3～3.5cm；被丝托杯状，外面无毛；萼片长三角形，长3～6mm，先端渐尖，边缘具腺齿，内面密被绒毛；花瓣白色，倒卵形，长8～10mm，宽4～6mm，先端圆钝，具凹缺或啮齿状缺刻，具短瓣柄；雄蕊20，稍短于花瓣；子房基部渐狭收缩，(4)5室，每室具2胚珠，花柱5，稀4，与雄蕊近等长，无毛。梨果近球形，直径2～3.5cm，褐色，有斑点；萼片脱落；果梗长3～4cm，无毛。花期4月，果期9—10月。

产于安吉、诸暨、嵊州、宁波市区(北仑)、奉化、磐安、天台、遂昌、龙泉、庆元、景宁等地。生于海拔500～1500m的山坡疏林中。分布于福建、广东、广西等地。

本种有1变型粉花柯氏梨 form. **roseiflorus** Z.H. Chen, H.F. Xu et F.G. Zhang（图4-399），主要区别在于花蕾、花盛开时粉红色，后渐变为白色。产于景宁。模式标本采自景宁。

图 4-398 柯氏梨

图 4-399 粉花柯氏梨

7. 沙梨 （图4-400）
Pyrus pyrifolia (Burm. f.) Nakai

落叶乔木，高7～15m。嫩枝具黄褐色长柔毛或绒毛，后脱落；二年生枝紫褐色或暗褐色，疏生皮孔。冬芽长卵形，先端圆钝，鳞片边缘稍具长绒毛。叶片卵状椭圆形或卵形，长7～12cm，宽4～6.5cm，先端长渐尖，基部圆形或近心形，叶缘具刺芒状锯齿，微向内合拢，两面无毛或幼时有褐色绵毛；叶柄长3～4.5cm，无毛或幼时被绒毛；托叶膜质，线状披针形，先端渐尖，全缘，边缘具长柔毛，早落。伞形总状花序具6～9花；花序梗和花梗幼时微具柔毛，花梗长3.5～5cm；苞片膜质，线形，边缘有长柔毛；花直径2.5～3.5cm；萼片三角状卵形，先端渐尖，边缘具腺齿，外面无毛，内面密被褐色绒毛；花瓣白色，卵形，先端啮齿状，具短瓣柄；雄蕊20，花药紫色，长约为花瓣的一半；花柱5，稀4，无毛，与雄蕊等长。梨果浅褐色，具浅色斑点，近球形；萼片脱落。花期4月，果期7—9月。

原产于我国，但具体产地不详，长江流域及其以南各地多有栽培。全省各地均有栽培。朝鲜半岛、日本也有栽培。

果实可鲜食。

图4-400 沙梨

17 苹果属 Malus Mill.

落叶，稀半常绿，乔木或灌木；通常无刺。冬芽卵圆形，被数枚覆瓦状排列的鳞片。单叶互生；叶缘具锯齿或分裂，幼时在芽中呈席卷状或对折状；具叶柄和托叶。伞形、伞房、伞形状总状花序；花瓣近圆形或倒卵形，白色、浅红色或艳红色；雄蕊15~50，花丝白色，花药黄色；子房下位，3~5室，每室具2胚珠，花柱3~5，基部合生，无毛或有毛。梨果，果肉通常不具石细胞；萼片宿存或脱落；子房壁软骨质，3~5室，每室具1或2种子。

约55种，广泛分布于亚洲、欧洲、北美洲和北温带地区。我国约有25种；浙江有10种，其中栽培4种。

本属多数为重要的果树、砧木或观赏树种，全球各地均有栽培。

分种检索表

1. 萼片脱落，稀宿存；果实较小，直径1.5cm以下。
    2. 小枝无皮孔；果直径1cm以下，稀1cm以上；萼片全部脱落。
        3. 叶片在芽中席卷，新枝上的叶片不裂，叶缘锯齿细密而均一；萼片先端急尖或渐尖。
            4. 叶片两面脉上、叶柄有柔毛；萼片卵状披针形或披针形，长于被丝托，两面有毛；雄蕊26~30 ··· 1. 毛山荆子 M. mandshurica
            4. 叶片初被疏短柔毛，后均脱落无毛；萼片三角状卵形，等长或短于被丝托；雄蕊20~25。
                5. 叶缘锯齿细锐；花梗绿色，向阳面带紫红色；萼片绿色略带紫色，先端急尖至渐尖；花瓣5，粉红色或白色；果实椭圆形或近球形 ·································· 2. 湖北海棠 M. hupehensis
                5. 叶缘锯齿细钝；花梗紫色，下垂；萼片紫色，先端圆钝；花瓣5以上，粉红色；果实梨形或倒卵形 ·· 3. 垂丝海棠 M. halliana
        3. 叶片在芽中对折，新枝上的叶片常3裂，叶缘锯齿稍粗大且不规则；萼片先端尾状渐尖 ··· 8. 三叶海棠 M. sieboldii
    2. 小枝有皮孔；果直径1cm以上；萼片少数宿存 ·································· 7. 西府海棠 M. × micromalus
1. 萼片宿存；果实较大，直径2cm以上。
    6. 果实无石细胞；宿萼无筒或筒不明显。
        7. 萼片比被丝托长，先端渐尖；果梗粗短。
            8. 叶缘具圆钝锯齿；果实扁球形，萼洼下陷 ·· 4. 苹果 M. pumila
            8. 叶缘具细锐锯齿；果实卵球形，萼洼微突 ·· 5. 花红 M. asiatica
        7. 萼片比被丝托短，先端急尖；果梗细长 ··· 6. 海棠花 M. spectabilis
    6. 果实具石细胞；宿萼有明显的筒。
        9. 树干具棘刺；叶缘锯齿尖锐；花梗被绒毛；被丝托外面有绒毛 ··········· 9. 台湾林檎 M. doumeri
        9. 树干无棘刺；叶缘锯齿圆钝；花梗无毛；被丝托外面无毛 ··········· 10. 光萼林檎 M. leiocalyca

1. 毛山荆子 （图4-401）

Malus mandshurica (Maxim.) Kom. — *M. baccata* (L.) Borkh. var. *mandshurica* (Maxim.) C.K. Schneid.

落叶乔木，高3～10m。小枝圆柱形，细弱，紫红色或暗褐色，幼时密被短柔毛，后渐脱落。冬芽红紫色，卵形，无毛。叶片在芽中席卷，卵形、椭圆形至倒卵形，长4～10cm，宽2.5～4.5cm，先端急尖或渐尖，基部楔形至近圆形，边缘具细锯齿，基部锯齿浅钝或近全缘，两面中脉及侧脉具柔毛；叶柄长1.5～3cm，具短柔毛。伞形花序具3～6花，生于小枝顶端；花梗长3～5cm，疏生短柔毛或近无毛；花直径3～3.5cm；被丝托外面疏被短柔毛或近无毛，绿色；萼片卵状披针形或披针形，先端渐尖，绿色，稍长于被丝托，外面边缘及内面被绒毛；花蕾粉红色，花瓣白色，长倒卵形，具短瓣柄；雄蕊26～30，花丝长短不等；花柱4，稀5，稍长于雄蕊，基部有绒毛。果实紫红色，椭圆形、倒卵形或近球形，直径8～10mm；萼片脱落；果梗长3～5cm。花期4—5月，果期7—8月。

产于安吉、临安、诸暨、衢州市区

图4-401　毛山荆子

（衢江）、磐安、天台、仙居、遂昌、景宁等地。生于海拔1000～1500m的山坡上、山顶杂木林中或沼泽地边缘。分布于东北及内蒙古、河北、山西、陕西、甘肃等地。俄罗斯也有。

为优良的观赏树种。

2. 湖北海棠　野花红　（图4-402）

Malus hupehensis (Pamp.) Rehder

落叶小乔木，高达8m。小枝圆柱形，初时有短柔毛，不久脱落；老枝紫色。冬芽卵形，先端急尖，鳞片边缘疏生短柔毛，暗紫色。叶片在芽中席卷，卵形至卵状椭圆形，长3～8cm，宽1.8～3.6cm，先端渐尖，基部宽楔形，边缘具细锐锯齿，初时具稀疏短柔毛，后脱落无毛；叶柄长1～3cm，初时被稀疏短柔毛，后脱落无毛。伞房花序具4～6花，生于小枝顶端；花梗长2～6cm，无毛或稍具长柔毛；花直径3.5～4cm；被丝托外面无毛或稍具长柔毛；萼片略带紫色，三角状卵形，先端渐尖至急尖，外面无毛，内面有柔毛，与被丝托等长或稍短；花瓣粉红色或近白色，倒卵形，具短瓣柄；雄蕊20，花丝长短不等；花柱3，稀4，基部有长绒毛，稍长于雄蕊。果实黄绿色稍带红晕，椭圆形或近球形，直径约8mm；萼片脱落；果梗长2～4cm。花期4—5月，果期8—9月。

产于全省山区。生于海拔600～1400m的山坡或山谷林中。分布于华东、华中及山东、山西、广东、四川、贵州、云南、陕西、甘肃等地。常见栽培。

花、果美丽，可供观赏；也可作苹果砧木；根及果可入药，有活血、健胃等功效。

图4-402　湖北海棠

3. 垂丝海棠（图4-403）

Malus halliana Koehne

落叶小乔木，高达5m。小枝细弱，圆柱形，紫色，初有毛，后脱落。冬芽卵圆形，无毛或仅鳞片边缘具柔毛。叶片在芽中席卷，卵形、椭圆形至长椭圆状卵形，长3.5~8cm，宽2.5~4.5cm，先端长渐尖，基部楔形至近圆形，边缘具圆钝细锯齿，上面深绿色，有光泽，常带紫晕，中脉有时具短柔毛，下面无毛；叶柄长5~25mm，幼时被疏柔毛，老时近无毛。伞房花序具4~6花，生于小枝顶端；花梗紫色，细弱下垂，长2~4cm，有疏柔毛；花直径3~3.5cm；被丝托紫色，外面无毛；萼片三角状卵形，紫色，先端圆钝，全缘，外面无毛，内面密被绒毛，与被丝托等长或稍短；花瓣粉红色，常5枚以上，倒卵形，具短瓣柄；雄蕊20~25，花丝长短不等；花柱3~5，长于雄蕊，紫色，基部有长绒毛。果实略带紫色，梨形或倒卵形，直径6~8mm；萼片脱落；果梗长2~5cm，紫色。花期3—4月，果期9—11月。

产于遂昌（九龙山）。生于海拔1000m以上的湿地边针阔叶混交林中。分布于江苏、安徽、湖北、四川、贵州、云南、陕西等地。本省普遍引种栽培；全球园林中广泛栽培。

《浙江植物志》记载浙江仅见栽培，而 *Flora of China* 记载本省有分布。经调查发现，该种在浙江确有野生分布。

为优良的观赏树种。

《浙江植物志》记载，浙江尚有重瓣垂丝海棠'Parkmanii'栽培，与垂丝海棠的主要区别在于花瓣半重瓣。根据垂丝海棠的形态描述，花瓣常5枚以上，已包含了"花瓣半重瓣"，故该园艺变型已无存在必要，本志作归并处理。

图4-403 垂丝海棠

4. 苹果 (图4-404)

Malus pumila Mill.

落叶乔木，高达10m。小枝粗短，圆柱形，幼时密被绒毛；老枝紫褐色，无毛。冬芽卵形，先端钝，密被短柔毛。叶片椭圆形、卵形至宽椭圆形，长4.5~10cm，宽3~5.5cm，先端急尖，基部宽楔形或圆形，边缘具圆钝锯齿，幼时两面有短柔毛，后上面无毛；叶柄粗壮，长1.5~3cm，被短柔毛。伞形花序具3~7花，生于小枝顶端；花梗长1~2.5cm，密被绒毛；花直径3~4cm；被丝托钟状，外面密被绒毛；萼片三角状披针形，先端渐尖，全缘，两面密被绒毛，长于被丝托；花瓣白色，花蕾时带粉红色，倒卵形；雄蕊20，花丝长短不等；花柱5，中下部密被灰白色绒毛，稍长于雄蕊。果实扁球形，直径5cm以上；果梗粗短；萼片宿存，萼洼下陷。花期4—5月，果期6—10月。

原产于欧洲、亚洲中部。全球温带地区广泛栽培。华北及吉林、辽宁、安徽、福建、湖北、云南、西藏、陕西、甘肃等地均有栽培。龙游、义乌、缙云、龙泉、景宁等地有栽培。

果实可鲜食。

图4-404 苹果

5. 花红 （图4-405）
Malus asiatica Nakai

落叶小乔木，高4～6m。小枝粗壮，圆柱形，嫩枝密被柔毛；老枝暗紫色，无毛，有稀疏浅色皮孔。冬芽卵形，先端急尖，初时密被柔毛，后渐脱落，灰红色。叶片卵形或椭圆形，长5～11cm，宽4～5.5cm，先端急尖或渐尖，基部圆形或宽楔形，边缘具细锐锯齿，上面初时有柔毛，后渐脱落，下面密被短柔毛；叶柄长1.5～5cm，具短柔毛。伞形花序具4～7花，生于小枝顶端；花梗长1.5～2cm，密被柔毛；花直径3～4cm；被丝托钟状，外面密被柔毛；萼片三角状披针形，先端渐尖，全缘，两面密被柔毛，稍长于被丝托；花瓣淡粉色，倒卵形；雄蕊17～20，花丝长短不等；花柱4，稀5，基部有长柔毛，长于雄蕊。果实卵形或近球形，直径4～5cm，黄色或红色；果梗粗短；萼片宿存，萼洼微突。花期4—5月，果期8—9月。

原产于我国华北、西北。华北及辽宁、江苏、安徽、河南、湖北、四川、贵州、云南、陕西、甘肃等地均有栽培。全省有零星栽培。

果实可鲜食，也可加工制果干或酿酒。

图4-405 花红

6. 海棠花 （图4-406）

Malus spectabilis (Ait.) Borkh.

落叶乔木，高达8m。小枝粗壮，圆柱形，幼时有短柔毛，后渐脱落；老枝红褐色或紫褐色。冬芽卵形，先端渐尖，微被柔毛，紫褐色，具数枚外露鳞片。叶片椭圆形至长椭圆形，长5～8cm，宽2～3cm，先端短渐尖或圆钝，基部宽楔形或近圆形，边缘具紧贴细锯齿，有时部分近全缘，幼时两面具稀疏短柔毛，后渐脱落；叶柄长1.5～2cm，有短柔毛。近伞形花序具4～6花，生于小枝顶端；花梗长2～3cm，有柔毛；被丝托外面无毛或有白色绒毛；萼片三角状卵形，短于被丝托，先端急尖，全缘，内面密被白色绒毛；花瓣卵形，白色，花蕾时粉红色；雄蕊20～25，花丝长短不等；花柱5，稀4，基部有白色绒毛，稍长于雄蕊。果实近球形，直径约2cm，黄色；果梗细长，长3～4cm；萼片宿存，萼洼隆起。花期4—5月，果期8—9月。

分布于河北、山东、江苏、安徽、河南、四川、云南、陕西、青海等地。全省各地公园也有栽培。本省各地零星栽培的还有园艺品种红海棠'Riversii'（图4-407），花重瓣，初开时深红色，后变粉红色。

图4-406　海棠花

图4-407　红海棠

7. 西府海棠　海红（图4-408）
Malus × micromalus Makino

落叶小乔木，高2.5~5m。小枝细弱，圆柱形，嫩时被短柔毛，老时脱落，紫红色或暗褐色，具稀疏皮孔。冬芽卵形，先端急尖，无毛或仅边缘被绒毛，暗紫色。叶片长椭圆形或椭圆形，长5~10cm，宽2.5~5cm，先端急尖或渐尖，基部楔形，稀近圆形，边缘具尖锐锯齿，嫩叶被短柔毛，下面较密，老时脱落；叶柄长2~3.5cm；托叶膜质，线状披针形，先端渐尖，边缘疏生腺齿，早落。伞形状总状花序具4~7花，生于小枝顶端；花梗长2~3cm，幼时被长柔毛，后渐脱落；苞片膜质，线状披针形，早落；花直径约4cm；被丝托外面密被白色长绒毛；萼片三角状卵形，先端急尖或渐尖，全缘，外面毛被稀疏，内面密被绒毛，与被丝托等长或稍长；花瓣粉红色，近圆形或长椭圆形，具短瓣柄；雄蕊约20，花丝长短不等；花柱5，基部具绒毛。果实红色，近球形，直径10~15mm，具下陷萼洼、梗洼；萼片多数脱落，少数宿存。花期4—5月，果期8—9月。

西府海棠是海棠类多个栽培品种的集合名，华北及辽宁、贵州、云南、陕西、甘肃等地均有栽培。杭州等城市有栽培。

图4-408　西府海棠

8. 三叶海棠 (图4-409)

Malus sieboldii (Regel) Rehder

落叶灌木或小乔木，高2~6m。小枝圆柱形，稍有棱，初被短柔毛，后渐脱落，暗紫色。冬芽卵形，先端较钝，无毛或仅在先端鳞片边缘微被短柔毛，紫褐色。叶片在芽中对折，卵形、椭圆形或长椭圆形，长3~7.5cm，宽2~4cm，先端急尖，基部圆形或宽楔形，边缘具尖锐锯齿，新枝上的叶片锯齿粗锐且不规则，常3裂，幼叶两面被短柔毛，老叶仅下面沿脉有短柔毛；叶柄长1~2.5cm，有短柔毛；托叶草质，狭披针形，先端渐尖，全缘，微被短柔毛。伞形花序具4~8花，生于小枝顶端；花梗长2~2.5cm，具柔毛或近无毛；苞片膜质，线状披针形，先端渐尖，全缘，内面被柔毛，早落；花直径2~3cm；被丝托外面近无毛或被柔毛；萼片三角状卵形，与被丝托等长或稍长，全缘，先端尾状渐尖，外面无毛，内面密被绒毛；花瓣淡粉红色，花蕾时颜色较深；雄蕊20，花丝长短不等；花柱3~5，较雄蕊稍长，基部被长柔毛。果实红色或黄褐色，近球形，直径6~8mm；萼片脱落；果梗长2~3cm。花期4—5月，果期8—9月。

产于安吉（龙王山）、临安（清凉峰）、缙云（大洋山）、乐清等地。生于海拔700~1250m的山坡杂木林中。分布于辽宁、山东、江西、福建、湖北、湖南、广东、广西、四川、贵州、陕

图4-409 三叶海棠

西、甘肃等地。朝鲜半岛、日本也有。

花美丽，可供观赏。

9. 台湾林檎　台湾海棠　（图4-410）
Malus doumeri (Bois) Chev.

落叶小乔木，高达15m，树干具棘刺。小枝圆柱形，嫩枝被长柔毛；老枝紫褐色，无毛，具

图4-410　台湾林檎

稀疏纵裂皮孔。冬芽卵形至长卵形，先端急尖至短渐尖，紫红色。叶片长椭圆形至卵状披针形，长9～15cm，宽4～6.5cm，先端急尖，基部圆形或楔形，边缘具不整齐尖锐锯齿，幼时两面有白色绒毛，后脱落至无毛；叶柄长1.5～3cm，嫩时被绒毛，后脱落至无毛。近伞形花序具4～5花；花梗长1.5～3cm，有白色绒毛；花直径2.5～3cm；被丝托倒钟状，外面被绒毛；萼片卵状披针形，全缘，先端渐尖，内面密被白色绒毛，与被丝托等长或稍长；花瓣卵形，黄白色；雄蕊约30，花药黄色；花柱4或5，基部有长绒毛，长于雄蕊，柱头半圆形。果实具石细胞，球形，直径4～5.5cm，黄红色，先端隆起，外面有斑点；果梗长1～3cm；宿萼具短筒，萼片反折。花期4—5月，果期9—10月。

产于莲都、遂昌、松阳、龙泉、庆元、云和、景宁等地。生于海拔800m左右的林中。分布于江西、福建、湖南、台湾、广东、广西、贵州、云南等地。老挝、越南也有。

10. 光萼林檎　尖嘴林檎　（图4-411）

Malus leiocalyca S.Z. Huang

落叶小乔木，高4～10m，树干无棘刺。小枝微弯曲，圆柱形，幼时微具柔毛，老时脱落。冬芽卵圆形，无毛或仅鳞片边缘被柔毛。叶片椭圆形至卵状椭圆形，长5～10cm，宽2.5～4cm，先端急尖或渐尖，基部圆形至宽楔形，边缘具圆钝锯齿，幼时两面微具柔毛，后脱落至无毛；叶柄长1.5～2.5cm。

图4-411　光萼林檎

近伞形花序具5~7花；花梗长3~5cm，无毛；花直径约2.5cm；被丝托倒钟状，外面无毛；萼片三角状披针形，全缘，先端渐尖，外面无毛，内面具绒毛，长于被丝托；花瓣白色，倒卵形；雄蕊约30，花丝长短不等；花柱5，基部有白色绒毛，稍长于雄蕊。果实具石细胞，球形，直径2~4cm，黄红色，先端隆起，外面具斑点；宿萼具长筒，萼片反折。花期4—5月，果期9—10月。

产于开化、武义、莲都、缙云、遂昌、松阳、龙泉、庆元、景宁、瑞安、文成、平阳、泰顺等地。生于海拔400~1100m的山谷、沟边混交林中。分布于安徽、江西、福建、湖南、广东、广西、云南等地。

18 唐棣属 Amelanchier Medic.

落叶灌木或乔木。冬芽长圆锥形。单叶互生；叶片边缘具锯齿或全缘；具叶柄和托叶。总状花序顶生；苞片早落；被丝托钟状；萼片5，全缘；花瓣5，细长，白色；雄蕊10~20；子房下位或半下位，2~5室，每室具2胚珠，有时因室背具假隔膜而呈4~10室，每室具1胚珠，花柱2~5，离生。梨果近球形，浆果状；萼片宿存，反折。种子4~10。

约25种，分布于亚洲、欧洲、北美。我国有2种，分布于华东、华中、西北等地区；浙江有1种。

东亚唐棣 （图4-412）
Amelanchier asiatica (Sieblod et Zucc.) Endl. ex Walp.

乔木或灌木，高达12m。小枝较纤细，散生长圆形皮孔。叶片卵形至长椭圆形，稀卵状披针形，长4~6cm，宽2.5~3.5cm，先端急尖，基部圆形至浅心形，边缘具细锐锯齿，幼时下面密被绒毛，后脱落至近无毛；叶柄长1~1.5cm，幼时被灰白色绒毛，后脱落；托叶线形，有睫毛，早落。总状花序下垂，长4~7cm；花梗细，长1.5~2.5cm；花直径3~3.5cm；被丝托钟状，外面密被绒毛；萼片披针形，全缘，长为被丝托的2倍；花瓣狭长，长15~20mm，宽5~7mm；雄蕊15~20，远短于花瓣；花柱4或5，大部分合生，基部被绒毛。果实蓝黑色，近球形或扁球形，直径1~1.5cm；萼片宿存，反折。花期4—5月，果期7—9月。

产于安吉、临安、淳安、新昌、宁波市区（北仑）、鄞州、余姚、奉化、宁海、磐安、武义、天台、临海、莲都、缙云、遂昌、乐清等地。生于海拔1500m以下的山坡、沟谷杂木林中。分布于安徽、江西、陕西等地。日本、朝鲜半岛也有。

《浙江种子植物检索鉴定手册》记载浙江有唐棣 *A. sinica* (C.K. Schneid.) Chun 分布，与东亚唐棣的区别在于叶片边缘仅上半部有锯齿，嫩叶下面仅沿脉有毛，未见标本，野外调查也未见，故未予收录。

图 4-412 东亚唐棣

⑲ 棣棠花属 Kerria DC.

落叶灌木。小枝细长。单叶互生,具重锯齿;托叶钻形,早落。花两性,单生;被丝托短,碟形;萼片5,覆瓦状排列;花瓣5,黄色,长圆形或近圆形,具短瓣柄;雄蕊多数,排成数组;雌蕊5~8,分离,子房上位,花柱细长,顶端截形。瘦果侧扁,无毛。

仅1种,产于我国和日本,欧洲、美洲等地有引种栽培。浙江也产。

棣棠花 金棣棠 (图4-413)
Kerria japonica (L.) DC.

落叶灌木,高1~2m。小枝绿色,圆柱形,无毛,常拱曲。叶片三角状卵形或宽卵形,长3~5.5cm,宽2.5~4cm,先端长渐尖,基部圆形、截形或微心形,边缘具尖锐重锯齿,两面绿色,上面无毛或被疏柔毛,下面沿脉或脉腋被柔毛;叶柄长5~10mm,无毛;托叶膜质,带状披针形,有缘毛,早落。花单生于当年生侧枝的顶端;花梗无毛;花直径2.5~6cm;萼片卵状椭圆形,先端急尖,具小尖

图4-413 棣棠花

头,全缘,无毛;花瓣黄色,宽椭圆形,先端凹,较萼片长1~4倍。瘦果倒卵形至半球形,褐色或黑褐色,无毛,有皱褶。花期4—6月,果期6—8月。

产于湖州、杭州、金华、衢州、台州、丽水、温州等地。生于海拔1200m以下的山坡及沟谷林下、林缘或灌丛中。分布于华东、华中及山东、四川、贵州、云南、陕西、甘肃等地。日本也有。本省普遍栽培的还有园艺品种重瓣棣棠'Pleniflora'(图4-414)。

花色艳丽,常栽培供观赏;茎髓作通草代用品入药,有催乳利尿的功效。

图4-414 重瓣棣棠

20 鸡麻属 Rhodotypos Sieblod et Zucc.

落叶灌木。单叶对生；叶片卵形，叶缘具尖锐重锯齿；托叶膜质，线形，离生。花4数，两性，单生于枝顶；被丝托碟形；萼片4，叶状，覆瓦状排列，有小型副萼片4，与萼片互生；花瓣4，白色，倒卵形，具短瓣柄；雄蕊多数，排成数轮，着生于被丝托周围，被丝托肥厚，顶端缢缩而盖住雌蕊；雌蕊4，分离，每心皮具2下垂胚珠，子房上位，花柱细长，柱头头状。核果1～5，外果皮光滑。种子1，倒卵球形。

仅1种，产于东亚。浙江也有。

鸡麻 （图4-415）
Rhodotypos scandens (Thunb.) Makino

落叶灌木，高0.5～2m，稀达3m。小枝紫褐色，嫩枝绿色，光滑。叶对生；叶片卵形，长4～11cm，宽3～6cm，先端渐尖，基部圆形至微心形，边缘具尖锐重锯齿，上面幼时被疏柔毛，后脱落至无毛，下面被绢状柔毛，老时仅沿脉被稀疏柔毛；叶柄长2～5mm，被疏柔毛；托叶膜质，狭条形，被疏柔毛，不久脱落。花单生于新枝顶端；花直径3～5cm；萼片大，卵状椭圆形，先端急尖，边缘具锐锯齿，外面被稀疏绢状柔毛，副萼片远比萼片细小；花瓣白色，倒卵形，比萼片长1/4～1/3。核果1～5，黑色或褐色，斜椭圆形，长约8mm，光滑。花期4—5月，果期6—9月。

产于安吉、临安、天台等地。生于海拔500～1100m的山坡疏林中或山谷林下阴湿处。分布于辽宁、山东、江苏、安徽、河南、湖北、陕西、甘肃等地。朝鲜半岛、日本也有。

我国南北各地栽培供观赏；根和果可入药，用于治血虚肾亏等症。

图4-415 鸡麻

21 悬钩子属 Rubus L.

落叶或常绿，灌木或亚灌木，直立或攀缘，通常有刺。叶互生，单叶、掌状或羽状复叶；有托叶。花单生或排成聚伞、总状及圆锥花序；花两性，稀单性；花萼5深裂，宿存；花瓣5，稀无，白色或粉红色；雄蕊多数，着生于被丝托上部，离生；心皮多数，有时仅数枚，离生，着生于球形或圆锥形的被丝托上，每心皮具2胚珠，子房上位，花柱近顶生。果实为由小核果集生于被丝托上而成的浆果状聚合果，实心或空心，多浆或干燥，红色、黄色或黑色，无毛或被毛。种子下垂，种皮膜质。

700余种，全球广泛分布，主产于北半球温带地区，少数种分布至南半球。我国约有210种，分布遍及全国，但以长江流域以南各地种类最为丰富；浙江有44种。

本属不少种类果实味甜，富含维生素C等成分，可鲜食或制果酱、饮料等；有的种类可药用。

分种检索表

1.灌木；茎常具皮刺或针刺。
  2.托叶部分与叶柄合生，线状披针形，稀宽披针形，全缘，不分裂，宿存，稀早落；聚合果空心。
    3.复叶。
      4.小叶3（5）。
        5.小叶片下面密被灰白色绒毛；花瓣紫红色。
          6.花序总状或圆锥状 ·· **2. 白叶莓 R. innominatus**
          6.花序伞房状或短总状。
            7.顶生小叶片菱状圆形至宽倒卵形，先端圆钝；花序伞房状；被丝托和萼片外面密被柔毛和针刺 ·· **4. 茅莓 R. parvifolius**
            7.小叶片非上述形状；花序短总状；被丝托和萼片外面密被白色绒毛。
              8.小叶片披针形或长圆状披针形，先端渐狭；萼片卵形，先变急尖 ················
                ·· **5. 牯岭悬钩子 R. kulinganus**
              8.小叶片椭圆形或卵形，先端急尖；萼片狭卵形至披针形，先端尾状渐尖 ···············
                ·· **6. 东部悬钩子 R. yoshinoi**
        5.小叶片下面无毛或被柔毛；花瓣紫红色或白色。
          9.枝无毛；小叶片无毛或仅上面叶脉疏生平贴柔毛 ········ **15. 小柱悬钩子 R. columellaris**
          9.枝、小叶片被柔毛，或腺毛和刺毛。
            10.枝具紫红色腺毛、柔毛和宽扁皮刺；小叶3；总状花序，花瓣紫红色 ·················
              ·· **3. 腺毛莓 R. adenophorus**
            10.枝被柔毛和腺毛，疏生皮刺；小叶3～5；花单生，花瓣白色 ······ **14. 蓬蘽 R. hirsutus**
      4.小叶5～7或3～5，少数9或11。
        11.小叶片下面被灰白色绒毛；花序狭圆锥状和总状，花瓣粉红色 ·································
          ·· **1. 弓茎悬钩子 R. flosculosus**
        11.小叶片下面被柔毛至无毛；花单生或呈伞房花序，花瓣白色（插田泡除外）。

12. 枝粗壮，被白粉，具坚硬皮刺；伞房状圆锥花序，花瓣粉红色至深红色······**7. 插田泡 R. coreanus**
12. 枝不被白粉，疏生皮刺；花少，单生或数朵呈伞房状，花瓣白色。
　　13. 植株被柔毛和疏生皮刺，稀无皮刺及无毛。
　　　　14. 茎圆柱形；小叶片卵状披针形或披针形，两面疏生柔毛并有黄色腺点···**11. 空心泡 R. rosifolius**
　　　　14. 茎具棱；小叶片卵形、椭圆形，两面幼时疏生柔毛，后无毛，无腺点···**12. 大红泡 R. eustephanos**
　　13. 植株被刺毛、针刺、腺毛和皮刺。
　　　　15. 顶生小叶片羽状浅裂；花萼外面具疏密不等的针刺···**13. 香莓 R. pungens var. oldhamii**
　　　　15. 顶生小叶片不分裂；花萼外面无针刺。
　　　　　　16. 植株全株具长腺毛。
　　　　　　　　17. 植株全体具柔毛和长腺毛；聚合果长圆形·········**8. 红腺悬钩子 R. sumatranus**
　　　　　　　　17. 植株全体仅被长腺毛；聚合果通常球形·········**9. 遂昌悬钩子 R. suichangensis**
　　　　　　16. 植株仅局部有短腺毛 ············**10. 铅山悬钩子 R. linearifoliolus var. yanshanensis**
3. 单叶。
　　18. 叶片盾状着生；聚合果圆柱形··**17. 盾叶莓 R. peltatus**
　　18. 叶片非盾状着生；聚合果近球形。
　　　　19. 叶片戟形、狭卵状长圆形、长圆状披针形，长超过宽的2倍。
　　　　　　20. 直立灌木，高1～2m；叶二型；叶柄、叶片两面、花萼外面疏被长短不等的腺毛··**23. 九仙莓 R. yanyunii**
　　　　　　20. 矮小灌木，高40cm；叶一型；叶柄、叶片两面、花萼外面无毛···**16. 陷脉悬钩子 R. impressinervus**
　　　　19. 叶片卵状披针形、宽卵形、近圆形，长不及宽的2倍。
　　　　　　21. 植株被腺毛和柔毛。
　　　　　　　　22. 小枝、叶柄、花萼外面、聚合果疏被腺毛；叶片先端尾尖···**22. 武夷悬钩子 R. jiangxiensis**
　　　　　　　　22. 小枝、叶柄、花萼外面密被柔毛和腺毛，聚合果无毛；叶片先端渐尖···**20. 光果悬钩子 R. glabricarpus**
　　　　　　21. 植株被柔毛或近无毛，无腺毛。
　　　　　　　　23. 花常3朵，偶3朵以上而呈顶生短总状花序，叶片下面有时灰白色···**21. 三花莓 R. trianthus**
　　　　　　　　23. 花常单生，叶片下面绿色。
　　　　　　　　　　24. 叶片不裂或3浅裂··**18. 山莓 R. corchorifolius**
　　　　　　　　　　24. 叶片掌状3～5裂，稀7裂。
　　　　　　　　　　　　25. 叶片宽卵形或卵圆形，掌状3裂，稀5裂，中裂片远较侧裂片长，具掌状3脉；花梗疏被柔毛···**19. 掌叶山莓 R. palmatiformis**
　　　　　　　　　　　　25. 叶片近圆形，掌状5裂，稀7裂，掌状5脉；花梗无毛···**24. 掌叶复盆子 R. chingii**
2. 托叶离生，较宽大，常分裂，稀全缘，宿存或脱落。

26. 托叶卵状披针形，全缘；总状花序顶生。
    27. 叶片卵状披针形，先端尾尖；花序仅被绒毛状柔毛 ………………… 39. 尾叶悬钩子 R. caudifolius
    27. 叶片宽卵形至长圆状披针形，先端渐尖；花序被绒毛和针刺或腺毛。
        28. 不育枝上及越冬的叶片下面密被灰白色绒毛，繁殖枝上的叶片下面无毛或近无毛；花序密被灰白色绒毛、紫褐色腺毛和稀疏针刺 ………………………………… 38. 木莓 R. swinhoei
        28. 叶片下面密被黄褐色绒毛；花序密被黄褐色绒毛状柔毛和针刺 … 40. 福建悬钩子 R. fujianensis
26. 托叶羽状、掌状、不规则分裂或叶状而仅先端缺刻状条裂；圆锥花序、伞房花序、短总状花序顶生或腋生。
    29. 叶片下面被绒毛，成熟时不脱落。
        30. 叶片下面密被锈色绒毛。
            31. 叶片上面有明显皱纹，边缘3～5裂 ……………………………… 34. 锈毛莓 R. reflexus
            31. 叶片上面平整，边缘不分裂或基部3浅裂 …………… 35. 浙南莓 R. austrozhejiangensis
        30. 叶片下面密被灰白色、黄灰色或棕红色绒毛。
            32. 矮小灌木，茎直立微拱曲，高0.5～1.5m；托叶叶状，长圆形，先端缺刻状条裂。
                33. 茎无毛；叶片宽卵形至长卵形，先端渐尖或短尖 ………………… 37. 太平莓 R. pacificus
                33. 茎密被灰白色绒毛状柔毛；叶片近圆形，先端圆钝或急尖 …… 36. 灰毛泡 R. irenaeus
            32. 大灌木，茎攀缘、蔓性，稀直立，长2m以上；托叶羽状、掌状分裂。
                34. 枝、叶、花序具疏密不等的腺毛；大型圆锥花序顶生；聚合果紫黑色 …………………………………………………………………………… 28. 灰白毛莓 R. tephrodes
                34. 枝、叶、花序无腺毛；短总状花序，数朵簇生或单花，腋生或顶生。
                    35. 枝被棕褐色软刺毛和基部膨大的针刺；叶片边缘5裂，裂片三角形，侧裂片先端急尖或渐尖 ……………………………………………………… 30. 棕红悬钩子 R. rufus
                    35. 枝密被黄灰色绒毛或开展长柔毛，疏生小皮刺或针刺；叶片边缘3～7浅裂，侧裂片先端圆钝。
                        36. 枝密被黄灰色绒毛，疏生小皮刺；叶片上面有泡状突起，在突起处被柔毛 ……………………………………………………………………… 29. 粗叶悬钩子 R. alceifolius
                        36. 枝密被开展长柔毛，疏生针刺；叶片上面无泡状突起 ………………………………………………………………………………… 42. 景宁悬钩子 R. jingningensis
    29. 叶片下面无毛、疏被柔毛或腺毛，或幼叶被绒毛，成熟时脱落。
        37. 植株通常无皮刺或有时具稀疏针刺，常有腺毛、软刺毛及柔毛。
            38. 枝、叶柄、花序密被柔毛和长短不等的腺毛；叶片近圆形或宽卵形 …………………………………………………………………………… 41. 东南悬钩子 R. tsangorus
            38. 枝、叶柄、花序密被柔毛、长软刺毛和长腺毛；叶片卵形或宽长卵形 …………………………………………………………………………… 43. 周毛悬钩子 R. amphidasys
        37. 植株具皮刺，无腺毛和软刺毛。
            39. 圆锥花序顶生或生于茎上部叶腋。
                40. 叶片卵形、椭圆状长圆形，基部圆形，边缘不裂，具不整齐粗锯齿 …………………………………………………………………………… 25. 梨叶悬钩子 R. pirifolius
                40. 叶片宽卵形，基部心形，边缘3～5裂 …………… 26. 高粱泡 R. lambertianus
            39. 短总状花序腋生或生于茎端。

41. 茎无毛，稀略被或密被短柔毛。
　　42. 茎无毛或略被短柔毛；叶片两面近无毛；外萼片先端2～4裂；花瓣明显短于萼片·················
　　　　·· **27. 箱根悬钩子 R. hakonensis**
　　42. 茎密被短柔毛；叶片幼时上面具短柔毛，下面有绒毛和柔毛，老时两面近无；外萼片较宽大，边
　　　　缘羽状分裂；花瓣与萼片近等长··· **31. 湖南悬钩子 R. hunanensis**
41. 茎密被长柔毛。
　　43. 直立或匍匐灌木，具匍匐茎；短总状花序顶生或腋生，花瓣短于萼片······ **32. 寒莓 R. buergeri**
　　43. 攀缘灌木，无匍匐茎；短总状花序生于茎端，花瓣与萼片近等长····································
　　　　·· **33. 陈谋悬钩子 R. chenmoui**
1. 矮小匍匐亚灌木；茎无皮刺或有针刺······································· **44. 黄泡 R. pectinellus**

1. 弓茎悬钩子 （图4-416）

Rubus flosculosus Focke — *R. lishuiensis* Yü et L.T. Lu — *R. flosculosus* Focke var. *etomentosus* Yü et L.T. Lu

落叶灌木。枝拱曲，圆形，有时被白粉，疏生钩状扁平皮刺；幼枝被短柔毛。奇数羽状复叶，小叶5～7；叶柄长3～5cm，顶生小叶柄长1～2cm，侧生小叶几无柄，与叶轴均被柔毛和钩状小皮刺；托叶下部与叶柄合生，长约5mm，线状披针形，具柔毛；小叶片卵形或卵状披针形，长3～7cm，宽1.5～4cm，先端渐尖，

图4-416　弓茎悬钩子

基部宽楔形至圆形，边缘具粗重锯齿，上面无毛或近无毛，下面被灰白色绒毛。顶生花序狭圆锥状，侧生花序总状；花梗和苞片均被柔毛，花梗长5～8mm；苞片与托叶相似；花直径5～8mm；被丝托与萼片外面密被灰白色绒毛，萼片卵形至长卵形，花后直立开展；花瓣粉红色，近圆形；雄蕊多数，花丝线形，花药紫色；子房具柔毛，花柱无毛。聚合果空心，红色至黑色，球形，直径5～8mm。花期6—7月，果期8—9月。

产于丽水及永嘉、平阳、泰顺等地。生于海拔500～1500m的山坡混交林、山谷、疏林、林缘、灌丛中。分布于山西、福建、河南、湖北、四川、西藏、陕西、甘肃等地。

2. 白叶莓 （图4-417）

Rubus innominatus S. Moore — *R. innominatus* S. Moore var. *kuntzeanus* (Hemsl.) Bailey

落叶灌木，高1～3m。小枝密被绒毛状柔毛，疏生钩状皮刺。奇数羽状复叶，小叶3，稀5；叶柄长2～5cm，与叶轴均密被绒毛状柔毛；托叶下部与叶柄合生，线状披针形，被柔毛；顶生小叶片卵形或近圆形，稀卵状披针形，长3～9cm，宽3～8cm，基部圆形或浅心形，先端急尖至短渐尖，边缘常3裂或缺刻状浅裂，侧生小叶片斜卵状披针形或斜椭圆形，上面疏生平贴柔毛或

图4-417 白叶莓

几无毛,下面密被灰白色绒毛,沿叶脉混生柔毛。总状或圆锥花序,顶生或腋生;花序梗和花梗密被黄灰色或灰白色绒毛状长柔毛和腺毛,花梗长4～10mm;苞片线状披针形,被绒毛状柔毛;花直径6～10mm;花萼外面密被黄灰色或灰色绒毛状柔毛和腺毛;萼片卵形,先端急尖,在花果期均直立;花瓣倒卵形或近圆形,紫红色,边缘啮蚀状;子房稍具柔毛,花柱无毛。聚合果空心,近球形,直径约1cm,成熟时橘红色。花期5—6月,果期8—9月。

产于莲都、缙云、遂昌、松阳、龙泉、庆元、云和、景宁、泰顺等地。生于海拔400～1300m的山坡林下或灌丛中。分布于安徽、江西、福建、河南、湖北、广东、四川、贵州、云南、陕西、甘肃等地。

果可食,根可入药。

王焕冲(2014)认为,白叶莓与无腺白叶莓 R. innominatus S. Moore var. kuntzeanus 两者之间除了花序上有无腺毛这一特征可以区别外,其余特征几乎完全一致,且两者的分布区重合,腺毛的有无和多寡并不是一个稳定可靠的性状,不能作为分种或区分变种的依据,故将两者做了归并处理。本志采纳此处理意见。

2a. 蜜腺白叶莓(变种)(图4-418)
var. **aralioides** (Hance) Yü et L.T. Lu

小枝、叶柄、小叶片下面、花序梗、花梗和花萼外面均密被腺毛;叶片边缘锯齿较尖锐,下面白色绒毛明显。花果期5—9月。

产于江山、景宁等地。生于海拔500～1100m的山坡林下或灌丛中。分布于江西、福建、广东、贵州等地。

图4-418 蜜腺白叶莓

2b. 宽萼白叶莓（变种）
var. macrosepalus Metcalf

花序短而紧缩，短总状，被黄色绒毛状长柔毛，无腺毛；花萼较大，萼片宽卵形，长8～12mm，宽5～7mm。

产于临安、泰顺等地。生于山坡林下。分布于安徽等地。

3. 腺毛莓 （图4-419）
Rubus adenophorus Rolfe

落叶攀缘灌木，高0.5～2m。小枝浅褐色至红褐色，具紫红色腺毛、柔毛和宽扁皮刺。奇数羽状复叶，通常为三出复叶；叶柄长4.5～8cm，顶生小叶柄长2.5～4cm，侧生小叶几无柄，具腺毛、柔毛和皮刺；托叶下部与叶柄合生，线状披针形，具柔毛及稀疏腺毛；小叶片卵形，长4～12cm，宽2～7cm，先端渐尖，基部圆形至近心形，边缘具粗锐重锯齿，两面具柔毛，下面沿脉有疏腺毛。总状花序顶生或腋生；花梗、苞片、花萼均密被黄色长柔毛和紫红色腺毛，花梗长

图4-419 腺毛莓

0.6～1.2cm；苞片披针形；花较小，直径6～8mm；萼片披针形或卵状披针形，先端渐尖，花后常直立；花瓣紫红色，倒卵形或近圆形；花丝线形；子房微具柔毛，花柱无毛，果时宿存。聚合果空心，红色，球形，直径约1cm。花期4—6月，果期6—7月。

产于桐庐、淳安、开化、遂昌、龙泉、庆元、景宁、永嘉、瑞安、文成、平阳、苍南、泰顺等地。生于海拔400～1600m的山坡上、山谷、疏林、林缘、灌丛中。分布于江西、福建、湖北、湖南、广东、广西、贵州等地。

4. 茅莓 （图4-420）
Rubus parvifolius L.

落叶灌木。枝条拱曲，被柔毛和稀疏钩状皮刺。小叶3，偶5；叶柄有小刺和毛；托叶下部与

图4-420 茅莓

叶柄合生，线状披针形，具柔毛；顶生小叶片菱状圆形至宽倒卵形，长2.5~6cm，宽2~6cm，先端圆钝，基部圆形或宽楔形，边缘具粗重锯齿；侧生小叶片稍小，宽倒卵形至楔状圆形，上面伏生疏柔毛或近无毛，下面密被灰白色绒毛。伞房花序顶生或腋生，密被柔毛和细刺，花少数；被丝托与萼片外面密被柔毛和针刺；萼片卵状披针形或披针形，直立；花瓣粉红色至紫红色，宽卵形或长圆形；子房具柔毛。聚合果空心，红色，卵球形，直径1~1.5cm。花期4—7月，果期7—8月。

产于全省各地。生于海拔50~1500m的山坡林缘、路边草丛中。全国广泛分布。朝鲜半岛、日本、越南也有。

果可酿酒及鲜食；叶及根皮可提制栲胶，也可入药，有清热解毒、消肿活血的功效。

4a. 腺萼茅莓（变种）
var. **adenochlamys** (Focke) Migo

与茅莓的区别在于花萼或花梗具红色腺毛。

产于遂昌。生于山坡、路旁灌草丛中。分布于河北、山西、江苏、河南、湖南、四川、陕西、甘肃等地。

5. 牯岭悬钩子 （图4-421）
Rubus kulinganus Bailey.

落叶灌木。茎褐色，幼时被毛，几无皮刺。常具3小叶；叶柄长5~8cm；托叶下部与叶柄合生，线形，被柔毛；小叶片披针形或长圆状披针形，长4~8cm，宽1.5~3cm，先端渐尖，基部圆形或宽楔形，边缘具不整齐粗锐锯齿，上面无毛，下面密被灰白色绒毛，小叶柄具柔毛和疏刺。短总状花序通常生于侧枝顶端；花直径不到1cm；被丝托与萼片外面密被白色绒毛；萼片卵形，果时直立开展；花瓣紫红色，宽椭圆形或长倒卵形，具毛；花柱基部和子房具柔毛。聚合果空

图4-421 牯岭悬钩子

心,红色,近球形。花期5—6月,果期6—7月。

产于安吉、富阳、临安、淳安、天台、莲都等地。生于海拔800m以上的山坡阔叶林下、林缘及灌丛中。分布于安徽、江西等地。

6. 东部悬钩子 （图4-422）
Rubus yoshinoi Koidz.

落叶灌木。茎褐色,幼时被毛,几无皮刺。小叶常3;叶柄长3.5~6.5cm;托叶下部与叶柄合生,线形,被柔毛;小叶片长椭圆形或卵形,长4~8cm,宽1.5~3cm,先端急尖,基部圆形或宽楔形,边缘具不整齐粗锐锯齿,上面有稀疏伏毛或近无毛,下面初时被白色绵毛状薄绒毛,后渐脱落至近无毛;小叶柄具柔毛和疏刺。伞房或短总状花序,通常生于侧枝顶端;花直径不到1cm;被丝托与萼片外面密被白色绒毛,萼片狭卵形至披针形,先端尾状渐尖,花时斜平展;花瓣淡红色,狭椭圆形至狭倒卵形,两面具毛;花柱基部和子房具柔毛。

图4-422 东部悬钩子

聚合果空心，红色，近球形。花期5—6月，果期6—7月。

产于安吉(孝丰)、临安(西天目山、昌化)、天台等地。生于山坡阔叶林下、林缘及灌丛中。日本也有。

7. 插田泡　复盆子　（图4-423）
Rubus coreanus Miq.

落叶攀缘藤本。枝粗壮，红褐色，常被白粉，具坚硬皮刺。羽状复叶具5~7小叶，稀3~5；小叶柄、叶轴均被短柔毛并疏生钩状小皮刺；托叶下部与叶柄合生，线状披针形，有柔毛；小叶片卵形、菱状卵形或宽卵形，长3~7cm，宽2~4.5cm，先端急尖，基部楔形或近圆形，边缘具不整齐粗齿或缺刻状，顶生小叶片有时3浅裂，两面无毛或仅叶脉有短柔毛。伞房状圆锥花序顶生；花序梗和花梗均被灰白色短柔毛；花直径7~10mm；被丝托外面被短柔毛；萼片边缘具绒

图4-423　插田泡

毛，果时反折；花瓣粉红色至深红色；雄蕊多数；雌蕊多数，子房疏被短柔毛，花柱无毛。聚合果空心，深红色至紫黑色，近球形，直径5～8mm。花期4—6月，果期6—8月。

产于湖州、嘉兴、杭州、绍兴、宁波、舟山、衢州、金华、台州、丽水及乐清、泰顺等地。生于山坡、平地、沟边灌丛中。分布于华东、华中、西南、西北各地。朝鲜半岛和日本也有。

果味酸甜，可鲜食，也可入药，为强壮剂；根能活血止血、祛风止痛。

8.红腺悬钩子 （图4-424）
Rubus sumatranus Miq.

直立或攀缘状灌木。全株各部大多有紫红色刚毛状腺毛、柔毛及皮刺。奇数羽状复叶，小叶5～7，稀3或9；叶柄长3～5cm；托叶下部与叶柄合生，披针形或线状披针形，有柔毛和腺毛；小叶片纸质，卵状披针形至披针形，长2.5～9cm，宽1.5～3.5cm，先端渐尖，基部偏圆形，边缘具不整齐锐齿，两面疏生柔毛，沿叶脉较密，下面沿脉有小皮刺。花单生或数朵呈伞房花序；花梗长2～3cm；苞片披针形；花直径1～2cm；被丝托被腺毛和柔毛；萼片披针形，长7～10mm，先端长尾尖，果时反折；花瓣白色，长倒卵形或匙形，子房有腺毛。聚合果空心，橘红色，长圆形，长1～1.8cm，被腺毛。花期4—6月，果期5—8月。

图4-424 红腺悬钩子

产于丽水及安吉、杭州市区、临安、建德、淳安、衢州市区、开化、浦江、永嘉、瑞安、文成、平阳、苍南、泰顺等地。生于海拔150～1200m的山坡、沟谷阔叶林下或林缘。分布于西南及安徽、江西、福建、湖北、湖南、台湾、广东、广西等地。朝鲜半岛、日本、尼泊尔、印度、越南、泰国、老挝、柬埔寨、印度尼西亚也有。

果可鲜食；根可药用，有清热、解毒、利尿等功效。

9. 遂昌悬钩子 （图4-425）

Rubus suichangensis (P.L. Chiu ex L. Qian et X.F. Jin) Z.H. Chen et Ju L. Liu — *R. sumatranus* Miq. var. *suichangensis* P.L. Chiu ex L. Qian et X.F. Jin—*R. tsangii* Merr. var. *suichangensis* (P.L. Chiu ex L. Qian et X.F. Jin) Z.H. Chen et F.Y. Zhang

直立或攀缘状灌木。全株各部大多有紫红色长腺毛及皮刺。奇数羽状复叶；小叶5～7，

图4-425 遂昌悬钩子

稀3或9；叶柄长3～5cm；托叶线状披针形，有腺毛；小叶片纸质，卵状披针形至披针形，长2.5～9cm，宽1.5～3.5cm，先端渐尖，基部偏圆形，边缘有不整齐锐齿，两面具腺毛，沿叶脉较密，下面沿脉有小皮刺。花单生或数朵集成伞房花序；花梗长2～3cm；苞片线状披针形；花直径1～2cm；花萼外面被长腺毛，萼片披针形，长13～15mm，先端长尾尖，果时平展；花瓣白色，宽卵形，子房有腺毛。聚合果橘红色，长圆形，长1～1.8cm，被腺毛。花期4—6月，果期5—8月。

产于江山、莲都、遂昌、松阳、景宁、青田、泰顺、文成等地。生于海拔500～1500m的山坡、沟谷阔叶林下或林缘。模式标本采自遂昌。

10. 铅山悬钩子（变种）（图4-426）

Rubus linearifoliolus Hayata var. **yanshanensis** (Z.X. Yü et W.T. Ji) Y.F. Deng — *R. yanshanensis* Z.X. Yü et W.T. Ji — *R. tsangii* Merr. var. *yanshanensis* (Z.X. Yü et W.T. Ji) L.T. Lu

图4-426　铅山悬钩子

攀缘灌木。枝圆柱形，稍具棱角，具腺毛和疏生皮刺。奇数羽状复叶，小叶3~5（7）；叶柄长4~7cm，与叶轴均仅疏生腺毛和小皮刺；托叶下部与叶柄合生，披针形，无毛；小叶片披针形或卵状披针形，长4~7cm，宽0.8~3cm，先端渐尖，基部圆形，疏生糙伏毛或变无毛，下面沿脉具腺毛，边缘具不整齐细锐锯齿或重锯齿；顶生小叶柄长约1cm，疏生腺毛和小皮刺。花序顶生，3~5朵排成伞房状，稀单生；花梗长2~4cm，具腺毛；花直径3~4cm；被丝托无毛，稀具疏腺毛；萼片外面密被腺毛，长圆状披针形或长卵状披针形，先端长尾尖，花时直立开展，果时常反折；花瓣白色，长倒卵形或长圆形；子房密被腺毛。聚合果空心，近球形，直径达1.5cm，被紫色腺毛，成熟时红色。花期4—5月，果期6—7月。

产于开化、江山、龙游、遂昌、龙泉、庆元、景宁、泰顺等地。生于海拔500~1500m的林下、林缘、山麓。分布于江西等地。

历史资料记载，浙江产光滑悬钩子 R. linearifoliolus Hayata—R. tsangii Merr.，该种分布于台湾、广东，浙江不产。以往鉴定为光滑悬钩子的均系铅山悬钩子的误定。

本变种有1变型重瓣铅山悬钩子 form. **semiplenus** Z.P. Lei, W.Y. Xie et Z.H. Chen，区别在于花半重瓣，花瓣6~9。产于泰顺。

11. 空心泡　刺莓　（图4-427）

Rubus rosifolius Sm. — *R. minusculus* H. Lév et Vant — *R. hirsutus* Thunb. var. *glabellus* (Focke) Wuzhi

直立或攀缘状灌木。小枝常具淡黄色腺点，疏生扁平皮刺。奇数羽状复叶，小叶5~7，稀9或11；叶柄与叶轴均有柔毛和小皮刺；托叶披针形，具柔毛；小叶片卵状披针形或披针形，长3~7cm，宽1.5~2cm，先端渐尖至尾状，基部宽楔形或圆形，两面疏生柔毛，老时近无毛，具淡黄色的发亮腺点，叶缘具尖锐缺刻状重锯齿。常具1或2花，顶生或腋生；花梗具柔毛和疏小皮刺；花直径2~3cm；被丝托外面被柔毛和腺点；萼片花后常反折；花瓣白色；雌蕊无毛。聚合果中空，红色，卵球形或长圆状宽卵形，长1~1.5cm，有光泽，无毛。花期4—5月，果期4—7月。

产于丽水及杭州市区、鄞州、天台、临海、乐清、永嘉、瑞安、文成、平阳、苍南、泰顺等地。生于海拔100~1200m的山坡阔叶林下、林缘或灌草丛中。分布于华东、华南、西南等地。非洲及日本、印度、印度尼西亚、马来西亚、缅甸、泰国、老挝、越南、柬埔寨、澳大利亚也有。

果可鲜食；根、嫩枝、叶可药用，有清凉止咳、祛风除湿等功效。

本种有1变型重瓣空心泡 form. **coronarius** (Sims) T.C. Kuntze — *R. rosifolius* Sm. var. *coronarius* (Sims) Focke（图4-428），主要区别在于花大、重瓣、有香气。产于杭州市区（西湖）。

八六　蔷薇科 Rosaceae

图 4-427　空心泡

图 4-428　重瓣空心泡

12. 大红泡 （图4-429）

Rubus eustephanos Focke

落叶灌木，高0.5～2m。小枝灰褐色，常有棱角，无毛，疏生钩状皮刺。小叶3～5（7）；叶柄长1.5～2（4）cm，顶生小叶柄长1～1.5cm，叶柄和叶轴均无毛或幼时疏生柔毛，有小皮刺；托叶下部与叶柄合生，披针形，先端尾尖，无毛或边缘稍有柔毛；小叶片卵状椭圆形，稀卵状披针形，长2～5（7）cm，宽1～3cm，先端渐尖至长渐尖，基部圆形，幼时两面疏生柔毛，沿中脉有小皮刺，边缘具缺刻状尖锐重锯齿。花常单生，稀具2或3花，常生于侧生小枝顶端；花梗长2.5～5cm，无毛，疏生小皮刺；苞片和托叶相似；花大，直径3～4cm；花萼无毛，萼片长圆状披针形，先端钻状长渐尖，内萼片边缘有绒毛，花后开展，果时常反折；花瓣椭圆形或宽卵形，白色，长于萼片；雄蕊多数，花丝线形；雌蕊多数，子房和花柱无毛。聚合果中空，近球形，直径达1cm，红色，无毛。花期4—5月，果期6—7月。

产于桐庐、建德等地。生于山坡上、路旁。分布于湖北、湖南、四川、贵州、陕西等地。

图4-429 大红泡

13. 香莓（变种）（图4-430）
Rubus pungens Camb. var. **oldhamii** (Miq.) Maxim.

落叶灌木，植株青绿色，有浓香气。枝圆柱形，拱曲，铺散，具稀疏针刺，无毛或幼时被稀疏柔毛。羽状复叶具5~7小叶，稀3或9；叶柄长3~8cm，与叶轴均具刺或短腺毛；托叶下部与叶柄合生，线状披针形，被柔毛；小叶片卵形，稀卵状披针形，长2.5~6cm，宽1~3cm，先端急尖或渐尖，基部宽楔形、圆形或近心形，边缘具重锯齿或缺刻状锯齿，上面被稀疏短柔毛，下面仅沿脉被疏柔毛和细刺；顶生小叶片比侧生者大，边缘有时羽状浅裂。花单生或2~4朵呈伞房状，顶生或腋生；花梗长2~3cm，具刺、短柔毛或稀疏短腺毛；花直径1~1.5cm；花萼外面具柔毛、稀疏短腺毛及针刺，萼片卵状三角形或狭卵状披针形，先端渐尖，边缘密被灰白色柔毛；花瓣白色，倒卵形或长椭圆形；雄蕊长短不等；子房无毛或顶端被疏柔毛，花柱无毛或被疏柔

图4-430 香莓

毛。聚合果中空，红色，球形，直径约1.2cm，无毛或有稀疏柔毛。花期5月，果期7月。

产于龙泉。生于海拔1100m左右的林下。分布于华中、西南及山西、安徽、江西、福建、台湾、陕西、甘肃等地。

与针刺悬钩子 R. pungens 的区别在于后者枝和花萼上具较稠密针刺，萼片披针形或三角状披针形，分布于四川、云南、西藏、陕西、甘肃等地。

14. 蓬蘽 （图4-431）
Rubus hirsutus Thunb.

落叶灌木，高0.6～2m。枝红褐色或褐色，被柔毛和腺毛，疏生皮刺。小叶3～5；叶柄长2～3cm，顶生小叶柄长约1cm，具柔毛和腺毛，疏生皮刺；托叶下部与叶柄合

图4-431 蓬蘽

生，披针形，两面具柔毛；小叶片卵形或宽卵形，长3～7cm，宽2～3.5cm，先端急尖，基部宽楔形至圆形，两面疏生柔毛，边缘具不整齐尖锐重锯齿。花常单生于侧枝顶端，或腋生；花梗长（2）3～6cm，具柔毛和腺毛，疏生极少小皮刺；苞片小，线形，具柔毛；花大，直径3～4cm；花萼外面密被柔毛和腺毛，萼片卵状披针形至三角状披针形，先端长尾尖，外面边缘被灰白色绒毛，花后反折；花瓣倒卵形或近圆形，白色；雄蕊多数，花丝较宽；雌蕊多数，子房和花柱无毛。

图 4-432　多瓣蓬蘽

图 4-433　重瓣蓬蘽

聚合果中空，近球形，直径达 1~2cm，红色，无毛。花期 4—6 月，果期 5—7 月。

产于全省各地。生于林下、沟边、路旁或灌丛中。长江流域及其以南地区广泛分布。朝鲜半岛、日本也有。

果味甜，可鲜食及酿酒；全株可药用，有消炎解毒、清热镇惊、活血祛湿等功效。

本种还有 3 个变型。多瓣蓬蘽 form. harai (Makino) Ohwi（图 4-432），主要区别在于花半重瓣，花瓣 6~18。产于湖州市区（吴兴）、安吉、金华市区（婺城）、泰顺等地。重瓣蓬蘽 form. plenus Z.H. Chen, G.Y. Li et M.H. Mao（图 4-433），主要区别在于几无花梗；花单生于茎顶，较大，重瓣；雄蕊、雌蕊、花萼均退化为花瓣，仅萼片先端的尾尖部分绿色。产于湖州市区（吴兴）等地。黄果蓬蘽 form. xanthocarpus (Nakai) M. Kin（图 4-434），主要区别在于果实成熟时鲜黄色。产于安吉、普陀、磐安、武义等地。

图 4-434　黄果蓬蘽

15. 小柱悬钩子
Rubus columellaris Tutcher

攀缘灌木。小枝褐色，无毛，疏生钩状皮刺。小叶 3，有时生于枝顶端花序下部的叶为单叶；叶柄长 2~4cm，顶生小叶柄长 1~2cm，侧生小叶片具极短柄或近无柄，均无毛，疏生小皮刺；托叶下部与叶柄合生，披针形，无毛；小叶片薄革质，椭圆形，长 3~10 (16) cm，宽 1.5~5 (6) cm，顶生小叶片比侧生者长得多，先端渐尖，基部圆形或近心形，两面无毛或上面疏生平伏柔毛，边缘具不规则粗锯齿。3~7 花组成伞房花序，着生于侧枝顶端或腋生，在花序基部叶腋间常着生单花；花序梗长 3~4cm，无毛，花梗长 1~2cm，无毛，疏生钩状小皮刺；苞片线状披针形，通常无毛；花大，直径 3~4cm；花萼无毛，萼片卵状披针形或披针形，内萼片边缘具黄灰色绒毛；花瓣白色，匙状长圆形或长倒卵形，比萼片长得多；雄蕊多数，花丝较宽；雌蕊多数，花柱和子房均无毛。聚合果中空，近球形或稍呈长圆形，直径达 1.5cm，橘红色，无毛。花期 4—5 月，果期 6 月。

产于遂昌。生于山坡、山谷阔叶林内较阴湿处。分布于福建、江西、湖南、广东、广西、四川、贵州、云南等地。越南、印度尼西亚也有。

16. 陷脉悬钩子 （图4-435）
Rubus impressinervus Metcalf

常绿小灌木，高40cm。茎圆柱形或具棱，无毛，具稀疏小皮刺。单叶；叶片披针形或长圆状披针形，长7～17cm，宽2～5.5cm，先端渐尖或尾尖，基部圆形，边缘具稀疏锐锯齿，两面无毛，侧脉9～12对，上面下陷，下面隆起，中脉上具稀疏小皮刺；叶柄长2.5～5cm，无毛，具小皮刺；托叶下部与叶柄合生，线状披针形，无毛。花通常单生于枝顶或叶腋；花梗长1.5～2.5cm，无毛，无刺；花大，直径约1.5cm；花萼外面无毛，萼片卵形，先端具突尖头，边缘具密的短柔毛，花后直立；花瓣白色，长圆形或长圆状倒披针形；子房稍具柔毛，花柱无毛。聚合果中空，球形，直径约2cm，红色，无毛。花期5—6月，果期8—9月。

产于龙泉、庆元、景宁、泰顺等地。生于海拔800～1000m的山坡、山谷林下。分布于江西、福建、湖北、湖南、广东等地。模式标本采自庆元。

图4-435　陷脉悬钩子

17. 盾叶莓 （图4-436）
Rubus peltatus Maxim.

落叶灌木，高1～2m。茎直立，粗壮，圆柱形，无毛，散生皮刺。小枝绿色，有白粉。单叶，盾状着生；叶片卵状圆形，长7～17cm，宽6～17cm，基部心形，掌状3～5裂，边缘具不整齐细锯齿，两面有贴生柔毛，下面毛较密且沿中脉具小皮刺；叶柄长4～10cm，无毛；托叶下部与叶柄合生，宽披针形，膜质，全缘，无毛。花单生于枝顶，直径约5cm；花梗长2.5～5cm，无毛；苞片与托叶相似；花萼外面被稀疏腺毛，萼片卵状披针形，边缘常具撕裂状牙齿；花瓣白色，近圆形，长于萼片；花丝钻形或线形；雌蕊多数，被柔毛。聚合果中空，圆柱形，长3～4.5cm，橘红色,密被柔毛。花期4—5月,果期6—7月。

产于丽水及安吉、临安、淳安、临海、永嘉、文成、泰顺等地。生于海拔500～1600m的山坡、山沟林下或林缘。分布于安徽、江西、湖北、四川、贵州等地。日本也有。

根皮可提制栲胶;果可食用或入药,有强腰健肾、祛风止痛等功效。

图4-436　盾叶莓

18. 山莓 （图4-437）

Rubus corchorifolius L. f. — *R. corchorifolius* L. f. var. *oliveri* (Miq.) Fock

落叶灌木，高1～2m。茎枝具皮刺，幼时被柔毛。单叶；叶片卵形至卵状披针形，长4～10cm，宽2～5.5cm，先端渐尖，基部微心形至圆形，不裂或3浅裂，边缘具不整齐重锯齿，上面颜色较浅，近无毛或脉上被短毛，下面颜色稍深，幼时密被细柔毛，逐渐脱落至近无毛，基部具3脉；叶柄长1～2cm，疏生小皮刺；托叶基部与叶柄合生，线状披针形，具柔毛。花通常单生于短枝顶端；花梗长0.6～1.2cm，密被细柔毛；花直径达3cm；被丝托杯状，外面被细柔毛，无刺；萼片卵形或三角状卵形，长5～8mm，两面均被短柔毛；花瓣白色，长圆形，长9～12mm；花丝宽扁；雌蕊多数，子房有柔毛。聚合果中空，球形，直径1～1.2cm，红色，密被细柔毛。花期2—4月，果期4—6月。

产于全省各地。生于海拔1600m以下的向阳山坡上、溪边或灌丛中。分布于全国大多数地区。朝鲜半岛、日本、缅甸、越南也有。

果可酿酒或鲜食；根可提制栲胶，也可药用，有活血散瘀、止血等功效。

图4-437 山莓

本种有1变型重瓣山莓 form. **semiplenus** Z.X. Yü（图4-438），主要区别在于花半重瓣或重瓣，花瓣6~10。产于西湖山区。

图 4-438　重瓣山莓

19. 掌叶山莓 （图4-439）
Rubus palmatiformis Z.H. Chen, F. Chen et F.G. Zhang

落叶灌木，高1~2m。小枝具皮刺，无毛或几无毛。单叶；叶片宽卵形或卵圆形，掌状3裂，极稀5裂，长3.5~8cm，宽2.5~7cm，两面仅沿叶脉疏被柔毛，基部浅心形或近圆形，下面沿中脉疏生小皮刺，中裂片远大于侧裂片，卵形，长2~5cm，宽1.5~3.5cm，基部通常不缢缩，稀略缢缩，先端急尖，叶缘具不规则锐锯齿或重锯齿，基部具掌状3脉；叶柄长1~3(4.5)cm，常疏生小皮刺，幼时被柔毛；托叶基部与叶柄合生，线状披针形，被柔毛。单花腋生；花梗长0.8~2.5(3)cm，通常疏被柔毛，下垂；花直径2.5~4cm；花萼外面密被柔毛，无刺，萼片狭卵形，长5~7mm，向上急缢缩，两面中上部及边缘被细柔毛；花瓣白色；花丝宽扁；雌蕊多数，常发育不良，子房有柔毛。聚合果中空，大小悬殊，发育良好者近球形或卵球形，直径1~1.5cm，红色，密被细柔毛。花期3—4月，果期4—5月。

产于湖州市区（吴兴）、奉化、永康、三门、仙居、温岭、景宁、平阳、苍南等地。生于海拔700m以下的山坡上、路边、溪旁或灌丛中。模式标本采自吴兴。

本种的形态介于山莓和掌叶复盆子之间，可能是两者的杂交种。

图 4-439 掌叶山莓

20. 光果悬钩子 （图4-440）
Rubus glabricarpus Cheng

落叶灌木，高达3m。枝具基部宽扁的皮刺，密被柔毛和腺毛。单叶；叶片卵形或卵状披针形，长4~7cm，宽2~4.5cm，先端渐尖，基部心形至圆形，两面被柔毛和腺毛，沿叶脉毛较密，边缘3浅裂或缺刻状浅裂，具不规则重锯齿或缺刻状锯齿；叶柄长1~1.5cm，具柔毛、腺毛和小皮刺；托叶基部与叶柄合生，线状披针形，有柔毛和腺毛。花单生，顶生或腋生，直径约1.5cm；花梗长5～20mm，具柔毛和腺毛；花萼外面被柔毛和腺毛，萼片披针形，先端尾尖；花瓣卵状长圆形，白色，几与萼片等长；雄蕊多数，花丝宽扁；雌蕊多数，子房无毛。聚合果中空，卵球形，直径约1cm，红色，无毛。花期3—4月，果期5—6月。

产于丽水及杭州市区（西湖）、临安、桐庐、淳安、诸暨、天台、泰顺等地。生于低海拔至中海拔的山坡、山脚、沟边及杂木林下。分布于江苏、安徽、福建等地。模式标本采自诸暨。

图4-440 光果悬钩子

21. 三花莓　三花悬钩子　（图4-441）

Rubus trianthus Focke. — *R. conduplicatus* Duthie ex Hayata

落叶灌木。枝无毛，疏生皮刺，有时具白粉。单叶；叶片卵状披针形，长4～9cm，宽2～5cm，先端渐尖，基部心形，稀近截形，3裂或不裂，通常不育枝上的叶较大而3裂，裂片边缘具不规则或缺刻状锯齿，基部具3脉，两面无毛或有时下面灰白色；叶柄长1～3cm，无毛，疏

生小皮刺；托叶下部与叶柄合生，线状披针形，无毛。常具3花，偶3朵以上而呈顶生短总状花序；花梗长1～2.5cm，无毛；花直径1～1.7cm；花萼外面无毛，萼片三角形，先端长尾尖，内面中上部密被短柔毛；花瓣白色，长圆形或椭圆形，明显比萼片长；子房无毛。聚合果中空，近球形，直径约1cm，红色，无毛。花期4—5月，果期5—6月。

产于全省（嘉兴除外）各地。生于海拔300～1200m的山坡、溪边、路边灌丛中。分布于华东及湖北、湖南、台湾、四川、贵州、云南等地。日本也有。

全株可药用，有活血散瘀的功效；果味酸甜，可鲜食。

图4-441　三花莓

本种有1变型宁波三花莓 form. **pleiopetalus** Z.H. Chen, G.Y. Li et et D.D. Ma（图4-442），主要区别在于花半重瓣，花瓣8～15。产于余姚四明山。

图4-442　宁波三花莓

22. 武夷悬钩子　（图4-443）

Rubus jiangxiensis Z.X. Yü, W.T. Ji et H. Zheng — *R. glabricarpus* Cheng var. *glabratus* C.Z. Zheng et Y.Y. Fang — *R. grayanus* Maxim. var. *trilobatus* Yü et L.T. Lu

落叶灌木，高达2m。小枝具稀疏皮刺和腺毛。单叶；叶片长卵形至宽卵形，先端尾尖，基部截形至心形，两面中脉及侧脉有短柔毛，下面沿中脉具皮刺，边缘不分裂、2～5浅裂或深裂，具不等大粗锐锯齿或重锯齿；叶柄长1.5～3cm，疏生短腺毛及皮刺；托叶基部与叶柄合生，线状披针形，疏生柔毛，边缘具微细疏腺毛。花单朵与叶对生，有时近顶生，常下垂，直径可达3cm；花梗长0.5～1.5cm，具稀疏短腺毛和小皮刺；花萼外面无毛或疏生腺毛，萼片卵状三角形至三角状披针形，先端尾尖；花瓣白色，阔卵形；花丝白色，有时紫红色；雌蕊多数，子房有时具腺毛。聚合果中空，卵球形，直径可达2.3cm，成熟时黄色、橙黄色，有腺毛。花期春末，果期秋初。

产于建德至鄞州一线以南区域。生于海拔200～700m的山坡林下。分布于江西、福建、湖南、广东等地。

本种长期以来被误定为特产于日本的琉球莓 *R. grayanus* Maxim，但小枝、叶柄、叶下面中脉及侧脉，连同花梗和花萼外面通常均疏生腺毛，叶片不分裂或2～5浅裂；花单朵与叶对生，或近顶生但绝非顶生，花瓣白色，子房和聚合果被腺毛而易于区别。

图4-443 武夷悬钩子

23. 九仙莓（图4-444）

Rubus yanyunii Y.T. Chang et L.Y. Chen

落叶灌木。茎直立，稍弯拱，高1~2m，常被白粉，无毛，疏生下弯皮刺。单叶，二型；营养枝上叶片戟形，长6~13（24）cm，宽3.5~5（12）cm，先端长渐尖，基部戟状分叉，每边长1.5~2（6）cm，先端渐尖，靠内两侧基部有时稍重叠；结果枝上叶片狭卵状长圆形，长5.5~11cm，宽2.5~4cm，先端长渐尖，基部深心形，两侧先端通常圆钝，靠内侧基部有时重叠，边缘具锯齿，两面幼时疏被长短不等的腺毛；叶柄长0.8~2.5cm，营养枝上的叶柄长2~6cm，疏生皮刺和腺毛；托叶下部与叶柄合生，线状披针形，早落。花单朵与叶对生或顶生；花梗长8~18mm；萼片三角状披针形，长6~8mm，先端尾状，外面具极稀疏腺毛，内面上部具绵毛；花瓣白色，比萼片长；雄蕊多数，基部密被柔毛；雌蕊多数，密被灰白色绒毛。聚合果浆果状，球形中空，淡金黄色。花期3—4月，果期5—6月。

产于景宁(大仰湖)。生于海拔900~1000m的山坡、林缘、路边。分布于福建。

图4-444 九仙莓

24. 掌叶复盆子 （图4-445）
Rubus chingii Hu

图4-445　掌叶复盆子

落叶灌木，高2～3m。小枝无毛，具皮刺，嫩枝有白粉。单叶；叶片近圆形，直径5～9cm，掌状5深裂，稀3或7裂，基部近心形，边缘具重锯齿或缺刻状锯齿，两面脉上有白色短柔毛，基部具5脉；叶柄长3～5cm；托叶基部与叶柄合生，线状披针形。花单生于短枝顶端或叶腋；花梗长2～4cm，无毛；花直径2.5～4.5cm；被丝托有稀疏柔毛或近无毛；萼片卵形或卵状长圆形，外面密被短柔毛；花瓣白色，椭圆形或卵状长圆形，先端圆钝；雄蕊多数，花丝宽扁；雌蕊多数，具柔毛。聚合果中空，球形，直径1.5～2cm，红色，密被白色柔毛。花期3—4月，果期5—6月。

产于全省各地。生于海拔1200m以下的山坡疏林、灌丛或山麓林缘。分布于华东及广西等地。日本也有。模式标本采自台州。

果味甜，可鲜食，也可入药，有补肾固精、安胎缩尿等功效；根能止咳、活血消肿。

25. 梨叶悬钩子 （图4-446）
Rubus pirifolius Smith

常绿攀缘灌木。枝具柔毛和扁平皮刺。单叶；叶片薄革质，卵形、椭圆状长圆形，长6～11cm，宽3.5～5.5cm，先端急尖至短渐尖，基部圆形，两面沿叶脉有柔毛，逐渐脱落至近无毛，

图4-446 梨叶悬钩子

侧脉5~8对，在下面突起，边缘具不整齐粗锯齿；叶柄长约1cm，伏生粗柔毛，具稀疏皮刺；托叶分离，条裂，有柔毛，早落。圆锥花序顶生或生于上部叶腋；花序梗、花梗和花萼密被灰黄色短柔毛，无刺或具少数小皮刺，花梗长4~12mm；苞片条裂成3或4线状裂片，有柔毛，早落；花直径1~1.5cm；被丝托浅杯状；萼片卵状披针形或三角状披针形，两面均密被短柔毛，顶端2或3条裂，有时全缘；花瓣小，白色，长椭圆形或披针形，短于萼片；雄蕊多数，花丝线形；雌蕊5~10，通常无毛。聚合果椭圆形，直径1~1.5cm，红色，无毛。花期4—7月，果期8—10月。

产于瑞安、平阳、苍南、泰顺等地。生于山麓林缘。分布于福建、台湾、广东、广西、四川、贵州、云南等地。泰国、越南、老挝、柬埔寨、印度尼西亚、菲律宾也有。

全株可入药，有强筋骨、祛寒湿等功效。

26.高粱泡（图4-447）
Rubus lambertianus Ser.

半常绿攀缘灌木。枝散生钩状小皮刺。单叶；叶片宽卵形，稀长圆状卵形，长7～10cm，宽4～9cm，先端渐尖，基部心形，边缘明显3～5裂或呈波状，具细锯齿，上面疏生柔毛，下面被微柔毛，沿叶脉毛较密，中脉常疏生小皮刺；叶柄长2～5cm，散生皮刺；托叶离生，深条裂，早落。圆锥花序顶生或生于枝上部叶腋；花序梗、花梗和花萼均被细柔毛，花梗长0.5～1cm；苞片与托叶相似；花直径约8mm；萼片三角状卵形，全缘，两面均被白色短柔毛；花瓣白色，卵形，无毛，稍短于萼片；雄蕊多数，稍短于花瓣，花丝扁平；雌蕊15～20，通常无毛。聚合果近球形，直径6～8mm，红色，无毛。花期7—8月，果期9—11月。

产于全省各地。生于海拔1100m以下的林下、沟边或灌丛中。分布于长江流域及其以南地区。日本也有。

果味酸甜，可鲜食或酿酒；根可药用，有清热、散瘀、止血等功效。

图4-447　高粱泡

27. 箱根悬钩子 （图4-448）

Rubus hakonensis Franch. et Sav.

匍匐灌木。茎细长，无毛或略被短柔毛，疏生皮刺。单叶；叶片宽卵形或卵圆形，薄革质，长5~8cm，宽4~7cm，先端短尖头状，基部心形，边缘3~5浅裂，侧裂片较短，通常不明显，具锯齿，网脉明显，两面近无毛，仅沿叶脉有短柔毛；叶柄长3~7cm；托叶离生，条状深裂。花数朵密集成顶生或腋生的短总状花序；花序梗、花梗和花萼均被短柔毛，花梗较短；苞片与托叶相似；萼片长7~8mm，先端2~4裂；花瓣白色，倒卵形，长4~5mm，明显短于萼片。聚合果红色。花期7—8月，果期9—11月。

产于安吉、德清、临安、淳安、新昌、余姚、仙居、莲都、永嘉、文成、泰顺等地。生于海拔1100m以下的林下、沟边或灌丛中。日本也有。

浙江产的该种标本以往被误定为光滑高粱泡 R. lambertianus Ser. var. glaber Hemsl.，后者的模式标本采自湖北宜昌，为披散灌木，茎较粗壮，叶片卵形，花多数，组成顶生宽大的圆锥花序，聚合果成熟时黄色。分布于华中地区，浙江不产。

图4-448 箱根悬钩子

27a. 展毛悬钩子（变种）（图4-449）

var. villosulus Z.H. Chen, W.Y. Xie et F.G. Zhang

与箱根悬钩子的区别在于茎、叶片背面脉上、叶柄、托叶、花梗、萼片被开展白色柔毛和长腺毛。花期5—6月，果期7—8月。

产于湖州市区（吴兴）、淳安等地。生于海拔500m以下的山谷林下。模式标本采自淳安。

图4-449　展毛悬钩子

28. 灰白毛莓（图4-450）

Rubus tephrodes Hance — *R. tephrodes* Hance var. *ampliflorus* Hand.-Mazz. — *R. tephrodes* var. *eglamdulosa* Cheng

常绿攀缘灌木，高3～4m。枝密被灰白色绒毛，疏生微弯皮刺，具疏密及长短不等的刺毛和腺毛，新枝上多密被腺毛，老枝上则多为刺毛。单叶；叶片近圆形，长、宽均为5～8（11）cm，先端急尖或圆钝，基部心形，上面有疏柔毛或疏腺毛，下面密被灰白色绒毛，主脉上有时疏生刺毛和小皮刺，基部具掌状5出脉，边缘具明显5～7圆钝裂片和不整齐锯齿；叶柄长1～3cm，具绒毛，疏生小皮刺、刺毛及腺毛；托叶离生，掌状深裂，有绒毛状柔毛，脱落。大型圆锥花序顶生；花序梗和花梗密被绒毛或绒毛状柔毛，通常仅花序梗下部具稀疏刺毛或腺毛，花梗短；苞片与托叶相似；花直径约1cm；花萼外面密被灰白色绒毛；萼片卵形，顶端急尖，全缘，内面被短柔毛；花瓣小，白色，近圆形至长圆形，比萼片短；花丝基部稍膨大；雌蕊30～50，无毛，长于雄蕊。聚合果球形，紫黑色，无毛。花期6—8月，果期8—10月。

产于杭州市区（西湖）、诸暨、平阳等地。生于低海拔地区的山坡、平原路旁或灌丛中。分布于安徽、江西、福建、湖北、湖南、台湾、广东、广西、贵州等地。

根可入药，能祛风湿、活血调经；叶可止血；种子为强壮剂。

图4-450　灰白毛莓

29. 粗叶悬钩子　（图4-451）
Rubus alceifolius Poir.

常绿攀缘灌木。枝被黄灰色至锈色绒毛，具稀疏皮刺。单叶；叶片近圆形或宽卵形，长5～15cm，宽5～14cm，先端圆钝，基部心形，边缘具不规则3～7浅裂，裂片圆钝或急尖，具不规则粗锯齿，基部5出脉，上面具泡状小突起，在突起处被长柔毛，下面密被黄灰色绒毛，沿叶脉具长柔毛；叶柄长3～4.5cm，被黄灰色绒毛状长柔毛，疏生小皮刺；托叶大，长1～1.5cm，羽状深裂或不规则撕裂，裂片线形或线状披针形。狭圆锥或近总状花序顶生，或头状花序腋生；花序梗、花梗和花萼被浅黄色至锈色绒毛状长柔毛，花梗短，最长者不到1cm；苞片大，羽状至掌状或梳齿状深裂，裂片线形至披针形；花直径1～1.6cm；萼片宽卵形，有浅黄色至锈色绒毛和长柔毛，外萼片掌状至羽状条裂，内萼片常全缘而具短尖头；花瓣白色，宽倒卵形或近圆形，与萼片近等大；花丝宽扁，花药有长柔毛；子房无毛。聚合果近球形，红色。花期7—8月，果期10—11月。

产于杭州市区（西湖）、建德、鄞州、开化、遂昌、龙泉、永嘉、苍南、泰顺等地。生于向阳山坡、山谷阔叶林下或灌丛中。分布于江苏、江西、福建、湖南、台湾、广东、广西、贵州、云南等地。东南亚地区及日本也有分布。

根和叶可入药，有活血散瘀、清热解毒、止血等功效。

图4-451 粗叶悬钩子

30.棕红悬钩子（图4-452）

Rubus rufus Focke

常绿攀缘灌木。枝棕褐色，圆柱形，具柔毛、软刺毛和稀疏针刺。单叶；叶片近圆形，直径

7～14cm，边缘5裂，裂片三角形或披针形，先端急尖或渐尖，近基部裂片较短，三角形，顶裂片较大，具不整齐尖锐锯齿，基部具掌状5出脉，上面沿脉有长柔毛，下面密被棕褐色绒毛，沿脉有长硬毛和稀疏针刺；叶柄长7～13cm，棕褐色，具柔毛、软刺毛和微弯针刺；托叶宽大，长达2cm，篦齿状或掌状深裂，裂片线形或线状披针形，具软刺毛，迟脱落。狭圆锥或近总状花序顶生，或团集生于叶腋；花序梗和花梗均被柔毛、软刺毛和微弯针刺，花梗长0.7～1cm；苞片掌状深裂；花直径约1cm；花萼外面密被灰白色长柔毛和软刺毛，萼片披针形，先端尾尖，果时直立；花瓣白色，宽椭圆形或近圆形，无毛，短于萼片；雌蕊30～40，无毛。聚合果近球形，橘红色，无毛。花期6—8月，果期9—10月。

产于遂昌、松阳、庆元、泰顺等地。生于海拔500～1000m的山坡阔叶林下。分布于江西、湖北、湖南、广东、广西、四川、贵州、云南等地。泰国、越南也有。

图4-452　棕红悬钩子

31. 湖南悬钩子 （图4-453）
Rubus hunanensis Hand.-Mazz.

常绿攀缘灌木。茎细，密被灰褐色短柔毛，疏生钩状小皮刺。单叶；叶片近圆形或宽卵形，直径8～15cm，先端急尖，基部深心形，边缘5～7浅裂，裂片先端急尖，稀圆钝，具不整齐锐锯齿，基部具掌状5出脉，幼时上面具短柔毛，下面有绒毛和柔毛，后逐渐脱落，老时两面近无毛；叶柄长6～10cm，密被柔毛和稀疏钩状小皮刺；托叶离生，褐色，近掌状或羽状深裂，裂片线形，

图4-453 湖南悬钩子

具短柔毛，脱落或部分宿存。花数朵生于叶腋或呈短总状花序；花序梗和花梗密被灰色短柔毛，花梗长0.5～1cm；苞片与托叶相似；花直径0.7～1cm；花萼外面密被灰白色至黄灰色短柔毛和绒毛，萼片宽卵形，先端急尖或短渐尖，外萼片较宽大，边缘羽状分裂，裂片线状披针形，内萼片较小，常不分裂，花后直立；花瓣白色，倒卵形，无毛；雄蕊短，无毛；雌蕊无毛。聚合果半球形，包藏于宿萼内，黄红色，无毛。花期7—8月，果期9—10月。

产于丽水及天台、泰顺等地。生于海拔300～1000m的山坡上、山谷阔叶林下。分布于江西、福建、湖北、湖南、台湾、广东、广西、四川、贵州等地。

32.寒莓（图4-454）
Rubus buergeri Miq.

常绿直立或匍匐灌木。茎常伏地生根，长出新株，密生褐色或灰白色长柔毛，有稀疏小皮

图 4-454　寒莓

刺。单叶；叶片纸质，卵形至近圆形，直径4～8cm，先端圆钝或稍急尖，基部心形，边缘具不整齐锐锯齿，具不明显3～5裂，裂片圆，上面脉上被毛，下面密被绒毛，成长叶下面绒毛常脱落；叶柄长4～7cm，密被绒毛状长柔毛，无刺或疏生针刺；托叶离生，掌状或羽状深裂。短总状花序，腋生或顶生；花序梗和花梗密被灰白色绒毛状长柔毛和散生针刺，花梗长0.5～0.9cm；花直径0.6～1cm；花萼外面密被长柔毛和绒毛，萼片披针形或三角状披针形，长6～8mm，外萼片先端常浅裂，内萼片全缘，果时常直立开展；花瓣白色，倒卵形，比萼片短；雌蕊无毛。聚合果近球形，直径6～10mm，红色，无毛。花期8—9月，果期9—10月。

产于全省各地。生于山坡林下、林缘、路边灌丛中。分布于江苏、安徽、福建、湖北、湖南、台湾、广东、广西、四川、贵州、云南等地。朝鲜半岛、日本也有。

果可鲜食及酿酒；根及全草可入药，有活血、清热解毒等功效。

33. 陈谋悬钩子　（图4-455）

Rubus chenmoui Z.H. Chen, F.G. Zhang et G.K. Chen

常绿攀缘灌木。茎直立或拱曲，不分枝，偶有叶腋长出着花小枝，密被绒毛状长柔毛，具小皮刺。单叶；叶片近圆形，直径5~14cm，先端急尖，基部心形，上面疏具柔毛或仅沿叶脉具柔毛，下面幼时密被白色绒毛，后渐脱落，仅沿叶脉具柔毛和稀疏皮刺，边缘5~7浅裂，裂片先端急尖，具不整齐锐锯齿，基部具掌状5出脉；夏、秋季长出的新枝的叶片卵圆形或近圆形，顶端

图4-455　陈谋悬钩子

圆钝,边缘波状或浅裂,裂片圆钝;叶柄长3~11cm,密被绒毛状长柔毛,疏生针刺;托叶离生,羽状深裂或不规则撕裂,具绒毛状长柔毛,早落。短总状花序生于茎端;花序梗、花序轴和花梗密被绒毛状长柔毛,疏生针刺;苞片与托叶相似;花直径约1cm;花萼外面密被白色长柔毛和绒毛,萼片卵状披针形,顶端渐尖,外萼片通常全缘,偶顶端浅裂,内萼片全缘,果时先直立后先端反折;花瓣倒卵形,白色,几与萼片等长;花丝线形,无毛;雌蕊无毛,花柱长于雄蕊。聚合果近球形,直径6~10mm,红色,无毛;核具粗皱纹;果托被白色柔毛。花期9月,果期10月。

产于诸暨(半丘村)。生于海拔200~400m的山坡阔叶林下。模式标本采自诸暨。

34. 锈毛莓 （图4-456）
Rubus reflexus Ker

常绿蔓生灌木。茎和叶柄圆柱形,密被锈色或黄褐色长柔毛,疏生小皮刺,隐于毛中。单叶;叶片纸质,心状长圆形,长7~15cm,宽5~12cm,先端锐尖,基部心形,边缘3~5裂,中裂片较大,卵形或长圆形,长于侧裂片,具锐锯齿,基出3脉,

图4-456 锈毛莓

细脉明显，上面被疏长柔毛或无毛，下面密被锈色绒毛；叶柄长2.5~7cm，被绒毛；托叶宽倒卵形，被长柔毛，篦齿状或不规则掌状分裂，裂片披针形或线状披针形。花数朵聚生于叶腋或呈短总状花序；花序梗和花梗密被锈色长柔毛，花梗短，长3~6mm；苞片与托叶相似；花直径1~1.5cm；花萼外面被锈色柔毛和绒毛，萼片宽卵形；花瓣白色，长圆形或近圆形，与萼片近等长；花药无毛或顶端有毛；雌蕊无毛。聚合果深红色，近球形，直径1.5~2cm。花期6—7月，果期8—9月。

产于丽水、温州及开化、金华市区（婺城）、武义等地。生于山坡林下。分布于江西、福建、湖北、湖南、广东、广西、贵州等地。

34a. 浅裂锈毛莓（变种）
var. hui (Diels ex Hu) Metcalf

与锈毛莓的区别在于叶片心状宽卵形或近圆形，边缘稍浅裂，裂片急尖，顶裂片较侧裂片稍长或几等长。

产于遂昌、龙泉、云和、平阳、泰顺等地。生于山坡灌丛中、疏林下。分布于江西、福建、湖南、台湾、广东、广西、贵州、云南等地。模式标本采自平阳。

35. 浙南莓（新种，待发表）（图4-457）
Rubus austrozhejiangensis F.G. Zhang, Z.H. Chen et Y.L. Xu, sp. nov. ined.

常绿攀缘灌木，长达10m。小枝密被锈色绒毛，老时脱落，疏生钩状小皮刺。单叶；叶片革质，长卵形，长6~12cm，宽3~6cm，先端急尖至短渐尖，基部心形，上面平整无毛，下面密被锈色绒毛，边缘不分裂或有时基部3浅裂，有不整齐锯齿，基部具掌状5出脉，上面下陷，下面突起；叶柄长2~4cm，密被锈色绒毛，无刺；托叶离生，掌状中裂，裂片条状披针形，密被锈色绒毛。花3~6朵集成短总状花序，顶生或腋生；花序梗、花梗密被灰白色绒毛状柔毛，花梗长1~2cm；苞片与托叶相似，但比托叶长；花直径约1cm；被丝托外面密被灰白色绒毛状柔毛，内面底部在雌蕊周围密被白色绢状长柔毛；萼片卵状披针形，顶端渐尖，全缘，外面密被灰白色绒毛状柔毛，内面密被灰白色短柔毛，花后常呈紫红色且反折；花瓣倒卵形，与萼片近等长，白色；雄蕊多数，生于被丝托周边，无毛；雌蕊多数，生于被丝托底部，明显长于雄蕊，疏被白色绢状长柔毛。果实未见。花期4—5月。

产于龙泉（屏南百步村）、景宁（沙湾道化）。生于海拔400~600m的山麓灌丛中及沟谷岩石旁。

本种是木莓组锈叶亚组常绿攀缘灌木，本省以往有分布的仅锈毛莓1种，但本种叶片长卵形，较小，上面平整无毛，边缘不分裂或有时基部3浅裂，与锈毛莓明显不同。本种与攀枝莓 *R. flagelliflorus* Focke ex Diels 相近，但后者小枝密被灰白色绒毛；叶片较大，长7~15cm，宽5~9cm；叶柄密被灰白色绒毛，疏生钩状小皮刺；花序梗、花梗和花萼密被黄色绒毛状柔毛；花

图4-457　浙南莓

呈腋生短总状花序或数朵簇生；苞片比托叶小；花瓣比萼片短很多；雌蕊无毛。本种与戟叶悬钩子 *R. hastifolius* H. Lév. 也相近，但后者叶片长圆状披针形或卵状披针形，宽2.5~4cm，近基部常有2浅裂片，下面密被棕红色绒毛；托叶掌状深裂几达基部；伞房花序；花序梗、花梗和花萼密被红棕色绢状长柔毛；雌蕊与雄蕊近等长，雌蕊无毛。

陈锋等（2019）报道的浙江产攀枝莓，系本种的误定。

36. 灰毛泡（图4-458）
Rubus irenaeus Focke

常绿拱曲灌木，高0.5~1.5m。茎密被灰白色绒毛状柔毛，疏生细小皮刺或无刺。单叶；叶片近圆形，直径8~14cm，先端圆钝或急尖，基部深心形，上面无毛，下面密被灰白色绒毛，具掌状5出脉，下面叶脉突出，沿叶脉具长柔毛，边缘波状或不明显浅裂，裂片圆钝或急尖，具不

图4-458 灰毛泡

整齐粗锐锯齿；叶柄长5～10cm，密被绒毛状柔毛；托叶大，长圆形，长2～3cm，宽1～2cm，被绒毛状柔毛，近顶端较宽且呈缺刻状条裂。花数朵组成顶生伞房状或近总状花序，也常单花或数朵生于叶腋；花序梗和花梗密被绒毛状柔毛；苞片与托叶相似；花直径1.5～2cm；花萼外面密被绒毛状柔毛，萼片宽卵形，顶端短渐尖，外萼片顶端或边缘条裂，内萼片常全缘，在果时反折；花瓣近圆形，白色，稍长于萼片；雄蕊短于萼片，花丝线形，花药具长柔毛；雌蕊多数，无毛，花柱长于雄蕊。聚合果球形，直径1～1.5cm，红色，无毛。花期5—6月，果期8—9月。

产于丽水及开化、金华市区（婺城）、磐安、文成、苍南、泰顺等地。生于海拔500～1500m的山坡林下。分布于江苏、江西、福建、湖北、湖南、广东、广西、四川、贵州等地。

果可生食；全株可入药，有祛风活血、清热解毒等功效。

与太平莓 R. pacificus Hance 相似，区别在于后者叶片心状宽卵形至长卵形，顶端渐尖，除基部具5出脉外，还具2或3对侧脉。

37. 太平莓 （图4-459）

Rubus pacificus Hance —— *R. pacificus* Hance var. *ningpoensis* Focke.

常绿拱曲灌木，高0.5～1.5m。茎无毛，无刺或疏生小皮刺。单叶；叶片革质，宽卵形或长

图4-459 太平莓

卵形，长8～16cm，宽5～15cm，先端渐尖或短尖，基部心形或截形，边缘不明显浅裂，具不整齐锐锯齿，上面无毛，下面密被灰白色绒毛，除基部具掌状5出脉，上部还具2或3对侧脉，下面叶脉隆起，棕色或褐色；叶柄长4～9cm，疏生小皮刺；托叶大，近顶端较宽且呈缺刻状条裂。花3～8朵组成顶生短总状或伞房花序，或单生于叶腋；花序梗、花梗和被丝托均密被柔毛；花直径1.5～2cm；萼片在果时常反折；花瓣白色，近圆形；花药具长柔毛；雌蕊无毛。聚合果红色，球形，直径1.2～1.6cm，无毛。花期6—7月，果期8—9月。

产于全省山区。生于海拔1100m以下的山坡、沟边灌丛中及林下，或路旁草丛中。分布于华东及湖南等地。

果可鲜食；全株可药用，有清热活血的功效。

38.木莓（图4-460）
Rubus swinhoei Hance — *R. hupehensis* Oliv.

半常绿攀缘灌木。茎细长，疏生小皮刺，幼时常密被灰白色短绒毛。单叶；叶片形状变化很大，宽卵形至长圆状披针形，长7.5～13cm，宽3～7cm，先端渐尖，基部截形至浅心形，边缘具

图4-460 木莓

不整齐锯齿，稀缺刻状，上面中脉有毛，通常在不育枝和越冬的叶片下面密被不脱落的灰白色绒毛，而生殖枝上的叶片下面仅沿叶脉有疏毛或无毛；叶柄长5～10mm，被灰白色绒毛；托叶卵状披针形，全缘或顶端具齿，早落。总状花序顶生；花序梗、花梗和花萼密被灰白色绒毛、紫褐色腺毛和稀疏针刺；花直径1～1.5cm；苞片与托叶相似，稀具深裂锯齿；萼片卵形或三角状卵形，全缘，果时反折；花瓣白色，有细短柔毛；花丝基部膨大，无毛；雌蕊比雄蕊长，子房无毛。聚合果球形，直径1～1.5cm，成熟时由红色变为黑色，无毛。花期4—6月，果期7—8月。

产于全省山区。生于海拔300～1500m的山坡疏林、灌丛中，或溪谷及杂木林下。分布于华东及湖北、湖南、台湾、广东、广西、四川、贵州、陕西等地。

根可提制栲胶。

39. 尾叶悬钩子 （图4-461）
Rubus caudifolius Wuzhi

常绿攀缘灌木。幼枝密被灰黄色至灰白色绒毛，老时逐渐脱落，疏生微弯短皮刺。单叶；叶片革质，卵状披针形或长圆状披针形，长6～14cm，宽3～5cm，先端尾尖，基部圆形，上面无

图4-461　尾叶悬钩子

毛，下面密被锈色短绒毛，边缘具浅细突尖锯齿，营养枝上的叶片边缘具较粗大锯齿；叶柄长1.5～3.5cm，被灰黄色至灰白色绒毛；托叶膜质，卵状披针形，长1～1.5cm，全缘，稀顶端浅裂，幼时具绒毛，老时逐渐减少。总状花序顶生或腋生；花序梗、花梗和花萼均密被灰黄色绒毛状柔毛，花梗长0.5～1.5cm；苞片与托叶相似；花直径1～1.5cm；花萼带紫红色，萼片三角状卵形至三角状披针形，顶端短尾尖，全缘；花瓣红色，稍短于萼片，两面微具柔毛；雄蕊多数，微具柔毛或仅花药稍具长柔毛；花柱长于雄蕊，具长柔毛。聚合果扁球形，成熟时由红色转黑色，无毛。花期5—6月，果期7—8月。

产于龙泉、庆元等地。生于海拔800～1800m的山坡阔叶林下及灌丛中。分布于福建、湖北、湖南、广西、贵州等地。

40. 福建悬钩子 （图4-462）
Rubus fujianensis Yü et Lu

常绿攀缘灌木。枝圆柱形，暗褐色，无毛。单叶；叶片革质，长圆状披针形，长10～17cm，

图4-462　福建悬钩子

宽2.5～4.5cm，先端渐尖，基部圆形至截形，上面无毛，下面密被黄褐色绒毛，边缘近基部全缘，上半部具稀疏浅小锯齿；叶柄长1～1.5cm，幼时具锈色绒毛，老时脱落；托叶卵状披针形，长1～1.3cm，常全缘，幼时被平铺柔毛，老时无毛，早落。短总状花序顶生或腋生；花序梗、花梗、花萼均密被黄褐色绒毛状柔毛和针刺，花梗长1～2.5cm；苞片与托叶相似；花大，直径达2cm；萼片宽披针形，先端短渐尖，果时直立；花瓣白色，倒卵状长圆形；雄蕊多数；花柱长于雄蕊，无毛。聚合果近球形，直径1～1.2cm，成熟时由红色转黑色，无毛。花期5—6月，果期8—9月。

产于莲都、龙泉、庆元、景宁、文成、苍南、泰顺等地。生于海拔1000～1500m的山坡林下及灌草丛中。分布于福建等地。

41. 东南悬钩子 （图4-463）

Rubus tsangorus Hand.-Mazz.

常绿攀缘小灌木。枝、叶柄、托叶、花序密被柔毛和长短不等的腺毛，有时具稀疏针刺。单

图4-463　东南悬钩子

叶；叶片近圆形或宽卵形，直径6～17cm，基部深心形，边缘明显3～5浅裂，侧裂片宽三角形，先端圆钝或急尖，顶裂片比侧裂片稍大，具不规则粗锐锯齿，上面具柔毛，下面被薄层绒毛，沿叶脉有长柔毛和疏腺毛，后绒毛脱落，仅存柔毛；叶柄长4～10cm；托叶离生，长约1cm，掌状深裂，裂片线形或线状披针形。近总状花序顶生或腋生；花梗长短不等；苞片与托叶相似；花直径1～2cm；被丝托杯状；萼片狭三角状披针形，长渐尖，顶端深裂成2或3披针形裂片，果时常直立；花瓣白色，宽倒卵形；雌蕊比雄蕊长很多，子房无毛。聚合果球形，红色，无毛。花期5—7月，果期8—9月。

产于丽水及淳安、开化、金华市区（婺城）、磐安、临海、仙居、永嘉、瑞安、文成、苍南、泰顺等地。生于海拔300～1500m的山坡疏林下或灌丛中。分布于江苏、安徽、福建、湖南、广东、广西等地。模式标本采自仙居。

42. 景宁悬钩子 （图4-464）
Rubus jingningensis Z.H. Chen, F. Chen et F.G. Zhang

常绿灌木。枝匍匐，二型；营养枝伏地生长，长可达2m，顶端着地生根而生长新株；繁殖枝

图4-464　景宁悬钩子

伏地或斜升，小枝密被褐色绒毛与灰白色开展长柔毛，疏生基部扁平、先端细长而弯曲的软刺毛。单叶；叶片近圆形，直径5~12cm，基部深心形，上面沿主脉两侧常具暗红色斑块及开展柔毛，下面密被灰白色绒毛，沿叶脉密被开展长柔毛，边缘3~5浅裂，侧裂片先端圆钝，顶生裂片比侧裂片稍大，宽三角形，先端圆钝或急尖，边缘具不规则牙齿；叶柄长3~5cm，具白色开展长柔毛和稀疏软刺毛；托叶离生，掌状深裂，裂片细条形，有长柔毛。花常3~9朵排成近总状花序，顶生，或1~3朵腋生；花序梗、花梗及花萼外面被白色开展长柔毛和稀疏软刺毛；苞片与托叶相似；花直径1~1.2cm；被丝托杯状；萼片卵状披针形，内面被绒毛，顶端2或3裂，裂片细条形；花瓣白色，宽倒卵形；雌蕊比雄蕊长，子房无毛。聚合果球形，红色，无毛。花期5—7月，果期8—9月。

产于景宁（上山头）。生于海拔1000m以上的山坡林下。模式标本采自景宁。

43. 周毛悬钩子 （图4-465）
Rubus amphidasys Focke ex Diels

常绿蔓性灌木。枝、叶柄、花序均密被柔毛、红色长软刺毛和长腺毛，常无皮刺。单叶；叶

图4-465　周毛悬钩子

片卵形或宽长卵形，长4.5～11cm，宽3.5～10cm，先端短渐尖或急尖，基部心形，边缘3～5浅裂，裂片圆钝，顶裂片比侧裂片大，边缘具不规则锐齿及较密长柔毛，上面幼时具柔毛和腺毛，后变无毛，下面具疏柔毛，沿脉疏被软刺毛；叶柄长2～6cm；托叶离生，掌状深裂，裂片线形或披针形，被长腺毛或长柔毛。短总状花序顶生或腋生，稀3～5朵簇生；花梗长5～14mm；花直径1～1.5cm；萼片狭披针形，先端尾尖，外萼片常2或3条裂，果时直立开展；花瓣白色，宽卵形至长圆形，比花瓣短；雄蕊短于花柱，花丝宽扁；子房无毛。聚合果半球形，直径约1cm，暗红色，无毛，包藏于花萼内。花期5—7月，果期7—9月。

产于全省山区。生于海拔400～1600m的山坡、路旁灌丛中或林下。分布于安徽、江西、福建、湖北、湖南、广东、广西、四川、贵州等地。

果可食；全株可药用，有祛风活血的功效。

43a. 圆叶悬钩子（变种）（图4-466）

var. **suborbiculatus** Z.H. Chen, W.Y. Xie et F.G. Zhang

与周毛悬钩子的区别在于叶片宽卵状五角形或近圆形，中部的1对基脉升达叶片的3/5以上，顶裂片宽三角形，宽大于长，先端钝尖。

产于庆元、景宁等地。生于海拔1000～1650m的山坡林下。模式标本采自景宁。

图4-466　圆叶悬钩子

44. 黄泡 （图4-467）

Rubus pectinellus Maxim.

常绿亚灌木，高8～20cm。茎匍匐，细弱，节上生根，具长柔毛和稀疏针刺。单叶；叶片近圆形，直径3～7cm，先端圆钝，基部心形，边缘有时波状或3浅裂，具不整齐细钝锯齿或重锯齿，两面被稀疏长柔毛，下面沿叶脉具针刺；叶柄长1.5～6cm，具长柔毛和针刺；托叶离生，有长柔毛，二回羽状深裂，裂片线状披针形。花单生或2朵、3朵，顶生；花梗长2～4cm，被长柔毛和针刺；苞片和托叶相似；被丝托卵球形，外面密被针刺和长柔毛；萼片卵状披针形，外萼片宽大，梳齿状深裂或缺刻状，内萼片较狭，顶端渐尖，具少数锯齿或全缘，外面密被针刺和长柔毛；花瓣白色，稍短于萼片；雄蕊多数，直立，无毛；雌蕊多数，但很多败育，子房顶端和花柱基部微具柔毛。聚合果球形，红色。花期5—7月，果期7—8月。

产于遂昌、松阳、龙泉、庆元、云和、景宁、泰顺等地。生于海拔800～1000m的山坡林下。分布于江西、福建、湖北、湖南、台湾、四川、贵州、云南等地。日本、菲律宾也有。

根及叶可入药，有行水消肿、清热解毒等功效。

图4-467　黄泡

22 路边青属 Geum L.

多年生草本。基生叶为奇数羽状复叶，顶生小叶特大；茎生叶小叶数较少，常三出或单出如苞片状；托叶常与叶柄合生。花两性；单生或呈伞房花序；被丝托陀螺形或半球形；萼片5，副萼片5，较小，与萼片互生；花瓣5，黄色、白色或红色；雄蕊多数；雌蕊多数，着生于突起的被丝托上，离生，子房上位，花柱丝状，果时延长成钩刺状喙，柱头细小，上部扭曲，成熟后自弯曲处断落。瘦果小，有柄或无柄，果喙顶端具钩。种子直立，种皮膜质。

约70种，广泛分布于全球温带地区。我国有3种，分布于南北各地；浙江有1种。

柔毛路边青　柔毛水杨梅　东南水杨梅　（图4-468）
Geum japonicum Thunb. var. **chinense** F. Bolle

茎直立，高25～60cm，被黄色短柔毛及粗硬毛。基生叶为大头羽状复叶，通常具1或2对小

图4-468　柔毛路边青

叶，其余小叶呈附片状，顶生小叶最大，卵形或宽卵形，浅裂或不裂，长3～8cm，宽5～9cm，先端圆钝，基部宽心形或宽楔形，边缘具粗大圆钝或急尖锯齿，两面绿色，被稀疏糙伏毛；下部茎生叶为3小叶，上部茎生叶为单叶，3浅裂；叶柄被粗硬毛及短柔毛；茎生托叶草质，绿色，边缘具不规则粗大锯齿。顶生花序疏散；花直径1.5～1.8cm；萼片三角状卵形，副萼片狭小，长不及萼片的一半，外面被短柔毛；花瓣黄色，近圆形，比萼片长；花柱上部1/4处扭曲，成熟后自扭曲处脱落。聚合果卵球形或椭圆状球形，瘦果被长硬毛；花柱宿存部分光滑，顶端具小钩。花果期5—10月。

产于丽水及安吉、德清、临安、建德、淳安、嵊州、衢州市区（衢江）、开化、常山、金华市区（婺城）、天台、永嘉、文成、泰顺等地。生于海拔1500m以下的山坡草地上、沟边、灌丛中或疏林下。分布于华东、华中及山东、广东、广西、四川、贵州、云南、陕西、甘肃、新疆等地。

全株含鞣质，可提制栲胶；全草可入药，有降压、镇痉、止痛、消肿解毒等功效。

与日本路边青 *G. japonicum* Thunb.的区别在于后者茎及花梗被茸毛状短柔毛。产于日本。

㉓ 委陵菜属 Potentilla L.

多年生草本，稀一年生草本或灌木。茎直立、斜升或匍匐。奇数羽状复叶、三出复叶或掌状复叶；托叶与叶柄多少合生。花通常两性；单生、聚伞或聚伞圆锥花序；被丝托隆起成半球形，成熟时不膨大；萼片5；副萼片5，与萼片互生；花瓣5，通常黄色；雄蕊常20；雌蕊多数，着生于突起的被丝托上，分离；子房上位，花柱顶生、侧生或基生。瘦果多数，着生于被丝托上。种子1，种皮膜质。

约200种，大多分布于北半球温带、寒带及高山地区，极少数种类的分布区接近赤道。我国有80余种，全国广泛分布，主产于东北、西北、西南；浙江有7种。

《中国植物志》记载，绢毛匍匐委陵菜 *P. reptans* L. var. *sericophylla* Franch.在浙江有产，但未见标本，野外调查也未见，故未予收录。

分种检索表

1. 基生叶为羽状复叶。
    2. 叶片下面密被白色或灰白色绵毛、绒毛或绢毛。
        3. 基生叶具11～31小叶；小叶片边缘羽状中裂·················· 1. 委陵菜 *P. chinensis*
        3. 基生叶具5～9小叶；小叶片边缘具圆钝锯齿·················· 2. 翻白草 *P. discolor*
    2. 叶片下面绿色，疏生柔毛或脱落无毛。
        4. 一年生、二年生草本；基生叶具5～11小叶，茎生叶亦为羽状复叶，叶缘常浅裂状；花直径0.6～0.8cm·················· 4. 朝天委陵菜 *P. supina*
        4. 多年生草本；基生叶具5～7小叶，茎生叶常具3小叶，叶缘锯齿圆钝；花直径1～1.7cm·················· 6. 莓叶委陵菜 *P. fragarioides*

1. 基生叶为三出或五出复叶。
　　5. 基生叶为掌状五出复叶；聚伞花序密集于枝顶如伞形状 ················ 3. 蛇含委陵菜 **P. sundaica**
　　5. 基生叶为三出复叶；花单生或多花排成松散的聚伞花序。
　　　　6. 小叶片长圆形至卵状披针形，先端渐尖或尾状渐尖 ············· 5. 狼牙委陵菜 **P. cryptotaeniae**
　　　　6. 小叶片椭圆形或斜卵形，先端急尖或圆钝 ······················· 7. 三叶委陵菜 **P. freyniana**

1. 委陵菜 （图4-469）
Potentilla chinensis Ser.

多年生草本。花茎直立或上升，被稀疏短柔毛及白色绢状长柔毛。基生叶为羽状复叶，具11～31小叶，连叶柄长4～25cm，叶柄被短柔毛及绢状长柔毛，小叶对生或互生，上部小叶较长，向下渐小，小叶片长圆形、倒卵形或长圆状披针形，长1～5cm，宽0.5～1.5cm，边缘羽状

图 4-469　委陵菜

中裂，裂片三角状卵形或长圆状披针形，先端急尖或圆钝，上面绿色，被短柔毛或近无毛，下面被白色绒毛，沿脉被绢状长柔毛；茎生叶与基生叶相似；基生叶托叶褐色，外面被白色绢状长柔毛，茎生叶托叶绿色，边缘齿牙状锐裂。伞房状聚伞花序；花梗长0.5～1.5cm；苞片披针形，外面密被短柔毛；花直径0.8～1cm；萼片三角状卵形，先端急尖，副萼片披针形，先端尖，为萼片的1/2，且狭窄，外面被短柔毛及稀疏绢状柔毛；花瓣黄色，宽倒卵形，先端微凹，比萼片稍长；花柱近顶生，柱头扩大。瘦果深褐色，卵球形，具明显皱纹。花果期4—10月。

产于温岭、玉环等地。生于山坡草地上、沟谷中、林缘、灌丛中或疏林下。分布于东北、华北、华东、华中、西南及台湾、广东、广西、陕西、甘肃等地。

根含鞣质，可提制栲胶；全草可入药，有清热解毒、止血、止痢等功效；嫩苗可食，也可做猪饲料。

2. 翻白草 翻白委陵菜 （图4-470）
Potentilla discolor Bunge

多年生草本，高10～45cm。根粗壮肥厚，纺锤形。花茎直立、斜升或稍铺散，密被白色绵毛。基生叶为羽状复叶，具5～9小叶，连叶柄长4～20cm，叶柄密被白色绵毛，小叶对生或互

图4-470 翻白草

生，小叶片长圆形或长圆状披针形，长1～5cm，宽0.5～0.8cm，先端圆钝，稀急尖，基部楔形、宽楔形或斜圆形，边缘具圆钝粗锯齿，上面绿色，被稀疏白色绵毛或近无毛，下面密被白色绵毛；茎生叶具3小叶。聚伞花序疏散；花梗长1～2.5cm，外面被绵毛；花直径1～2cm；萼片三角状卵形，副萼片披针形，比萼片短，外面被白色绵毛；花瓣黄色，倒卵形，比萼片长；花柱近顶生，基部乳头状膨大，柱头稍扩大。瘦果近肾形，宽约1mm，光滑。花果期5—9月。

产于长兴、安吉、杭州市区（西湖）、建德、定海、普陀、岱山、金华市区（婺城）、天台、龙泉、洞头、乐清、瑞安、文成等地。生于海拔350～900m的荒野、沟谷中、山坡草地上及疏林下。广泛分布于我国南北各地。朝鲜半岛、日本也有。

全草可入药，能解热、消肿、止痢、止血；块根富含淀粉；嫩苗可蔬食。

3. 蛇含委陵菜　蛇含　（图4-471）
Potentilla sundaica (Bl.) T.C. Kuntze　— *P. kleiniana* Wight et Arn.

一年生至多年生匍匐草本，长20～50cm。多须根。茎柔弱，稍扭曲，疏生短柔毛，节处生根，且抽新株。掌状复叶；茎中部、下部叶为5小叶，连叶柄长3～20cm，小叶片倒卵形或长圆

图4-471　蛇含委陵菜

状倒卵形,长0.5~4cm,宽0.4~2cm,先端圆钝,基部楔形,边缘锯齿锐尖或圆钝,两面被疏柔毛,有时上面无毛或下面沿脉密被长伏柔毛;茎上部叶为3小叶,叶柄较短。聚伞花序密集于枝顶如假伞形;花梗长1~1.5cm,密被开展长柔毛;花直径0.8~1cm;萼片三角状宽卵形,副萼片披针形或椭圆状披针形,先端急尖或渐尖,外面被疏长柔毛;花瓣黄色,倒卵形,先端凹,比萼片长。瘦果近圆形,一面稍平,直径约0.5mm,具皱纹。花果期4—9月。

产于全省各地。生于海拔300~1500m的山坡上、旷野中、沟边、路旁灌草丛中。除新疆、台湾外,广泛分布于我国辽宁以南各地。朝鲜半岛、日本、印度至马来西亚、印度尼西亚也有。

全草可入药,有清热解毒、收敛镇痉、消肿止痛、止咳止血等功效。

4. 朝天委陵菜　仰卧委陵菜　(图4-472)
Potentilla supina L.

一年生或二年生草本,主根细长。茎平展、斜升或直立,长20~50cm。基生叶为羽状复叶,具5~11小叶,连叶柄长4~15cm,小叶近对生,最上面1或2对小叶基部下延与叶轴合生,小

图4-472　朝天委陵菜

叶片长圆形或倒卵状长圆形，长1~2.5cm，宽0.5~1.5cm，先端圆钝或急尖，基部斜楔形，边缘具圆钝或缺刻状锯齿，两面绿色，被疏柔毛或近无毛；茎生叶托叶具齿或分裂。茎下部花为单花，腋生，上部者呈伞房状聚伞花序；花梗长0.8~1.5cm，常密被短柔毛；花直径6~8mm；萼片三角状卵形，先端急尖，副萼片长椭圆形或椭圆状披针形，与萼片等长或稍长；花瓣黄色，倒卵形，先端微凹，与萼片近等长。瘦果长圆形，先端尖，微皱，一侧通常具翅。花果期3—10月。

产于嘉兴、杭州市区、萧山、临安、桐庐、建德、温州市区、泰顺等地。生于田边、荒野或山坡湿地中。全国广泛分布。北半球温带地区和部分亚热带地区也有。

4a. 三叶朝天委陵菜 （图4-473）
var. **ternata** Peterm.

与朝天委陵菜的区别在于植株分枝极多，矮小铺地或微上升；基生复叶3~5，小叶片小，长5~8mm，宽3~4mm。

产于湖州市区（吴兴）、临安、衢州市区（衢江）、开化等地。生于空旷地、田野、湿地等处。全国广泛分布。俄罗斯远东地区也有。

图4-473　三叶朝天委陵菜

5. 狼牙委陵菜 （图4-474）
Potentilla cryptotaeniae Maxim.

一年生或二年生草本。花茎直立或上升，长0.5~1m，被长硬毛或长柔毛，或脱落至几无毛。基生叶三出复叶，早枯；茎生叶3小叶，叶柄被开展长柔毛及短柔毛，有时脱落至几无毛；

小叶片长圆形至卵状披针形,长2~6cm,宽1~2.5cm,先端渐尖或尾状渐尖,基部楔形,边缘具多数急尖锯齿,两面绿色,被疏柔毛,有时脱落至几无毛,下面沿脉较密而开展;基生叶托叶膜质,褐色,下面密被长柔毛,茎生叶托叶草质,绿色,全缘,披针形,大部分与叶柄合生。伞房状聚伞花序多花,顶生;花梗细,长1~2cm,被长柔毛或短柔毛;花直径约1cm;萼片长卵形,顶端渐尖或急尖,副萼片披针形,与萼片近等长,外面被稀疏长柔毛;花瓣黄色,倒卵形,顶端圆钝或微凹,比萼片长或近等长;花柱近顶生,基部稍膨大,柱头稍扩大。瘦果卵形,光滑。花果期7—9月。

产于东阳(东白山)。生于海拔1100m的山坡、路边草丛中。分布于东北及四川、陕西、甘肃等地。朝鲜半岛、日本、俄罗斯远东地区也有。

可作鞣料及蜜源植物。

图4-474 狼牙委陵菜

6. 莓叶委陵菜 （图4-475）

Potentilla fragarioides L.

多年生草本。根多数密生。花茎多数，丛生，上升或铺散，长8～25cm，被开展长柔毛。基生叶为羽状复叶，具5～7小叶，连叶柄长5～22cm，叶柄被开展疏柔毛，小叶片倒卵形、椭圆形或长椭圆形，长0.5～7cm，宽0.4～3cm，先端圆钝或急尖，基部楔形或宽楔形，边缘具急尖或圆钝锯齿，近基部全缘，两面绿色，有平铺疏柔毛，下面沿脉较密；茎生叶常为3小叶，与基生叶相似；基生叶托叶膜质，褐色，外面有稀疏开展长柔毛，茎生叶托叶草质，绿色，卵形，全缘，外面被平铺疏柔毛。伞房状聚伞花序顶生，花多数，松散；花梗纤细，长1.5～2cm；花直径1～1.7cm；萼片三角状卵形，副萼片长圆状披针形，与萼片近等长或稍短；花瓣黄色，倒卵形，顶端圆钝或微凹；花柱近顶生。瘦果近肾形，直径约1mm，有脉纹。花期4—6月，果期6—8月。

产于金华、丽水、温州等地。生于耕地边、草地上、灌丛中及疏林下。分布于东

图4-475 莓叶委陵菜

北、华北、华中及江苏、安徽、福建、广西、四川、云南、陕西、甘肃等地。朝鲜半岛、日本、蒙古、俄罗斯西伯利亚地区也有。

7. 三叶委陵菜 （图4-476）
Potentilla freyniana Bornm.

多年生草本。根状茎粗壮，呈串珠状。花茎细弱，直立或上升，高8～25cm，被疏柔毛，花后生匍匐枝。三出复叶；基生叶通常比茎长或等长，连叶柄长4～30cm，小叶片长圆形、斜卵形或椭圆形，长1.5～5cm，宽1～2cm，先端急尖或圆钝，基部楔形或宽楔形，边缘具急尖锯齿，两面绿色，疏生伏柔毛，下面沿脉较密；茎生叶近无柄，小叶片呈缺刻状锐裂。伞房状聚伞花序顶生，花多而松散；花梗纤细，长1～1.5cm，被疏柔毛；花直径0.8～1cm；萼片三角状卵形，副萼片披针形，与萼片近等长；花瓣淡黄色，长圆状倒卵形。瘦果卵球形，直径0.5～1mm，表面有脉纹。花果期3—6月。

图4-476　三叶委陵菜

产于全省各地。生于海拔1300m以下的山坡林下、灌草丛或石缝间。全国广泛分布。朝鲜半岛、日本、俄罗斯也有。

全草可入药,有清热解毒、止血止痛等功效,对金黄色葡萄球菌有抑制作用。

7a. 中华三叶委陵菜 (图4-477)

var. **sinica** Migo

与三叶委陵菜的区别在于茎和叶柄密被开展柔毛,小叶片菱状卵形或宽卵形,两面被开展或微开展柔毛,尤其沿脉较密,边缘具圆钝锯齿;花茎或匍匐枝上托叶宽卵形,全缘,极稀先端2裂。花果期4—5月。

产于安吉、杭州市区(西湖)、临安、桐庐、武义、天台、景宁等地。生于草丛中及林下阴湿处。分布于江苏、安徽、江西、湖北、湖南等地。模式标本采自杭州灵隐。

图4-477　中华三叶委陵菜

24 草莓属 Fragaria L.

多年生草本。常具纤细匍匐茎,匍匐茎常被开展或紧贴柔毛。三出复叶,基生;托叶膜质,褐色,鞘状,基部与叶柄合生。花两性或单性,杂性异株;聚伞花序,稀单生;被丝托倒卵状圆锥形或陀螺形;萼片5,果时宿存,副萼片5,与萼片互生;花瓣5,白色,稀淡黄色;雄蕊18~20,花药2室;雌蕊多数,着生于被丝托上,分离,子房上位,花柱自心皮腹面侧生,果时宿存,每心皮具1胚珠。瘦果小型,硬壳质,着生于球形或椭圆形肥厚肉质被丝托上。种子1,种皮膜质。

约20种,分布于北半球温带至亚热带地区,个别种分布向南延伸至拉丁美洲。我国有9种;浙江栽培1种。

草莓 (图4-478)
Fragaria × ananassa Duch.

植株高10~40cm。茎低于叶或与叶近相等,密被开展的黄色柔毛。三出复叶;叶柄长2~10cm,密被开展的黄色柔毛;小叶片倒卵形或菱形,长3~7cm,宽2~6cm,基部宽楔形,先端圆钝,边缘具缺刻状急尖锯齿,上面深绿色,

图4-478 草莓

几无毛,下面苍绿色,疏生毛,沿脉较密。聚伞花序,具5~15花,花序下面具1短柄小叶;花两性,直径1.5~2cm;萼片卵形,稍长于副萼片,副萼片椭圆状披针形,全缘,稀2深裂,果时扩大;花瓣白色,近圆形或倒卵状椭圆形;雄蕊20,不等长;雌蕊多数;被丝托扩大,直径达3cm,鲜红色。瘦果尖卵形,光滑。花期3—6月,果期5—6月。

原产于南美洲。我国各地栽培;浙江各地也有栽培。

果实味美,可鲜食或制果酱。

25 蛇莓属 Duchesnea Sm.

多年生草本,具短根状茎。匍匐茎细长,节处生不定根。三出复叶,基生,有长柄,小叶片边缘具锯齿;托叶贴生于叶柄,宿存。花单生于叶腋,具长花梗,无苞片;萼片5,宿存,副萼片5,较大,与萼片互生,先端3~5锯齿,宿存;花瓣5,黄色;雄蕊20~30;心皮多数,离生,子房上位,花柱侧生或近顶生;被丝托半球形或陀螺形,果时膨大,海绵质,红色。瘦果小,扁卵形。种子1,肾形,光滑。

5或6种,分布于亚洲南部、欧洲及北美洲。我国有2种;浙江有2种。

全株可药用;果实可食用;种子含油。

1. 蛇莓 (图4-479)

Duchesnea indica (Andr.) Focke

多年生草木。匍匐茎多数,长30~100cm,有柔毛。小叶片倒卵形至菱状长圆形,长2~3.5(5)cm,宽1~3cm,先端圆钝,边缘具钝齿,两面被柔毛,或上面无毛;叶柄长1~5cm,有柔毛;托叶狭卵形至宽披针形,长5~8mm。花单生于叶腋,直径1.5~2.5cm;花梗长3~6cm,

图4-479 蛇莓

有柔毛；萼片卵形，先端锐尖，外面散生柔毛，副萼片倒卵形，比萼片长，先端常具3～5齿；花瓣黄色，倒卵形，先端圆钝；雄蕊20～30；被丝托果时鲜红色，有光泽，直径10～20mm，具稀疏迟落花柱。瘦果卵形，长约1.5mm，光滑，鲜时有光泽。花期3—5月，果期5—6月。

产于全省各地。生于海拔1500m以下的山坡上、草丛中、路旁潮湿地及田地边。分布于辽宁以南各地。欧洲、南美洲及阿富汗、不丹、印度、印度尼西亚、尼泊尔、日本、朝鲜半岛、马来西亚也有，非洲有归化。

全草可入药，有清热、解毒等功效。

2. 皱果蛇莓 （图4-480）
Duchesnea chrysantha (Zoll. et Mor.) Miq.

多年生草本。匍匐茎多数，长30～50cm，有柔毛。小叶片菱形、倒卵形或卵形，长1.5～2.5cm，

图4-480　皱果蛇莓

宽1~2cm，先端圆钝，边缘具钝或锐齿，近基部全缘，中间小叶有时具2或3深裂，上面近无毛，下面疏生长柔毛；叶柄长1.5~3cm，有柔毛；托叶披针形，长2~3mm，有柔毛。花直径5~15mm；花梗长2~3cm，疏生长柔毛；萼片卵形或卵状披针形，先端渐尖，外面有长柔毛，具缘毛，副萼片三角状卵形，先端具3~5齿，外面疏生长柔毛；花瓣黄色，倒卵形，先端微凹或圆钝；被丝托果时粉红色，无光泽，直径8~12mm。瘦果红色，卵形，皱纹明显，无光泽。花果期4—7月。

产于全省各地。生于海拔1500m以下的山坡、草丛、路旁潮湿地及田地边。分布于福建、台湾、广东、广西、四川、云南、陕西等地。朝鲜半岛、日本、印度、印度尼西亚、马来西亚也有。

用途同蛇莓。

与蛇莓的区别在于花较小，直径5~15mm，花梗长2~3cm；被丝托果时粉红色，无光泽，直径8~12mm；瘦果表面皱纹明显。

26 蔷薇属 Rosa L.

落叶或常绿，直立或攀缘灌木。有皮刺、针刺或刺毛，稀无刺。叶互生；奇数羽状复叶，稀单叶，具锯齿；托叶与叶柄合生或离生，稀无托叶。花单生或呈伞房状，稀为复伞房或圆锥花序；被丝托球形或壶状，稀杯状，颈部缢缩；萼片5，稀4，开展；花瓣5，稀4，白色、黄色、粉红色或红色；雄蕊多数，分为数轮，着生于被丝托周围；心皮多数，稀少数，生于被丝托内，分离，子房上位，花柱顶生或侧生，离生或上部合生，胚珠1，下垂。瘦果小核状，常多数着生于肉质被丝托内而形成蔷薇果。

约200种，广泛分布于欧洲、亚洲、北非和北美的亚热带至寒温带地区。我国约有90种；浙江有16种，其中6种栽培。

本属植物花色美丽，香气芬芳，除供观赏外，有些种类尚可提取名贵的芳香油；果实富含维生素C，为治疗心血管等病症的重要药品；不少种类的根、叶、花、果均可入药。

分种检索表

1.托叶与叶柄大部分合生，宿存。
  2.花梗、花萼外面光滑或有柔毛、腺毛，无刺毛或针刺。
    3.花柱离生。
      4.小枝密被绒毛，并有针刺、皮刺和腺毛··1.玫瑰 R. rugose
      4.小枝无毛或近无毛，散生皮刺，无针刺和腺毛。
        5.托叶宽大，边缘有整齐腺锯齿··2.钝叶蔷薇 R. sertata
        5.托叶狭窄，全缘或边缘有腺毛。

6. 直立灌木；小叶3～5；花无或稍有香气；果实卵球形至梨形 ············· **3. 月季花 R. chinensis**
6. 攀缘灌木；小叶5～9；花芳香；果实扁球形 ························· **4. 香水月季 R. odorata**
3. 花柱合生。
　　7. 托叶篦齿状或边缘有不规则裂齿；小叶5～7（9）。
　　　　8. 托叶篦齿状；花柱无毛。
　　　　　　9. 小叶（3）5～9，小叶片长1cm以上，仅下面被柔毛；花多数排成圆锥花序 ············
　　　　　　　　··· **5. 野蔷薇 R. multiflora**
　　　　　　9. 小叶5～7，小叶片长不及1cm，两面被柔毛；花单生 ····· **6. 单花合柱蔷薇 R. uniflorella**
　　　　8. 托叶边缘有不规则裂齿；花柱被柔毛。
　　　　　　10. 叶柄和叶轴有稀疏腺毛，小叶片较小，长1～3cm，两面无毛 ····· **7. 光叶蔷薇 R. luciae**
　　　　　　10. 叶柄和叶轴有柔毛，小叶片较大，长1.5～6.5cm，下面有柔毛
　　　　　　　　··· **8. 广东蔷薇 R. kwangtungensis**
　　7. 托叶全缘；小叶5，近花序偶有3。
　　　　11. 叶柄和叶轴有柔毛，小叶5，稀3，叶片下面被柔毛；圆锥状伞房花序 ···················
　　　　　　··· **9. 悬钩子蔷薇 R. rubus**
　　　　11. 叶柄和叶轴无毛，小叶3～5，叶片下面无毛；伞形状伞房花序 ·························
　　　　　　·· **10. 软条七蔷薇 R. henryi**
2. 花梗、花萼外面密被针刺或刺毛 ··· **15. 缫丝花 R. roxburghii**
1. 托叶离生，脱落。
　12. 小叶3（5）；托叶线状披针形，不裂。
　　　13. 花单生，花梗、花萼先被腺毛后变为针刺。
　　　　　14. 小叶3；花直径5～7cm，单瓣 ·· **14. 金樱子 R. laevigata**
　　　　　14. 小叶3～5；花直径1.5～2.5cm，重瓣 ································ **12. 大花白木香 R. fortuneana**
　　　13. 花多朵，排成伞形状、复伞房花序，花梗无毛或被柔毛。
　　　　　15. 伞房花序，萼片全缘，花重瓣 ··· **11. 木香花 R. banksiae**
　　　　　15. 复伞房花序，萼片羽状分裂，花单瓣 ··· **13. 小果蔷薇 R. cymosa**
　12. 小叶5～9；托叶篦齿状深裂 ·· **16. 硕苞蔷薇 R. bracteata**

1. 玫瑰（图4-481）

Rosa rugose Thunb.

落叶直立灌木，高达2m。茎粗壮，丛生。小枝密被绒毛，并有针刺、皮刺和腺毛，皮刺淡黄色，被绒毛。小叶5～9，连叶柄长5～13cm；小叶片椭圆形或椭圆状倒卵形，长1.5～4.5cm，宽1～2.5cm，先端急尖或圆钝，基部圆形或宽楔形，边缘具尖锐锯齿，上面深绿色，无毛，叶脉下陷，有褶皱，下面灰绿色，密被绒毛和腺毛，有时腺毛不明显，中脉突起，网脉明显；叶柄和叶轴密被绒毛和腺毛；托叶大部分与叶柄合生，离生部分卵形，边缘具腺齿，下面被绒毛。花单生于叶腋，或数朵簇生；花梗长5～25mm，密被绒毛和腺毛；苞片卵形，边缘有腺毛，外面被绒毛；花直径6～8cm；萼片卵状披针形，先端尾状渐尖，常有羽状裂片而扩展成叶状，上面有稀

疏柔毛，下面密被柔毛和腺毛；花瓣倒卵形，重瓣至半重瓣，芳香，紫红色；花柱离生，被毛，稍伸出被丝托外，比雄蕊短很多。果扁球形，砖红色，肉质，平滑，萼片宿存。花期4—5月，果期8—9月。

原产于我国华北、朝鲜半岛、日本等地。我国各地均有栽培；杭州等地有栽培。

鲜花可以蒸制芳香油，可食用及制化妆品；花瓣可制饼馅、玫瑰酒、玫瑰糖浆，干制后可以泡茶；花蕾可入药，可治肝、胃气痛、胸腹胀满和月经不调。果实含丰富的维生素C、葡萄糖、果糖、蔗糖及胡萝卜素等。

图4-481 玫瑰

2. 钝叶蔷薇 （图4-482）

Rosa sertata Rolfe — *R. hwangshanensis* Hsu

落叶灌木，高1～2m。小枝圆柱形，细弱，无毛，散生直立皮刺或无刺。小叶7～11，连叶柄长5～8cm；小叶片宽椭圆形至卵状椭圆形，长1～2.5cm，宽7～15mm，先端急尖或圆钝，基部近圆形，边缘具尖锐锯齿，近基部全缘，两面无毛，或下面沿中脉有稀疏柔毛；小叶柄和叶轴有稀疏柔毛、腺毛和小皮刺；托叶大部分与叶柄合生，离生部分耳状，卵形，无毛，边缘具腺锯齿。花单生或3～5朵排成伞房状；小苞片1～3，苞片卵形，先端短渐尖，仅边缘有腺毛，其余无毛；花梗长1.5～3cm，花梗和花萼筒无毛，或有稀疏腺毛；花直径2～3.5cm；萼片卵状披针形，先端延长成叶状，全缘，外面无毛，内面密被黄白色柔毛，边缘较密；花瓣粉红色或玫瑰色，宽倒卵形，先端微凹，基部宽楔形，比萼片短；花柱离生，被柔毛，比雄蕊短。果卵球形，顶端有短颈，长1.2~2cm，直径约1cm，深红色。花期6月，果期8—10月。

产于安吉、临安等地。生于海拔1100m以上的山坡林下或疏林中。分布于山西、安徽、江苏、江西、河南、湖北、四川、云南、陕西、甘肃等地。

《中国植物志》记载，浙江还有大红蔷薇 R. saturata Baker的分布。通过对鉴定为大红蔷薇的几份采自临安清凉峰及天目山的标本的对比鉴定，系钝叶蔷薇的误定。

图4-482　钝叶蔷薇

3. 月季花　月月红　（图4-483）

Rosa chinensis Jacq.

常绿或半常绿直立灌木，高0.5~2m。小枝粗壮，近无毛，常有钩状皮刺。小叶3~5；小叶片宽卵形至卵状长圆形，长2.5~6cm，宽1~3cm，先端长渐尖或渐尖，基部近圆形或宽楔形，边缘具锐锯齿，两面近无毛；叶柄较长，散生皮刺和腺毛；托叶大部分与叶柄合生，全缘或常有腺毛。花数朵集生或单花；花梗长2.5~6cm，近无毛或有腺毛；花直径4~8cm；萼片卵形，先端尾状渐尖，有时呈叶状，边缘常有羽状裂片，稀全缘，内面密被长柔毛；花瓣红色或粉红色，稀白色，倒卵形，先端凹缺；花柱离生，伸出被丝托外。果红色，卵球形或梨形，长1~2cm，萼片脱落。花期4—10月，果期6—11月。

原产于我国。国内外广泛栽培。全省各地也常见栽培。

为著名传统花卉,也可取代玫瑰用于提制香精及食用;花、根、叶可入药,有活血祛瘀、拔毒消肿等功效。

杭州等地栽培的还有绿月季'Viridiflora',花绿色,花瓣呈小叶片状。

图4-483 月季花

4. 香水月季
Rosa odorata (Andr.) Sweet.

常绿或半常绿攀缘灌木，高3～4m。具长匍匐枝，枝粗壮，无毛，散生粗短钩状皮刺。小叶5～9，连叶柄长5～10cm；小叶片革质，椭圆形、卵形或长圆状卵形，长2～7cm，宽1.5～3cm，先端急尖或渐尖，稀尾状渐尖，基部楔形或近圆形，边缘具紧贴锐锯齿，两面无毛；叶柄疏生皮刺和腺毛；托叶大部分与叶柄合生，边缘仅基部有腺毛。花单生或2朵、3朵集生；花梗长2～3cm，无毛或有腺毛；花直径5～8cm；萼片全缘，稀有少数羽状裂片，披针形，先端长渐尖，外面无毛，内面密被长柔毛；花瓣芳香，白色、粉红色或黄色，倒卵形；心皮多数，被毛，花柱离生，伸出被丝托外，约与雄蕊等长。果实扁球形。花期6—9月，果期6—11月。

分布于云南。国内外广泛栽培。杭州等地也有栽培。

花极芳香，除可供观赏外，还可提取芳香油。

5. 野蔷薇 （图4-484）
Rosa multiflora Thunb. — *R. uniflorella* Buz. subsp. *adenopetala* L. Qian et X.F. Jin, syn. nov.

落叶攀缘藤本，高1～2m。小枝圆柱形，直立或开展，无毛，常疏生小皮刺。小叶5～9，有时3；小叶片倒卵形、长圆形或卵形，长1～5cm，宽0.5～2.5cm，先端急尖或圆钝，基部近圆形或楔形，边缘具锐锯齿，上面无毛，下面有柔毛；叶柄和叶轴有短柔毛或腺毛；托叶大部分与叶柄合生，边缘具篦齿状分裂，有短腺毛。花多数排成圆锥花序；花直径1.5～2cm；萼片披针形，有时中部具2线状裂片；花瓣白色，宽倒卵形，先端微凹；花柱结合成束，无毛。果近球形，红色或紫褐色，直径6～8mm，无毛。花期5—7月，果期10月。

产于全省各地。生于海拔1500m以下的向阳山坡上、溪边或灌丛中。分布于黄河流域以南各地。朝鲜半岛、日本也有。

花艳丽，可栽作花篱；鲜花含芳香油，可食用及制化妆品；花可入药，能清暑热、化湿浊、顺气和胃。

钱力等（2008）发表了腺瓣蔷薇 *R. uniflorella* subsp. *adenopetala*，认为与单花合柱蔷薇接近，区别在于托叶、叶柄、萼片仅密被短柔毛而无腺毛，小叶片较大，两面近无毛或疏被短柔毛，伞房花序具1～3花，花瓣宽倒卵形。笔者观察到其小叶片（3）5～7，草质，先端钝尖，托叶篦齿状，当属野蔷薇种系，并推测原始描述称其花瓣上具"腺斑"，系花行将凋谢之际出现的斑块，这种现象在蔷薇属其他植物也时常可见。经赴模式产地调查，证实钱力等所描述者实系野蔷薇在林下光照不足、生长衰弱的类型，故予以归并。

八六 蔷薇科 Rosaceae 499

图 4-484 野蔷薇

5a. 粉团蔷薇(变种)(图4-485)

var. **cathayensis** Rehder et E.H. Wilson

与野蔷薇的区别在于花瓣粉红色。

产地、生境及用途同野蔷薇。分布于河北、山东、安徽、江西、福建、河南、湖北、广东、陕西、甘肃等地。

本省普遍栽培的还有七姐妹'Carnea'(图4-486),与野蔷薇、粉团蔷薇的区别在于花重瓣,粉红色或深红色。

图4-485 粉团蔷薇

图 4-486　七姐妹

6. 单花合柱蔷薇

Rosa uniflorella Buz. — *R. uniflora* Yü et T.C. Ku

常绿小灌木。老枝弯曲，灰褐色，多分枝；小枝细弱，圆柱形，拱曲，褐色或紫褐色，近无毛，散生或对生短扁皮刺。小叶5～7，连叶柄长2.5～3.5cm；小叶片倒卵形或宽椭圆形，长7～10mm，宽5～7mm，先端急尖或钝，基部宽楔形或近圆形，边缘具三角形锯齿或近重锯齿，上面深绿色，散生柔毛，下面淡绿色，被柔毛，沿叶脉更密，中脉突起；叶柄密被柔毛和腺毛，顶生小叶柄较长，侧生小叶柄短；托叶大部分与叶柄合生，篦齿状，边缘和两面均被稀疏柔毛和密腺毛。花单生于叶腋；花梗长不到1cm，有稀疏柔毛和腺毛；苞片卵状披针形，边缘和外面密被腺毛；花直径2～2.5cm；被丝托长圆形，萼片披针形，先端渐尖，全缘或偶有分裂，被丝托和萼片外面密被腺毛，内面密被柔毛；花瓣白色，长圆状倒卵形，先端凹，基部楔形，比萼片长约1倍；花柱结合成束，无毛，比雄蕊短。果实未见。

产于岱山。生于海滨向阳处。野外调查未见。模式标本采自岱山。

谷粹芝（1990）发表的单花光叶蔷薇 *R. wichurana* Crép. form. *simpliciflora* T.C. Ku，通过与单花合柱蔷薇模式标本照片的比较，两者区别特征不明显，很可能为同一种，故未予收录。

7. 光叶蔷薇 （图4-487）

Rosa luciae Franch. et Roch. —— *R. wichurana* Crép. —— *R. daishanensis* T.C. Ku, syn. nov.

常绿攀缘灌木，高3～5m。枝平卧，节上易生根；小枝红褐色，圆柱形，幼时有柔毛，不久脱落；皮刺小，稍弯曲。小叶5～7，稀9，连叶柄长5～10cm；小叶片椭圆形、卵形或倒卵形，长1～3cm，宽0.7～1.5cm，先端圆钝或急尖，边缘具疏锯齿，上面绿色，有光泽，下面淡绿色，中脉突起，两面均无毛；叶柄具小皮刺和稀疏腺毛；托叶大部分与叶柄合生，离生部分披针形，边缘具不规则锯齿和腺毛。伞房花序生于枝顶；花直径2～3cm，有香气；花序梗和花梗幼时具稀疏柔毛，不久脱落近无毛或散生腺毛；苞片卵形；萼片披针形或卵状披针形，先端渐尖，全缘，外面近无毛，内面密被柔毛，边缘毛较密；花瓣白色，倒卵形，先端圆钝，基部楔形；花柱合生成束，伸出，被柔毛，比雄蕊稍长。果实球形或近球形，紫黑褐色，有稀疏腺毛。花期4—7月，果期10—11月。

产于象山、普陀、岱山、嵊泗、台州市区（椒江）、临海、温岭、玉环、洞头、瑞安、平阳、苍南等地。生于低海拔海岛岩石、山坡上。分布于福建、台湾、广东、广西等地。朝鲜半岛、日本也有。

谷粹芝（1990）发表的岱山蔷薇 *R. daishanensis* T.C. Ku，其枝叶特征与本种一致，其原始描述"花柱无毛"这一特征并不稳定，故予以归并。

图4-487 光叶蔷薇

8. 广东蔷薇 （图4-488）

Rosa kwangtungensis Yü et Tsai

落叶攀缘灌木。具长匍匐枝，暗灰色或红褐色，无毛；小枝圆柱形，具短柔毛或无毛；皮刺小，基部膨大，稍向下弯曲。小叶5～7，连叶柄长3.5～6cm；小叶片长圆形、椭圆形或长椭圆形，长1.5～6.5cm，宽0.8～3.5cm，先端急尖或渐尖，基部宽楔形或近圆形，边缘具细锯齿，上面深绿色，沿中脉有柔毛或近无毛，下面淡绿色，被柔毛或近无毛，沿中脉和侧脉较密，中脉隆起，具散生小皮刺和腺毛；叶柄、叶轴具柔毛和疏弯刺；托叶大部分与叶柄合生，离生部分披针形，边缘有不规则疏锯齿，下面被柔毛。伞房花序顶生，具4～15花或更多；花梗长1～1.5cm，与花序梗均密被柔毛和腺毛，有时稀少或无腺毛；花直径1.5～2cm；被丝托卵球形，外被短柔毛和腺毛，逐渐脱落；萼片卵状披针形，先端长渐尖，全缘，两面有毛，边缘较密，外面混生腺毛；花瓣白色，倒卵形，比萼片稍短；花柱结合成束，伸出，有白色柔毛，比雄蕊稍长。果实球形，直径7～10mm，紫褐色，有光泽。花期3—5月，果期6—7月。

产于杭州市区（西湖）、临安、泰顺等地。生于山坡上、路旁、河边或灌丛中。分布于福建、广东、海南、广西等地。

图4-488　广东蔷薇

9. 悬钩子蔷薇 （图4-489）

Rosa rubus H. Lév. et Vant.

落叶匍匐灌木，高5～6m。小枝圆柱形，通常被柔毛，幼时较密，老时脱落；皮刺短粗、弯曲。小叶通常5，近花序偶为3，连叶柄长8～15cm；小叶片卵状椭圆形、倒卵形或椭圆形，长3～6（9）cm，宽2～4.5cm，先端尾尖、急尖或渐尖，基部近圆形或宽楔形，边缘具尖锐锯齿，向基部浅而稀，上面深绿色，通常无毛或偶有柔毛，下面密被柔毛或毛被稀疏；小叶柄和叶轴具柔毛并散生小皮刺；托叶大部分与叶柄合生，分离部分披针形，先端渐尖，全缘，常带腺体，有毛。圆锥状伞房花序具10～25花；花序梗和花梗均被柔毛和稀疏腺毛；花直径2.5～3cm；被丝托球形至倒卵球形，外面被柔毛和腺毛；萼片披针形，先端长渐尖，通常全缘，两面均密被柔毛；花瓣白色，倒卵形，先端微凹；花柱结合成束，比雄蕊稍长，被柔毛。果近球形，直径8～10mm，猩红色至紫褐色，有光泽。花期4—6月，果期7—9月。

产于安吉、临安、建德、淳安、普陀、开化等地。生于山坡、谷地、溪边灌丛中。分布于江西、福建、湖北、广东、广西、四川、贵州、云南、陕西、甘肃等地。

图4-489　悬钩子蔷薇

10. 软条七蔷薇 （图4-490）

Rosa henryi Bouleng.

落叶灌木，高3～5m。具长匍匐枝；小枝有皮刺或无刺。小叶通常5，近花序常为3，连叶柄长9～14cm；小叶片长圆形、卵形、椭圆形，长3.5～9cm，宽1.5～5cm，先端长渐尖，基部近圆形或宽楔形，边缘具锐锯齿，两面无毛，下面中脉突起；叶柄和叶轴无毛，散生小皮刺；托叶大部分与叶柄合生，分离部分披针形，先端渐尖，全缘，无毛或具稀疏腺毛。伞形状伞房花序具5～15花；花梗无毛或有时疏生腺毛；花直径3～4cm；被丝托无毛或有时具腺毛；萼片披针形，先端渐尖，全缘，有少数裂片，外面近无毛或具稀疏腺点，内面具长柔毛；花瓣白色，宽倒卵形，先端微凹；花柱结合成束，被柔毛，比雄蕊稍长。果近球形，直径8～10mm，成熟后褐红色，有光泽；果梗具稀疏腺点。

产于全省山区。生于山坡上、山谷中、林缘、溪边、田边或灌丛中。分布于华东、华中及广东、广西、四川、贵州、云南、陕西等地。

图4-490　软条七蔷薇

11. 木香花 （图4-491）
Rosa banksiae Ait.

图4-491　木香花

攀缘灌木，高可达6m。小枝圆柱形，无毛，有小皮刺；老枝上的皮刺较大，坚硬，有时无刺。小叶3～5，连叶柄长4～6cm；小叶片椭圆状卵形或长圆状披针形，长2～5cm，宽0.8～1.8cm，先端急尖或稍钝，基部近圆形或宽楔形，边缘具紧贴细锯齿，上面深绿色，无毛，下面淡绿色，中脉突起，沿脉具柔毛；叶柄长4～6cm，小叶柄和叶轴具稀疏柔毛和小皮刺；托叶线状披针形，离生，早落。伞房花序生于枝端；花梗长2～3cm，无毛；苞片狭线形，具疏柔毛；花直径1.5～2.5cm，重瓣或半重瓣，芳香；被丝托与萼片外面无毛，内面被白色柔毛；萼片卵形，先端长渐尖，全缘；花瓣白色，倒卵形，先端圆；心皮多数，花柱离生，密被柔毛，远比雄蕊短。花期4—5月。

分布于四川、云南等地。全国各地均有栽培；全省各地栽培。

花含芳香油，可供配制香精、化妆品用；为著名的观

图4-492　黄木香花

赏植物，常栽培作攀缘棚架。

杭州等地栽培的还有变型黄木香花 form. **lutea** (Lindl.) Rehder（图4-492），花黄色，重瓣，无香味。花较多，花期较长。

11a. 单瓣白木香（变种）
var. **normallis** Regel

花白色，单瓣，味香；果球形至卵球形，直径5~7mm。此为木香花野生原始类型。分布于河南、湖北、四川、贵州、云南、陕西、甘肃等地。杭州等地有栽培。根皮含鞣质，可提制栲胶，也可药用，称"红根"，能活血、调经、消肿。

12. 大花白木香 （图4-493）
Rosa fortuneana Lindl.

与木香花的区别在于花梗、花萼外面具稀疏长腺毛和针刺，花单生，重瓣。杭州植物园有栽培。

图4-493　大花白木香

13. 小果蔷薇 （图4-494）

Rosa cymosa Tratt.

常绿攀缘灌木，高2～5m。小枝圆柱形，无毛或稍有柔毛，有钩状皮刺。小叶3～5，连叶柄长5～10cm；小叶片卵状披针形或椭圆形，稀长圆状披针形，长2.5～6cm，宽0.8～2.5cm，先端渐尖，基部近圆形，边缘具紧贴尖锐细锯齿，两面无毛，中脉隆起，沿脉有稀疏长柔毛或无毛；小叶柄和叶轴无毛或有柔毛，具稀疏皮刺和腺毛；托叶线状披针形，膜质，离生，早落。复伞房花序生于枝端；花梗长约1.5cm，幼时密被长柔毛，老时脱落至近无毛；花直径2～2.5cm；萼片卵形，先端渐尖，常羽状分裂，外面近无毛，稀有刺毛，内面被稀疏白色绒毛，沿边缘较密；花瓣白色，倒卵形，先端凹；花柱离生，稍伸出被丝托外，与雄蕊近等长，密被白色柔毛。果球形，直径4～7mm，红色至黑褐色。花期5—6月，果期7—11月。

图4-494 小果蔷薇

产于全省各地。生于向阳山坡上、路旁、溪边灌丛中。分布于华东及湖南、台湾、广东、广西、四川、贵州、云南等地。

13a. 毛叶小果蔷薇 毛叶山木香（变种）（图4-495）

var. **puberula** Yü et T.C. Ku —— *R. cymosa* Tratt. var. *dapanshanensis* F.G. Zhang, syn. nov.

与小果蔷薇的区别在于小枝、皮刺、叶轴、叶柄、叶片两面均密被短柔毛。

产于长兴、杭州市区（西湖）、临安、建德、浦江、义乌、磐安等地。生于山坡上、溪边、路旁灌丛中。分布于江苏、安徽、福建、湖北、陕西等地。

Flora of China 将其并入小果蔷薇，经调查发现，该变种主要分布于石灰岩地区和干旱生境，毛被特征稳定，果时不脱落，易于区别，故保留其变种地位。另外，大盘山蔷薇 var. *dapanshanensis* 的形态特征与本变种无明显区别，故予以归并。

图4-495　毛叶小果蔷薇

14. 金樱子 刺梨子 糖罐头 （图4-496）

Rosa laevigata Michx.

常绿攀缘灌木，高可达5m。小枝粗壮，散生皮刺，幼时被腺毛，后渐脱落至无毛。小叶3，连叶柄长5～10cm；小叶片革质，椭圆状卵形、倒卵形或披针状卵形，长2～6cm，宽1.2～3.5cm，先端急尖或圆钝，边缘具锐锯齿，上面亮绿色，无毛，下面幼时沿中脉具腺毛，后变无毛；小叶柄、叶轴有皮刺和腺毛；托叶线状披针形，离生，早落。花单生于叶腋；花梗长2～3cm，密被腺毛，后变为针刺；花直径5～7cm；被丝托外面密被腺毛，后变为针刺；萼片卵状披针形，先端叶状，边缘羽状浅裂或全缘，外面常有腺毛和刺毛，内面密被柔毛；花瓣白色，宽倒卵形，先端微凹；花柱离生，有毛。果梨形或倒卵形，外面密被针刺。花期4—6月，果期9—10月。

产于全省山区。生于海拔1200m以下的向阳山地、溪边、谷地疏林下或灌丛中。分布于华东及湖北、湖南、台湾、广东、广西、四川、贵州、云南、陕西等地。

根皮含鞣质，可提制栲胶；果实可熬糖、酿酒；根、叶、果均可入药，根能活血止血、收涩解毒，叶能解毒消肿，果能固精缩尿、涩肠止泻；花瓣可食用。

本种有1变型重瓣金樱子form. **semiplena** Yü et T.C. Ku，区别在于花重瓣，花瓣6～9，内面的1～4枚较小。产于衢州市区（衢江）。分布于江西。

图4-496 金樱子

15. 缫丝花 刺梨 （图4-497）
Rosa roxburghii Tratt.

落叶或半常绿灌木，高1～2.5m。树皮灰褐色，片状剥落。小枝圆柱形，斜向上升，无毛，具基部稍扁而成对的皮刺。小叶9～15，连叶柄长5～11cm；小叶片椭圆形或长圆形，稀倒卵形，长1～2cm，宽0.6～1.2cm，先端急尖或圆钝，基部宽楔形，边缘具细锐锯齿，两面无毛，下面叶脉隆起，网脉明显；小叶柄和叶轴散生小皮刺；托叶大部分与叶柄合生，分离部分钻形，边缘有腺毛。花单生或2朵、3朵集生于短枝顶端；花梗短；小苞片2或3，卵形，边缘有腺毛；花直径5～6cm；萼片通常宽卵形，先端渐尖，有羽状裂片，外面密被针刺，内面密被绒毛；花半重瓣至重瓣，淡红色或粉红色，微香，倒卵形，外轮花瓣大，内轮较小；花柱离生，被毛，不外伸。果扁球形，直径3～4cm，绿红色，外面密生针刺。花期5—7月，果期8—10月。

我国西南及江西、安徽、福建、湖北、湖南、陕西、甘肃等地均有野生或栽培。全省多地栽培。日本也有。

果实味酸甜，含大量维生素，可食用及药用，还可熬糖、酿酒；根煮水可治痢疾；花朵美丽，可栽培供观赏；枝干多刺，可作绿篱。

图4-497 缫丝花

16. 硕苞蔷薇 糖钵 （图4-498）
Rosa bracteata Wendl.

常绿铺散灌木，高1～5m。具长匍匐枝；小枝粗壮，具成对皮刺，密被黄褐色柔毛，混生针刺和腺毛。小叶5～9，稀更多，连叶柄长4～9cm；小叶片革质，椭圆形或倒卵形，长1～2.5cm，宽0.8～1.5cm，先端截形、圆钝或稍急尖，基部宽楔形或近圆形，边缘具紧贴圆钝锯齿，上面深绿色，无毛，下面颜色较淡，沿脉具柔毛；小叶柄和叶轴具稀疏柔毛、腺毛和小皮刺；托叶大部分离生，篦齿状深裂，密被柔毛，边缘具腺毛。花单生或2朵、3朵集生于枝顶；花梗长不到1cm，密生长柔毛和稀疏腺毛；苞片数枚，宽卵形，边缘具不规则缺刻状锯齿，外面密被柔毛，内面近无毛；花直径4.5～7cm；萼片宽卵形，先端尾状渐尖，与被丝托外面均密被黄褐色柔毛和腺毛，内面具稀疏柔毛；花瓣白色，倒卵形，先端凹；花柱密被柔毛。果球形，密被黄褐色柔毛。花期5—7月，果期8—11月。

产于全省各地。生于荒山上、溪边、路旁和灌丛中。分布于华东及湖南、台湾、贵州、云南等地。日本也有。

根、叶、花、果实可入药，有收敛、补脾、益肾等功效。

图4-498 硕苞蔷薇

16a. 密刺硕苞蔷薇（变种）（图4-499）
var. **scabriacaulis** Lindl. ex Koidz.

与硕苞蔷薇的区别在于小枝密被针刺和腺毛。

产于杭州市区（西湖）、萧山、建德、普陀、浦江、武义、台州市区（黄岩）、松阳、洞头、泰顺等地。生于溪边或山坡灌丛中。分布于福建、台湾等地。

图 4-499　密刺硕苞蔷薇

27 龙芽草属　Agrimonia L.

多年生草本。根状茎常有地下芽。奇数羽状复叶；具托叶。花小，两性，呈顶生穗状总状花序；被丝托陀螺状，有棱，顶端有数层钩刺，花后靠合、开展或反折；萼片5，覆瓦状排列；花瓣5，黄色；雄蕊5~15或更多，呈1列着生于花盘外面；花盘边缘增厚，环绕被丝托喉部；雌蕊通常2，包藏于被丝托内，子房上位，花柱丝状，伸出被丝托外，每心皮具1胚珠。瘦果1或2，包藏于具钩刺被丝托内。种子1。

约10种，分布于热带高山地区、北温带地区、拉丁美洲。我国有4种，广泛分布于南北各地；浙江有2种。

1. 龙芽草　仙鹤草　脱力草（图4-500）
Agrimonia pilosa Ledeb.

多年生草本。茎高30~120cm，被疏柔毛及短柔毛，稀下部被稀疏长硬毛。奇数羽状复叶，具7~9小叶，稀5，向上减少至3，常杂有小型叶；托叶草质，镰形，稀卵形，宽通常1cm以下，边缘常具锐齿；小叶片倒卵形至倒卵状披针形，长1.5~5cm，宽1~2.5cm，先端急尖至圆钝，稀渐尖，基部楔形至宽楔形，边缘具急尖或圆钝锯齿，上面被疏柔毛，下面通常脉上伏生疏柔毛，具明显腺点。穗状总状花序顶生；花序轴被柔毛；花梗长1~5mm，被柔毛；苞片常3深裂，裂片线形，小苞片2，对生；花直径6~9mm；萼片三角状卵形；花瓣黄色，长圆形；雄蕊5~15；花柱2，丝状。果实倒卵状圆锥形，被疏柔毛，具10肋，顶端具数层钩刺，连钩刺长7~8mm，钩刺成熟时向内靠合。花果期5—10月。

产于全省各地。生于海拔1600m以下的疏林、林缘、溪边、路边灌草丛中。全国各地广泛分布。欧洲东部及不丹、尼泊尔、印度北部、缅甸、老挝北部、越南北部、泰国北部、朝鲜半岛、日本也有。

全草可入药，有收敛止血、解毒疗疮、补虚益肾等功效。

图4-500 龙芽草

1a. 黄龙尾　绒毛龙芽草（变种）（图4-501）
var. nepalensis (D. Don) Nakai

与龙芽草的区别在于茎下部密被粗硬毛，叶片上面脉上被长硬毛，脉间密被柔毛或绒毛状柔毛。花果期同龙芽草。

图4-501 黄龙尾

产于安吉、杭州市区（西湖）、临安、淳安、余姚、开化、缙云等地。生于海拔1000m以下的山坡、路边及疏林中。分布于华北、华东、华中、华南、西南、西北等地。不丹、印度、尼泊尔、缅甸、泰国、老挝、越南也有。

用途同龙芽草。

1b. 小花龙芽草（变种）（图4-502）
var. **occidentalis** (Skalický) Z. Wei et Y.B. Zhang —— *A. nipponica* Koidz. var. *occidentalis* Skalický

与龙芽草的区别在于小叶片菱状椭圆形，最宽处在中部或近中部，上面伏生疏柔毛，下面脉上横生稀疏长硬毛；花小，直径4～5mm；果较小，连钩刺长4～5mm，最宽处直径2～2.5mm，钩刺在果上开展而不向内靠合。花果期同龙芽草。

产于宁波市区（北仑）、开化、金华市区（婺城）、遂昌、松阳、庆元等地。生于海拔1500m以下的山坡、林缘或灌草丛中。分布于安徽、江西、广东、广西、贵州等地。老挝也有。

图4-502 小花龙芽草

2. 托叶龙芽草　大托叶龙芽草　（图4-503）
Agrimonia coreana Nakai

多年生草本。茎高70～100cm，被疏柔毛及短柔毛。间断奇数羽状复叶，具7～9小叶，上部的为3～5；叶柄被疏柔毛及短柔毛；托叶宽大，扇形或宽卵形，宽通常在1cm以上，边缘具粗大圆钝锯齿或浅裂；小叶无柄，小叶片菱状椭圆形或倒卵状椭圆形，长2～6cm，宽1.5～3cm，基部宽楔形或楔形，先端急尖至圆钝，边缘具粗大圆钝锯齿，上面伏生疏柔毛或几无毛，下面脉上横生疏柔毛,脉间密被短柔毛。花序极疏离,花间距1.5~4cm;花序轴纤细,被短柔毛及疏柔毛;花梗长1~3mm;苞片3深裂,裂片带形,小苞片1对,卵形;花直径7~9mm;萼片5,三角状长卵形;花瓣5,黄色,倒卵状长圆形;雄蕊17~24;花柱2。果实圆锥状半球形,具10肋,被疏柔毛,顶端具数层钩刺,连钩刺长约5mm,钩刺向外开展。花果期7—8月。

产于临安、余姚、象山、景宁等地。生于海拔700~1250m的山坡林下或路旁草丛中。分布于辽宁、吉林、山东等地。朝鲜半岛、日本、俄罗斯也有。

与龙芽草的区别在于花序极疏离;雄蕊17~24;果实较小,连钩刺长约5mm,钩刺直立向外开展;托叶宽大,扇形或宽卵形,宽通常在1cm以上。

图4-503 托叶龙芽草

28 地榆属 Sanguisorba L.

多年生草本。根粗壮,下部通常具若干纺锤形、圆柱形或长条形支根。奇数羽状复叶,互生;具托叶。穗状或头状花序,花多数,密集;苞片2;花两性,稀单性;被丝托喉部缢缩,外面常具4棱;萼片4,紫色、红色、白色,稀带绿色,呈花瓣状;花瓣缺;雄蕊通常4,花丝分离;心皮1,稀2,包藏于被丝托内,子房上位,花柱顶生,柱头扩大成画笔状,胚珠1,下垂。瘦果小,包藏于宿存萼丝托内。种子1。

30余种,分布于亚洲、欧洲及北美洲。我国有7种,南北各地均有分布,以东北各地居多;浙江有1种。

地榆 (图4-504)
Sanguisorba officinalis L.

多年生草本,高30~120cm。根粗壮,纺锤形,稀圆柱形,外面棕褐色或紫褐色,横切面黄白色或紫红色。茎直立,具棱,无毛或基部具稀疏腺毛。羽状复叶;基生叶具9~13小叶,小叶片卵形或长圆状卵形,长1~7cm,宽0.5~3cm,先端圆钝,基部心形,叶缘具粗大圆钝锯齿;茎生叶小叶较少,无毛,托叶大,半卵形,外侧具锐齿。穗状花序椭圆形、圆柱形或卵球形排列,长1~3cm,直径0.5~1cm,自上向下开放;萼片4,花瓣状,紫红色;花瓣缺;雄蕊4;子房无毛或基部微被毛,柱头顶端扩大成盘状,边缘具流苏状乳突。瘦果包藏于具4棱的宿存萼丝托内。花果期7—10月。

产于全省山区。生于海拔1500m以下的路旁、山坡草地上和灌草丛中。分布于全国各地。亚洲及欧洲北温带地区广泛分布。

根可入药,能凉血止血、泻火敛疮,也可提制栲胶;嫩叶可蔬食,也可代茶。

图4-504 地榆

a. 长叶地榆（变种）（图4-505）
var. **longifolia** (Bert.) Yü et Li

与地榆的区别在于基生叶小叶片线状长圆形至线状披针形，基部微心形、圆形至宽楔形；茎生叶小叶较多，与基生叶相似，但更狭长。花序长圆柱形，长2～6cm。花果期8—11月。

产于临安、天台、景宁等地。生于海拔50～1500m的山坡草地上、溪边、灌丛中、湿草地或疏林中。分布于我国南北各地。朝鲜半岛、蒙古、俄罗斯西伯利亚地区、印度也有。

用途同地榆。

图4-505 长叶地榆

29 桃属 Amygdalus L.

落叶乔木或灌木。腋芽（2）3枚并生，两侧为花芽，中间为叶芽，幼叶在芽中对折。单叶互生；叶柄和叶边常具腺体。花先于叶开放，稀花叶同放；花常单生，无梗，稀有梗；被丝托钟状；萼片5；花瓣5；雄蕊多数；雌蕊1，子房上位，常具柔毛，每室具2胚珠。核果，有沟，通常被毛；果核表面具沟纹和孔穴。种皮厚，种仁味苦或甜。

约40种，分布于亚洲中部至地中海地区，栽培品种广泛分布于寒温带、暖温带至亚热带地区。我国有11种，主产于西部和西北部；浙江有1种。

桃（图4-506）

Amygdalus persica L. — *Prunus persica* (L.) Batsch.

落叶乔木，高3~8m，树冠宽展。冬芽常2或3枚并生，中间为叶芽，两侧为花芽。叶片长圆状披针形、椭圆状披针形或倒卵状披针形，长7~15cm，宽2~3.5cm，基部宽楔形，先端渐尖，边缘具细或粗锯齿，仅下面脉腋间具少数短柔毛或无毛；叶柄常具1至数枚腺体。花单生，先于叶开放；花梗短或近无梗；花直径2.5~4.5cm；被丝托钟状，紫红色或绿色带红色斑点，被短柔

图4-506 桃

毛；萼片卵形至长圆形，先端圆钝，外面被短柔毛；花瓣粉红色，稀白色；雄蕊多数；子房具柔毛，花柱与雄蕊近等长或稍短，下部具柔毛。核果卵形、宽椭圆形或扁圆形，直径(3)5～7(12)cm，

图 4-507　紫叶桃花

图 4-508　菊花桃

密被短柔毛，稀无毛，具纵沟；果肉多汁，有香气，味甜或酸甜；果核椭圆形或近圆形，两端尖，表面具沟纹和孔穴。种仁味苦。花期3—4月，果期5—9月。

产于全省各地，也广泛栽培。生于海拔1000m以下的山坡上和溪边。原产于我国，国内外广泛栽培。

桃的栽培品种很多，主要分为果桃和花桃两大类。本省常见栽培的果桃主要有水蜜桃、蟠桃和黄桃等。本省常见栽培的花桃主要有碧桃 'Duplex'，花重瓣，淡红色；绯桃 'Magnifica'，花重瓣，鲜红色；红花碧桃 'Rubroplena'，花半重瓣，红色；绛桃 'Camelliaeflora'，花半重瓣，深红色；千瓣红桃 'Dianthiflora'，花半重瓣，淡红色；单瓣白桃 'Alba'，花单瓣，白色；千瓣白桃 'Alba-plena'，花半重瓣，白色；洒金碧桃 'Versicolor'，花半重瓣，白色，有时同一枝上的花有红色和白色，或白花中具红色条纹；紫叶桃花 'Atropurpurea'（图4-507），叶紫色；垂枝碧桃 'Pendula'，枝条下垂；菊花桃 'Juhuatao'（图4-508），花红色，菊瓣等。

30 杏属 Armeniaca Mill.

落叶乔木，稀灌木。枝无刺，极少有刺。无顶芽，叶芽和花芽并生，2或3枚簇生于叶腋；幼叶在芽中席卷状。单叶互生；叶柄常具腺体。花单生，稀具2花，先于叶开放，近无梗；被丝托筒状；萼片5；花瓣5；雄蕊15～45；心皮1室，具2胚珠，子房上位，具毛。核果具明显纵沟，常被短柔毛；果肉肉质多汁，成熟时不开裂；果核扁平，光滑、粗糙或呈网状，稀具蜂窝状孔穴。种仁味苦或甜。

约11种，分布于亚洲东部至西南部。我国有10种，主产于黄河流域；浙江有3种，其中栽培2种。

分种检索表

1. 树高4～10m；树皮纵裂；叶片卵形或宽卵形，下面幼时有短柔毛，后脱落至仅脉腋有毛；花梗短。
   2. 一年生枝浅红褐色；叶片基部圆形或近心形；果味甜酸适度，离核··················**1. 杏 A. vulgaris**
   2. 一年生枝绿色；叶片基部宽楔形至近圆形；果味极酸，粘核····························**2. 梅 A. mume**
1. 树高35～40m；树皮小块状开裂；叶片长椭圆形，下面密被灰白色长柔毛；花梗长3～4mm ············
   ··**3. 政和杏 A. zhengheensis**

1. 杏 杏树 杏花（图4-509）

Armeniaca vulgaris Lam. — *Prunus armeniaca* L. — *A. xianjuxing* J.Y. Zhang et Z.X. Wu, syn. nov.

落叶乔木，高5～10m。树皮灰褐色，纵裂。老枝具横生皮孔；当年生枝浅红褐色，有光泽，无毛，皮孔细小。叶片宽卵形，长5～9cm，宽4～8cm，基部圆形至近心形，先端急尖至短渐尖，

图4-509 杏

边缘具圆钝锯齿，上面无毛，下面沿脉及脉腋具柔毛；叶柄长2～3.5cm，常具1～6腺体。花单生，先于叶开放，直径2～3cm；花梗短，被短柔毛；被丝托圆筒形，外面基部被短柔毛；萼片卵形至卵状长圆形，先端圆钝，花后反折；花瓣倒卵形，具短爪，白色或粉红色；雄蕊20～45；子房被短柔毛，花柱下部具柔毛。核果球形，白色、黄色至黄红色，常具红晕，直径2.5cm以上，微被短柔毛；果肉多汁，甜酸适度，离核；果核卵形或椭圆形，两侧扁平，顶端圆钝，表面稍粗糙或平滑。花期3—4月，果期5—7月。

原产于亚洲西部。全国各地均有栽培，尤以华北、西北、华东地区种植较多，少数地区逸为野生，在新疆野生最多；浙江各地也有栽培。

为重要传统果树之一，可鲜食或制罐头、果脯、果酱、杏干等；果仁可食用或药用。

张加延等（2009）发表的仙居杏 A. xianjuxing J.Y. Zhang et Z.X. Wu，其与杏的主要区别在于叶片两面具有短柔毛；花梗或果梗长1～1.2cm，萼片边缘具小锯齿，花瓣边缘钝锯齿状或小裂片状。笔者通过对模式产地仙居杏的观察，其叶片毛被情况与杏没有本质的区别；花梗或果梗也有长与短，不是一个稳定特征；萼片边缘及花瓣边缘锯齿不典型。故作为杏的异名处理。

2. 梅 梅花 （图4-510）
Armeniaca mume Sieblod — *Prunus mume* (Sieblod) Sieblod et Zucc.

落叶乔木，高4～10m。树皮浅灰色，纵裂。小枝绿色，光滑无毛。叶片卵形，长4～8cm，宽2.5～5cm，基部宽楔形至圆形，先端尾尖，边缘具细锯齿，幼时两面被短柔毛，后渐脱落，或仅下面脉腋具短柔毛；叶柄常具腺体，幼时具毛。花常单生，直径2～2.5cm，有香气，先于叶开放；花梗短，常无毛；被丝托宽钟形，无毛或被短柔毛；萼片通常红褐色，卵形或近圆形，先端圆钝；花瓣白色至粉红色，倒卵形；雄蕊多数；子房密被柔毛。核果黄色或绿白色，近球形，直径2～3cm，被柔毛，味酸，粘核；果核椭圆形，两侧微扁，有明显纵沟及蜂窝状孔穴。花期2—3月，果期5—6月。

分布于四川西部、云南西部等地。朝鲜半岛、日本、老挝、越南也有。我国广泛栽培；浙江各地也常见栽培。

梅在我国已有3000多年的栽培历史，品种众多，常露地栽培供观赏或用于制作树桩盆景；鲜花可提取香精；花、叶、根、种仁均可入药；果实可鲜食、盐渍、干制、浸酒或熏制成乌梅入药。

梅品种分果梅和花梅两大类。

果梅有白梅品种群：成熟果实黄白色，果肉较薄，质粗，味苦，核大，品质差，不宜鲜食，可制梅干，成熟期4—5月；青梅品种群：成熟果实绿色或黄绿色，果肉厚，质脆，汁多，无苦涩味，可鲜食，并适宜制糖青梅、青梅酒、梅酱等绿色食品，成熟期4月；红梅品种群：成熟果实红色或紫红色，质细脆，味稍酸，汁较少，品质优良，适宜制话梅、陈皮梅、乌梅等，成熟期5—6月。

花梅主要有单瓣（江梅）型'Simpliciflora'，花碟形，单瓣，纯白色、水红色、肉色或桃红色等，花萼绛紫色；宫粉型'Alphandii'（图4-511），花碟形，半重瓣至重瓣，粉红色，花萼绛紫色；玉碟型'Albo-plena'（图4-512），花碟形，重瓣，白色，花萼绛紫色；黄香型'Flavescens'，花碟形，单瓣、半重瓣至重瓣，淡黄色，花萼绛紫色；朱砂型'Purpurea'（图4-513），花碟形，单瓣、半重瓣或重瓣，紫红色，花萼绛紫色；绿萼型'Viridicalyx'（图4-514），花碟形，单瓣至半重瓣，白色，花萼绿色；跳枝（洒金）型'Versicolor'，花碟形，单瓣至重瓣，在同一株上同时有近白色、粉红色、白底红条或白底红斑点的各色花朵；垂枝梅'Pendula'（图4-515），枝条下垂，形成独特的伞状树姿；游龙梅'Tortuosa'，枝条自然扭曲如游龙，花碟形，半重瓣，白色；杏梅'Bungo'，枝和叶似山杏，花半重瓣，粉红色。

图4-510 梅

图 4-511　宫粉型

图 4-512　玉碟型

图 4-513　朱砂型

图4-514 绿萼型

图4-515 垂枝梅

3. 政和杏 (图4-516)

Armeniaca zhengheensis J.Y. Zhang et M.N. Lu

落叶高大乔木，高35~40m。树皮深褐色，小块状开裂。老枝灰褐色，皮孔密而横生；当年生枝红褐色，光滑无毛，有皮孔。叶片长椭圆形至长圆形，长7.5~15cm，宽3.5~4.5cm，基部截形，先端渐尖至长尾尖，边缘具不规则细小锯齿，齿尖具腺体，上面脉上具稀疏柔毛，下面密

八六 蔷薇科 Rosaceae 527

图 4-516 政和杏

被灰白色长柔毛；叶柄红色，长1.3~1.5cm，中上部具2~4（6）腺体。花单生，先于叶开放，直径约3cm；花梗长0.3~0.4cm，无毛；被丝托钟形，下部绿色，上部淡红色；萼片舌状，紫红色，边缘具腺状锯齿，花后反折；花瓣椭圆形，具短爪，先端圆钝，花蕾时粉红色，开后白色；雄蕊25~30，长于花瓣；子房与花柱无毛。核果卵圆形，黄色，阳面有红晕，微被柔毛；果肉多汁，味甜，无香味，粘核；果核长椭圆形，黄褐色，两侧扁平，顶端圆钝，表面粗糙，有浅网状纹，背棱有时两端或全部开裂。种仁扁椭圆形，饱满，味苦。花期3—4月，果期6—7月。

产于庆元（左溪）。生于海拔700~1000m的沟谷阔叶林中。分布于福建（政和外屯）。

31 李属 Prunus L.

落叶小乔木或灌木。无顶芽，腋芽单生。单叶互生；幼叶在芽内呈席卷状或对折；叶柄顶端或在叶片基部边缘常具2小腺体；托叶早落。花单生或2朵、3朵簇生，具短梗，先于叶开放或与叶同放；小苞片早落；被丝托钟状；萼片5；花瓣5；心皮1室，具2胚珠，子房上位。核果有沟，无毛，常被蜡粉；果核两侧扁平，表面常平滑，稀具沟或皱纹。

30余种，主要分布于北半球温带地区。我国原产及习见栽培7种，多为重要果树或园林树种；浙江有2种。

1. 李 嘉庆子 嘉应子 （图4-517）
Prunus salicina Lindl.

落叶乔木，高9~12m，树干有棘刺。小枝黄红色，无毛。叶片长圆状倒卵形至长椭圆形，长6~12cm，宽3~5cm，先端渐尖、急尖或短尾尖，基部楔形，边缘具圆钝重锯齿，常混生单

图4-517 李

锯齿，两面无毛，侧脉6～10对，不达边缘；叶柄长1～2cm，通常无毛，顶端具2腺体或无，有时在叶片基部边缘具腺体；托叶线形，早落。花通常3朵簇生；花梗长1～2cm，无毛；花直径1.5～2.2cm；被丝托钟状；萼片边缘具疏齿；花瓣白色，具紫色脉纹；雄蕊多数，花丝长短不等，2轮；雌蕊1，花柱比雄蕊稍长。核果黄色、红色、绿色或紫色，外被蜡粉，球形、卵形或近圆锥形，直径3～7cm，基部有纵沟；果核宽卵形或长圆形，有皱纹。花期4月，果期7—8月。

产于全省各地。生于海拔1200m以下的溪边疏林内或山坡杂木林中。全省各地有栽培。除新疆、台湾外，全国各地均有栽培或野生。

为温带地区重要果树之一，有很多栽培品种。浙江有桃形李、黄果李、茄皮李、金塘李、红美人李、白美人李、夫人李、潘园李等品种。果可鲜食，也可制李脯、李干、罐头和酿酒；根皮、叶和果仁均可药用；木材可作家具等用材；为优良的蜜源植物。

2. 樱桃李
Prunus cerasifera Ehrhart

落叶小乔木或灌木，高4～8m。多分枝，开展；枝细弱，小枝暗紫红色，光滑无毛。叶片椭圆形、卵形或倒卵形，长3～6cm，宽2～4cm，先端急尖，基部楔形或近圆形，边缘具圆钝锯齿，有时混有重锯齿，上面深绿色，无毛，中脉微下陷，下面颜色较淡，除沿中脉具柔毛或脉腋具髯毛外，其余部分无毛，中脉和侧脉均突起，侧脉5～8对；叶柄长6～12mm，无腺体，无毛；托叶披针形，边缘具腺锯齿，早落。具1花，稀2花；花梗长约1cm，无毛或微被短柔毛；花直

图4-518 红叶李

径约2.3cm；被丝托钟状；萼片长卵形，先端圆钝，边缘具疏浅锯齿，内面疏生短柔毛，外面无毛；花瓣白色，长圆形，边缘波状；雄蕊25~30，花丝长短不等，2轮；雌蕊1，花柱比雄蕊稍长，基部被稀疏长柔毛。核果小，近球形，浅褐色带白色。花期4月，果期8月。

分布于新疆。浙江常见栽培的是其变型红叶李 form. **atropurpurea** (Jacq.) Rehder（图4-518），与樱桃李的区别在于叶片常年紫色。

浙江常见栽培的本属植物还有美人梅 *P.* × *blireana* André 'Meiren'（图4-519），叶片紫红色；花梗略下垂，花直径2~3cm，重瓣，先于叶开放，花瓣浅紫色。

图4-519　美人梅

32　樱属　Cerasus Mill.

落叶乔木或灌木。腋芽单生或3枚并生（中间的为叶芽，两侧的为花芽）。叶常后于花开放或与花同放，边缘具锯齿，齿端常具腺体；具叶柄，常有腺体；具托叶，常有腺体，脱落。花数朵组成伞形、伞房或短总状花序，或1朵、2朵生于叶腋；具花梗；花序基部具宿存芽鳞或苞片；被丝托钟状或管状；萼片向上斜展、近平展或反折；花瓣白色或粉红色，先端圆钝、微凹或2深裂；雄蕊15~50；雌蕊1，子房上位，1室，具2胚珠，花柱1。核果，成熟时肉质多汁，核面平滑或具皱纹。

约150种，广泛分布于北半球温带地区。我国连同引种栽培的有近50种，以西部和西南部最为丰富；浙江有18种，其中栽培4种。

本属植物中，大多种类的果实成熟时味美，可食用，樱桃在落叶果树中成熟早，因此在我国的栽培历史悠久。观赏的樱花，主要来自山樱花 C. serrulata 和东京樱花 C. yedoensis，培育的园艺品种极多。

野生樱属植物的分类十分棘手。在花时，大多植物无成熟叶，而叶片边缘锯齿形状、腺体形状、叶片毛被等特征在分类上具有重要价值。在果时，花部一些特征如萼片是否反折、花柱是否被毛以及苞片的一些性状（一些种类苞片在果时脱落）无法观测到。因此，樱属植物在野外的定株观测显得尤为重要，这样才能使花期标本和果期标本一一对应，避免在分类鉴定时"张冠李戴"。

分种检索表

1. 腋芽单生；叶柄通常长 5～35mm；花数朵排成伞形或伞房状总状花序。
　2. 花 5～8 朵排成明显的总状花序；苞片宿存 ……………………………… **1. 凤阳山樱 C. fengyangshanica**
　2. 花组成伞形、近伞形或伞房花序；苞片脱落，少有宿存。
　　3. 当年生枝密被柔毛，二年生枝被灰褐色短硬毛；叶片下面沿脉密被柔毛。
　　　4. 花柱无毛；苞片宿存；果实成熟时黑紫色 ……………………………… **2. 磐安樱 C. pananensis**
　　　4. 花柱基部疏生长柔毛；苞片果时常脱落；果实成熟时鲜红色或紫黑色。
　　　　5. 花序梗长 2～8mm；萼片反折；花柱短于雄蕊；叶片的网脉稍明显 ……………………………… **3. 浙闽樱 C. schneideriana**
　　　　5. 花序梗长不超过 3mm，有时近无；萼片平展；花柱长于雄蕊；叶片的网脉两面极明显 ……………………………… **4. 景宁晚樱 C. paludosa**
　　3. 当年生枝无毛、疏被或密被白色柔毛，二年生枝无毛或近无毛；叶片下面沿脉疏被柔毛或近无毛。
　　　6. 萼片反折。
　　　　7. 伞形花序常具 2 花；苞片绿色，宿存（野生）……………………… **5. 迎春樱 C. discoidea**
　　　　7. 花 3～6 朵排成伞房或近伞形花序；苞片早落（栽培，稀野生）…… **6. 樱桃 C. pseudocerasus**
　　　6. 萼片向上斜展或近平展。
　　　　8. 被丝托管状，萼片边缘具腺齿；花梗、被丝托、花柱均被柔毛。
　　　　　9. 侧脉 10～14 对，几平行直伸；花叶同放，2 或 3 朵排成伞形花序，萼片与被丝托近等长（野生）……………………………… **7. 大叶早樱 C. subhirtella**
　　　　　9. 侧脉 7～10 对，上部弧形上弯；花先于叶开放，3 或 4 朵排成近伞形的短总状花序，萼片短于被丝托（栽培）……………………………… **8. 东京樱花 C. yedoensis**
　　　　8. 被丝托钟状或管状钟形，萼片全缘；花梗、被丝托、花柱均无毛。
　　　　　10. 叶片边缘具细密的单浅腺齿或锐尖锯齿；被丝托钟状，花淡红紫色 ……………………………… **9. 钟花樱 C. campanulata**
　　　　　10. 叶片边缘具尖锐锯齿或芒状重锯齿；被丝托管状钟形或近钟形，花白色或粉红色，在栽培品种中有时更红。
　　　　　　11. 花晚于叶开放，3 或 4 朵排成近伞形花序，花直径 4～5.5cm，重瓣（栽培）……………………………… **10. 日本晚樱 C. lannesiana**
　　　　　　11. 花先于叶开放或与叶同放，1～3 朵排成伞形花序，花直径 2～3cm，单瓣（野生）。

12.叶片边缘具前伸的尖锐锯齿,偶具重锯齿;花瓣先端2浅裂 ············ 11.华中樱 C. conradinae
12.叶片边缘具芒状重锯齿;花瓣先端微凹 ······································ 12.山樱花 C. serrulata
1.腋芽3枚并生(或在 C. jingningensis 可1~4个并生);叶柄长1.5~5mm(在 C. jingningensis 可长达15mm);花2~4朵簇生。
13.萼片近平展或斜展;小枝密被绒毛;叶片下面密被绒毛,后多少变稀疏 ··· 13.毛樱桃 C. tomentosa
13.萼片反折;小枝无毛或被短柔毛;叶片下面无毛或疏被短柔毛。
　14.叶片卵形、卵状椭圆形至椭圆形,最宽处常在中部以下。
　　15.叶柄长8~15mm,无毛;叶片下面无毛 ························ 14.景宁矮樱 C. jingningensis
　　15.叶柄长2~4mm,疏被短柔毛或无毛;叶片下面疏被长、短柔毛或无毛。
　　　16.叶片多为卵状椭圆形,下面中脉无毛或疏被短柔毛;子房与花柱无毛 ·················
　　　　　·· 15.郁李 C. japonica
　　　16.叶片多为卵形,下面下部至基部的中脉上具褐色长柔毛;子房先端与花柱基部具长柔毛
　　　　　·· 16.毛柱郁李 C. pogonostyla
　14.叶片倒卵状长圆形、倒卵状披针形、椭圆状披针形至长圆状披针形,最宽处在中部或中部以上。
　　17.小枝被短柔毛;叶片中部以上最宽,先端急尖至渐尖 ·················· 17.欧李 C. humilis
　　17.小枝无毛;叶片近中部最宽,先端急尖,稀渐尖 ····················· 18.麦李 C. glandulosa

1. 凤阳山樱 （图4-520）

Cerasus fengyangshanica L.X. Ye et X.F. Jin — *Prunus maximowiczii* auct., non Rupr.

落叶小乔木。嫩枝密被黄褐色或灰褐色柔毛。叶片倒卵形至倒长卵形,稀卵形,长2.5~8cm,宽1~3.7cm,先端短尾尖,稀渐尖,基部宽楔形或近圆形,常具1对黄色腺体,边缘具重锯齿,齿端具近头状腺体,上面中脉疏被柔毛,下面中脉和侧脉均疏被柔毛,侧脉7~10对;叶柄长5~10mm,密被黄褐色长柔毛;托叶条形,边缘具腺体,早落。花叶同放,总状花序具5~8花,基部具叶状苞片;花序轴密被黄褐色柔毛;花梗长6~18mm,被黄褐色柔毛;苞片绿色,宽卵形或倒卵形,无毛,边缘具锐锯齿,齿尖具棒状腺体;被丝托倒圆锥形,外面密被柔毛;萼片三角形,反折,比被丝托稍短,先端渐尖,边缘疏具浅齿;花瓣白色,宽卵形或卵圆形,先端圆钝;雄蕊30~32,花丝不等长;子房无毛,花柱较雄蕊稍长,中部以下疏生柔毛。核果成熟时黑色,椭圆球形;核表面略有棱纹。花期5月,果期6月。

产于龙泉(凤阳山)、缙云(大洋山)等地。生于海拔1350~1500m的山谷溪沟边。模式标本采自龙泉凤阳山。

《浙江植物志》中的黑樱桃 *Prunus maximowiczii* 为本种的误定,两者的区别在于本种叶缘锯齿先端具头状腺体,苞片边缘具棒状腺体,雄蕊30~32,冬芽芽鳞外面无毛。

八六 蔷薇科 Rosaceae

图 4-520 凤阳山樱

2. 磐安樱 （图 4-521）

Cerasus pananensis (Zi L. Chen, W.J. Chen et X.F. Jin) Y.F. Lu, Zi L. Chen et X.F. Jin —— *Prunus pananensis* Zi L. Chen, W.J. Chen et X.F. Jin

落叶小乔木。嫩枝密被黄褐色柔毛，小枝被短硬毛。叶片倒卵状椭圆形至长圆形，长4～10cm，宽2～4.5cm，先端常尾尖，基部圆形或浅心形，边缘具不整齐的急尖锯齿，齿端具小盘状腺体，上面近无毛，下面中脉和侧脉密被黄褐色柔毛，侧脉8～10对；叶柄长6～12mm，密被长柔毛，顶端常具1对腺体；托叶狭条形，常深裂，边缘具锥状腺体。花先于叶开放或与叶同放，伞形花序具2或3花，稀1花，基部具鳞片；花序梗长6~10mm，被开展柔毛；花梗长8~12mm，被开展柔毛；苞片薄革质，绿色，近圆形，疏生伏毛，边缘具小盘状腺体；被丝托钟形，被柔毛；萼片卵状长圆形，反折，长于被丝托，先端渐尖或急尖，外面边缘被疏柔毛，内面无毛；花瓣粉红色或白色，卵状椭圆形或椭圆状长圆形，先端2浅裂；雄蕊28~30，花丝不等长；子房无毛，花柱无毛，与雄蕊近等长或稍长。核果近球形，成熟时黑紫色；核表面略有棱纹。花期3—4月，果期4—5月。

产于诸暨（璜山）、磐安、仙居（俞坑）等地。生于海拔400~700m的山谷溪边。模式标本采自磐安大盘山。

图4-521　磐安樱

3. 浙闽樱　（图4-522）
Cerasus schneideriana (Koehne) Yü et C.L. Li —— *Prunus schneideriana* Koehne

落叶小乔木。嫩枝灰绿色，密被灰褐色柔毛，小枝被短硬毛。叶片长椭圆形、卵状长圆形或倒卵状长圆形，长4~9cm，宽1.5~4.5cm，先端渐尖或尾尖，基部圆形或宽楔形，边缘具尖锯齿，并常有重锯齿，齿端具头状腺体，上面近无毛或伏生疏柔毛，下面被灰黄色柔毛，脉上较密，侧脉8~11对；叶柄长5~10cm，密被褐色柔毛，先端具2或3黑色腺体；托叶膜质，条形，边缘疏生长柄腺体，早落。伞形花序具1~3花；花序梗长2~8mm，被柔毛；花梗密被褐色柔毛；苞片绿褐色，边缘具锯齿，齿端具长柄腺体；被丝托管状，伏生褐色短柔毛；萼片条状披针形，反折，与被丝托近等长，先端圆钝；花瓣淡红色，卵形，先端2浅裂；雄蕊约40，短于花瓣；子房疏生柔毛，花柱比雄蕊短，基部疏生柔毛。核果红色，长椭圆球形；核表面有棱纹。花期

4—5月,果期5—6月。

产于桐庐、宁波市区(北仑)、开化、武义、临海、仙居、遂昌、松阳、龙泉、庆元、景宁、乐清、文成、平阳、泰顺等地。生于海拔400～1530m的山谷林下或溪沟边。分布于福建、广西等地。模式标本采自宁波。

图4-522 浙闽樱

4.景宁晚樱 沼生樱 (图4-523)

Cerasus paludosa R. L. Liu, W.J. Chen et Z.H. Chen

落叶灌木或小乔木。嫩枝密被灰色开展柔毛,后渐脱落。叶片倒卵状椭圆形,长7～10cm,宽3～3.5cm,先端急缩成尾尖状,稀为长渐尖,基部常近圆形,边缘具细密重锯齿,齿端尖锐,下面沿脉密被柔毛,侧脉8～12对,网脉在上面明显下凹,在下面显著隆起;叶柄长约1cm,密被柔毛,近顶端具2腺体;托叶条状披针形,边缘具流苏状头状腺齿,早落。花先于叶开放或与叶同放,近伞房花序通常具2花;花序梗长不超过3mm,有时近无,密被柔毛;花梗密被柔毛;苞片楔形至扇形,被柔毛,先端不整齐条裂,裂片先端具头状腺体;被丝托管状钟形,密被柔毛;萼片狭三角形或三角状披针形,近平展,密被柔毛,与被丝托近等长,先端钝尖,边缘具疏浅齿;花瓣粉红色,宽卵形或卵圆形,顶端2浅裂;雄蕊25～30,花丝不等长;子房疏被长柔毛,花柱较雄蕊长,基部疏被长柔毛。核果椭圆球形,成熟时紫黑色;核表面略有棱纹。花期4月,果期5月。

分布于龙泉(凤阳山)、景宁(望东垟)、文成(白水际)等地。生于海拔1200～1500m的林缘。模式标本采自景宁望东垟。

本种与浙闽樱相似，但其叶片较厚，上面网脉明显下凹，下面显著隆起；花序梗较短，不超过3mm，被丝托管状钟形，萼片近平展，花柱长于雄蕊，可以相区别。

图4-523　景宁晚樱

5. 迎春樱 （图4-524）

Cerasus discoidea Yü et C.L. Li — *Prunus discoidea* (Yü et C.L. Li) Yü et C.L. Li ex Z. Wei et Y.B. Chang

落叶小乔木。嫩枝被疏柔毛或脱落无毛，小枝紫褐色。叶片倒卵状长圆形或长椭圆形，长4～8cm，宽1.5～3.5cm，先端急缩成尾尖，基部楔形，稀近圆形，叶缘具缺刻状锐尖锯齿，齿端具小盘状腺体，上面伏生疏柔毛，下面被疏柔毛，嫩时较密，侧脉8～10对；叶柄长5～7mm，幼时被稀疏柔毛，后近无毛，顶端具1～3腺体；托叶狭条形，边缘具盘状腺体。花先于叶开放，稀与叶同放；伞形花序具2花，稀1或3；花序梗被疏柔毛或无毛，藏于鳞片内或稍伸出；花梗被疏柔毛；苞片绿色，近圆形，边缘具小盘状腺体，近无毛；被丝托钟状管形，外面被疏柔毛；萼片长圆形，反折，短于被丝托，先端圆钝或具小尖头；花瓣粉红色，长椭圆形，先端2浅裂；雄蕊32～40；子房无毛，花柱无毛，稍长于雄蕊。核果椭圆球形，红色；核表面略有棱纹。花期3—4月，果期4—5月。

全省山区和半山区广泛分布。常生于海拔900m以下的路边、沟边、林中或林缘。分布于安徽、江西等地。模式标本采自临安西天目山。

本种是浙江樱属早春最早开花的种，还有白花变型form. **albiflora** H.Q. Bai et Z.H. Chen（图4-525），花瓣白色，被丝托绿褐色，分布于德清莫干山海拔520m左右的山坡路边。

八六　蔷薇科 Rosaceae

图 4-524　迎春樱

图 4-525　迎春樱白花变型

6. 樱桃 （图4-526）

Cerasus pseudocerasus (Lindl.) G. Don — *Prunus pseudocerasus* Lindl.

落叶乔木，或为小乔木、灌木状。小枝无毛或被疏柔毛。叶片卵形或长圆状卵形，长5～12cm，宽3～5cm，先端渐尖或尾状渐尖，基部圆形，边缘具尖锐重锯齿，齿端具小腺体，上面近无毛，下面沿脉或脉间具疏柔毛，侧脉9～11对；叶柄长7～15mm，被疏柔毛，顶端具1或2腺体；托叶披针形，边缘羽裂而具腺齿，早落。花先于叶开放，伞房或近伞形花序具3～6花；花序梗疏被柔毛；花梗被疏柔毛；苞片早落；被丝托钟状，外面被疏柔毛；萼片三角状宽卵形或卵状长圆形，反折，先端锐尖或钝，全缘，长为被丝托的1/2～3/5；花瓣白色，宽卵形，先端微凹或2浅裂；雄蕊30～35（栽培者达50），花丝不等长；子房无毛，花柱与雄蕊近等长，无毛。核果红色，近球形。花期3—4月，果期5月。

原产于我国，辽宁以南广泛栽培，品种极多。全省各地均有栽培。

果可食用。

图4-526 樱桃

7. 大叶早樱（图4-527）

Cerasus subhirtella (Miq.) Masam. et S. Suzuki — *Prunus subhirtella* Miq. — *C. subhirtella* (Miq.) S. Ya Sokolov

落叶乔木，高可达10m。嫩枝绿色，密被白色短柔毛，小枝灰色，近无毛。叶片卵形至卵状长圆形，长3~8cm，宽1.5~3.5cm，先端渐尖，基部宽楔形，边缘具细锐锯齿或重锯齿，上面无毛或中脉伏生疏柔毛，下面伏生白色疏柔毛，脉上较密，侧脉10~14对，近平行直伸；叶柄长5~8mm，被白色短柔毛；托叶褐色，条形，比叶柄短，边缘具疏腺齿。花叶同放；伞形花序具2或3花；花梗长1~2cm，被疏柔毛；苞片早落；被丝托管状，微呈壶形，基部稍膨大，颈部稍缢缩，外面伏生白色疏柔毛；萼片长宽卵形，与被丝托近等长，先端锐尖，具疏齿；花瓣淡红色，倒卵状长圆形，先端微凹；雄蕊约20，不等长；子房疏生柔毛，花柱与雄蕊近等长，基部具疏毛。核果黑色，卵球形；果梗顶端稍膨大；核有棱纹。花期4月，

图4-527 大叶早樱

图4-528　重瓣大叶早樱

果期5—6月。

产于德清（莫干山）、临安、鄞州、临海、龙泉等地。生于海拔400~1400m的山谷林中或溪沟边。分布于安徽、江西、四川等地。

本种还有1变型重瓣大叶早樱form. **multipetala** F.Y. Zhang et al.（图4-528），其花瓣多达12，雄蕊常退化，产于安吉（上墅），有较好应用前景。

8. 东京樱花　樱花　日本樱花　（图4-529）

Cerasus yedoensis (Matsum.) Masam. et S. Suzuki — *Prunus yedoensis* Matsum. — *C. yedoensis* (Matsum.) Yü et C.L. Li

落叶乔木。嫩枝绿色，被疏柔毛，小枝淡紫褐色，无毛。叶片椭圆状卵形或倒卵形，长5~12cm，宽2.5~7cm，先端渐尖或急缩成尾尖，基部圆形，稀楔形，边缘具尖锐重锯齿，齿端渐尖，具小腺体，上面无毛，下面沿脉被疏柔毛，侧脉7~10对；叶柄长1.3~1.5cm，密被柔毛，顶端常具1或2腺体；托叶披针形，边缘羽裂，具腺齿，被柔毛，早落。花先于叶开放；伞形状短总状花序具3或4花；花序梗极短；花梗长2~2.5cm，被短柔毛；苞片褐色，匙状长圆形，边缘具腺体，早落；被丝托管状，被疏柔毛；萼片三角状长卵形，短于被丝托，先端渐尖，边缘具腺齿；花瓣白色或粉红色，椭圆状卵形，先端微凹；雄蕊约32，短于花瓣；花柱基部具疏柔毛。核果黑色，近球形；核略具棱纹。花期4月上旬，果期5月。

图4-529　东京樱花

原产于日本。我国各地均有栽培,全省广泛栽培。

可供观赏。

9.钟花樱 (图4-530)

Cerasus campanulata (Maxim.) Masam. et S. Suzuki — *Prunus campanulata* Maxim. — *C. campanulata* (Maxim.) Yü et C.L. Li

落叶乔木,有时为小乔木或灌木。嫩枝绿色,无毛,小枝灰褐色或紫褐色。叶片卵形、卵状椭圆形或倒卵状椭圆形,长4~8cm,宽2~3.8cm,先端渐尖或急缩成尾尖,基部圆形至宽楔形,边缘具细密浅腺齿或锐尖而略前伸的锯齿,齿端具腺体,两面无毛,侧脉8~12对;叶柄长8~13mm,无毛,顶端常具2腺体;托叶早落。花先于叶开放;伞形花序具2~5花;花序梗短,长2~4mm;花梗长1~2cm,无毛或疏被短柔毛;苞片常褐色,边缘具腺齿,脱落;被丝托钟状,无毛或被极稀疏柔毛,基部略膨大;萼片长圆形,短于被丝托,先端圆钝,全缘;花瓣淡红紫色,

图4-530 钟花樱

倒卵状长圆形，先端颜色较深，微凹，稀全缘；雄蕊约40，花丝不等长；花柱较雄蕊长或稍短，无毛。核果卵球形，顶端尖；果梗顶端几不膨大或略膨大；核表面微具棱纹。花果期3—5月。

产于临安（清凉峰）、开化（古田山）、临海、遂昌、庆元、景宁等地。生于海拔560～1300m的山坡上、路边、溪沟边、林中或林缘。分布于福建、台湾、广东、广西等地。日本、越南也有。

本种有两种类型，一种是叶片边缘具锐尖前伸锯齿，偶杂有重锯齿，果梗顶端稍膨大的类型，与《中国植物志》樱属中关于钟花樱的描述一致；另一种是叶片边缘具细密浅腺齿，果梗顶端几不膨大。后者是否代表另一个类群，有待进一步研究。

10. 日本晚樱 （图4-531）

Cerasus lannesiana Carrière — *C. serrulata* (Lindl.) G. Don ex London var. *lannesiana* (Carrière) Makino — *Prunus lannesiana* (Carrière) E.H. Wilson — *P. serrulata* (Lindl.) G. Don ex London var. *lannesiana* (Carrière) Makino

落叶乔木或小乔木。小枝淡褐色或褐色，无毛。叶片倒卵状椭圆形或倒卵状长圆形，稀为卵

图4-531 日本晚樱

形、宽卵形或倒卵形，长6～17cm，宽3.5～8.5cm，先端渐尖，基部宽楔形或圆形，边缘具芒状锯齿及重锯齿，齿尖具小腺体，两面无毛，侧脉8～12对；叶柄长1.5～3.5cm，无毛，具1或2球形腺体；托叶条形，边缘具腺齿，早落。近伞形花序具3或4花，花直径4～5.5cm，重瓣；花序梗无毛；花梗长2.5～4（6）cm，无毛；苞片淡绿褐色，边缘具腺齿，后期脱落；被丝托管状，顶端扩大，无毛；萼片长圆状披针形，与被丝托近等长或稍长，无毛，先端急尖，全缘；花瓣粉红色，多数，先端圆钝或微凹；雄蕊大多不发育，花丝不等长；花柱无毛，较雄蕊稍长。花期4—5月。

原产于日本。国内常见栽培，全省各地广泛栽培。

本种曾作为山樱花的变种处理，但其花序具3或4花，花大，直径4～5.5cm，完全不同。

11. 华中樱 （图4-532）
Cerasus conradinae (Koehne) Yü et C.L. Li — *Prunus conradinae* Koehne

落叶乔木。小枝灰褐色，无毛。叶片长椭圆形或倒卵状长圆形，长5～12cm，宽2.5～5cm，先端渐尖，基部圆形至微心形，边缘具向前伸展的锐尖锯齿，偶杂有少量重锯齿，齿端具小腺体，两面无毛，侧脉8～11对；叶柄长8～15mm，无毛，顶端具2腺体、1腺体或无腺体；托叶条形，边缘具腺齿，早落。伞形花序常具3花，花先于叶开放或与叶同放；花序梗短，稀不明显，无毛；花梗长1～1.5cm，无毛；苞片褐色，宽扇形，边缘具腺齿，果时脱落；被丝托近钟形，无毛；萼片三角状卵形，短于被丝托，先端圆钝或急尖；花瓣白色或粉红色，卵形或倒卵形，先端2浅裂；雄蕊34～40，不等长；花柱无毛，比雄蕊短或稍长。核果红色，卵球形；核表面棱纹不显著。花期4月，果期4—5月。

产于安吉、临安、淳安等地。生于海拔900～1000m的林中。分布于湖北、湖南、广东、广西、四川、贵州、云南、陕西、河南等地。

在本省被鉴定为华中樱的标本，其叶片边缘锯齿稍钝，被丝托近钟形，与湖北产的华中樱有区别，有待进一步研究。

图4-532　华中樱

12. 山樱花 （图4-533）

Cerasus serrulata (Lindl.) G. Don ex London — *Prunus serrulata* Lindl. — *P. pseudocerasus* Lindl. var. *spontanea* Maxim. — *P. serrulata* var. *spontanea* (Maxim.) E.H. Wilson — *P. donarium* Siebold var. *spontanea* (Maxim.) Makino — *P. serrulata* var. *serrulata* form. *spontanea* (Maxim.) C.S. Chang

落叶乔木或小乔木。小枝灰白色或淡褐色，无毛。叶片卵状椭圆形或倒卵状椭圆形，长5～9cm，宽2.5～5cm，先端渐尖，基部圆形，边缘具芒状锯齿及重锯齿，齿尖具小腺体，两面无毛，侧脉6～8对；叶柄长1～2.5cm，无毛，顶端具1～3球形腺体；托叶条形，边缘具腺齿，早落。伞房状短总状花序或近伞形花序具1～3花；花序梗无毛；花梗长1.5～2.5cm，无毛或被极稀疏柔毛；

苞片褐色或淡绿褐色，边缘具腺齿，脱落；被丝托管状，顶端扩大，无毛；萼片三角状披针形，与被丝托近等长，无毛，先端渐尖或急尖，全缘；花瓣白色，稀粉红色，倒卵形，先端微凹；雄蕊约30，不等长；花柱无毛。核果紫黑色，球形或卵球形；核表面微具棱纹。花期4—5月，果期6—7月。

产于安吉、临安、建德、淳安、嵊州、开化、金华市区（婺城）、天台、遂昌、龙泉等地。

图4-533　山樱花

生于海拔800～1650m的山坡路边、林中或林缘。分布于东北、华北、华东、华中等地。日本、朝鲜半岛也有。

本种花序通常具1～3花，以1或2朵为多，var. *spontanea*是根据花序为单花而建立的，浙江的标本中常常花序单花或2花同时出现，很难分出。

12a. 毛叶山樱花

var. **pubescens** (Makino) Yü et C.L. Li — *Prunus serrulata* Lindl. var. *pubescens* (Makino) E.H. Wilson

与山樱花的区别在于叶柄、叶片下面、花梗均疏被柔毛。

产于安吉、临安、淳安、金华市区（婺城）、磐安、天台、庆元、文成等地。生于海拔650～1300m的山坡上、沟边或林中。分布于东北、华北、华东等地。

13. 毛樱桃（图4-534）

Cerasus tomentosa (Thunb.) Wall. — *Prunus tomentosa* Thunb.

落叶灌木。嫩枝密被绒毛，小枝亦密被绒毛。冬芽芽鳞疏被短柔毛。叶片卵状椭圆形或倒卵状椭圆形，长2～7cm，宽1～3.5cm，先端急尖或渐尖，基部楔形，边缘具单或重的粗锐锯齿，上面被疏柔毛，具皱纹，下面密被灰色绒毛，或后渐稀疏，侧脉4～7对；叶柄长2～4mm，被绒毛，或脱落稀疏；托叶条形，被长柔毛。花叶同放或先于叶开放，花单生或2朵簇生；花梗长达2.5mm，或近无梗；被丝托管状，外被短柔毛；萼片三角状卵形，短于被丝托，先端圆钝或急尖，两面被短柔毛；花瓣白色或粉红色，倒卵形，先端圆钝；雄蕊20～25，短于花瓣；子房被毛，花柱伸出，比雄蕊稍长或近等长，基部被毛。核果红色，近球形；核除棱脊两侧具纵沟外无棱纹。花期3—4月，果期4—5月。

分布于东北、华北、西南、西北等地。本省庭园常见栽培。

图4-534 毛樱桃

14. 景宁矮樱　沼生矮樱　（图4-535）

Cerasus jingningensis Z.H. Chen, G.Y. Li et Y.K. Xu —— *Prunus clarofolia* auct., non Schneider —— *P. japonica* Thunb. var. *zhejiangensis* Y.B. Chang —— *C. japonica* (Thunb.) Loisel. var. *zhejiangensis* (Y.B. Chang) T.C. Ku ex B.M. Barthol.

落叶灌木或小乔木。嫩枝淡紫褐色或绿色，无毛，小枝无毛。叶片卵形、卵状椭圆形或倒卵状椭圆形，长3～7.5cm，宽1.8～3.3cm，先端渐尖或急尖，基部宽楔形至近圆形，边缘具锯齿或重锯齿，齿端渐尖，上面被稀疏短伏毛，下面无毛，侧脉6～9对；叶柄长8～15mm，无毛；托叶披针形，边缘具腺齿，宿存。花2～4朵簇生；花梗长约2cm，无毛；苞片绿色，边缘具细锯齿，果时宿存；被丝托管状，无毛或几无毛；萼片卵状三角形或披针状三角形，短于被丝托，先端急尖或渐尖，边缘具腺齿或全缘；花瓣白色或粉红色，倒卵形至近圆形，先端圆钝或微凹；雄蕊20～30，花丝不等长；花柱比雄蕊稍短或稍长，基部具疏柔毛。核果成熟时黑色，长椭圆球形；核表面具棱纹或不显著。花期4月，果期4—5月。

产于临安、淳安、宁海、衢州市区（衢江）、龙游、磐安、莲都、遂昌、龙泉、景宁等地。生于海拔870～1700m的山谷溪边、沼泽林下、

图4-535　景宁矮樱

灌丛中或山坡上等。模式标本采自景宁大仰湖。

本种腋芽通常2或3枚并生，有时单一或4枚并生，其果期标本已被误定为微毛樱。其叶柄长达15mm，托叶发达且宿存，有时也被定为郁李的变种。

本种还有重瓣变型 form. **pleiopetala** Z.H. Chen et al.，花瓣6～8，部分雄蕊退化。产于景宁（大仰湖）。

15. 郁李　玉梅　（图4-536）

Cerasus japonica (Thunb.) Loisel. — *Prunus japonica* Thunb.

落叶灌木。嫩枝绿色或绿褐色，无毛，小枝灰褐色。叶片卵形或卵状椭圆形，稀为卵状披针形，长2.5～5cm，宽1.2～2cm，先端长渐尖，基部圆形，边缘具尖锐细重锯齿，上面被稀疏极短毛，下面无毛或脉上具疏柔毛，侧脉5～8对；叶柄长2～4mm，无毛或被疏柔毛；托叶条形，长4～6mm，边缘具腺齿。花叶同放或先于叶开放，1～3朵簇生；花梗长5～12mm，无毛或被疏柔毛；被丝托陀螺形，无毛；萼片椭圆形，反折，较被丝托略长，先端圆钝，边缘具腺毛；花瓣白色稍带粉色，倒卵状椭圆形，先端圆钝，具短瓣柄；雄蕊约32，花丝初白色，后变淡紫红色；花柱与雄蕊近等长，无毛。核果深红色，近球形；核

图4-536　郁李

表面光滑。花期4月，果期5—6月。

产于杭州市区（余杭超山）、富阳、临安、江山、天台、仙居、温岭、龙泉（凤阳山）等地。生于山坡上、溪边、林缘或林下，亦见栽培。分布于东北、华北等地。日本、朝鲜半岛也有。

种仁（郁李仁）可入药；植株也常栽培供观赏。

15a. 重瓣郁李 （图4-537）

var. **kerii** (Steud.) Koehne

与郁李的主要区别在于其花通常粉红色，重瓣。花期4月。

公园常见栽培供观赏。

图4-537　重瓣郁李

16. 毛柱郁李 （图4-538）

Cerasus pogonostyla (Maxim.) Yü et C.L. Li — *Prunus pogonostyla* Maxim.

落叶灌木。嫩枝绿色，被短柔毛，小枝灰色。冬芽卵形，无毛或疏被短柔毛。叶片卵形，有时为卵状椭圆形或倒卵状椭圆形，长2~3.5cm，宽1~2cm，先端短渐尖至短尾尖，基部宽楔形或近圆形，边缘具圆钝稀急尖重锯齿，齿端具小腺体，上面具短糙毛，下面被稀疏柔毛，中脉在中部以下被褐色长柔毛；叶柄长2~4mm，被短柔毛；托叶条形，长5~6mm，边缘具腺齿。花单

图4-538　毛柱郁李

生或2朵簇生，与叶同放；花梗长8～10mm，被稀疏短柔毛；被丝托陀螺状，近无毛或基部具短柔毛；萼片长宽卵形或三角状卵形，较被丝托稍长，先端急尖，边缘具腺齿；花瓣粉红色，倒卵形或椭圆形；雄蕊25～30；花柱比雄蕊长，基部具稀疏长柔毛。核果椭圆球形或近球形；核表面光滑。花期3月，果期5月。

产于温岭、玉环、洞头（大朴山）、苍南（霞关）等地。生于山坡灌丛中。分布于江西、福建、台湾等地。

16a. 长尾毛柱郁李　长尾毛柱樱桃

var. **obovata** (Koehne) Yü et C.L. Li — *Prunus pogonostyla* Maxim. var. *obovata* Koehne

与毛柱郁李的区别在于叶片椭圆形或卵状椭圆形，长3～5cm，宽0.7～1.5cm，先端长渐尖，下面疏被长柔毛，沿脉尤密。其小枝、花梗被柔毛，子房顶部和花柱基部被长柔毛。花果期3—4月。

产于建德（三都千丈岩）。生于灌丛中。分布于福建、台湾、广东等地。为浙江新记录种。

17. 欧李（图4-539）

Cerasus humilis (Bunge) S. Ya Sokolov — *Prunus humilis* Bunge

落叶灌木。小枝灰褐色或棕褐色，被短柔毛。叶片倒卵状长椭圆形或倒卵状披针形，长2.5～5cm，宽1～2cm，中部以上最宽，先端锐尖或短渐尖，基部楔形，边缘具锯齿或重锯齿，上面无毛，下面无毛或被疏短柔毛，侧脉6～8对；叶柄长2～4mm，无毛或被疏短柔毛；托叶条形，长5～6mm，边缘具腺体。花叶

图4-539　欧李

同放，单生，或2、3朵簇生；花梗长5～10mm，被疏短柔毛；被丝托陀螺形，外面被疏柔毛；萼片三角状宽卵形，较被丝托稍短，先端锐尖或圆钝；花瓣白色或粉红色，长圆形或倒卵形；雄蕊30～35；花柱与雄蕊近等长，无毛。核果红色或紫红色，近球形；核除脊部两侧外无棱纹。花期4—5月，果期6—10月。

产于萧山、余姚、兰溪、磐安，也常见栽培。生于路边。分布于东北、华北等地。

种仁也可作郁李仁入药。

18. 麦李 （图4-540）

Cerasus glandulosa (Thunb.) Loisel. — *Prunus glandulosa* Thunb.

落叶灌木。嫩枝被短柔毛，小枝灰棕色或棕褐色，无毛。叶片卵状长圆形或长圆状披针形，

图4-540 麦李

长2.5~6cm，宽1~2cm，最宽处在近中部，先端急尖，稀渐尖，基部楔形或宽楔形，边缘具细钝重锯齿，两面无毛或中脉具疏柔毛，侧脉4或5对；叶柄长1.5~3mm，无毛或上面被疏柔毛；托叶条形，长约5mm。花叶同放，花单生或2朵簇生；花梗长6~8mm，近无毛；被丝托钟状，无毛；萼片三角状椭圆形，较被丝托稍短，先端急尖，边缘具锯齿；花瓣白色或粉红色，倒卵形；雄蕊约30；花柱比雄蕊稍长，无毛或基部有疏毛。核果红色或紫红色，近球形。花期3—4月，果期5—6月。

产于安吉、德清、杭州市区、临安、桐庐、建德、淳安、鄞州、定海、普陀、金华市区（婺城）、台州市区（椒江、黄岩）、天台、仙居、遂昌、松阳、乐清等地。生于海拔600m以下的山谷中、溪沟边、灌丛中或山坡上。分布于华东、华中、华南、西南、西北等地。日本也有。

本种还有1栽培品种重瓣麦李 'Sinensis' — form. *sinensis* (Pers.) Koehne（图4-541），与麦李的区别在于花粉红色，重瓣，花梗长达2cm。花期4月。城市庭园常栽培供观赏。

图4-541　重瓣麦李

33 稠李属 Padus Mill.

落叶乔木或灌木。冬芽卵圆形，具数枚鳞片，幼叶在芽中呈对折状。单叶互生；叶片具锯齿或全缘；叶柄顶端常具2腺体或在叶片基部边缘具2腺体；托叶早落。花小，多数，呈总状花序，基部有叶或无叶，生于当年生小枝顶端；苞片早落；被丝托钟状；萼片5；花瓣5，白色，先端常啮蚀状；雄蕊10至多数；雌蕊1，子房上位，1室，具2胚珠。核果卵球形，无纵沟，中果皮骨质。种子1。

20余种，分布于北温带地区。我国有15种，南北各地均产，华中地区为中心产区；浙江有7种。

本属花序细长，花朵繁密，花色洁白，花期较早，为优良的早春观花植物或生态旅游的景观树种；木材为家具等的优良用材。

分种检索表

1. 花序基部无叶；萼片果时宿存；雄蕊10。
  2. 小枝、叶柄、叶片两面、花序梗与花梗均无毛 ·············· **1. 橉木 P. buergeriana**
  2. 小枝、叶柄、花序梗及花梗均有短绒毛；叶片下面中脉两侧及脉腋具褐色星状毛 ············ **2. 星毛稠李 P. stellipila**
1. 花序基部有叶；萼片果时脱落；雄蕊20以上。
  3. 花序梗和花梗果时纤细不增粗，不具皮孔。
    4. 叶缘锯齿尖锐，叶片先端长渐尖至尾尖；叶柄短于1cm，顶端无腺体；花柱长于或等长于雄蕊 ············ **3. 灰叶稠李 P. grayana**
    4. 叶片先端急尖至渐尖；叶柄长1～3cm，顶端具腺体；花柱短于或近等长于雄蕊。
      5. 叶片基部近圆形或宽楔形，边缘锯齿细密，无短芒 ············ **4. 细齿稠李 P. obtusata**
      5. 叶片基部微心形或圆形，稀截形，边缘锯齿锐尖，有短芒 ········· **5. 短梗稠李 P. brachypoda**
  3. 花序梗和花梗果时显著增粗，具明显增大的浅色皮孔。
    6. 小枝和叶片下面无毛；花序梗和花梗具稀疏短柔毛或近无毛 ········· **6. 粗梗稠李 P. napaulensis**
    6. 小枝密被短柔毛；叶片下面、花序梗和花梗密被白色或棕色绢状柔毛 ···· **7. 绢毛稠李 P. wilsonii**

1. 橉木 华东稠李 （图4-542）

Padus buergeriana (Miq.) Yü et T.C. Ku — *Prunus buergeriana* Miq.

落叶乔木，高6～12m，稀达25m。小枝红褐色或灰褐色，无毛。叶片椭圆形、倒卵状披针形或倒披针形，通常中部以上较宽，长4～10cm，宽2.5～5cm，先端尾状渐尖或短渐尖，基部楔形，边缘具贴生细锯齿，两面无毛；叶柄长1～1.5cm，无毛，无腺体，有时在叶片基部具腺体；托叶早落。总状花序长6～9cm，基部无叶，具20～30花；花序梗和花梗无毛；被丝托钟状；萼片三角状卵形；花瓣白色，宽倒卵形，先端啮蚀状；雄蕊10，花丝细长，基部扁平；雌蕊1，无毛。核果黑褐色，近球形或卵球形，直径约5mm，无毛；萼片宿存。花期4—5月，果期5—10月。

产于丽水及安吉、德清、杭州市区（西湖）、萧山、临安、桐庐、建德、淳安、上虞、诸暨、嵊州、新昌、宁波市区（北仑）、鄞州、慈溪、余姚、奉化、宁海、衢州市区（衢江）、开化、常山、江山、金华市区（婺城）、浦江、兰溪、东阳、磐安、武义、天台、临海、仙居、温岭、乐清、永嘉、文成、苍南、泰顺等地。生于海拔100~1400m的山坡、沟谷阔叶林中。分布于华东、华中及山西、台湾、广东、广西、四川、贵州、陕西、甘肃等地。朝鲜半岛、日本、不丹、印度也有。

材质优良，为制作家具的高级用材。

图4-542 橉木

2. 星毛稠李

Padus stellipila (Koehne) Yü et T.C. Ku — *Prunus stellipila* Koehne — *P. buergeriana* Miq. var. *stellipila* (Koehne) Yü et C.L. Li

落叶乔木，高6~9m。小枝密被短绒毛。叶片椭圆形、狭长圆形，稀倒卵状长圆形，长5~13cm，宽2.5~4cm，先端尾尖或长渐尖，稀急尖，基部圆形或宽楔形，边缘具开展的不整齐锐锯齿，上面无毛或沿脉被短柔毛，下面中脉和脉腋被褐色星状毛；叶柄长5~8mm，有毛，无腺体，稀在叶片基部具腺体；托叶早落。总状花序长5～8cm，基部无叶；花序梗和花梗被短绒毛；花直径5～7mm；被丝托钟状；萼片三角状卵形，与被丝托外面均无毛；花瓣白色，宽倒卵形，先端啮蚀状；雄蕊10；雌蕊1，无毛。核果近球形，黑色，直径5～6mm，顶端具尖头；果梗无毛；萼片宿存。花期4—5月，果期5—10月。

产于安吉、临安、天台、遂昌、龙泉、景宁等地。生于海拔600～1400m的山坡林缘或杂木林中。分布于江西、湖北、四川、贵州、陕西、甘肃等地。

3. 灰叶稠李 （图4-543）

Padus grayana (Maxim.) C.K. Schneid. — *Prunus grayana* Maxim.

落叶乔木，高8～14m。小枝红褐色或灰绿色，幼时被短绒毛，后脱落无毛。叶片灰绿色，卵状长圆形或长圆形，长4～10cm，宽1.8～4cm，先端长渐尖至长尾尖，基部圆形或近心形，边缘具尖锐锯齿或缺刻状锯齿，两面无毛或下面沿中脉具毛；叶柄长5～10mm，无毛，无腺体；托叶膜质，线形，长12mm，先端渐尖，边缘具带腺锯齿，早落。总状花序长8～10cm，基部有2～

图4-543 灰叶稠李

5叶；花序梗与花梗无毛；花直径7～8mm；被丝托钟状；萼片长三角状卵形，具细齿；花瓣白色，先端啮蚀状；雄蕊20～32，长短不等，2轮；雌蕊1，无毛，花柱比雄蕊长，稀近等长。核果黑褐色，光滑，近球形，直径5～6mm；果梗长6～9mm，无毛；萼片脱落。花期4—5月，果期8—10月。

产于安吉、临安、建德、淳安、衢州市区（衢江）、江山、天台、莲都、缙云、遂昌、松阳、龙泉、庆元、云和、景宁、永嘉、文成、泰顺等地。生于海拔500～1500m的山坡上、沟谷林中。分布于华中及安徽、江西、福建、广西、四川、贵州、云南等地。日本也有。

4. 细齿稠李 （图4-544）

Padus obtusata (Koehne)Yü et T.C. Ku —— *Prunus obtusata* Koehne

落叶乔木，高6～20m。老枝紫褐色或暗褐色，无毛，散生浅色皮孔；小枝幼时红褐色，被短柔毛或无毛。叶片狭长圆形、椭圆形或倒卵形，长4.5～11cm，宽2～4.5cm，先端急尖或渐尖，基部近圆形或宽楔形，稀近心形，边缘具细密锯齿，两面无毛，下面叶脉明显隆起；叶柄长1～2.2cm，顶端通常具2腺体；托叶膜质，线形，先端渐尖，边缘具带腺锯齿，早落。总状花序长10～15cm，基部具2～4小型叶；花序梗和花梗被短柔毛；被丝托钟状，两面被短柔毛；萼片两面近无毛；花瓣白色，近圆形或长圆形，上部啮蚀状或波状；雄蕊多数，长短不等，2轮；雌蕊1，无毛，花柱比雄蕊稍短。核果黑色，卵球形，顶端有短尖头，直径6～8mm，无毛；果梗被短柔毛；萼片脱落。花期4—5月，果期6—10月。

产于临安、磐安、天台、莲都、遂昌、龙泉、庆

图4-544 细齿稠李

元、景宁、文成、泰顺等地。生于海拔600～1300m的山坡上、沟谷落叶林中。分布于华中、西南及山西、安徽、江西、台湾、陕西、甘肃等地。

5. 短梗稠李 （图4-545）

Padus brachypoda (Batal.) C.K. Schneid. — *Prunus brachypoda* Batal.

落叶乔木，高8～10m。小枝红褐色，被短绒毛或近无毛。叶片长圆形，稀椭圆形，长6～16cm，宽3～7cm，先端急尖或短渐尖，稀短尾尖，基部圆形或微心形，稀截形，边缘具锐锯齿，齿尖具短芒，上面无毛，叶脉下陷，下面无毛或在脉腋具髯毛；叶柄长1.5～2.3cm，无毛，顶端具2腺体；托叶膜质，线形，先端渐尖，边缘具带腺锯齿，早落。总状花序长10～30cm，基部具1～5叶；花序梗和花梗均被短柔毛；花直径5～7mm；被丝托钟状；萼片三角状卵形；花瓣白色，倒卵形，中部以上啮蚀状或波状；雄蕊20～27，长短不等；雌蕊1，无毛，花柱短于雄蕊。核果黑褐色，球形，直径5～7mm，无毛；果梗被短柔毛；萼片脱落。花期4—5月，果期5—10月。

产于安吉、临安、天台、遂昌、龙泉、庆元、景宁、永嘉、文成、平阳、泰顺等地。生于海拔800～1300m的山坡灌丛中或山谷、山沟边林中。分布于华中及安徽、四川、贵州、云南、陕西、宁夏、甘肃等地。

图4-545 短梗稠李

5a. 细齿短梗稠李

var. **microdonta** (Koehne) Yü et T.C. Ku —— *Prunus brachypoda* Batal. var. *microdonta* Koehne

与短梗稠李的主要区别在于叶片最宽处在中上部，先端短尾尖，齿端芒较长；花序无毛，花梗较细长，长7～11mm。

产于临安（天目山）。生于海拔800～900m的山沟石缝间。分布于湖北（秭归）。

6. 粗梗稠李　尼泊尔稠李

Padus napaulensis (Ser.) C.K. Schneid. —— *Prunus napaulensis* (Ser.) Steud.

落叶乔木，高可达27m。小枝红褐色，无毛。叶片长椭圆形、卵状椭圆形或椭圆状披针形，长6～14cm，宽2～6cm，先端急尖或短渐尖，基部楔形或近圆形，边缘具粗锯齿，有时呈波状，两面无毛，中脉和侧脉在下面隆起；叶柄长8～15mm，无腺体，无毛；托叶膜质，线形，先端长渐尖，边缘具带腺锯齿，早落。总状花序长7～15cm，基部具2或3小型叶；花序梗和花梗被短柔毛或近无毛，花梗长4～6mm；花直径约1cm；苞片膜质，早落；花萼两面均被短柔毛；被丝托杯状，比萼片稍长；萼片三角状卵形，先端急尖，边缘具细齿；花瓣白色，倒卵状长圆形，中部以上啮蚀状；雄蕊22～27，花丝长短不等，2轮；雌蕊1，柱头盘状，花柱比雄蕊短。核果卵球形，顶端具骤尖头，直径1～1.3cm，黑色或暗紫色，无毛；果梗显著增粗，具明显皮孔；萼片脱落。花期4月，果期7月。

产于临安（顺溪坞）。生于山谷林缘。分布于西南及安徽、江西、湖南等地。不丹、印度也有。

7. 绢毛稠李　大叶稠李　锈毛稠李　（图4-546）

Padus wilsonii C.K. Schneid. —— *Prunus sericea* (Batal.) Koehne

落叶乔木，高10～30m。小枝红褐色，被短柔毛。叶片椭圆形、长圆形或长圆状倒卵形，长6～16cm，宽3～8cm，先端短渐尖或短尾尖，基部圆形、楔形或宽楔形，边缘具细密锯齿，下面密被白色或棕色绢状柔毛，中脉、侧脉在上面凹陷，下面明显隆起；叶柄长7～8mm，无毛或被短柔毛，顶端或叶基具2腺体；托叶膜质，线形，先端长渐尖，边缘常具毛，早落。总状花序长7～14cm，基部具3或4叶；花序梗和花梗密被白色或棕色的绢状柔毛，花梗长5～8mm；花直径6～8mm；花萼外面被绢状短柔毛，内面被疏柔毛，边缘较密；被丝托钟状或杯状，比萼片长约2倍；萼片三角状卵形，先端急尖，边缘具细齿；花瓣白色，先端啮蚀状；雄蕊约20，长短不等，2轮；雌蕊1，无毛，花柱比雄蕊短。核果紫黑色，球形或卵球形，直径8～11mm；果梗明显增粗，被短柔毛，具显著皮孔；萼片脱落。花期4—5月，果期6—10月。

产于临安、淳安、开化、遂昌、庆元、景宁、乐清、永嘉、泰顺等地。生于海拔600～1300m的山坡上、沟谷阔叶林中。分布于西南及安徽、江西、福建、湖北、湖南、广东、广西、陕西等地。

图 4-546 绢毛稠李

34 桂樱属 Laurocerasus Tourn. ex Duhamel

常绿乔木或灌木。冬芽具数枚鳞片，叶在芽中呈对折状。单叶互生；叶片具锯齿或全缘；叶柄顶端常具2腺体或叶片基部具腺体；托叶小，早落。总状花序腋生，花小而多；苞片小，早落，位于花序下部的苞片先端3裂或具3齿，苞腋内常无花；被丝托钟状；萼片5；花瓣5，白色，先端常呈啮蚀状，通常比萼片长2倍以上；雄蕊10至多数，2轮，内轮稍短；心皮1，子房上位，1室，具2胚珠，花柱顶生。核果卵球形，无纵沟，中果皮骨质。种子1。

80种，分布于热带、亚热带地区。我国有13种，主产于黄河流域以南，尤以华南和西南地区较多；浙江有3种。

分种检索表

1. 叶片下面布满黑色腺点；花序无毛；果实近球形 ·································· **1. 腺叶桂樱 L. phaeosticta**
1. 叶片下面无腺点；花序被短柔毛；果实长圆形、卵状长圆形、椭圆形。
   2. 叶片革质，长10～19cm，宽4～8cm，先端急尖至短渐尖，边缘具粗锯齿；果实长圆形或卵状长圆形，顶端急尖并具短尖头 ·································· **2. 大叶桂樱 L. zippeliana**
   2. 叶片薄革质，长5～10cm，宽2～4.5cm，先端渐尖至尾尖，边缘具针刺状锯齿；果实椭圆形，顶端圆钝 ·································· **3. 刺叶桂樱 L. spinulosa**

1. 腺叶桂樱 腺叶稠李 （图4-547）

Laurocerasus phaeosticta (Hance) C.K. Schneid. — *Prunus phaeosticta* (Hance) Maxim.

常绿灌木或小乔木，高4～12m。小枝暗紫褐色，具稀疏皮孔，无毛。叶片薄革质，狭椭圆形、长圆形，长6～12cm，宽2～4cm，先端长尾尖，基部楔形，全缘，有时在萌蘖枝上的叶具锐锯齿，两面无毛，下面散生黑色小腺点，基部近叶缘常具2较大扁平腺体，侧脉6～10对，上面稍突起，下面明显隆起；叶柄长4～8mm，无腺体，无毛。总状花序单生于叶腋，具数花至10余花，长4～6cm，无毛，生于小枝下部叶腋的花序，其腋外叶早落，生于小枝上部的花序，其腋外叶宿存；花梗长3～6mm；花直径4～6mm；花萼外面无毛，被丝托杯形；萼片卵状三角形，长1～2mm，先端钝，具缘毛或小齿；花瓣近圆形，白色，直径2～3mm，无毛；雄蕊20～35，长5～6mm；子房无毛，花柱长约5mm。果实近球形或横向椭圆形，直径8～10mm，紫黑色，无毛。花期4—5月，果期7—10月。

产于建德、诸暨、鄞州、宁海、衢州市区（衢江）、开化、磐安、武义、临海、遂昌、龙泉、庆元、景宁、乐清、永嘉、瑞安、文成、平阳、苍南、泰顺等地。生于海拔1800m以下的杂木林或混交林下，也见于山谷、溪旁或路边林缘。分布于华南、西南及安徽、江西、福建、湖南等地。不丹、印度、缅甸、泰国、越南也有。

图 4-547　腺叶桂樱

2. 大叶桂樱 （图 4-548）

Laurocerasus zippeliana (Miq.) Browicz —— *Prunus zippeliana* Miq.

常绿乔木，高 10～25m。小枝灰褐色至黑褐色，具明显小皮孔，无毛。叶片革质，宽卵形至椭圆状长圆形或宽长圆形，长 10～19cm，宽 4～8cm，先端急尖至短渐尖，基部宽楔形至近

图 4-548　大叶桂樱

圆形，边缘具稀疏或稍密粗锯齿，齿顶具黑色硬腺体，两面无毛，侧脉明显，7~13对；叶柄长1~2cm，粗壮，无毛，具1对扁平腺体。总状花序单生或2~4个簇生于叶腋，被短柔毛；花梗长1~3mm；苞片长2~3mm，位于花序最下面者常在先端3裂而无花；花直径5~9mm；花萼外面被短柔毛；被丝托钟形，长约2mm；萼片卵状三角形，长1~2mm，先端圆钝；花瓣近圆形，长约为萼片的2倍，白色；雄蕊20~25；子房无毛，花柱几与雄蕊等长。果实长圆形或卵状长圆形，长18~24mm，宽8~11mm，顶端急尖并具短尖头，无毛，黑褐色。花期7—10月，果期冬季。

产于普陀、玉环、莲都、遂昌、庆元、景宁、乐清、永嘉、瑞安、文成、平阳、苍南、泰顺等地。生于海拔1600m以下的山坡杂木林或混交林下。分布于江西、福建、湖北、湖南、台湾、广东、广西、四川、贵州、云南、陕西、甘肃等地。日本、越南也有。

2a. 毛背桂樱（变种）（图4-549）

var. **puberifolia** (Koehne) G.Y. Li, F.G. Zhang et Z.H. Chen — *P. macrophylla* Sieblod et Zucc. var. *puberifolia* Koehne — *L. hypotricha* (Rehder) Yü et L.T. Lu — *P. hypotricha* Rehder

与大叶桂樱的区别在于小枝、叶背、叶柄、花序、子房被毛。

产于景宁、文成、苍南、泰顺等地。生于海拔1600m以下的山坡杂木林或混交林下。分布于江西、福建、广东、广西、四川、贵州、云南等地。

图4-549 毛背桂樱

3. 刺叶桂樱 刺叶稠李 （图4-550）

Laurocerasus spinulosa (Sieblod et Zucc.) C.K. Schneid. — *Prunus spinulosa* Sieblod et Zucc.

常绿小乔木，高5～8m。小枝紫褐色或黑褐色，具明显皮孔。叶片薄革质，长圆形或倒卵状长圆形，长5～10cm，宽2～4.5cm，先端渐尖至尾尖，基部宽楔形至近圆形，常偏斜，边缘常呈波状，中部以上或近先端具少数针刺状锯齿，萌芽枝的叶片边缘自基部始具针刺状锯齿，两面无毛，上面亮绿色，近基部常具1或2对腺体，侧脉8～14对；叶柄无毛；托叶早落。总状花序腋生，具10～20花，长5～10cm，被短柔毛；花小，直径3～5mm；被丝托钟状或杯形；萼片卵状三角形；花瓣白色，圆形；雄蕊25～35；子房无毛，有时雌蕊败育。果实褐色至黑褐色，椭圆形，长8～11mm，直径6～8mm，先端圆钝，无毛。花期9—10月，果期11月至次年4月。

产于丽水及安吉、杭州市区、萧山、临安、淳安、诸暨、普陀、衢州市区（衢江）、开化、江山、浦江、磐安、武义、乐清、永嘉、瑞安、文成、平阳、泰顺等地。生于海拔1300m以下的山坡上、沟谷阔叶林中或林缘。分布于华东及湖北、湖南、广东、广西、四川、贵州、云南等地。日本也有。

种子可入药，能止痢。

图4-550　刺叶桂樱

35 臭樱属 Maddenia Hook. f. et Thoms.

落叶乔木或灌木。冬芽大，卵圆形，具有多数鳞片。单叶互生；叶缘具单锯齿、重锯齿或缺刻状重锯齿，齿尖具腺；托叶显著，边缘具腺齿。花杂性异株；总状花序，稀伞房花序，着生于小枝顶端；苞片早落；花梗短；被丝托钟状；萼片短小，10~12裂；花瓣缺；雄蕊20~40，在被丝托喉部排成紧密不规则2轮；雌花心皮1，有短花柱，柱头头状；两性花心皮2，稀1，花柱细长，柱头盘状，具2胚珠，并生下垂。核果2，肉质微扁；核骨质，卵球形，3棱。种子1。

约7种，分布于我国、尼泊尔、不丹、印度。我国有6种，分布于中部和西部；浙江有1种。

锐齿臭樱（图4-551）

Maddenia incisoserrata Yü et T.C. Ku

落叶小乔木或灌木，高2~5m。树皮有臭味。当年生小枝密被锈色柔毛，后渐脱落。冬芽红

图4-551 锐齿臭樱

褐色，长可达1.5cm。叶片卵状长圆形、长圆形或椭圆形，长4~9cm，宽2~4cm，先端长渐尖，基部近心形或圆形，边缘具缺刻状重锯齿，齿端具腺体，两面无毛，侧脉10~17对，直达齿端；叶柄短，被锈色短柔毛；托叶线形。总状花序生于侧枝顶端，长2~5cm，多花密集；花序梗和花梗密生锈色长柔毛；被丝托钟状，外面密被锈色柔毛；萼片约10；无花瓣；两性花雄蕊30~35，排成紧密不规则2轮；雌蕊1，无毛。核果紫黑色，卵球形，直径约8mm，顶端具尖头，萼片脱落。花期4—5月，果期6—7月。

产于安吉、临安、遂昌、景宁等地。生于海拔1150~1500m的山坡、沟谷、湿地边的落叶阔叶林中。分布于山西、安徽、河南、四川、贵州、陕西、甘肃、青海等地。

中名索引

A

阿里山山矾	153,166
矮茎紫金牛	182,190
矮桃	226
安徽杜鹃	81
安徽碎米荠	11,13
安息香科	132
安息香属	132,136
凹叶景天	285,300

B

八宝	280,281
八宝属	275,280
八仙花	257
巴东过路黄	201,213
白菜	24,25
白耳菜	326
白花变型	536
白花菜	1,3
白花菜科	1
白花菜属	1
白花重瓣溲疏	265
白花杜鹃	78,92
白花甘蓝	33
白花过路黄	200,203
白花龙	137,146
白花满山红	89
白花碎米荠	11,19
白花绣线菊	331,334
白花映山红	92
白花浙江泡果荠	49
白芥	56
白芥属	9,56
白鹃梅	346
白鹃梅属	327,346
白檀	152,154
白辛树属	132,148
白须草	326
白叶莓	424,428
百两金	182,186
斑萼溲疏	264
棒毛荠	49
包心菜	32
报春花科	198
报春花属	198,229
抱子甘蓝	32,35
北美独行菜	45,46
碧桃	521
扁枝越橘	103,110
滨海珍珠菜	201,221
滨莱菔	58
波叶红果树	358
播娘蒿	73
播娘蒿属	10,73
薄叶景天	284,289
薄叶山矾	153,161
擘蓝	32,35

C

菜薹	25
藏报春	230,231
草莓	490
草莓属	328,490
草绣球	245
草绣球属	243,245
插田泡	425,434
茶藨子科	271
茶藨子属	271
昌化泡果荠	52
长梗过路黄	200,206
长江溲疏	261,266
长柔毛安息香	143
长蕊杜鹃	111
长寿花	277
长尾毛柱樱桃	549
长尾毛柱郁李	549
长芽绣线菊	334
长叶地榆	518
长叶酸藤子	175,177
长柱泡果荠	52
常山	247
常山属	243,247
朝天委陵菜	480,484
朝鲜白檀	152,155
潮州山矾	166
车轮梅	384
扯根菜	310
扯根菜属	309
陈谋悬钩子	427,464
秤锤树	150

秤锤树属	132,149	簇花茶藨子	271	地榆	517
匙叶伽蓝菜	277			地榆属	328,516
齿叶石灰花楸	390	**D**		地中海芥	58
齿叶溲疏	264	大白菜	25	棣棠花	421
齿叶桃叶石楠	369	大苞景天	284,288	棣棠花属	328,421
齿缘吊钟花	98	大果假沙晶兰	116	点地梅	235
重瓣变型	547	大果落新妇	311,313	点地梅属	198,235
重瓣垂丝海棠	411	大红泡	425,440	点腺过路黄	201,216
重瓣大叶早樱	540	大红蔷薇	496	吊钟花属	77,97
重瓣棣棠	422	大花白木香	494,507	丁香杜鹃	78,88
重瓣金樱子	510	大花中华绣线菊	339	东部悬钩子	424,433
重瓣空心泡	438	大罗伞树	182,192	东京樱花	531,540
重瓣麦李	551	大落新妇	311,312	东南景天	285,299
重瓣蓬虆	444	大盘山蔷薇	509	东南水杨梅	479
重瓣铅山悬钩子	438	大头菜	27,29	东南悬钩子	426,474
重瓣山莓	448	大托叶龙芽草	515	东亚唐棣	419
重瓣郁李	548	大叶稠李	557	东至景天	284,290
稠李属	329,552	大叶葱芥	60	豆瓣菜	10
臭荠	44	大叶桂樱	559,560	豆瓣菜属	8,10
臭荠属	9,44	大叶华葱芥	60	豆梨	399,402
臭樱属	329,563	大叶火焰草	284,285	独行菜	45
垂盆草	285,306	大叶芥菜	27,28	独行菜属	9,45
垂丝海棠	408,411	大叶金腰	318,320	独行千里	6
垂丝石楠	360,380	大叶石斑木	384,385	杜茎山	173
垂枝碧桃	521	大叶碎米荠	11,20	杜茎山属	173
垂枝梅	524	大叶早樱	531,539	杜鹃	91
垂珠花	137,148	岱山蔷薇	502	杜鹃花科	77
槌果藤属	6	单瓣（江梅）型	524	杜鹃属	77
刺梨	511	单瓣白木香	507	杜梨	398,401
刺梨子	510	单瓣白桃	521	短梗稠李	552,556
刺毛杜鹃	78,86	单瓣李叶绣线菊	340	短梗海金子	238,240
刺毛越橘	103,107	单花光叶蔷薇	501	短梗碎米荠	11,15
刺叶稠李	562	单花合柱蔷薇	494,498,501	短果芥	58
刺叶桂樱	559,562	淡红乌饭树	105	短果芥属	9,58
粗梗稠李	552,557	当归藤	175,178	短尾越橘	103,105
粗叶悬钩子	426,460	倒卵叶石楠	364	短序山梅花	267,268
粗枝绣球	252,253	灯笼树	98	短叶中华石楠	371

对叶景天	285,303	高粱泡	426,457	海棠花	408,414
钝叶杜鹃	78,94	高岭景天	285,300	海棠叶梨	399,404
钝叶蔷薇	493,495	弓茎悬钩子	424,427	海桐	238
盾叶莓	425,445	宫粉型	524	海桐花科	238
多瓣蓬蘽	444	牯岭山梅花	270	海桐花属	238
多枝紫金牛	182,183	牯岭悬钩子	424,432	寒莓	427,463
		冠盖藤	259	蕺菜	37,40
E		冠盖藤属	243,259	蕺菜属	8,37
峨眉鼠刺	273	冠盖绣球	252	杭州景天	285,297
鄂报春	230,233	管茎过路黄	201,211	和圆子	397
		光萼林檎	408,418	河岸泡果荠	54
F		光萼石楠	378	河岸阴山荠	47,54
翻白草	480,482	光果悬钩子	425,449	贺氏景天	284,290
翻白委陵菜	482	光滑高粱泡	458	褐毛石楠	360,381
矾根属	309,324	光滑悬钩子	438	黑果石楠	359,363
繁缕景天	287	光亮山矾	153,162	黑山山矾	153,169
绯桃	521	光皮木瓜	394	黑腺珍珠菜	201,222
费菜	283	光序刺毛越橘	107	黑樱桃	532
费菜属	275,283	光叶巴东过路黄	214	红柄白鹃梅	347
芬芳安息香	144	光叶粉花绣线菊	331,332	红果树属	328,358
粉花柯氏梨	405	光叶蔷薇	494,502	红海棠	414
粉花绣线菊	329,330,331	光叶山矾	153,165	红花碧桃	521
粉绿钻地风	250	光叶石楠	360,364	红花假婆婆纳	235
粉团蔷薇	500	光叶铁仔	179	红凉伞	190
粉叶柿	125	广东蔷薇	494,503	红毛过路黄	201,215
风花菜	39	广西越橘	103,108	红皮树	136,139
凤阳山樱	531,532	广州蕺菜	37	红腺悬钩子	425,435
佛甲草	285,307	贵州山柳	74	红叶李	530
福建过路黄	200,207	贵州石楠	364	红叶石楠	360,365
福建石楠	360,372	桂樱山矾	169	红子佛甲草	285,305
福建悬钩子	426,473	桂樱属	329,559	猴头杜鹃	78,82
复盆子	434	桂竹香	70	厚叶石斑木	384,385
		过路黄	201,214	厚叶中华石楠	371
G				湖北海棠	408,410
甘蓝	32	**H**		湖北花楸	393
皋月杜鹃	78,94	海红	415	湖北山楂	352,353
高丛珍珠梅	344	海金子	241	湖南泡果荠	49

湖南悬钩子	427,462	黄山溲疏	261,263	尖嘴林檎	418
湖南阴山荠	47,49	黄水枝	323	茧子花	346
虎耳草	314	黄水枝属	309,323	建德山梅花	270
虎耳草科	309	黄芽菜	25	涧边草	317
虎耳草属	309,313	黄醉蝶花	2	涧边草属	309,317
虎耳草状景天	286	灰白毛莓	426,459	江南花楸	388,391
虎舌红	182,185	灰芥	58	江南景天	284,306
花菜	34	灰毛泡	426,469	江南山柳	74
花红	408,413	灰叶安息香	136,139	江南越橘	103,106
花楸属	328,388	灰叶稠李	552,554	江西杜鹃	78,79
花椰菜	32,34	灰叶野茉莉	139	江西绣球	252,256
华北绣线菊	334	火把果	350	江西珍珠菜	201,225
华葱芥	59	火灰树	153,164	绛桃	521
华葱芥属	9,59	火棘	350	芥菜	23,26,27
华顶杜鹃	78,89	火棘属	327,350	芥菜疙瘩	29
华东稠李	552	火炬花	277	芥蓝	32,33
华东山柳	75	火焰草	284,287	芥末	55
华东油柿	123			金棣棠	421
华盖梨	399	**J**		金腰属	309,318
华空木	345	鸡麻	423	金樱子	494,510
华蔓茶藨子	272	鸡麻属	328,423	金爪儿	200,209
华山矾	152,154	戟叶悬钩子	469	堇叶报春	230
华中山楂	352,356	麂角杜鹃	78,84	堇叶紫金牛	182,191
华中樱	532,543	荠	61	锦绣杜鹃	78,90
黄背越橘	103,108	荠菜	61	景宁矮樱	532,546
黄果蓬藁	444	荠属	9,61	景宁晚樱	531,535
黄果朱砂根	189	伽蓝菜	277	景宁悬钩子	426,475
黄花草	1,2	伽蓝菜属	275,277	景天科	275
黄连花	200,203	家独行菜	45	景天属	275,284
黄龙尾	514	嘉庆子	528	九管血	190
黄木香花	507	嘉应子	528	九节龙	183,194
黄牛奶树	153,165	假婆婆纳	234	九龙山景天	285,303
黄泡	427,478	假婆婆纳属	198,233	九仙莓	425,453
黄山杜鹃	78,81	假沙晶兰属	115,117	救兵粮	350
黄山花楸	388,392	假升麻	342	菊花桃	521
黄山梅	244	假升麻属	327,342	矩形叶鼠刺	273
黄山梅属	243	假弯曲碎米荠	18	聚花过路黄	201,219

绢毛稠李	552,557	菱叶绣线菊	330,335	麻叶绣线菊	329,334
绢毛匍匐委陵菜	480	琉璃白檀	152,156	马耳朵草	320
绢毛山梅花	267,270	琉璃繁缕	199	马银花	78,83
君迁子	121,126	琉璃繁缕属	198	马醉木	100
		琉球莓	452	马醉木属	77,99
K		柳叶豆梨	404	麦李	532,550
柯氏梨	399,405	龙泉景天	284,293	满山红	88
空心泡	425,438	龙芽草	513	蔓菁	23
宽瓣绣球绣线菊	336	龙芽草属	328,513	蔓菁甘蓝	31
宽萼白叶莓	430	庐山石楠	378	毛白杜鹃	92
宽叶石楠	362	鹿蹄草	112	毛背桂樱	561
坤俊景天	285,302	鹿蹄草科	112	毛柄金腰	318,320
		鹿蹄草属	112	毛萼红果树	359
L		路边青属	328,479	毛茛叶报春	230
喇叭杜鹃	80	露珠碎米荠	14	毛果杜鹃	78,95
腊莲绣球	253	绿柄白鹃梅	348	毛果南烛	102
辣根	55	绿萼型	524	毛果绣球绣线菊	337
辣根属	9,54	绿花菜	34	毛果珍珠花	102
蓝花子	58	绿花茶藨子	272	毛花假水晶兰	115
狼尾花	202,227	绿月季	497	毛花松下兰	117
狼牙委陵菜	481,485	卵叶阴山荠	47,53	毛花绣线菊	329
老鼠矢	152,157	卵叶硬毛南芥	64	毛鹃	90
老鸦柿	120,122	轮叶八宝	280	毛米饭花	108
乐思绣球	253	轮叶过路黄	200,205	毛山荆子	408,409
棱角山矾	153,167	罗城石楠	368	毛叶木瓜	394,396
梨属	328,398	罗浮柿	121,124	毛叶山樱花	545
梨叶悬钩子	426,455	罗伞树	182,184	毛叶石楠	360,377
黎川阴山荠	47,52	萝卜	57	毛叶小果蔷薇	509
李	528	萝卜属	9,57	毛樱桃	532,545
李属	329,528	落地生根	276	毛柱郁李	532,548
李叶绣线菊	330,340	落地生根属	275	茅莓	424,431
莲座紫金牛	182,186	落新妇	311	昂山海桐	238,240
裂叶虎耳草	314,316	落新妇属	309,310	茂汶绣线菊	329
临时救	219			玫瑰	493,494
檫木	552	**M**		莓叶报春	230,231
菱果泡果荠	50	麻梨	398,400	莓叶委陵菜	480,487
菱果阴山荠	47,50	麻叶绣球	334	梅	521,523

梅花	523	欧亚香花芥	72	球果假沙晶兰	115,116
梅花草属	309,325	欧洲报春	230,232	裘氏石楠	360,366
美丽马醉木	100	欧洲菘蓝	42	屈曲花	55
美人梅	530	欧洲油菜	23,30	屈曲花属	9,55
美叶吊钟花	98			全缘叶豆梨	403
米饭花	106	**P**			
密刺硕苞蔷薇	512	攀枝莓	467	**R**	
密花山矾	153,158	盘菜	23	人心药	245
密花树	179,180	磐安樱	531,533	日本金腰	318,322
蜜腺白叶莓	429	喷雪花	341	日本景天	285,295
绵毛金腰	318,321	蓬藟	424,442	日本路边青	480
绵毛石楠	362	枇杷	382	日本木瓜	394,397
闽粤石楠	360,373	枇杷属	328,382	日本晚樱	531,542
榠楂	394	平枝栒子	349	绒毛龙芽草	514
木瓜	394	苹果	408,412	绒毛石楠	360,374
木瓜海棠	396	苹果属	328,408	柔毛路边青	479
木瓜属	328,394	铺散诸葛菜	22	柔毛水杨梅	479
木李	394	匍匐南芥	63	柔毛钻地风	248,250
木莓	426,471	普通鹿蹄草	113	软弱杜茎山	174
木桃	396	普陀杜鹃	92	软条七蔷薇	494,505
木香花	494,506			锐齿臭樱	563
		Q		锐叶山柑	6
N		七姐妹	500		
南芥属	9,62	奇异泡果荠	53	**S**	
南岭山矾	153,171	旗杆芥	65	洒金碧桃	521
闹羊花	87	旗杆芥属	9,64	赛山梅	137,147
尼泊尔稠李	557	千瓣白桃	521	三花莓	425,450
拟赤杨	135	千瓣红桃	521	三花悬钩子	450
拟赤杨属	132,135	铅山悬钩子	425,437	三叶朝天委陵菜	485
拟南芥	71	浅裂锈毛莓	467	三叶海棠	408,416
宁波三花莓	452	蔷薇科	327	三叶委陵菜	481,488
宁波溲疏	261,266	蔷薇属	328,493	缫丝花	494,511
牛皮桐	273	秦榛钻地风	248	沙梨	399,407
		青菜	24	山矾	153,170
O		青花菜	32,34	山矾科	152
欧白芥	58	秋子梨	398,399	山矾属	152
欧李	532,549	球果蔊菜	37,39	山柑属	1,6

山芥	36	疏节过路黄	200,210	太平花	267,268
山芥属	8,35	疏毛绣线菊	330,337	太平莓	426,470
山里红	353	疏头过路黄	201,212	泰顺杜鹃	78,84
山柳科	74	鼠刺属	273	泰顺石楠	360,367
山柳属	74	鼠耳芥	71	坛果山矾	153,169
山萝过路黄	200,205	鼠耳芥属	10,70	弹裂碎米荠	11,12
山莓	425,447	树头菜	5	唐棣	420
山梅花属	243,267	栓叶安息香	139	唐棣属	328,419
山柿	121,125	双牌泡果荠	51	糖钵	512
山绣球	257	双牌阴山荠	47,51	糖罐头	510
山血丹	193	水晶兰	118	糖芥属	10,69
山樱花	531,532,544	水晶兰科	115	桃	519
山蒮菜	60	水晶兰属	117	桃属	328,519
山蒮菜属	9,60	水田碎米荠	11,13	桃叶石楠	360,368
山楂	352	水榆	388	天目杜鹃	79
山楂属	327,352	水榆花楸	388	天目山景天	285,291
扇叶虎耳草	314,315	硕苞蔷薇	494,512	天目珍珠菜	202,228
少毛山楂	356	四川山矾	162	天台杜鹃	79
少年红	182,187	四芒景天	284,288	天台溲疏	261
蛇含	483	松下兰	117	跳枝（洒金）型	524
蛇含委陵菜	481,483	菘蓝	42	贴梗海棠	395
蛇莓	491	菘蓝属	8,42	贴梗木瓜	395
蛇莓属	328,491	溲疏	261,264	铁黑汉条	338
肾萼金腰	318,319	溲疏属	243,261	铁仔	179
肾形草	324	酸藤子属	173,175	铁仔属	173,179
十字花科	8	遂昌悬钩子	425,436	葶苈	67
石斑木	384	碎米荠	11,16	葶苈属	9,67
石斑木属	328,383	碎米荠属	8,9,11	秃房弯蒴杜鹃	86
石板菜	299			土佐景天	297
石灰花楸	388,389	**T**		团花山矾	153,159
石灰树	389	塌棵菜	24	托叶龙芽草	515
石楠	359,360	台湾安息香	136,137,142	脱力草	513
石楠属	328,359	台湾草绣球	246	陀螺果	134
柿	121,128	台湾佛甲草	298		
柿科	120	台湾海棠	417	**W**	
柿属	120	台湾景天	284,298	瓦松	278
疏花山梅花	268	台湾林檎	408,417	瓦松属	275,278

弯缺泡果荠	47	细小景天	284,295	小叶石楠	360,379
弯缺阴山荠	47	狭叶垂盆草	306	小叶乌饭树	105
弯蒴杜鹃	78,85	狭叶粉花绣线菊	331	小叶珍珠菜	201,223
晚红瓦松	278	狭叶海金子	241	小柱悬钩子	424,444
网脉酸藤子	175	狭叶珍珠菜	201,220	小紫金牛	183,196
微毛山矾	153,159	仙顶梨	399	笑靥花	340
尾叶山矾	170	仙鹤草	513	楔叶豆梨	405
尾叶悬钩子	426,472	仙居杏	523	心叶碎米荠	59
委陵菜	480,481	仙客来	237	心叶诸葛菜	59
委陵菜属	328,480	仙客来属	198,236	星毛稠李	552,553
倭海棠	397	显苞过路黄	200,209	星毛冠盖藤	260
乌饭树	103	藓状景天	284,292	星宿菜	202,227
乌柿	120,121	陷脉悬钩子	425,445	杏	521
无瓣蔊菜	37,38	腺瓣蔷薇	498	杏花	521
无梗越橘	103,109	腺萼茅莓	432	杏梅	524
无毛粉花绣线菊	331,333	腺毛莓	424,430	杏属	329,521
无毛黄花草	3	腺药珍珠菜	201,223	杏树	521
无毛毛叶石楠	378	腺叶桂樱	559	绣球	252,256
无腺白叶莓	429	香花芥属	10,72	绣球花科	243
芜菁	23,24	香莓	425,441	绣球属	243,252
芜菁甘蓝	31	香水月季	494,498	绣球绣线菊	330,335
五岭过路黄	206	香雪球	66	绣线菊属	327,329
武功山泡果荠	48	香雪球属	9,66	锈毛稠李	557
武功山阴山荠	47,48	箱根悬钩子	427,458	锈毛莓	426,466
武夷悬钩子	425,452	小白菜	24	锈毛石斑木	384,387
婺源安息香	136,141	小果海桐	238,242	悬钩子蔷薇	494,503
		小果蔷薇	494,508	悬钩子属	328,424

X

		小果柿	121,131	雪里蕻	27,29
西府海棠	408,415	小果珍珠花	102	雪柳	341
西蓝花	34	小花龙芽草	515	栒子属	327,349
薪蓂	43	小花碎米荠	11,18		
薪蓂属	8,43	小花糖芥	69	Y	
细齿稠李	552,555	小米空木属	327,345	鸦头梨	134
细齿短梗稠李	557	小茄	201,220	鸦头梨属	132,133
细梗溲疏	261,262	小石积属	327,357	崖壁杜鹃	78,96
细梗香草	200,202	小溲疏	262	崖花海桐	238,241
细果秤锤树	151	小叶白辛树	149	延平柿	121,130

沿海紫金牛	182,193	玉梅	547	浙江柿	125
羊舌树	153,163	郁李	532,547	浙江溲疏	261
羊踯躅	78,87	郁香安息香	136,144	浙江碎米荠	14
仰卧委陵菜	484	圆齿碎米荠	11,14	浙闽樱	531,534
野甘蓝	23,32	圆叶过路黄	201,218	浙南莓	426,467
野花红	410	圆叶景天	285,301	浙皖绣球	252,258
野茉莉	136,140	圆叶小石积	357	针刺悬钩子	442
野蔷薇	494,498	圆叶悬钩子	477	珍珠菜	202,226
野山楂	352,355	圆锥绣球	252,254	珍珠菜属	198,200
野柿	129	月季花	494,496	珍珠花	101
野珠兰	345	月月红	496	珍珠花属	77,101
叶萼山矾	153,162	越橘属	77,103	珍珠梅属	327,343
叶瘤芥	27,29	越南安息香	136,138	珍珠绣球	335
叶头过路黄	201,211	越南山矾	164	珍珠绣线菊	330,341
宜章山矾	159	云锦杜鹃	78,79	政和杏	521,526
异堇叶碎米荠	14	云南桤叶树	74	中国小米空木	345
阴山荠属	9,47	云南山蓣菜	60	中国绣球	252,255
银钟花	133	芸薹	24,25	中华金腰	318
银钟花属	132	芸薹属	8,22	中华景天	284,296
樱属	329,530			中华三叶委陵菜	489
樱桃	531,538	**Z**		中华石楠	360,369
樱桃李	529	泽绣球	258	中华绣线菊	329,330,338
迎春樱	531,536	泽珍珠菜	201,224	钟花樱	531,541
映山红	78,91	榨菜	27,30	周毛悬钩子	426,476
硬毛南芥	64	窄叶火棘	351	皱果蛇莓	492
油菜	25	展毛悬钩子	459	皱皮木瓜	394,395
油芥菜	27,28	掌叶复盆子	425,448,455	朱砂根	182,188
油柿	120,123	掌叶山莓	425,448	朱砂型	524
游龙梅	524	沼生矮樱	546	珠芽景天	285,294
有梗越橘	110	沼生瀵菜	37,41	珠芽石板菜	294
鱼木	5	沼生樱	535	诸葛菜	21
鱼木属	1,5	浙江安息香	137,145	诸葛菜属	8,20
羽裂叶诸葛菜	22	浙江光叶柿	121,127	蛛网萼	251
羽衣甘蓝	32,33	浙江过路黄	201,217	蛛网萼属	243,251
玉碟型	524	浙江泡果荠	49	爪瓣景天	285,304
玉兰叶石楠	360,375	浙江山梅花	267,269	锥果芥	67
玉铃花	136,137	浙江石楠	360,380	锥果芥属	9,67

髭脉桤叶树	75	紫金牛叶石楠	362	棕脉花楸	388,392
紫菜薹	24,26	紫堇叶阴山荠	47,49	总状山矾	153,168
紫花八宝	280,282	紫罗兰	68	钻地风	248,249
紫花南芥	72	紫罗兰属	10,68	钻地风属	243,248
紫金牛	183,195	紫脉过路黄	200,208	醉蝶花	1,4
紫金牛科	173	紫叶桃花	521		
紫金牛属	173,182	棕红悬钩子	426,461		

拉丁名索引

A

Agrimonia 328,513
  coreana 515
  nipponica
    var. *occidentalis* 515
  pilosa 513
    var. **nepalensis** 514
    var. **occidentalis** 515
Alniphyllum 132,135
  fortunei 135
Amelanchier 328,419
  asiatica 419
  sinica 420
Amygdalus 328,519
  persica 519
    'Alba' 521
    'Alba-plena' 521
    'Atropurpurea' 521
    'Camelliaeflora' 521
    'Dianthiflora' 521
    'Duplex' 521
    'Juhuatao' 521
    'Magnifica' 521
    'Pendula' 521
    'Rubroplena' 521
    'Versicolor' 521
Anagallis 198
  arvensis 199
    var. *coerulea* 199
Androsace 198,235
  umbellata 235
Arabidopsis 10,70
  thaliana 71
Arabis 9,62
  flagellosa 63
  hirsuta 64
    var. *nipponica* 64
Ardisia 173,182
  alyxiaefolia 182,187
  brevicaulis 182,190
  chinensis 183,196
  crenata 182,188
    form. **xanthocarpa** 189
    var. **bicolor** 190
  crispa 182,186
    var. *amplifolia* 186
    var. *dielsii* 186
  hanceana 182,192
  japonica 183,195
  lindleyana 182,193
  mamillata 182,185
  primulaefolia 182,186
  punctata 193
  pusilla 183,194
  quinquegona 182,184
  sieboldii 182,183
  violacea 182,191
Armeniaca 329,521
  mume 521,523
    'Albo-plena' 524

'Alphandii'	524	var. **gracilis**	27,28
'Bungo'	524	var. *megarrhiza*	29
'Pendula'	524	var. **multiceps**	27,29
'Purpurea'	524	var. **napiformis**	27,29
'Simpliciflora'	524	var. **stumata**	27,29
'Tortuosa'	524	var. **tumida**	27,30
'Versicolor'	524	napus	23,30
'Viridicalyx'	524	var. **napobrassica**	31
vulgaris	521	*narinosa*	24
xianjuxing	521,523	**oleracea**	23,32
zhengheensis	521,526	var. **acephala**	32,33
Armoracia	9,54	var. **albiflora**	32,33
rusticana	55	var. **botrytis**	32,34
Aruncus	327,342	var. **capitata**	32
dioicus	342	var. *caulorapa*	35
sylvester	342	var. **gemmifera**	32,35
Astilbe	309,310	var. **gongylodes**	32,35
chinensis	311	var. **italica**	32,34
grandis	311,312	*pekinensis*	25
macrocarpa	311,313	*purpuraria*	26
		rapa	23
B		var. **chinensis**	24
Barbarea	8,35	var. **glabra**	24,25
orthoceras	36	var. **oleifera**	24,25
Berteroella	9,67	var. **purpuraria**	24,26
maximowiczii	67	**Brassicaceae**	8
Brassica	8,9,22	**Bryophyllum**	275
alboglabra	33	**pinnatum**	276
botrytis	34		
campestris	25	**C**	
capitata	32	**Capparidaceae**	1
caulorapa	35	**Capparis**	1,6
chinensis	24	**acutifolia**	6
var. *oleifera*	24	**Capsella**	9,61
gemmifera	35	**bursa-pastoris**	61
juncea	23,26	**Cardamine**	8,11
var. **foliosa**	27,28	**anhuiensis**	11,13

cathayensis	19	var. **kerii**	548
fallax	18	var. *zhejiangensis*	546
flexuosa	17	**jingningensis**	532,546
var. *fallax*	18	form. **pleiopetala**	547
var. *occulta*	16	**lannesiana**	531,542
var. *ovatifolia*	18	**paludosa**	531,535
hirsuta	17	**pananensis**	531,533
impatiens	11,12	**pogonostyla**	532,548
var. *angustifolia*	12	var. **obovata**	549
var. *dasycarpa*	12	**pseudocerasus**	531,538
kokaiensis	11,15	**schneideriana**	531,534
koreana	19	**serrulata**	531,532,544
leucantha	11,19	var. *lannesiana*	542
limprichtiana	59	var. **pubescens**	545
lyrata	11,13	**subhirtella**	531,539
macrophylla	11,20	form. **multipetala**	540
occulta	11,16	*subhirtella*	539
paradoxa	53	**tomentosa**	532,545
parviflora	11,18	**yedoensis**	531,540
scutata	11,14	**Chaenomeles**	328,394
var. *longiloba*	14	**cathayensis**	394,396
urbaniana	20	**japonica**	394,397
zhejiangensis	14	*lagenaria*	395
Cardiandra	243,245	**sinensis**	394
formosana	246	**speciosa**	394,395
moellendorffii	245	*Cheilotheca humilis*	115
Cerasus	329,530	var. *glaberrima*	116
campanulata	531,541	var. *pubescens*	115
conradinae	532,543	*Cheiranthus cheiri*	70
discoidea	531,536	**Chrysosplenium**	309,318
form. **albiflora**	536	**delavayi**	318,319
fengyangshanica	531,532	**japonicum**	318,322
glandulosa	532,550	*jienningense*	321
'Sinensis'	551	**lanuginosum**	318,321
form. *sinensis*	551	**macrophyllum**	318,320
humilis	532,549	**pilosopetiolatum**	318,320
japonica	532,547	*pilosum*	

var. *valdepilosum*	320
sinicum	318
Cleome	1
gynandra	1,3
spinosa	1,4
viscosa	1,2
var. **deglabrata**	3
Clethra	74
barbinervis	75
delavayi	74
kaipoensis	74
Clethraceae	74
Cochlearia	
changhuaensis	52
formosana	54
fumarioides	49
hui	48
lichuanensis	52
longistyla	52
paradoxa	53
rivulorum	54
sinuata	47
warburgii	49
Cochleariella	
zhejiangensis	49
Cochleariopsis	
warburgii	49
zhejiangensis	49
Coronopus	9,44
didymus	44
Cotoneaster	327,349
coreanus	155
horizontalis	349
Crassulaceae	275
Crataegus	327,352
cuneata	352,355
hupehensis	352,353
pinnatifida	352
'Major'	353
wilsonii	352,356
Crateva	1,5
religiosa	5
unilocularis	5
Cyclamen	198,236
persicum	237

D

Dentaria	
leucantha	19
Descurainia	10,73
sophia	73
Deutzia	243,261
crenata	261,264
'Candidissima'	265
faberi	261
glauca	261,263
var. **decalvata**	264
gracilis	261,262
ningpoensis	261,266
scabra	264
schneideriana	261,266
Dichroa	243,247
febrifuga	247
Diospyros	120
cathayensis	120,121
glaucifolia	125
japonica	121,125
kaki	121,128
var. **sylvestris**	129
lotus	121,126
morrisiana	121,124
oleifera	120,123
rhombifolia	120,122
tsangii	121,130

vaccinioides	121,131
zhejiangensis	121,127
Draba	9,67
nemorosa	67
Duchesnea	328,491
chrysantha	492
indica	491

E

Ebenaceae	120
Embelia	173,175
longifolia	177
parviflora	175,177
rudis	175
undulata	175,177
vestita	175
Enkianthus	77,97
calophyllus	98
chinensis	98
serrulatus	98
Ericaceae	77
Eriobotrya	328,382
japonica	382
Erysimum	10,69
× **cheiri**	70
cheiranthoides	69
Eutrema	9,60
yunnanense	60
Exochorda	327,346
giraldii	347
var. **wilsonii**	348
racemosa	346

F

Fragaria	328,490
× **ananassa**	490

G

Geum	328,479
japonicum	480
var. **chinense**	479
Grossulariaceae	271

H

Halesia	132
macgregorii	133
Hesperis	10,72
matronalis	72
Heuchera	309,324
micrantha	324
Hilliella	
alatipes	54
var. *micrantha*	54
changhuaensis	52
formosana	54
fumarioides	49
guangdongensis	52
hui	48
hunanensis	49
lichuanensis	52
longistyla	52
paradoxa	53
rhombea	50
rivulorum	54
shuangpaiensis	51
sinuata	47
warburgii	49
var. *albiflora*	49
xiangguiensis	51
Hirschfeldia	9,58
incana	58
Hydrangea	243,252
angustipetala	255

anomala	252	*spathulata*	277
chinensis	252,255	**Kerria**	328,421
jiangxiensis	252,256	**japonica**	421
macrophylla	252,256	'Pleniflora'	422
var. **normalis**	257	**Kirengeshoma**	243
paniculata	252,254	**palmata**	244
robusta	252,253		
rosthornii	253	**L**	
serrata		**Laurocerasus**	329,559
form. *acuminata*	258	*hypotricha*	561
strigosa	253	**phaeosticta**	559
zhewanensis	252,258	**spinulosa**	559,562
Hydrangeaceae	243	**zippeliana**	559,560
Hylotelephium	275,280	var. **puberifolia**	561
erythrostictum	280,281	**Lepidium**	9,45
mingjinianum	280,282	**apetalum**	45
verticillatum	280	**sativum**	45
Hypopitys		**virginicum**	45,46
monotropa		**Lobularia**	9,66
var. *hirsuta*	117	**maritima**	66
		Lyonia	77,101
I		**ovalifolia**	101
Iberis	9,55	var. **elliptica**	102
amara	55	var. **hebecarpa**	102
Isatis	8,42	**Lysimachia**	198,200
indigotica	42	**barystachys**	202,227
tinctoria	42	**candida**	201,224
var. *indigotica*	42	**capitlipes**	200,202
Itea	273	**chekiangensis**	201,217
chinensis		**christinae**	201,214
var. *oblonga*	273	**clethroides**	202,226
omeiensis	273	**congestiflora**	201,219
		var. *atronervata*	219
K		**davurica**	200,203
Kalanchoe	275,277	**fistulosa**	201,211
blossfeldiana	277	var. *wulingensis*	206
ceratophylla	277	**fortunei**	202,227

fukienensis	200,207	halliana	408,411
grammica	200,209	'Parkmanii'	411
hemsleyana	201,216	hupehensis	408,410
heterogenea	201,222	leiocalyca	408,418
huitsunae	200,203	mandshurica	408,409
japonica	201,220	pumila	408,412
jiangxiensis	201,225	sieboldii	408,416
klattiana	200,205	spectabilis	408,414
longipes	200,206	'Riversii'	414
mauritiana	201,221	**Matthiola**	10,68
melampyroides	200,205	incana	68
nummularia	201,218	**Melliodendron**	132,133
parvifolia	201,223	xylocarpum	134
patungensis	201,213	**Monotropa**	117
form. **glabrifolia**	214	hypopitys	117
pentapetala	201,220	uniflora	118
phyllocephala	201,211	**Monotropaceae**	115
pseudohenryi	201,212	**Monotropastrum**	115
remota	200,210	humile	115
rubiginosa	200,209	var. **glaberrima**	116
rubinervis	200,208	*lungchuanense*	116
rufopilosa	201,215	*pubescens*	115
stenosepala	201,223	**Myrsinaceae**	173
tienmushanensis	202,228	**Myrsine**	173,178
		africana	179
M		seguinii	179,180
Maddenia	329,563	stolonifera	179
incisoserrata	563		
Maesa	173	**N**	
japonica	173	**Nasturtium**	8,10
tenera	174	officinale	10
Malus	328,408	*rivulorum*	54
× **micromalus**	408,415		
asiatica	408,413	**O**	
baccata		**Orostachys**	275,278
var. *mandshurica*	409	*erubescens*	278
doumeri	408,417	*fimbriata*	278

japonica	278		sericanthus	267,270
Orychophragmus	8,20		var. **kulingensis**	270
diffusus	22		zhejiangensis	267,269
violaceus	21		**Photinia**	328,359
subsp. **homaeophyllus**	22		× **fraseri**	360,365
var. *homaeophyllus*	22		**atropurpurea**	359,363
limprichtianus	59		**beauverdiana**	360,369
Osteomeles	327,357		var. **brevifolia**	371
subrotunda	357		var. **notabilis**	371
			benthamiana	360,373
P			*bodinieri*	363,364
Padus	329,552		**chiuana**	360,366
brachypoda	552,556		**fokienensis**	360,372
var. **microdonta**	557		**glabra**	360,364
buergeriana	552		**hirsuta**	360,381
grayana	552,554		**komarovii**	360,380
napaulensis	552,557		*lanuginosa*	362
obtusata	552,555		*lasiogyna*	363,364
stellipila	552,553		var. *glabrescens*	363
wilsonii	552,557		*lochengensis*	368
Palura			**magnoliifolia**	360,375
coreana	155		**parvifolia**	360,379
paniculata			var. *tenuipes*	380
var. *pilosa*	156		**prunifolia**	360,368
tanakana	154		var. **denticulata**	369
Parnassia	309,325		**schneideriana**	360,374
foliosa	326		**serratifolia**	359,360
Peltoboykinia	309,317		var. *ardisiifolia*	362
tellimoides	317		var. *daphniphylloides*	362
Penthorum	309		var. **lanuginosa**	362
chinense	310		*subumbellata*	379
Phedimus	275,283		**taishunensis**	360,367
aizoon	283		**villosa**	360,377
Philadelphus	243,267		var. **glabricalycina**	378
brachybotrys	267,268		var. **sinica**	378
var. *laxiflorus*	269		var. *tenuipes*	380
pekinensis	267,268		**zhejiangensis**	360,380

Pieris	77,99	*vulgaris*	230,232
formosa	100	**Primulaceae**	198
japonica	100	**Prunus**	329,528
Pileostegia	243,259	× *blireana* 'Meiren'	530
tomentella	260	*armeniaca*	521
viburnoides	259	*brachypoda*	556
Pittosporaceae	238	var. *microdonta*	557
Pittosporum	238	*buergeriana*	552
brachypodum	238,240	var. *stellipila*	553
illicioides	238,241	*campanulata*	541
var. *angustifolium*	241	**cerasifera**	529
var. *stenophyllum*	241	form. **atropurpurea**	530
maoshanense	238,240	*clarofolia*	546
parvicapsulare	238,242	*conradinae*	543
tobira	238	*discoidea*	536
Platycrater	243,251	*donarium*	
arguta	251	var. *spontanea*	544
Potentilla	328,480	*glandulosa*	550
chinensis	480,481	*grayana*	554
cryptotaeniae	481,485	*humilis*	549
discolor	480,482	*hypotricha*	561
fragarioides	480,487	*japonica*	547
freyniana	481,488	var. *zhejiangensis*	546
var. **sinica**	489	*lannesiana*	542
kleiniana	483	*macrophylla*	
reptans		var. *puberifolia*	561
var. *sericophylla*	480	*maximowiczii*	532
sundaica	481,483	*mume*	523
supina	480,484	*napaulensis*	557
var. **ternata**	485	*obtusata*	555
Primula	198,229	*pananensis*	533
cicutariifolia	230	*persica*	519
lishuiensis	231	*phaeosticta*	559
merrilliana	231	*pogonostyla*	548
obconica	230,233	var. *obovata*	549
rubifolia	230,231	*pseudocerasus*	538
sinensis	230,231	var. *spontanea*	544

salicina	528
schneideriana	534
sericea	557
serrulata	544
form. *spontanea*	544
var. *lannesiana*	542
var. *pubescens*	545
var. *spontanea*	544
spinulosa	562
stellipila	553
subhirtella	539
tomentosa	545
yedoensis	540
zippeliana	560
Pterostyrax	132,148
corymbosus	149
Pyracantha	327,350
angustifolia	351
fortuneana	350
Pyrola	112
calliantha	112
decorata	113
Pyrolaceae	112
Pyrus	328,398
betulifolia	398,401
calleryana	399,402
var. **integrifolia**	403
var. *lanceata*	404
var. *koehnei*	405
koehnei	399,405
form. **roseiflorus**	405
pyrifolia	399,407
malifolioides	399,404
serrulata	398,400
ussuriensis	398,399

R

Rapanea neriifolia	180
Raphanus	9,57
sativus	57
var. **raphanistroides**	58
Rhaphiolepis	328,383
ferruginea	384,387
indica	384
var. *grandifolia*	385
major	384,385
umbellata	384,385
Rhododendron	77
× **mucronatum**	78,92
× **pulchrum**	78,90
anhweiense	81
bachii	83
championae	78,86
discolor	80
farrerae	78,88
fortunei	78,79
hangzhouense	83
henryi	78,85
var. **dunnii**	86
huadingense	78,89
indicum	78,94
kiangsiense	78,79
latoucheae	78,84
maculiferum	
subsp. **anhweiense**	78,81
mariesii	88
form. *albescens*	89
molle	78,87
obtusum	78,94
ovatum	78,83
var. *setuliferum*	83
saxatile	78,96

seniavinii	78,95	*hwangshanensis*	495
simiarum	78,82	**laevigata**	494,510
simsii	78,91	form. **semiplena**	510
var. **albiflorum**	92	**luciae**	494,502
var. **putuoense**	92	**multiflora**	494,498
stamineum	111	'Carnea'	500
taishunense	78,84	var. **cathayensis**	500
Rhodotypos	328,423	**odorata**	494,498
scandens	423	**roxburghii**	494,511
Ribes	271	**rubus**	494,503
fasciculatum	271	**rugose**	493,494
var. **chinense**	272	*saturata*	496
glaciale		**sertata**	493,495
tenue		*uniflora*	501
var. *virdiflorum*	272	**uniflorella**	494,501
viridiflorum	272	subsp. *adenopetala*	498
Rorippa	8,37	*wichurana*	502
cantoniensis	37	form. *simpliciflora*	501
dubia	37,38	**Rosaceae**	327
globosa	37,39	**Rubus**	328,424
indica	37,40	**adenophorus**	424,430
islandica	37,41	**alceifolius**	426,460
Rosa	328,493	**amphidasys**	426,476
banksiae	494,506	var. **suborbiculatus**	477
var. **normallis**	507	**austrozhejiangensis**	426,467
form. **lutea**	507	**buergeri**	427,463
bracteata	494,512	**caudifolius**	426,472
var. **scabriacaulis**	512	**chenmoui**	427,464
chinensis	494,496	**chingii**	425,455
'Viridiflora'	497	**columellaris**	424,444
cymosa	494,508	*conduplicatus*	450
var. *dapanshanensis*	509	**corchorifolius**	425,447
var. *puberula*	509	form. **semiplenus**	448
daishanensis	502	var. *oliveri*	447
fortuneana	494,507	**coreanus**	425,434
henryi	494,505	**eustephanos**	425,440
kwangtungensis	494,503	*flagelliflorus*	467

flosculosus	424,427	var. *adenochlamys*	432
var. *etomentosus*	427	**pectinellus**	427,478
fujianensis	426,473	**peltatus**	425,445
glabricarpus	425,449	**pirifolius**	426,455
var. *glabratus*	452	*pungens*	442
grayanus	452	var. **oldhamii**	425,441
var. *trilobatus*	452	**reflexus**	426,466
hakonensis	427,458	var. **hui**	467
var. **villosulus**	459	**rosifolius**	425,438
hastifolius	469	form. **coronarius**	438
hirsutus	424,442	var. *coronarius*	438
form. **harai**	444	**rufus**	426,461
form. **plenus**	444	**suichangensis**	425,436
form. **xanthocarpus**	444	**sumatranus**	425,435
var. *glabellus*	438	var. *suichangensis*	436
hunanensis	427,462	**swinhoei**	426,471
hupehensis	471	**tephrodes**	426,459
impressinervus	425,445	var. *ampliflorus*	459
innominatus	424,428	var. *eglamdulosa*	459
var. **aralioides**	429	**trianthus**	425,450
var. **macrosepalus**	430	form. **pleiopetalus**	452
var. **kuntzeanus**	428,429	*tsangii*	438
irenaeus	426,469	var. *suichangensis*	436
jiangxiensis	425,452	var. *yanshanensis*	437
jingningensis	426,475	**tsangorus**	426,474
kulinganus	424,432	*yanshanensis*	437
lambertianus	426,457	**yanyunii**	425,453
var. *glaber*	458	**yoshinoi**	424,433
linearifoliolus	438		
var. **yanshanensis**	425,437	**S**	
form. **semiplenus**	438		
lishuiensis	427	**Sanguisorba**	328,516
minusculus	438	**officinalis**	517
pacificus	426,470	var. **longifolia**	518
var. *ningpoensis*	470	**Saxifraga**	309,313
palmatiformis	425,448	**fortunei**	
parvifolius	424,431	var. **incisolobata**	314,316
		rufescens	

var. **flabellifolia**	314,315	**subtile**	284,295
stolonifera	314	**tetractinum**	284,288
var. *immaculata*	314	**tianmushanense**	285,291
zhejiangensis	315	*tosaense*	297
Saxifragaceae	309	subsp. **sinense**	284,296
Schizophragma	243,248	**tricarpum**	285,300
corylifolium	248	**Sinalliaria**	9,59
integrifolium	248,249	**limprichtiana**	59
var. **glaucescens**	250	var. **grandifolia**	60
molle	248,250	**Sinapis**	9,56
Sedum	275,284	**alba**	56
alfredii	285,299	**Sinojackia**	132,149
baileyi	285,303	**microcarpa**	151
bulbiferum	285,294	**xylocarpa**	150
dongzhiense	284,290	**Sorbaria**	327,343
drymarioides	284,285	**arborea**	344
var. **saxifragiforme**	286	**Sorbus**	328,388
ecalcaratum	306	**alnifolia**	388
emarginatum	285,300	**amabilis**	388,392
erythrospermum	285,305	**dunnii**	388,392
formosanum	284,298	**folgneri**	388,389
hangzhouense	285,297	var. **duplicatodentata**	390
hoi	284,290	**hemsleyi**	388,391
japonicum	285,295	*hupehensis*	393
jiulungshanense	285,303	**Spiraea**	327,329
kiangnanense	284,306	× **vanhouttei**	330,335
kuntsunianum	285,302	**blumei**	330,335
leptophyllum	284,289	var. **latipetala**	336
lineare	285,307	var. **pubicarpa**	337
lungtsuanense	284,293	**cantoniensis**	329,334
makinoi	285,301	**chinensis**	330,338
oligospermum	284,288	var. **grandiflora**	339
onychopetalum	285,304	*chinensis*	329
polytrichoides	284,292	*dasyantha*	329
sarmentosum	284,306	*fritschina*	334
var. *angustifolium*	306	**hirsuta**	330,337
stellariifolium	284,287	**japonica**	329,330,331

var. *acuminata*	331		botryantha	153,168
var. **albiflora**	331,334		caudata	153,170
var. *fortunei*	331,332		chinensis	152,154
var. **glabra**	331,333		cochinchinensis	153,164
longigemmis	334		var. *laurina*	165
prunifolia	330,340		var. *puberula*	164
var. **simpliciflora**	340		confusa	153,171
sargentiana	329		congesta	153,158
thunbergii	330,341		coreana	152,155
Stephanandra	327,345		*discolor*	162
chinensis	345		*ernestii*	162
Stimpsonia	198,233		glauca	153,163
chamaedryoides	234		glomerata	153,159
var. **rubriflora**	235		lancifolia	153,165
Stranvaesia	328,358		*laurina*	165
amphidoxa	359		lucida	153,162
davidiana var. **undulata**	358		*mollifolia*	166
Styracaceae	132		*paniculata*	154
Styrax	132,136		var. *leucocarpa*	156
calvescens	136,139		phyllocalyx	153,162
cofusus	137,147		prunifolia	153,169
dasyanthus	137,148		sawafutagi	152,156
faberi	137,146		*setchuensis*	162
formosanus	136,137,142		stellaris	152,157
var. **hirtus**	143		tanakana	152,154
japonicus	136,140		tetragona	153,167
obassia	136,137		theophrastifolia	153,165
odoratissimus	136,144		urceolaris	153,169
philadelphoides	147		wikstroemiifolia	153,159
suberifolius	136,139		*yizhanensis*	159
tonkinensis	136,138			
wuyuanensis	136,141		**T**	
zhejiangensis	137,145		**Thlaspi**	8,43
Symplocaceae	152		arvense	43
Symplocos	152		**Tiarella**	309,323
anomala	153,161		polyphylla	323
arisanensis	153,166		**Turritis**	9,64

glabra	65	**Y**		
V		**Yinshania**	9,47	
Vaccinium	77,103	*formosana*	54	
bracteatum	103	fumarioides	47,49	
var. **rubellum**	105	hui	47,48	
carlesii	103,105	hunanensis	47,49	
donianum		lichuanensis	47,52	
var. *hangchouense*	106	paradoxa	47,53	
hangchouense	106	rhombea	47,50	
henryi	103,109	rivulorum	47,54	
iteophyllum	103,108	rupicola		
japonicum var. **sinicum**	103,110	subsp. **shuangpaiensis**	47,51	
mandarinorum	103,106	sinuata	47	
sinicum	103,108	*warburgii*	49	
trichocladum	103,107	*zhejiangensis*	49	
var. **glabriracemosum**	107			

附　录

照片提供作者名录（非本卷编著者）

　　陈征海　安徽碎米荠（左），黄山杜鹃（左上、左下），羊踯躅（右下），白花映山红（1），皋月杜鹃（左），乌饭树（下），淡红乌饭树（1），短尾越橘（左上），光序刺毛越橘（1），无梗越橘（左上），垂珠花（右），琉璃白檀（左下），坛果山矾（2），轮叶过路黄（下），天目珍珠菜（2），昂山海桐（3），轮叶八宝（左），大苞景天（右），薄叶景天（左），东至景天（左），裂叶虎耳草（右上），疏毛绣线菊（上左、上右），野珠兰（下左），火棘（上左），窄叶火棘（上、右下），圆叶小石积（3），黑果石楠（6），裘氏石楠（4），泰顺石楠（3），短叶中华石楠（右上、右下），玉兰叶石楠（下左、下右），毛叶石楠（下），垂丝石楠（右），锈毛石斑木（4），水榆花楸（右上、左下），皱皮木瓜（右下），杜梨（左、右下），全缘叶豆梨（右上），粉花柯氏梨（3），重瓣棣棠（下左、下右），鸡麻（4），弓茎悬钩子（下右），白叶莓（上左），密腺白叶莓（4），插田泡（上左、下左、右中），遂昌悬钩子（右下、左下），铅山悬钩子（6），大红泡（3），香莓（4），多瓣蓬蘽（2），重瓣蓬蘽（3），陷脉悬钩子（右、左下），盾叶莓（上左、下），重瓣山莓（2），掌叶山莓（4），三花莓（下），宁波山花莓（3），武夷悬钩子（左上），九仙莓（上左），梨叶悬钩子（中中），箱根悬钩子（5），展毛悬钩子（4），灰白毛莓（中左），粗叶悬钩子（3），陈谋悬钩子（上右、左上、左中1、左中2），灰毛泡（右下），福建悬钩子（右中），景宁悬钩子（5），圆叶悬钩子（4），委陵菜（上），三叶朝天委陵菜（2），狼牙委陵菜（3），玫瑰（右），地榆（左），长叶地榆（3），楝木（右下），灰叶稠李（右上、右下），细齿稠李（右），短梗稠李（上、下右），大叶桂樱（3），毛背桂樱（3），刺叶桂樱（下）。共172张。

　　李根有　沼生蔊菜（3），麂角杜鹃（右上），弯蒴杜鹃（右上），映山红（左），毛果杜鹃（左下），刺毛越橘（1），无梗越橘（右），秤锤树（上），细果秤锤树（右上），狭叶珍珠菜（右），短梗海金子（2），冠盖绣球（2），星毛冠盖藤（左上），太平花（2），虎耳草状景天（右下），扯根菜（右下），白耳菜（上），麻叶绣线菊（3），玉兰叶石楠（上右、上左），浙江石楠（2），广东蔷薇（2），悬钩子蔷薇（3），黄龙尾（2），托叶龙芽草（3）。共39张。

　　高亚红　树头菜（下），美丽马醉木（2），显苞过路黄（1），狼尾花（1），柔毛钻地风（2），细梗溲疏（2），溲疏（1），绢毛山梅花（2），红柄白鹃梅（4），山楂（4），海棠花（3），玫瑰（左），缫

注：括号中的数字为张数。

丝花(4)。共28张。

刘 军 豆瓣菜(1),安徽碎米荠(右下),山芥(3),菘蓝(3),薪蓂(3),黎川阴山荠(左、右下),大叶华葱芥(1),云南山萮菜(右、左上),旗杆芥(3),香雪球(左),小花糖芥(1),桂竹香(右),欧亚香花芥(2),李叶绣线菊(3)。共27张。

王军峰 齿缘吊钟花(左),小叶珍珠菜(2),浙江光叶柿(3),红子佛甲草(3)。共9张。

吴棣飞 广州蔊菜(4),武功山阴山荠(右上、右下),屈曲花(2),莲座紫金牛(1)。共9张。

丁炳扬 婺源安息香(右上),秦榛钻地风(2),钻地风(右下),中华金腰(2),梨叶悬钩子(上左、上右)。共8张。

陈洪梁 紫堇叶阴山荠(右下),黎川阴山荠(右上),河岸阴山荠(左、中),云南山萮菜(左下),播娘蒿(1)。共6张。

胡仁勇 遂昌悬钩子(中左、下左、右上、中、下中、下右)。共6张。

马丹丹 菱果阴山荠(3),梨叶悬钩子(下、中左)。共5张。

谢文远 弯缺阴山荠(2),武功山阴山荠(左),河岸阴山荠(右上、右下)。共5张。

朱鑫鑫 双牌阴山荠(4)。共4张。

李 攀 安徽碎米荠(上),硬毛南芥(3)。共4张。

徐耀良 水晶兰(右),狭叶珍珠菜(左),虎耳草状景天(左)。共3张。

潘成椿 江西杜鹃(左、右下),涧边草(1)。共3张。

刘 西 泰顺杜鹃(右下),毛果杜鹃(右下)。共2张。

陈德良 江南花楸(左二),太平莓(右下)。共2张。

柳新红 浙江安息香(左下、右)。共2张。

梅旭东 裂叶虎耳草(2)。共2张。

叶喜阳 乌柿(下右)。

刘胜龙 广西越橘(右上)。

朱光权 重瓣空心泡(1)。

张宏伟　薄叶景天(右)。

陈子林　猴头杜鹃(左中)。

俞　冰　高岭景天(1)。

俞叶飞　大果假沙晶兰(右)。

雷祖培　越南安息香(下)。